普通高等教育“十一五”国家级规划教材

高职高专经济管理类专业基础课精品教材系列

管理信息系统

（第二版）

钟　伟　主　编
李卓华　副主编

科学出版社
北　京

内 容 简 介

本书对管理信息系统的基本知识、开发原理及其应用的最新发展等内容进行了全面系统的阐述。具体介绍了管理信息系统的概念、结构和形成过程；管理信息系统的技术基础；管理信息系统的分析、设计、实施、管理与维护以及战略信息系统、ERP、供应链管理、客户关系管理、电子商务等，并通过实例介绍了管理信息系统的开发经验。大部分章节后附有思考题，供读者巩固所学知识。

本书可作为高职高专院校经济、管理及计算机应用等专业学生的教材，也可作为政府机关及企事业单位信息管理部门人员的学习参考书，还可作为相关人员的培训教材。

图书在版编目（CIP）数据

管理信息系统/钟伟主编. —2 版. —北京：科学出版社，2010
（普通高等教育“十一五”国家级规划教材）
ISBN 978-7-03-029649-8

Ⅰ.①管… Ⅱ.①钟… Ⅲ.①管理信息系统-高等学校：技术学校-教材
Ⅳ.①C931.6

中国版本图书馆 CIP 数据核字（2010）第 231851 号

责任编辑：李 娜 唐寅兴/责任校对：柏连海
责任印制：吕春珉 /封面设计：蒋宏工作室

科学出版社 出版
北京东黄城根北街16号
邮政编码:100717
http://www.sciencep.com
双青印刷厂 印刷
科学出版社发行 各地新华书店经销
*
2005年 2月第 一 版 开本：787×1092 1/16
2010年12月第 二 版 印张：22 1/4
2010年12月第七次印刷 字数：498 000
印数：17 001—20 000

定价：35.00元
（如有印装质量问题，我社负责调换〈双青〉）
销售部电话：010-62136131 编辑部电话：010-62137374（VF02）

出版前言

随着世界经济的发展，人们越来越深刻地认识到经济发展需要的人才是多元化、多层次的，既需要大批优秀的理论型、研究型的人才，也需要大批应用型人才。然而，我国传统的教育模式主要是培养理论型、研究型的人才。教育界在社会对应用型人才需求的推动下，专门研究了国外应用型人才教育的成功经验，结合国情大力度地改革我国的“高等职业教育”，制定了一系列的方针政策。联合国教科文组织 1997 年公布的教育分类中将这种教育称之为“高等技术与职业教育”，也就是我们通常所说的“高职高专”教育。

我国经济建设需要大批应用型人才，呼唤高职高专教育的崛起和成熟，寄希望于高职高专教育尽快向国家输送高质量的紧缺人才。近几年，高职高专教育发展迅速。目前，各类高职高专学校已占全国高等院校的近 1/2，约有 600 所之多。教育部针对高职高专教育出台的一系列政策和改革方案主要体现在以下几个方面：

- “就业导向”成为高职高专教育的共识。高职高专院校在办学过程中充分考虑市场需求，用“就业导向”的思想制定招生的培养计划。
- 加快“双师型”教师队伍建设。已建立 12 个国家高职高专学生和教师的实训基地。
- 对学生实行“双认证”教育。学历文凭和职业资格“双认证”教育是高职高专教育特色之一。
- 高职高专教育以两年学制为主。从学制入手，加快高职高专教学方向的改革，充分办出高职高专教育特色，尽快完成紧缺人才的培养。
- 开展精品专业和精品教材建设。已建立科学的高职高专教育评估体系和评估专家队伍，指导、敦促不同层次、不同类型的学校办出一流的教育。

在教育部关于“高职高专”教育思想和方针指导下，科学出版社积极参与到高职高专教材的建设中去，在组织教材过程中采取了“请进来，走出去”的工作方法，即由教育界的专家、领导和一线的教师，以及企事业从事人力资源工作的人员组成顾问班子，充分分析我国各地区的经济发展、产业结构以及人才需求现状，研究培养国家紧缺人才的关键要素，寻求切实可行的教学方法、手段和途径。

通过研讨我们认识到，我国幅员辽阔，各地区的产业结构有明显的差异，经济发展也不平衡，各地区对人才的实际需求也有所不同。相应地，对相同专业和相近专业，不同地区的教学单位在培养目标和培养内容上也各有自己的定位。鉴于此，适应教育现状的教材建设应该具有多层次的设计。

为了使教材的编写能针对受教育者的培训目标，出版社的编辑分不同地区逐所学

校拜访校长、系主任和老师，深入到高职高专学校及相关企事业单位，广泛、深入地和教学第一线的老师、用人单位交流，掌握了不同地区、不同类型的高职高专院校的教师、学生和教学设施情况，清楚了各学校所设专业的培养目标和办学特点，明确了用人单位的需求条件。各区域编辑对采集的数据进行统计分析，在相互交流的基础上找出各地区、各学校之间的共性和个性，有的放矢地制定选题项目，并进一步向老师、教育管理者征询意见，在获得明确指导性意见后完成“高职高专规划教材”策划及教材的组织工作：

- 第一批“高职高专规划教材”包括三个学科大系：经济管理、信息技术、建筑。
- 第一批“高职高专规划教材”在注意学科建设完整性的同时，十分关注具有区域人才培养特色的教材。
- 第一批“高职高专规划教材”组织过程正值高职高专学制从3年制向2年制转轨，教材编写将其作为考虑因素，要求提示不同学制的讲授内容。
  - 体现以就业岗位对知识和技能需求下的教材体系的系统性、科学性和实用性。
  - 教材以实例为先，应用为目的，围绕应用讲理论，取舍适度，不追求理论的完整性。
  - 以提出问题→解决问题→归纳问题的教、学法，培养学生触类旁通的实际工作能力。
  - 课后作业和练习（或实训）具有真正培养学生实践能力的作用。

在“高职高专规划教材”编委的总体指导下，第一批各科教材基本是由系主任或从教学一线中遴选的骨干教师执笔撰写。在每本书主编的严格审读及监控下，在各位老师的辛勤编撰下，这套凝聚了所有作者及参与研讨的老师们的经验、智慧和资源，涉及三个大的学科近200种的高职高专教材即将面世。我们希望经过近一年的努力，奉献给读者的这套书是他们渴望已久的适用教材。同时，我们也清醒地认识到，“高职高专”是正在探索中的教育，加之我们的水平和经验有限，教材的选题和编辑出版会存在一些不尽人意的地方，真诚地希望得到老师和学生的批评、建议，以利今后改进，为繁荣我国的高职高专教育不懈努力。

科学出版社

2004年6月1日

第二版前言

本书第一版出版以来，受到了高校相关专业教师和学生的热烈欢迎。一些读者通过邮件和我们交流，在肯定这本教材的同时，也提出了很多中肯、宝贵的意见，我们在使用本书进行教学的过程中也发现了一些不足之处。为了适应教师教学和学生学习的需要，我们对本书第一版进行了修改，推出第二版教材。

在本版中，除了更改了第一版中的一些错误和疏漏外，还有以下改动。

第一章管理信息系统概论部分介绍了管理信息系统的基本概念，形成过程和发展趋势，是学生学习本课程后续内容的基础。为了学生更好地理解相关的内容，在第一章中对信息、系统及管理信息系统的概念进行了更为详尽的阐述。

在第三章管理信息系统开发概论中，管理信息系统战略规划方法方面的内容是本书的难点。在本章中对企业系统规划法、关键成功因素法、战略目标集转化法的内容都进行了修改和增加，并增加了对三种规划方法的比较与评价，以帮助学生更好地掌握这部分的内容。

本版各章开头和正文中都增加了阅读材料，辅助学生理解相应内容，扩展学生的知识和视野。

本版各章结尾都增加了案例分析和案例思考题，目的是引导学生思考问题和分析问题，以提高学生动手动脑的实践能力。

本版配套相应的课件，以方便教师的教学。

参加本版教材修订工作的有钟伟、毕冰清、冯雪、申晓刚、张磊等。本书再版中的阅读材料和案例分析引用了一些现成的资料，在此对这些资料的作者一并表示深切的谢意。

由于编者的水平有限，对本书存在的缺点和错误，恳请读者批评指正。

第一版前言

管理信息系统是组织有效管理、正确决策、实现组织战略和保证竞争优势的重要手段，因此，“管理信息系统”课程成为经济、管理类各专业的主要专业课之一。本书作为高职高专经济、管理类各专业的教材，目的是使学生在已有的管理理论、经济理论、计算机基本知识和数据库管理等知识的基础上，掌握管理信息系统的基本原理和系统开发、运行、维护的方法，成为信息系统开发、应用和服务领域的实用人才。

本书共十章，分四个部分，其中第一部分包括管理信息系统概论和管理信息系统的技术基础等内容；第二部分包括管理信息系统开发方法和系统分析、系统设计、系统实施以及系统管理与维护等内容；第三部分是管理信息系统的应用实践；第四部分是有关管理信息系统开发的实例。

本书参考了一些文献，在此对这些文献的作者表示感谢。

本书由钟伟任主编，李卓华任副主编。第一章由钟伟、杨杰编写，第二章由刘洁编写，第三章由刘丽华编写，第四、五章由钟伟编写，第六、七章由李卓华编写；第八章由丁一军编写，第九、十章由刘翠军、李卓华编写。

由于编者水平有限，加上时间仓促，错误和不妥之处在所难免，恳请读者批评指正。

目　录

第一章　管理信息系统概述

学习目的与要求

本章讨论了信息的含义、分类及其特征，系统的特性、分类及其方法，以及管理信息系统的概念、结构及类型，在此基础上对管理信息系统的形成过程和发展趋势进行了介绍。通过本章的学习，应对管理信息系统有一个较为全面的理解，为以后各章的学习奠定基础。

阅读材料

持续改进——零售业的演化过程

美国零售业的年销售额可达3000亿美元，关系到千百万人的日常生活，囊括了数以千计的企业——从全国最大的公司沃尔玛到街头的小杂货店。大量的行业研究表明：供应商、分销商及零售商之间的密切合作有可能从每美元的销售额中节省10～20美分，则每年全美可节省300～600亿美元。

有些公司已经研究了一些方法，在为客户提供更低成本、更高质量的产品和服务的同时又可获得这种节约。其中一项关键战略就是被称为“有效客户反应”（ECR，Effect Customer Reaction）的全行业努力。该方法使用的信息系统得到不断的采用，这确在人们的意料之中，但加强竞争对手之间的合作却是一个很大的改变，因为敌对曾是零售业的特征。在ECR提出之前，每个零售商都专注于以最低的成本获得他所要的东西，很少有人会考虑以更有效的货物运送来改善与客户的关系。

全新的ECR战略为客户提供了更好的价值，并为所有愿率先采取革新性方法和系统的企业提供了新机遇。确实，采纳ECR战略的公司降低成本以及增强与零售商之间的合作等策略，已获得了明显的竞争优势。

作为ECR程序的一部分，总部位于俄亥俄州辛辛那提市的消费生产商P&G（宝洁）公司所提出的持续改进程序（CPR）也引起了行业的瞩目。CPR通过使产品在供应链上流动而非将其存放在仓库或分销中心中，从而消除不必要的成本，比如仓储费和保管费等。连结P&G公司客户服务中心零售商分销网络的电子订货系统取代了传统的多步式、纸单式订货系统。CPR在及时、准确、无纸化的信息流上运作。根据实际需求，可自动将货物直接从P&G公司的工厂发送到客户的仓库。P&G公司的送货车是“准时制”的，可使库存量最小。

CPR通过降低库存、减少仓库面积及仓管费用为零售商们降低成本。例如，在密歇根，P&G公司和Spartan百货公司就利用CPR使P&G公司产品在Spartan百货公司的库存量减少了约30%，即从原来的650万美元降至450万美元。与此同时，Spartan百货公司中P&G公司产品的购买、销售及补充周转率提高了50%。更低的系统成本最终使P&G公司的品牌给予消费者更好的价值。

（资料来源：管理信息系统精品课程，芜湖职业技术学院，http：//www1. whptu. ah. cn/mis/article. asp? article _ ID=653 ）

第一节　信　　息

信息是管理信息系统中一个非常重要的概念，也是组织中最重要的、最有价值的资源。在组织的运行管理中，决策贯穿于管理的全过程，管理工作的成败，首先取决于正确的决策，而决策的质量则取决于信息的质量。正确、及时、适量的信息是帮助组织有效减少不确定因素并做出正确决策的基础。

一、信息的概念

“信息”一词在我国古代已提出并得到了较为广泛的应用，如“结绳记事”、“烽火驿站”就是信息应用的典型，通常表现为具有特定内容和属性的消息。20世纪20年代，哈特莱在《贝尔系统技术杂志》上发表了一篇题为《信息传输》的论文，并把信息解释为“选择通信符号的方式”。20世纪40年代，信息学的奠基人香农给出了信息的明确定义，即“信息是用来消除不确定性的东西”。控制论的创始人维纳在1950年发表的论文《人有人的用处——控制论与社会》中指出：“人通过感觉器官感知外部世界，我们支配环境的命令就是给环境的一种信息。”因此，“信息这个名称的内容就是我们对外界进行调节，并使我们的调节为外界所了解时与外界交换来的东西。”美国著名信息管理专家霍顿给信息下的定义是“信息是在一定的环境条件下，按照用户决策的需要，由某个组织或环节经过加工处理后的数据。”我国著名信息管理学者钟义信指出：“信息是事物存在的方式和运动的状态，以及这种方式或状态的直接或间接的表述。”

据不完全统计，有关信息的定义有100多种，它们从不同的侧面、不同的层次揭示了信息的特征与性质，但其本质是相同的。一般认为，信息是经过加工后的数据，它对接收者的行为产生影响，对接收者的决策具有现实的或潜在的价值。

数据是对客观事物的描述，它是信息的载体、信息的具体表现形式。数据的表现形式多种多样，不仅有数字和文字形式，还有图形、图像和声音等形式。

在现实生活中，信息一词已被滥用，数据和信息也经常是不分的。但在管理信息系统的概念中，信息和数据的概念是不同的。例如，一个职工的工资对其个人来说是信息，但是对代办工资的银行系统来说就是数据了。

数据和信息的关系表现为两方面。第一，信息的表现形式是数据，数据是记录信息的一种形式，同样的信息既可以用文字表述，也可以用图像来表述；第二，信息是经过加工以后，并对客观世界产生影响的数据。例如，行驶中汽车里程表上显示的数据是80千米/小时，它仅仅是通过人们对汽车行驶状态进行描述的数据符号而已，不一定成为信息，只有当司机观察到里程表上的数据以后，经过思考后认为汽车行驶速度是快还是慢，从而做出加速或减速的决定时，这个数据才成为信息。决策活动是信息存在的必要条件，这个属性可以很好地区分数据和信息。

二、信息的特性

从信息的本质和内在要求的角度来分析，信息的特性是指其有别于其他事物的内在的本质属性，是区别于相同或类似事物的基本特征。信息的特性可概括为以下八个方面。

1. 客观性

信息是一定社会环境与条件下，事物变化和运动状态的反映。这种变化所表现的趋势是客观的，它以客观存在为前提，严格遵循信息传播与扩散的形式和要求，从信息源出发，依据其所反映的客观事物的内在属性，不断地通过必要的信道，而到达信宿。整个过程的运动呈现两个重要特征：①信息是以客观事物的基本事实和内在要求为依据的，在传输的过程中应力求避免人们的主观性和随意性。②信息是以客观规范的传输形式或手段由信源经过信道，而传输至信宿的。

2. 普遍性

信息是在特定环境和条件下，事物依据某种方式和要求所表现的特定的运动状态。只要有事物存在，有事物的运动或表现，就会产生反映相应事物的各种各样的信息。从人类社会产生、形成和发展来分析，无论在自然界、人类社会，还是其他与之相关的各种活动领域，绝对的“真空”是不存在的，绝对静止的事物是没有的。因此，信息在自然界和人类社会的各个角落普遍存在，并与物质和能量共同构成了客观世界的三个基本要素。

3. 依存性

信息本身是看不见、摸不着的。它的存在必须依附于一定的物质载体（如文字、图像、电磁波、磁性材料等），信息无法离开某种特定的载体而单独存在。信息依赖于载体进行存储和传播，信息的载体形式可以改变，但其传播的内容不随载体的变化而发生任何实质上的变化。

4. 动态性

客观事物本身都按照其特定的规律不停地运动变化，信息在不断地变化和更新。

因此，在获取和利用信息时，必须树立时效观念，合理地把握时间间隔和效率。科学研究表明，信息的使用价值和信息所经历的时间间隔成反比。信息经历的时间越短，使用价值就越大；反之，经历的时间越长，信息的使用价值就越小。

5. 层次性

根据管理学的基本理论，组织的管理一般分为战略级、战术级和作业级三个层次。处于不同层次的管理者有不同的职责，所处理问题的类型不同，需要的信息也不同。战略层信息是关系到企业全局和重大问题决策的信息，它涉及上层管理部门所要达到的目标，为达到这一目标所必需的资源水平和种类以及确定获得资源、使用资源和处理资源的指导方针等方面，如产品投产、转产、开拓新市场等。战术层涉及的主要是管理控制过程中所需要的信息，是使管理人员能掌握资源利用情况，并将实际结果与计划比较，从而了解是否达到预定目的，并指导其采取必要措施更有效地利用资源的信息。作业层涉及的主要是与组织日程活动有关，且用来保证完成各项任务所必须的各种基础性信息。例如，每天统计的产量、质量数据，打印数据等。三个层次的信息在来源、寿命、精度、加工方法和保密要求等方面都不相同，不同层次的信息特点如表 1.1 所示。

表 1.1　不同管理层次信息的特征

属性 信息层次	信息来源	信息寿命	保密要求	使用频率	加工方法	加工精度
战略层	大多外部	长	高	低	灵活	低
战术层	内外都有	中	中	中	中等	中
作业（执行）层	大多内部	短	低	高	固定	高

6. 价值性

信息是指在人类社会实践活动中，经过人们有目的的加工而形成的对具体业务活动产生影响的数据，是一种有价值的社会资源，具有很鲜明的价值性。它同其他商品一样，是使用价值和内在价值的统一。信息的使用价值是指信息能够满足人们特定需要的有用性。信息的内在价值是指在特定环境条件下，凝结在信息产品中的人类劳动。也正因如此，在信息流通的过程中体现了信息生产者和信息需要者之间特定的社会关系。

7. 可传递性

信息可以通过不同的渠道、运用不同的方式进行传递。这种在时空环境条件下，信息从某一点移动到其他点的过程称为信息传递。

信息可以通过书籍、杂志、电话、广播、电视、网络等各种方式从一个地方传递到世界的任何地方，同时信息又很易于传递，无论从速度还是成本来说，信息的传输

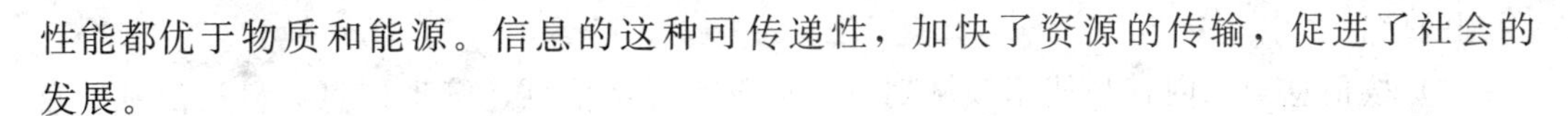

性能都优于物质和能源。信息的这种可传递性，加快了资源的传输，促进了社会的发展。

8. 共享性

信息区别于其他物质的一个显著特征就是它可以被共同占有、共同享用。在信息传输的过程中，同一个信息不仅可以被不同的信源发出，而且可以被不同的信宿所接收和使用。

信息可以共享，它不同于物质交换过程。物质的交换是所得与所失之和为零，这是物质交换的零和性。但信息传播不同于物质交换，信息的传播是非零和性的。你告诉我一条信息，我得到了信息，你并没有因此而失去这个信息。

三、信息的分类

依不同的要求，可从不同的角度对信息加以分类。

1. 米哈依洛夫的信息两分法

这种分类方法，从不同的维度出发，对信息进行了较系统的分类，对于我们全面系统地理解和把握信息的类型是十分有益的，如图 1.1 所示。

- 信息
  - 社会的
    - 语义的
      - 科学的
      - 非科学的
    - 非语义的
  - 自然的

图 1.1　米哈依洛夫信息两分法

2. 信息的常见分类方法

信息的常见分类方法可归纳为以下四种。

1）按信息的空间状态划分，可将信息分为宏观信息、中观信息和微观信息三类。宏观信息是关系到国家总体发展战略和全局发展的各种信息，中观信息是关系到行业、部门、地区经济发展和局部相关数据的各种信息，微观信息是关系到企业发展的各种信息。

2）按信息的价值大小划分，可将信息分为有用信息、无害信息和有害信息三类。有用信息是指对组织所研究和分析的问题具有直接帮助的信息，无害信息是指对组织目前所从事的研究和分析工作虽没有直接帮助但无不良影响的信息，有害信息是指对组织目前所从事的工作有不良影响的信息。

3）按信息的时间性划分，可将信息分为历史信息、现时信息和预测信息三类。历史信息是指在过去不同阶段中前人的研究和分析所能提供的各种信息，现时信息是指人们经过必要的调查、整理、分析、归纳而得到的各种信息，预测信息是指人们在现实条件下依据现有资料进行整理、分析和归纳，再对未来情况进行必要的判断分析而得到的信息。

4）按信息记录内容与使用领域划分，可分为经济信息、管理信息、科技信息、政务信息、文教信息、军事信息等。经济信息是指在生产、流通、分配、消费等各项经济活动中产生并应用的各种信息，如生产经营信息、市场价格信息、商业贸易信息、市场需求信息等；管理信息是指各级组织的管理与决策活动中所涉及到的信息；科技信息是指人们在一定社会环境条件下，经过必要的社会积累和研究开发而获取的信息；政策信息是指政府机关在处理政务中所涉及的信息；文教信息是指在教育、文学、体育、艺术等方面的社会活动中所涉及的信息；军事信息是指在国防、战争等方面所涉及的与军事活动有关的信息。

四、信息的价值

日本著名管理学家山田昭二郎在《信息与科学管理》一书中指出："信息在知识经济社会中具有十分重要的价值和作用，它不仅直接构成人们全新的知识系统，而且能形成全社会各个相关环节的有序化运作。"信息的价值应受到高度重视，它是实施有效的管理信息系统建设的重要组成部分。

1. 信息能最大限度地构成人们全新的知识系统

在当今的知识经济社会，过去凭社会经验办事的传统做法已经逐渐被抛弃，人们越来越重视和依托各种相关的信息。知识是人类在不断认识自然与改造自然的过程中逐步积累起来的关于客观世界的分析与描述。正确地运用人们所掌握的知识能产生巨大的力量，从而推动社会的发展和进步。而我们每一点知识的取得，又是在掌握并客观分析信息的基础上实现的。离开了客观、科学、准确、务实的信息，就不可能产生我们所需要的知识和相应的知识系统。

2. 信息推动预测和决策的科学化，减少不必要的盲目性

我们今天所面临的环境是充满竞争且十分复杂的，单纯凭借以往知识和经验的积累有时很难驾驭。为此，必须在从事各种有目的的社会活动时，不断地运用科学的方法和手段进行预测和决策。而这种活动又必须立足于科学地掌握、归纳、整理、分析相应的各种信息。大量的事实表明，离开了客观、准确、科学的信息，我们就不可能准确地预测未来事物发展的变化趋势，也就不可能形成相应的决策方案，我们所从事的活动也很可能会受到各种不必要的损失。

3. 信息推动社会经济活动有序运作

市场经济的发展，越来越要求人们讲求科学的方法，提高办事效率。在社会活动中，必须讲程序、守规矩、重效率。而这样就要求我们必须不断地捕捉所需要的各种有用信息，借助现代信息媒体和手段，最科学地占有、使用、分析相应的数据资料，使我们的思维和行为规范化，杜绝主观随意性，不断提高岗位工作效率。

五、信息管理的环节

信息是有价值的，是当今社会的一种极为重要的资源。为了有效地获得和使用信息，必须对信息进行管理。信息管理的环节包括：信息的收集、传递、存储、加工、维护和使用。

1. 信息的收集

信息收集中应该考虑三个问题：信息的识别、收集信息的方式和信息的表达。

信息收集的第一个问题就是收集什么信息。因为客观世界中可能存在很多与我们所研究的对象相关的信息，没有办法也没有必要收集全部的信息，在信息收集前首先要进行信息的识别，要根据系统目标的要求，从客观实际出发，加上我们的主观判断，确定我们到底需要收集什么信息。只有适当地舍弃信息，才能很好地使用信息。过多的信息不仅无益，还可能使决策者忽视一些有用的信息。

信息识别后，就要考虑如何得到信息。通常信息收集可分为原始信息收集和二次信息收集两种方式。原始信息收集是指在信息或数据产生的当时当地，从信息或数据所描述的实体上直接把信息或数据取出，并用某种技术手段在某种介质上记录下来。二次信息收集则是指收集已记录在某种介质上，与所描述的实体在时间与空间上已经分离的信息或数据。

采用不同的信息收集方式，需要注意不同的问题。原始信息收集的关键问题是要确保完整、准确、及时地把所需要的信息收集并记录下来，做到不漏、不错、不误时。因此，它要求收集工作的时效性强、校验功能强、系统稳定可靠。二次信息收集则是从别人已经收集并在某种载体上记录下来的信息中，去获得自己所需要的信息（实际上往往不是两次传递，而是经过了多次传递）。它的关键问题在于：有目的地选取或抽取所需信息和正确地解释所得到的信息。由于此时得到的信息从时间和空间上已经离开了它所描述的实体，从严格的意义上讲，已无法进行校验。所谓正确解释是指对信息的解释应该符合原收集记录者的原意，而不应随意地解释或曲解。

信息的表达可以有很多方式，其中最常见的是文字表达、数字表达和图形表达。文字表达要注意确切、简练，不漏失主要信息，不让人误解，避免使用过于专业化的术语、双关语及二义性词语。数字表达可以非常严格准确地记录信息。图形表达能带给人有关事物的总貌、发展变化趋势的信息，让使用者更容易做出判断，是一种好的信息表达方式。

2. 信息的传递

由于信息源和信息使用者在空间位置上往往并不一致，信息必须要通过某种渠道的传递才能到达需要者手中。信息传递需要考虑传递的信息的种类、数量、频率、传递的渠道等问题。因为这些方面的选择都会直接影响到信息传递的速度和质量，同时

也影响到传递的成本。

一个完整的信息传递过程通常具备信源（信息发出方）、信宿（信息接收方）、信道（信息传输媒体）和信息（信息传输内容）四个基本要素。信息传递的一般模型如图 1.2 所示。

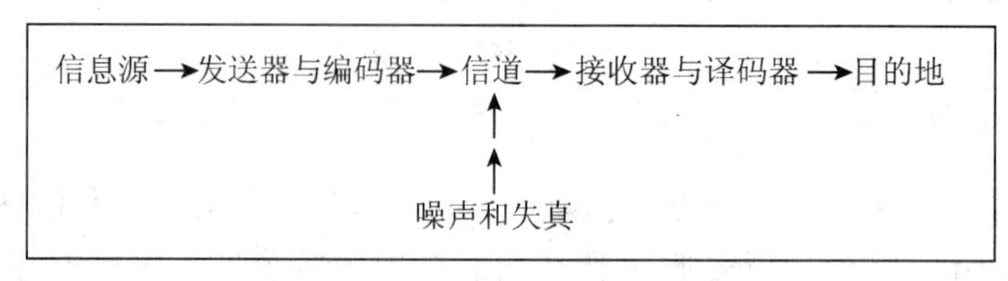

图 1.2　信息传递的一般模型

信息传递可以通过明线、无线、微波、卫星等多种渠道，不同的信道，传输能力和速度也各有不同，应该根据客观需要来选择。无论采用哪种信道，都应注意其噪声和干扰问题，要保证信息传递的可靠性。

3. 信息的加工

所收集的信息通常需要用各种方法对其进行去伪存真、去粗取精、由此及彼和由表及里的加工处理，才能更好地反映问题本质或更符合使用者的需要。

信息加工的种类很多。从加工本身来看，可以分为数值运算和非数值处理两大类。数值运算包括简单的算术与代数运算、数理统计中的各种统计指标的计算及各种检验、运筹学中的各种最优化算法以及模拟预测方法等等。非数值数据处理包括排序、归并、分类以及平常归入字处理的各项工作。

在对信息的加工中，按照处理深浅可以把加工分为预加工、业务处理和决策处理三个层次。

首先是对信息进行滤波和简单的整理，得到预信息，其次对信息进行分析、概括和综合，可以产生辅助决策的信息，最后应用数学模型统计推断，可以产生决策信息。

4. 信息的存储

由于信息收集和信息使用在时间和空间上可能会不一致，这就要求系统必须具有某种存储信息的功能，否则它就无法突破时间与空间的限制，发挥提供信息、支持决策的作用。

信息存储需要考虑存储的内容，要以输出（即是使用者的要求）来确定存储方式，以存储方式来确定输入格式。要明确需要存储哪些信息、存放多长时间、为什么要存储这些信息、以什么方式存储这些信息、存储在什么介质上、如何支持决策、在经济上是否合算，以及安全保密等问题。要保证所存储的信息不丢失、不失样、不外泄，整理得当、使用方便。

5. 信息的维护

保持信息处于可用的状态叫信息的维护。信息维护的主要目的在于保证信息的准确性、及时性、安全性和保密性。保证信息的准确性是指要保证信息处于最新状态，在合理的误差范围内。保证信息的及时性是指在使用者需要信息的时候，应能及时地提供信息，要有合适的存储设备和方便的存取路径。保证信息的安全性是指要保证信息不受破坏，万一信息被破坏后能较容易地恢复数据。要保证信息存储的环境和做好信息的备份工作。信息的保密性是指要防止信息被盗。要采用先进的技术，执行严格的管理措施来防范信息失窃。

6. 信息的使用

信息只有被使用，才能转化为价值。所有对信息的管理环节都只有一个目的，就是为了能够向管理者提供信息，支持管理者的决策，使信息产生其应有的价值。

向管理者提供信息的方式有很多种，如可以提供报表、查询应答、模型模拟的结果等。提供的信息可以用各种方式来表达，如图形、图像甚至声音等。其主要考虑的问题是如何高速度、高质量地把信息提供到使用者手边。

第二节　系　　统

系统是管理信息系统中要讨论的另一个重要概念，对理解管理信息系统的实质以及把握信息系统开发的思想有很大的帮助。

一、系统的概念

系统的思想最早可以追溯到20世纪30年代，随着生物学、心理学的研究，人们开始注意到系统的存在，并对其有了一些初步的、个别化的认识。20世纪40年代，路德维希·冯·贝塔朗菲提出了一般的系统概念和相应的系统理论，使人们对系统的认识逐步深化。1957年，美国人古德在对系统进行研究的基础上，撰写了《系统工程》一书，该书的公开出版标志着系统工程思想被人们广泛认识，系统工程的研究与应用也进入了一个新的时代。20世纪70年代中期以来，系统工程已从自然科学领域延伸到社会科学领域，继而渗透到国民经济的各个主要方面，极大地推动了社会经济的发展。

系统的概念可以是抽象的，也可以是实际的。一个抽象的系统可以是相关的概念或思维结构的有序组合，而一个实际系统是为完成一个目标而共同工作的一组元素的有机组合。上至国家，下至一个小单位、一个家庭及一个人内部的血液循环都是系统。

系统是由相互作用和相互制约的若干部分组合而成的、具有特定功能的有机整体。对于这个概念，我们可以从以下三个方面加以把握：①系统由若干要素组成。单一要素组不成系统，只有由多要素组成且相互有关联的才能称为系统。在该定义中非常强调“有机”，即系统各要素之间不是杂乱和混沌的，而是有机地组合在一起，相互作用，相互影响。②系统具有一定的结构。一个系统需要完成特定的功能，需要有一定结构的要素协调进行。如教育系统，有管理部门、教育机构和教育资源等，这些要素之间相互作用、相互影响，缺一不可。③系统是有功能和目的的。系统有一定的功能，特别是人造系统具有一定的目的性。如教育系统的目的是培养人才；生产系统的功能是生产产品；卫生系统的功能是提供健康保障等。

二、系统的特性

系统科学的研究分析指出，系统是由特定的元素为了某种目的有机地结合起来而形成的整体。归纳起来，系统的特性可概括为以下四个方面。

1. 系统组成的整体性

一个系统通常由若干个元素组成，这些元素在组成系统的过程中不是简单孤立的，而是彼此联系，互为影响，组成了一个较为完备的整体。如我们经常评价的企业核心竞争力系统，其构成就是一个完备的整体，如图 1.3 所示。

企业核心竞争力评价系统

战略目标系统	产品研发系统	市场开发系统	技术能力系统	人力资源管理系统	财务管理系统

图 1.3　企业核心竞争力评价系统

2. 系统功能的目的性

在一定的社会环境和条件下，系统具有一定的目的性，它要达到一定的社会效果，能解决系统本身研究和开发过程中应解决的各种主要问题。为此必须在系统建设的过程中，充分考虑作为系统的目的性，不仅要注重各个组成要素本身的目的性，更重要的是要考虑到系统整体的目的性。即在系统的分析与整合过程中，要把发挥系统整体功能作为出发点，在相应的环境和条件下使得要构建的系统的整体功能最大化，达到 1+1>2 的效果。

3. 系统构建过程的层次性

在系统建立和形成的过程中，任何系统都是由若干个小系统和构成小系统的元素组成的。各个小系统及构成元素之间都形成了比较严格的层次关系，相互影响，互相制约。任何一个下级的构成元素都受到上一层小系统的指导和制约，反之任何一个子系统运行的效果又必须通过其构成元素的作用加以体现。

4. 系统与环境的适应性

从许多管理信息系统的运行结果分析，任何系统都要与其存在的周围环境进行物质、能量和信息的交换。在运行的过程中，环境按照一定的程序和要求向系统输入物质、能量和信息，而系统对其进行吸收和处理，然后按照系统特有的程序，向外界输出结果，并在其运行过程中始终保持与环境协调一致。当某些环境因素发生变化时，系统从其目的考虑，有时也必须进行适应和调整，以求最有效地利用环境，产生1+1>2的社会效果。

三、系统的分类

系统可以从各种角度来分类，常见的有如下四种。

1. 概念系统和物理系统

按照系统的抽象程度来分类，可以把系统分成概念系统和物理系统两类。

概念系统指系统的概念元素及其结构。例如符号系统是一个概念系统。我们说管理信息系统表现出一个多层次的系统特性便是指它概念性的一面。

物理系统指系统的实际构成。例如管理信息系统的物理构成中有计算机、数据库和管理人员等，所以管理信息系统也是一个物理系统。

物理系统是概念系统的物质基础，而概念系统是物理系统的反映或表示。

2. 封闭系统和开放系统

按照系统与外界环境的关系，可以把系统分成封闭系统和开放系统两类。

封闭系统是指该系统与环境之间没有物质、能量和信息的交换，由系统的界线将系统与环境隔开，因而是一种封闭的系统。完全封闭的系统几乎是不存在的。但在很多情况下，可以将某些信息系统看作是相对封闭的系统。相对封闭的系统是指系统是受控制的，它的输入和输出对象是明确的。例如，在使用定量数学模型做决策时，系统的候选方案也是明确的，在一定的输入量下选出的最佳方案也是确定的。

开放系统是指系统与环境之间具有物质、能量和信息交换的系统。开放系统的输入是随机的、不确定的。这类系统通过系统内部各子系统的不断调整来适应环境变化，以使其保持相对稳定的状态，并谋求发展。企业、组织往往可以看成是一个开放系统。只有企业对环境的变化表现出适应能力，才能在激烈的竞争中生存。

研究开放系统，不仅要研究系统本身的结构与状态，而且要研究系统所处的外部环境，剖析环境因素对系统的影响方式和影响的程度，以及环境随机变化的因素。由于环境是动态变化的，具有较大的不确定性，甚至出现突发的情况，所以一个开放系统必须具有某些特定的功能，才能具备持续生存和发展的条件。

3. 开环系统和闭环系统

按照系统的内部结构，可以把系统分成开环系统和闭环系统两类。开环系统是指系统的输出对系统的输入不产生影响的系统；闭环系统是指系统的输出对系统的输入有影响的系统。我们所研究的管理信息系统是闭环系统。

4. 静态系统和动态系统

根据系统的状态，可以把系统分为静态系统和动态系统两类。静态系统的系统状态是静止的，不随时间的变化而变化；动态系统的系统状态是随着时间的变化而变化的。

四、系统模型

对于开放系统而言，系统一般由以下几部分组成，如图 1.4 所示。

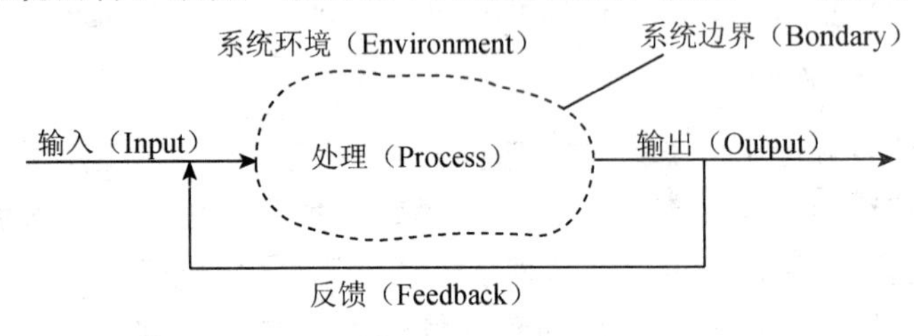

图 1.4　系统的一般模型

1）系统环境：系统环境是为提供输入或接收输出的场所，既与系统发生作用，但又不包括在系统内的其他事物的总和。环境和系统应互有一定的影响。

2）系统边界：系统边界是系统与环境分开的假想线，在此实现物质、能量、信息交换。

3）输入/输出：输入/输出与环境发生联系。系统接收的物质能量和信息称为系统的输入；系统经变换后产生的另一种形态物质、能量和信息称为系统的输出。

4）组成要素：组成要素是指完成特定功能而必不可少的工作单元。

5）系统结构：系统结构是指系统的组成要素和要素之间的关系。

6）子系统：子系统是指存在于系统之中的系统。

7）接口：接口是指子系统之间的信息交换。

五、系统方法

人类社会的早期，对客观世界采取“分而治之”的认识方法，由于当时人类思考能力有限，为了研究客观世界中的各种复杂事物，只能把被研究的对象分解成为许多部分，并通过对这些部分的研究来获得对研究对象整体的了解，这就是分析方法。

但是，随着人类对客观世界探索的深度与广度的不断提高，分析方法的不足之处便逐渐暴露出来。举例来说，在研究家庭成员的行为模式时，把家庭成员分隔开来研究是不可行的，因为分开之后，家庭成员中相互作用的方式和性质就和以前不同了。如在研究儿童行为时，人们也发现，把儿童从家庭与社会环境中孤立出来进行研究，无法得出正确的结论。大量的事实教育人们：事物应被放在与其他事物的相互联系中来研究，无法从对各部分所进行的孤立研究中认识整体的某些性质。人们找出了弥补分析方法不足的另一种认识世界的方法——系统方法，一种强调从整体上认识事物的方法，整体观念是系统方法的核心。

系统方法要求人们在研究问题时要做到以下几点：

1）把系统的整体作为研究的中心内容。系统中的各部分虽然也是重要的研究对象，但如果把整体放在一旁，而企图通过只研究部分来了解系统，则会导致只见树木而不见森林的结果，决不能获得对于系统的正确和全面的认识。

2）考虑系统的内部关系。在对系统中任何一个部分进行研究时，必须充分考虑它在系统整体中所处的地位和扮演的角色，以及它和系统中其他部分之间的相互作用。

3）考虑系统与环境的关系。在研究任何系统时，还必须将它与其所处的环境联系起来一道进行研究，充分考虑它和环境之间的相互影响，因为系统是系统和其所处的环境所组成的更大系统的一个部分。

第三节 管理信息系统的概念及其结构

一、管理信息系统的概念

管理信息系统的概念起源很早。早在20世纪30年代，柏德就写书强调了决策在组织管理中的作用。20世纪50年代，西蒙提出了管理依赖于信息和决策的概念。同一时期维纳发表了控制论与管理，他把管理过程当成一个控制过程。20世纪50年代计算机已用于会计工作，1958年盖尔写道："管理将以较低的成本得到及时准确的信息，做到较好的控制。"这时数据处理一词已经出现。

管理信息系统一词最早出现在1970年，由瓦尔特·肯尼万（Walter T. Kennevan）给它下了一个定义："以书面或口头的形式，在合适的时间向经理、职员以及外界人员提供过去的、现在的、预测未来的有关企业内部及其环境的信息，以帮助他们进行决策。"这个定义从应用目的出发，说明了MIS主要是提供信息，它强调了用信息支持决策，但没有强调应用模型，这里也没有任何计算机字眼。很明显，这个定义是出自管理领域的，而不是出自计算机领域的。

管理信息系统从20世纪80年代逐步形成为一门独立的新兴学科。1985年，管理信息系统的创始人，明尼苏达大学卡尔森管理学院著名教授高登·戴维斯给出了一个比较完整的管理信息系统定义："管理信息系统是一种利用计算机硬件和软件、手工作业、分析、计划、控制和决策模型，以及数据库的用户—机器系统。它能提供信息，支持企业或组织的运行、管理和决策等方面的功能。"这个定义最大的特点是它指出了计算机的存在。在当时的美国，所有信息系统均有计算机。这也就是说，没有计算机也有信息系统，但只有有了计算机才能算是先进的信息系统。这个定义还指出组成信息系统的各个部件。而且指出了：管理信息系统是个用户—机器系统，也就是人—机系统。可是我们日常的理解中最大的错误没有把人当成信息系统的组成部分。这个定义还更深入地指出了管理信息系统能支持企业的三个层次的工作，即基层运行、中层管理、高层决策。

继高登·戴维斯教授之后，又有一批专家学者较系统地研究了管理信息系统的概念，从不同的侧面进行了阐述和分析，如图 1.5 所示。通过对研究成果的归纳分析，我们认为目前比较成熟的概念有以下几种。

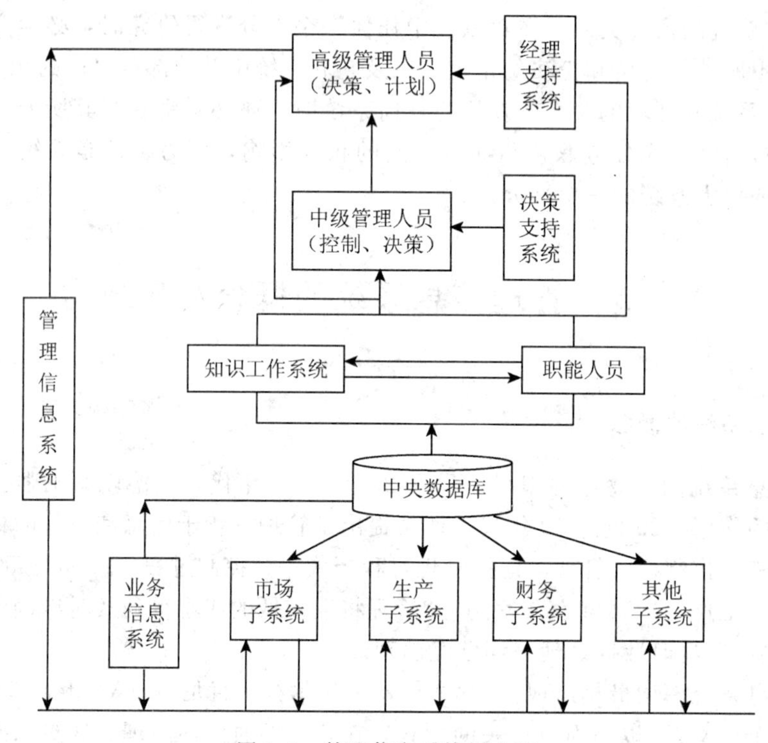

图 1.5　管理信息系统概念图

1）管理信息系统是一个由人、计算机等组成的，能进行管理信息收集、传递、存储、加工、维护和使用的系统。管理信息系统能实时监测企业的各种运行情况，利用过去的数据预测未来，从全局出发辅助企业进行决策，利用信息控制企业的行为，帮助企业实现其规划目标。

2）管理信息系统为决策科学化提供应用技术和基本工具，是为管理决策服务的信息系统。

3）管理信息系统是一个以人为主导，利用计算机硬件、软件、网络、通信设备以及其他办公设备，进行信息的收集、传输、加工、存储、更新和维护，以企业战略竞优、提高效益和效率为目的，支持企业高层决策、中层控制、基层执行的集成化人机系统。

4）管理信息系统就是使用先进的信息处理工具和技术，自动收集、加工和处理信息，提供决策支持，实现管理功能目的的系统。

二、管理信息系统的特征

从上述管理信息系统的概念分析中，可以把管理信息系统的特征归纳为以下五个主要方面。

1. 交叉性

管理信息系统作为一门新兴的学科，起步较晚，发展较快，其核心内容和学科体系尚处于一个不断发展和完善的过程。在其深化发展的过程中，不仅需要计算机科学与技术、应用数学、管理理论、决策理论、运筹学等学科的支撑，而且进一步地分析和解决较复杂的管理信息系统的各种问题时，又需要运用上述学科的方法和手段，从而形成了该学科作为一门边缘科学的鲜明的交叉性。

2. 综合性

从大的方面分析，管理信息系统是一个对组织进行全面管理的综合系统。一般地说，在建立管理信息系统时，通常根据组织的需要和目标，逐步建立满足要求的各个子系统，并在此基础上进行综合开发，最终完成应用管理信息系统，达到工作目标的要求。

3. 面向性

管理信息系统是继管理学的思想方法、管理行为之后的一个重要发展，是一个为管理决策服务的信息系统。它在建立的过程中，根据工作目标的不同，有自己独特的面向性，系统必须能够不断地为管理者提供所需要的信息，帮助管理者完成工作范围内的预测和决策事务，达到科学化管理的要求。

4. 系统性

管理信息系统从组建开始，就必须具备人—机协调或人—机—环境协调的功能，整个系统本身具有较好的协调性。在管理信息系统中，各级管理人员既是系统的使用者，又是系统的组成部分。因而，在系统研发过程中，要根据这一特点，正确界定人与计算机在系统中的地位和作用，充分发挥人与计算机各自的长处，使系统整体性能达到最优。

5. 融合性

在管理信息系统建设的过程中，只单纯采用计算机技术提高数据处理技术，而不采用先进的管理方法，管理信息系统应用的结果就会仅仅是减轻了管理人员的劳动，而对提高整体工作的效果很不明显。要想较好地发挥管理信息系统的作用，就必须使现代管理方法与先进计算机手段日益融合。

三、管理信息系统的结构

管理信息系统的结构，是指管理信息系统各个组成部分之间相互关系的总和。

根据系统论的基本思想，不论管理信息系统的结构如何，其形式并不是唯一的，也不是最主要的，在多种因素的比较分析中，我们最关心的也是最重要的就是管理信息系统结构形成后所产生的综合效果，能否真正形成 1＋1＋1＞3 的格局。为此，从这一基点出发对管理信息系统的结构进行分析。

如图 1.6 所示，管理信息系统的结构通常有以下几种构成原则。

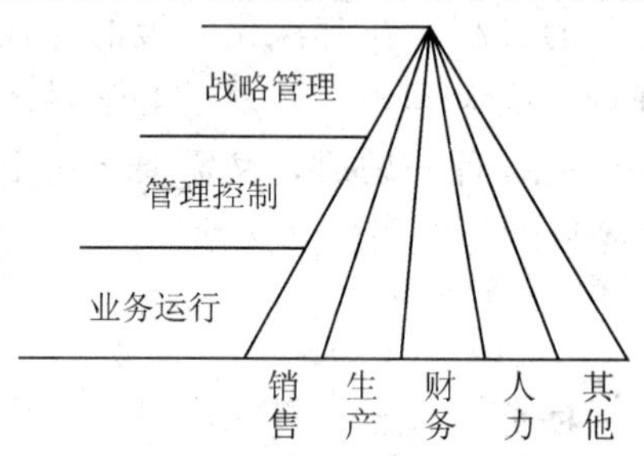

图 1.6　管理信息系统图

1. 横向综合结构

企业管理是分层次的，我们通常把组织分为基层、中层和高层三个管理层次，即运行管理、管理控制和战略决策。各管理层因其地位不同，所需要的信息也不同。横向结构是指把属于同一组织级别上的几个职能部门的数据处理予以综合，实现计算机管理。例如为了计算成本工资，可以把原材料库、成品库和车间管理综合起来，又如把采购、进货和库存管理综合起来，可以实现对原材料的统一管理。

横向结构的管理信息系统，可以使各部门之间的联系得到加强，实现数据资源共享，有助于整个系统的优化。

2. 纵向综合结构

管理是分层次的，但每个层次上又有不同的职能，纵向综合结构是按职能构成管理信息系统，把属于不同管理级别上的数据进行综合处理。如一个大公司下属有很多分公司，分公司下还有分公司，我们可以把总公司的销售数据处理与各分公司的销售数据的处理综合起来，以便进行统一的规划、分析和控制。这种结构便于不同管理层次（上下级）之间的信息沟通，对于多级组织及规模较大的公司特别有意义。

3. 总的综合结构

根据企业管理的实际情况，我们知道一个组织各部分的决策和活动都是有内在联系的，总的综合结构是指把组织中的数据按横向和纵向都加以综合。而这种综合一旦完成，即实现了管理信息系统要对组织的任何层次和任何职能进行支持的目的，从而实现组织的整体最优。

四、管理信息系统的类型

目前，管理信息系统的应用已深入到社会的各个领域，人们的工作和社会交往时刻都与管理信息系统有着密切的联系。下面，我们从三个方面来分析和认识管理信息系统的类型。

1）根据信息的层次划分，管理信息系统可分为一般事务处理系统、管理控制系统和战略决策系统。

在管理信息系统中，一般事务处理系统是一种通过进行事务数据的收集、分类、存储、维护、更新，从而保存数据，并为其他系统提供输入的计算机信息系统。它在进行事务性信息处理的过程中，通常有以下5个基本步骤：数据输入、业务处理、文件和数据库处理、数据报告生成、查询处理活动。管理控制系统是我们通常所指的狭义管理信息系统，主要帮助企业或组织解决结构化、数据化和程序化的决策问题。战略决策系统是指组织由专门的工作人员利用计算机技术和手段设计和开发，为企业和组织中高层管理人员进行日常组织管理和决策提供支持和服务的计算机信息系统。

2）根据组织的职能划分，管理信息系统可分为市场营销管理信息系统、物流与采购配送信息系统、生产管理信息系统、人事管理信息系统、财务管理信息系统等。

依据组织职能的差异而形成的各种管理信息系统经常出现在日常的组织活动中。市场营销管理信息系统主要包括企业根据市场需求，从客户或用户的角度出发，结合对市场营销环境的比较分析而确立和形成的系统。物流与采购配送信息系统主要包括企业根据生产经营的需要而确立进货方式、采购数量、库存规模并进行相应费用核算的系统。生产管理信息系统是指企业按照产品、技术的特点和要求而建立的信息系统，主要功能有制定生产计划、对生产工艺进行管理与控制、确定执行并完善作业控制的标准与模式。人事管理信息系统主要是从人力资源管理与控制的角度出发而确立和形成的系统，管理范围包括岗位设置与人员选聘、人员的考核与绩效评价、工资与薪酬管理、人员管理规范与制度等。财务管理信息系统是由会计信息系统和财务信息系统所组成的系统。

3）根据系统的服务对象划分，管理信息系统可分为政府机关信息系统、金融业管理信息系统、商务管理信息系统和服务业管理信息系统。

政府机关信息系统又称为政务管理信息系统，涉及政府信息资源的立法与保护、政府信息资源的开发与利用、政府信息管理规划与管理。

金融业管理信息系统主要包括银行信贷管理信息系统以及银行储蓄管理信息系统等。

商务管理信息系统包括商业信息系统、供应链管理系统、客户关系管理系统等。

服务业管理信息系统包括服务中介组织信息系统和酒店管理信息系统等。

第四节 管理信息系统的形成、发展及其对管理的影响

一、管理信息系统的形成过程

以电子计算机技术为基础的管理信息系统，虽然发展历史不长，但也经历了几个发展阶段，这几个阶段与计算机技术、管理科学以及系统科学的发展有密切关系。

（一）电子数据处理（EDP）阶段

这一阶段又分为单项电子数据处理和综合电子数据处理两个阶段。

1. 单项电子数据处理（20世纪50～60年代）

1954年美国通用电器公司安装了第一台用于商业数据处理的电子计算机，标志这一阶段的开始。在这个阶段中，由于计算机刚刚用于管理，只用于某个职能部门的单项业务的数据处理，如工资计算或库存登记。主要是模仿手工管理的方式，完成一些烦琐但条理性很强的事务性工作。

这一阶段由于计算机的外部设备、软件及通信技术均不够完善，因而数据的收集还保留着原有的手工方式，计算机的应用也只限于在机房内采用批处理的方式来集中处理数据。这样不仅占用较多的人力、物力，计算机的效率也未能充分发挥。

从整个企业来看，计算机只是局部地代替了管理人员的手工劳动，使部分管理工作的效率有所提高，但优越性不十分明显，管理工作的性质没有改变。

2. 综合电子数据处理（60～70年代中期）

综合电子数据处理是指用计算机来控制的具有一定综合功能的管理子系统。

随着电子计算机技术和通信技术的发展，计算机在管理中的应用由批处理方式发展到联机处理方式，数据处理的范围也由单项业务转向多个职能部门的综合数据处理。

综合处理的一个典型的例子是库存管理系统。在这个系统中，计算机不仅要统计仓库日常的收发数量，处理入库单和出库单，更新现有的库存量，而且还要安排采购和订货计划，保证库存物品既能满足生产的需要，又不至于因库存过多而占用较多的流动资金。因此，要核算最经济的订货批量、制定各项物品的储备定额、确定最高库存量和安全库存量，并随时对现有库存量进行监测，一旦低于安全库存量即自动报警。

这一阶段信息系统的输出都是定期报表，提供所处理的业务数据的汇总资料。产生的报表主要是供基层管理决策之用。此时信息系统中已用到简单的决策模型，如库存控制模型。但这一阶段系统的应用还处于局部领域，功能单一，对数据的处理不深入不完善，没有预测和控制功能。

（二）管理信息系统（70 年代中期至今）

随着计算机主机容量的增大、运算速度的提高以及性能价格比高、单机价格便宜的小型机和微型机的出现，大部分企业都有可能使用计算机来进行企业管理。

这一阶段，管理科学与计算机科学相结合，许多企业建立了计算机化的管理信息系统，在管理中计算机由局部应用发展到全面使用，由单一功能系统发展到多功能、多层次管理系统，将计算机用在了一些创造性的、人工难以处理的活动中。

管理信息系统是由人和计算机构成的综合性整体，它的目的是实测企业各部门的运转情况，规划生产、预测市场、控制企业行为，协助决策。计算机作为管理信息系统的一个重要组成部分，已不再是完全模仿人工的简单劳动，而是在此基础上发挥了智能的作用。每个管理信息系统均包括数据处理的功能，但它所包含的功能要广泛得多，它的主要目的在于提高效益，而不过分看中效率。

管理信息系统强调系统功能的集成和数据的集成。可以把若干数据处理任务按业务职能集成起来，如生产管理信息系统、销售管理信息系统、人事管理信息系统等等。每个系统都有一个相应的集成数据库。系统除向中层和高层管理部门提供定期报表外，还可应管理人员的要求，提供特殊的报表。决策模型已较普遍应用在这个阶段的系统中。

在信息系统飞速发展的同时，也暴露出很多问题，这一阶段的系统通常为追求功能齐全，做得很庞大，缺乏灵活性，而企业是在一个动态的环境中发展的，这一阶段的系统难以适应环境的变化。这类系统能够提供大量的信息，但对于组织和管理者来说，这些信息过于机械化，其内容不能令人满意。

二、管理信息系统的发展趋势

（一）决策支持系统

决策支持系统（decision support system，DSS）是美国人在 1970 年提出来的。它是利用计算机信息系统直接向决策者提供支持、帮助检索、处理和展示决策所需要信息的一种系统。40 多年来，决策支持系统在美国等国家的不少部门中成功地获得了应用。

如果说管理信息系统主要是为了有效地提供各类管理决策所需信息和辅助部分结构化程度较强的中下层决策的话，决策支持系统的任务就是要提供信息来支持面向高层管理的结构化程度不强的决策。

决策支持系统除了利用现有的技术最新技术如交互式的计算机系统、大容量的外存装置、多样化的外部设备、数据库技术和网络技术外，还增加了模型库、方法库、知识库以及它们各自的管理系统，使得整个决策支持系统具有试探、推理、演绎等多种类似人脑的功能，因而它能用来做出最优决策。

决策支持系统的特征有以下几点。

1）目标在于解决非结构化或半结构化的问题。

2）综合利用模型或分析技术，并有传统的数据存储和检索功能。

3）采用会话式的人机交互工作方式，特别注意方便非计算机专业人员使用。

4）具有灵活性和适应性，能适应决策环境和决策者决策方式的变化。

决策支持系统的功能有以下几种。

1）帮助决策者确定问题。

2）帮助决策者从数据库中选择适当的资料。

3）帮助决策者挑选探索解决问题的方法。

4）帮助决策者评价各种可供选择的方案。

总之，决策支持系统的目的是对组织的高层决策者提供信息，支持他们进行半结构化或非结构化问题的决策。

（二）专家系统

专家系统是用来解决需要经验、专门知识和缺乏结构系统的问题的计算机应用系统，应用专家系统的帮助，可以使无经验的人解决问题达到有经验人的水平。

专家系统的主要特点是有一个知识库，它存有数据和决策规则，还有推理机构。

专家系统和决策支持系统有很多相似之处，但也有很大的差异。如表 1.2 所示。

表 1.2　决策支持系统与专家系统的不同之处

特征	决策支持系统	专家系统
主要目标	支持决策者进行决策	代替决策者进行决策
谁做决策	人	专家系统
查询操作	用户问系统	系统问用户
主要部件	数据库、模型库、会话部件	知识库、推理机构、用户接口
设计队伍	系统分析员/程序员/用户	知识工程师/专家/用户

除了以上所介绍的系统外，还有很多其他的信息系统的最新发展。

1）战略信息系统与经理信息系统。

2）企业资源计划系统。

3）供应链与客户关系管理系统。

4）办公自动化系统。

5）电子商务等。

有关内容将在本书第八章中阐述。

管理信息系统在企业中应用的发展趋势表现为：从管理的层次来看，管理信息系统的应用从支持基层业务人员的数据处理，发展到支持中层管理人员的管理与控制，最后发展到支持高层决策人员的战略决策；从纵向的管理职能来看，从单一的、局部职能的数据处理系统，到建立相对较完善但相互独立的职能信息系统，最后发展到建立融合企业所有职能部门的整体管理信息系统。可以看出管理信息系统的作用范围不断扩大，支持的决策层次不断提高，其应用从局部到整体，甚至突破企业的边界，其发展的趋势是不断地实现各个层次、各种职能的系统融合，最终实现管理信息系统在企业中的战略作用。

三、管理信息系统的发展对企业管理的影响

阅读材料

信息系统对联想公司管理的全方位的影响

从表面上看，信息系统作为手段为联想公司管理提供了技术支撑平台，而实际上，联想公司认为信息系统不仅是工具，特别是在互联网时代，信息系统已经成为企业全方位管理理念，文化、业务、组织及人力资源模式转换形态的催化剂和助推器。联想公司副总裁将信息系统对联想公司管理的影响归纳为以下五个方面。

1）在组织成员层面：信息系统使联想公司对人的管理实现了两个转变：通过电子邮件和内部主页等手段建立了个体对个体的沟通模式；建立了以目标为导向的组织管理模式。

2）在组织结构层面：信息系统使联想公司对组织的管理实现了两个转变：从封闭孤立型的树状组织结构到开放协作型的矩阵结构的转变；由静态的“部门接口型”协作关系到动态的基于业务流程体系的专业化协同的转变。

3）在业务管理层面：信息系统改变了联想公司的整个价值链，从内部管理（财务、人力资源、行政等）到业务运作（研发、制造、渠道、服务等）都构建在基于Internet的信息平台上，ERP的导入更实现了价值活动的全球运作。

4）在战略管理层面：信息系统使联想公司重新定义了自己的业务范围、目标是成为信息产品和服务的提供商。

5）在企业文化层面：信息系统催生了“协同与创新”的联想文化，联想公司在Inertent时代的主流文化就是创新，不断的创新、永无止境的创新。

（资料来源：郭宁，郑晓玲．2006．管理信息系统．北京：人民邮电出版社）

由于现代企业面临越来越复杂的环境和越来越激烈的市场竞争，企业中产生了大量的数据处理和信息需求问题，促使了管理信息系统的产生和发展。但是，信息系统一旦出现，也给企业的管理方式带来了巨大的影响。

将计算机信息系统与手工作业方式进行比较，它提供信息的速度快、准确程度高，而且简单省力。所以能为管理人员的经营决策提供详尽的、全面的、准确的数据资料，使管理人员有可能及时掌握企业中生产的全貌，从而促进应用系统的观点来考虑管理

中遇到的问题。

管理信息系统的应用不仅提高了反馈信息的质量，同时也提高了反馈信息的速度，使得管理人员对企业的管理从事后管理逐渐走向实时管理，管理信息系统中的预测功能，又使得管理人员能够进行事前谋划和管理，使管理工作由被动逐渐变为主动。

管理信息系统为各级管理者提供他们决策时所需要的信息，要求企业必须能够提供用于产生这些信息的数据资料，因此管理信息系统的应用促使企业的管理基础工作走向科学化。包括管理工作的程序化、管理业务的标准化、报表文件的统一化和数据资料的完整化等。

因为管理信息系统中要应用大量的先进管理手段和方法，而这些先进的管理方法和手段要求企业必须有与之配套的观念、结构、方法及手段。因此要想管理信息系统能够有效地运转，必须首先要对企业的组织结构和管理体制进行调整，如组织结构的扁平化、采用虚拟办公室甚至虚拟组织、采用更灵活的组织结构，从而加速了企业管理体制的合理化进程。

由于有了计算机，各种数学、运筹学、经济学等模型的应用成为可能。促使管理人员的管理方法由定性管理向定量管理与定性管理相结合的方向发展。

管理信息系统的应用使管理人员的劳动性质发生了变化。手工信息处理的条件下，企业中的各级管理人员每天都在从事信息的收集、转抄、整理和计算工作。应用计算机后，这种情况发生了明显的变化。重复性的事务工作都由计算机去处理，从而使管理人员从日常的抄抄写写、加加减减的烦琐的事务性工作中解脱出来，腾出更多的精力去从事创造性的管理活动。如进行市场调查研究、分析管理活动中出现的问题，制定改进和提高管理工作效率的措施，研究企业发展的战略等。

计算机在企业管理中应用后，对管理人员的要求不是降低了，而是提出了更高的要求，使管理工作真正成为一项复杂的创造性的脑力劳动。

管理信息系统的最新应用，如电子商务、企业资源计划系统、客户关系管理系统以及战略信息系统等，可以使企业通过信息系统建立企业与客户及供应商之间的更密切的联系，支持企业进行市场开拓，支持企业开发新的产品和服务，降低产品成本，支持企业通过信息技术手段与其他企业结成战略联盟和信息伙伴关系等，总之管理信息系统的这些应用可以帮助企业获得更大的竞争优势。

管理信息系统的开发、应用和发展过程正是实现企业现代化管理的过程。

案例分析

UPS利用信息技术进行全球竞争

UPS（United Parcel Service，联合包裹运送公司）是世界上最大的航空和陆地邮件运输公司之一。它成立于1907年，当时的办公室设在一间狭小的地下室。两个来自西雅图的年轻人——Jim Casey和Claude Ryan用两辆自行车和一部电话成立了这家公司，他们的承诺是"收取最低的费用，提供最佳的服务"。UPS已成功地运用这一原则经营了100多年。

现在UPS仍然遵守这一承诺，每年它将近30亿件邮件和信函发往美国各地及世界上至少185个国家和地区。这家公司不仅在传统的邮递业务中处于领先地位，而且正同联邦快递公司在夜间快递业务方面展开竞争。UPS成功的关键是在采用先进的信息技术方面进行投资。在1992～1996年间，UPS在信息技术方面投入了18亿美元，以保持其在世界上的领先地位。信息技术使得UPS提高了客户服务质量，同时保持低成本并使其整个服务成为一个整体。

通过使用一种叫做邮递信息获取设备（DIAD）的便携计算机，UPS的司机可以自动获取有关客户的签字、收取、交货和时间记录卡等信息；然后司机将DIAD接到卡车的适配器上，此适配器是个与蜂窝电话网相连的信息发送装置。此时邮件的跟踪信息就被发送到UPS的计算机网络中心，以便UPS设在新泽西州总部的主机进行存储和处理。世界各地的机构都可以使用这些信息，给客户提供交付的证据。对于客户的询问，此系统还可以打印出回函。

通过自动化的包裹跟踪系统，UPS可以监视包裹的整个递送过程。在货物从发送人到收货人这一过程的许多节点上，条形码装置会将货物标签上的运输信息扫描下来，然后输入中心的计算机。客户服务代表可以利用与主机相连的计算机查验货物的状态，并能立即回答客户的询问。此外，UPS的客户也可以通过他们自己的计算机，使用UPS提供的专用的货物跟踪软件直接查到这些信息。

UPS的存货快递业务始于1991年，它可以将客户的产品存在仓库中。一旦客户需要则可以在一夜之间将货物送到客户要求的任何地方。使用这种服务，客户可以在凌晨1:00通过电子设备将运输指令传给UPS公司，并要求当天上午10:30之前将其送到。

1988年，UPS大力开拓海外市场并建立了自己的全球通信网——UPS网，以处理世界各地业务的信息。UPS网可以为开账单和交货确认提供信息，也可以跟踪国际运输，并加快清关，从而扩大了其开展国际业务的能力。使用自己的网络，UPS可以在货物抵达之前就将每一个单据文件以电子的方式直接传送到海关官员那里，之后海关官员决定准予清关或作标记以备检验。

UPS正在加强其信息系统的能力，以使其能够保证某一邮件或一组邮件将会在特定的时间抵达目的地。如果客户需要，UPS将能在货物抵达目的地前截住它们，并将其运回或转运其他的地方。最终，UPS甚至可以使它的系统实现客户彼此之间直接传递电子信件。

（资料来源：高明波．2008．物流管理信息系统．北京：对外经济贸易大学出版社）

思考题

1. 信息技术和 UPS 的企业战略关系如何?
2. UPS 系统给该公司及其顾客带来哪些价值?
3. UPS 使用了哪些信息技术,信息技术是否选用得越多越好?

本章思考题

1. 什么是信息?如何理解信息的特性?
2. 信息有价值吗?其价值表现在哪些方面?
3. 信息管理的内容有哪些?
4. 什么是系统?举例说明系统的属性。
5. 系统方法是如何思考问题的,为什么这么思考?
6. 如何理解管理信息系统的概念?
7. 管理信息系统有几种分类的方法,其分类的原则是什么?
8. 管理信息系统是怎样形成和发展的,其发展趋势是什么?
9. 管理信息系统对企业管理的影响有哪些,我们应如何看待这些影响?

第二章　管理信息系统的技术基础

管理信息系统是基于计算机的系统，同时也是基于网络的系统。管理信息系统的技术基础主要包括计算机系统（包括硬件和软件）、网络技术和数据库技术等几个方面的内容。通过本章的学习，应了解计算机系统的构成和软件的分类，理解管理信息系统软件在软件系统中的地位，掌握数据库系统所涉及的技术，掌握局域网的特点和组网技术以及 Internet 的应用。

阅读材料

公共关系（PR）公司的改革

数量不断增长的公共关系（PR）公司已停止从报纸、资料室和地区图书馆等处收集客户和竞争对手的信息。相反，他们采用了高科技的数据库，这些数据库能提供与客户最相关的信息。今天，绝大多数 PR 公司和公司联络部门都选择这些数据库作为研究工具，而且它们正对研究方式进行改革。

通过利用许多公共的联机信息数据库——如 Nexis、道琼斯及 Newsnet，从事 PR 工作的人员可做任何事情：从监控重要的新闻事项及客户新闻报道研究关键的问题和社会倾向。“所有你能想象的事情都可以在网上找到”，Ketchum 公司（一家位于纽约的 PR 公司）的信息服务经理 Karyn Stemberger 说道，“如果你已经习惯使用这些数据库，你就会发现他们非常省时间和金钱，利用这些数据库可帮助我们获得最新的消息。客户也会对我们所提供信息的深度和速度留下十分深刻的印象。”

除了进行客户支持外，数据库还有其他更多的用途。许多公司通过进行信息研究发现新的行业。代理商可以迅速地访问某个候选人的媒体报道。在定位一项新业务时，许多 PR 公司的经理们也要首先做一次综合的数据库研究。

数据库也能节省公司及其客户的许多工作和精力。按照纽约的 Creamer Dickson Basford 公司信息服务部的经理 Amy Zerman 的说法，“公众如何看待我们客户的广告，利用数据库可以给我们提示。例如，一项调查可能发现某种特定的方法并没有奏效。数据库确实能帮助我们的客户制定新的业务方法。”

这些高科技数据库的未来会是怎样的呢？速度变得越来越重要。例如，由联合出版署开发的数据库必须在用户提出申请之后不到 15 分钟内就应将数据传送过来。

（资料来源：管理信息系统精品课程，芜湖职业技术学院，http：//www1. whptu. ah. cn/mis/article. asp？article _ ID=660）

第一节　信息系统中的计算机

一、计算机系统

一个完整的计算机系统包括计算机硬件和计算机软件两部分。计算机硬件是机器的可见部分，是计算机系统工作的基础，计算机软件帮助用户使用硬件以完成数据的输入、处理、输出及存储等活动。常用的计算机类型可以分为以下几种：

1）微型计算机。微型计算机是对终端用户最重要的计算机，台式计算机是管理信息系统中使用最普遍的计算机，是进行输入输出、分布式的数据处理、存储等操作的基本单元，在网络中作为客户机使用。

便携式计算机方便人们在移动办公环境中使用，并具有远程通信的功能，使用户随时随地访问位于办公室的主机和公司网络。

2）工作站。工作站是一种功能极强的微型计算机，有很好的联网能力，还具有很强的图形化处理功能。

3）大型机。大型机具有强大而齐全的功能。运算速度可达上千 MIPS（每秒百万条指令），存储容量大，可连接数百至数千个终端同时工作。大型机主要用于大型商场、企业集团、银行、航空公司订票系统、国民经济管理部门等。

在网络系统中，计算机可以分为服务器和客户机。服务器是为网络系统中的其他计算机提供服务的功能强大而齐全的计算机。它主要提供文件服务、应用服务、数据库服务、通信服务、Internet/Intranet 服务等等。服务器类主机一般由小型机、工作站或专用微机服务器担任。它应该具有高性能的单个或多个 CPU，大容量、快速容错的内存，大容量热交换硬盘或容错磁盘阵列，配备一个或多个高速网络适配器，服务器还应该预装和配置服务器管理软件，以提供服务器管理功能，选购服务器不仅要考虑服务器的运行速度，还应该充分考虑它的可靠性、文件服务性能、扩展性等多种网络特性。客户机通常使用台式个人计算机。在移动状态下或当需要经常变换位置时，可以用便携式微机作为客户机。如果需要很强的图形化处理功能，那么工作站亦可作为客户机。

二、对计算机的选择

对计算机的选择，包括对计算机和网络设备的选择。虽然是对硬件的选择，但它取决于要在这些硬件上运行的软件的需要。因此应首先考虑运行什么样的软件，然后再考虑选择什么样的硬件。

在软件选择方面，应当从组织的业务需要来考虑，同时还应考虑能否利用当前企业中的计算机，尽量发挥已有硬件的性能。如果需要购置硬件，应根据软件的需要来进行选择。

由于计算机系统和网络设备的性价比在飞速提高，应根据实际情况和预算选择具有较高性价比的系统。越先进的系统价格越高，不必要求性能太超前。可以在必要的时候，通过对系统进行扩充来满足不断增长的需要。

选择软件和硬件，还应考虑能否与网络相连，能否在网上发布信息等。

三、信息系统的物理结构

管理信息系统的基本物理结构是计算机体系结构，是计算机及网络体系结构的结合体，它经历了从单机结构、主从结构、文件服务器/工作站结构到客户机/服务器体系结构的发展过程。

1. 单机结构

如果在一个系统内的多台计算机是各自独立使用的，这样的系统就是单机结构的系统。单机系统中的计算机处于各自为政的孤立状态，各自运行一套系统软件、应用软件和业务数据，计算机之间不能进行通信和资源共享，系统靠磁盘备份完成两机之间的数据传输。单机结构不能直接交流信息，不能共享资源，效率低、实时性差、手段落后。但单机系统具有天生的安全性和易操作性。

2. 主从结构

主从结构又称主机——终端结构，它有一台大型主机，可以同时在本地或远程挂接多个终端，主机对各终端用户传来的数据进行分时处理，使每个终端用户感觉像拥有一台自己的大型计算机一样。用户借助终端访问计算机，终端只是一种数据输入/输出（I/O）设备，没有 CPU 和存储器。只负责将用户输入的信息传到主机，然后显示由主机返回的处理结果。

主从结构采用集中式处理方式，许多用户共享一台大型计算机。由于主机要同时处理来自各个终端的数据，所以主机的性能十分关键。一般采用大型机或高档高配置的计算机作主机。系统的性能主要取决于主机的性能和通信设备的速度。

主从结构对于分散的处理方式有很大进步，由于数据集中起来进行处理，提高了信息处理的效率，能高效地完成数据收集工作，系统费用低，易于管理控制，也能够保证数据的安全性和一致性。但程序运行和文件访问都在主机上，用户完全依赖于主机，一旦主机出现故障就会使所有用户受到影响。

3. 文件服务器/工作站结构

在文件服务器/工作站系统中，一个组织的多个工作站与一台服务器互相连接起来。使用微机作为工作站，以高性能微机或小型机作为服务器。数据库管理系统安装在文件服务器上，而数据处理和应用程序分布在工作站上，文件服务器仅提供对数据的共享访问和文件管理，没有协同处理能力。

文件服务器管理着网络文件系统，提供网络共享打印服务，处理工作站之间的各种通信，响应工作站的网络请求。工作站运行网络应用程序时，先将文件服务器传来的程序和数据调入本机内存中，运行后在本机上输出或在打印机上输出。文件服务器的处理方式会增加网的传输负荷，降低传输的效率和响应时间，很容易造成网络阻塞。

4. 客户机/服务器结构

这种结构不同于多用户联机系统和传统文件服多数工作站结构，主要区别在于对数据的处理分为前台任务和后台任务。客户机完成屏幕交互和输入、输出等前台任务，而服务器则完成大量的数据处理及存储管理等后台任务。这种处理方式使后台处理的数据不需要在客户机和服务器之间频繁传输，从而有效解决了文件服务器/工作站模式下的“传输瓶颈”问题。网络上的用户不仅只是共享打印机、硬盘或数据文件，而且共享服务器的数据处理能力，这在思维方法上是一个突破。客户机服务器的网络结构是分布式数据库管理系统的基础。

客户机/服务器结构是当代管理信息系统设计时首选的结构，因为这种结构能够让信息的各种特性在计算机系统中得到充分体现，也符合管理信息系统中信息类型多样化、事物处理分布化、系统环境开放化的要求。

设计管理信息系统的基本结构时必须考虑用户的实际需求，详尽分析用户现在、未来的组织方式、业务内容和数据分布等实际情况。

第二节　网络操作系统

由于现在的管理信息系统已经不是单机单用户系统，而是基于网络的系统，因此在这一节，我们主要介绍网络操作系统（NOS）。

网络操作系统是向连入网络的一组计算机用户提供各种服务的一种操作系统。

图 2.1 给出了管理单台计算机资源的一种操作系统。在这种单机方式下，可管理的资源有以下几种。

1）本地文件系统。

2）计算机的存储设备。

3）加载和执行应用程序。

4）对所连的外部设备进行输入/输出。

5）在多个应用程序间进行 CPU 调度。

NOS 与单机操作系统的不同在于它们提供的服务有差别。一般地说，NOS 偏重于将“与网络活动相关的特性加以优化”，即经过网络来管理诸如共享数据文件、软件应用和外部设备之类的资源，而操作系统（OS）则偏重于优化用户与系统的接口以及在系统上运行的应用。因此，NOS 可定义为进行整个网络资源管理的一种程序，如图 2.2 所示。

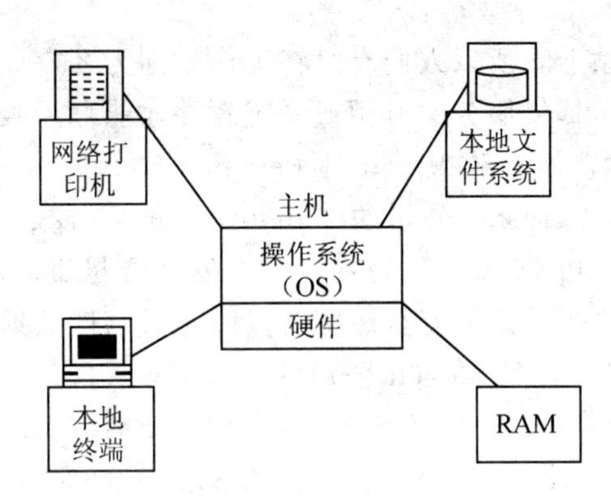

图 2.1 单机操作系统

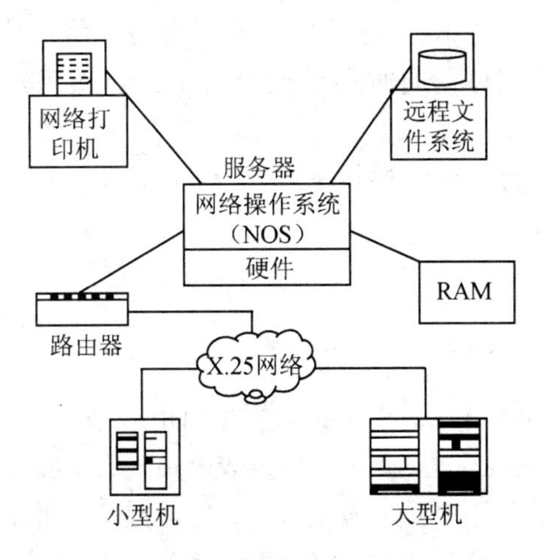

图 2.2 网络操作系统

NOS 管理的资源有以下几种。

1）由其他工作站访问的文件系统。

2）在 NOS 上运行的计算机存储设备。

3）加载和执行共享应用程序。

4）对共享网络设备的输入/输出。

5）在 NOS 进程之间的 CPU 调度。

一、网络操作系统的类型

构筑计算机网络的基本目的是共享资源。根据 NOS 分布的方式不同，NOS 分为两种不同的机制。如果 NOS 软件相等地分布在网络上的所有节点，这种机制下的 NOS 称为对等式网络操作系统；如果 NOS 的主要部分驻留在中心节点，则称为集中式 NOS。

集中式 NOS 下的中心节点称为服务器，使用由中心节点所管理资源的应用称为客户。因此，集中式 NOS 下的运行机制就是人们平常所谓的“客户/服务器”方式。因为客户软件运行在工作站上，所以人们有时将工作站称为客户。其实只有使用服务的应用才能称为客户，向应用提供服务的应用或系统软件才能称为服务器。

对等式NOS有多种，如Novell公司的Personal Netware，Invisible Software公司的Invisible LAN3.44，Microsoft公司的Windows for Workgroup 3.11等。用户对对等式网络的期待是比客户机/服务器更容易操作，安装要尽量简单，管理更加方便，具有内置的生产工具、并具有一定的安全级别，以防止敏感性数据受损害。

集中式NOS也有多种，如Novell公司的Netware，2.X、3.X和4.1，Microsoft Windows NT Advanced Server3.1，OS/2 LAN Server Advanced 3.0和Banyan Vines等都属于集中式NOS。这种以客户机/服务器方式操作的NOS，由于顺应20世纪90年代的计算模式，其发展非常迅速。NOS的功能比以前传统上只提供文件和打印共享的系统有了很大提高。例如Novell公司的4.X不再将网络看成一组无联系的服务器和服务，而是将其看作单个实体，同时还增加了完全符合X.500原理的目录服务等重要功能。

下面介绍一种目前流行的网络操作系统Windows NT。

二、Windows NT

（一）Windows NT操作系统的起源

Microsoft公司开发Windows 3.1操作系统的出发点是为了在DOS环境中增加图形用户界面（graphic user interface，GUI）。Windows3.1操作系统的巨大成功与用户对网络功能的强烈需求是分不开的。Microsoft公司很快又推出了Windows for Workgroup操作系统，这是一种对等式结构的操作系统。但是，这两种产品仍没有摆脱DOS的束缚，严格地说都不能算是一种操作系统。直到Microsoft公司推出Windows NT3.1操作系统，这种状况才得到了改观。Windows NT 3.1操作系统摆脱了DOS的束缚，并且具有很强的联网功能，它才能算是一种真正的32位操作系统。但是，Windows NT 3.1操作系统对系统资源要求过高，并且网络功能明显不足，这就限制了它的广泛应用。

针对Windows NT 3.1操作系统的缺点，Microsoft公司又推出了Windows NT 3.5操作系统，它不仅降低了对微型机配置的要求，而且在网络性能、网络安全性与网络管理等方面都有了很大的提高。在Windows NT 3.5操作系统推出后，马上受到了网络用户的欢迎，在网络操作系统领域内的地位不断上升。至此，Windows NT操作系统成为Microsoft公司具有代表性的网络操作系统。

Microsoft公司推出的Windows 2000操作系统，是以Windows NT Server 4.0为基础开发出来的。Windows 2000操作系统是服务器端的多用途网络操作系统，可为部门级工作组或中小型企业用户提供文件和打印、应用软件、Web与通信等各种服务。它具有功能强大、配置容易、集中管理、安全性高等特点。

（二）Windows NT 操作系统的组成

一般来说，Windows NT 操作系统分为以下两个部分：Windows NT Server 和 Windows NT Workstation。其中，Windows NT Server 是服务器端软件，而 Windows NT Workstation 是客户端软件。

Windows NT 操作系统的设计定位在高性能台式机、工作站、服务器上运行，能适应政府机关、大型企业网络、异型机互联设备等多种应用环境。Windows NT 操作系统继承了 Windows 友好易用的图形用户界面，又具有很强的网络功能与安全性，使得它适用于各种规模的网络系统。同时，出于 Windows NT 系统对 Internet 的支持，使得它成为运行 Internet 应用程序的重要网络操作系统之一。

尽管 Windows NT 操作系统的版本不断变化，但是从它的网络操作与系统应用角度来看，有两个概念是始终不变的，那就是工作组模型与域模型。

（三）Windows NT Server 的特点

1. 域的概念

Windows NT Server 操作系统是以“域”为单位实现对网络资源的集中管理。在一个 Windows NT 域中，只能有一个主域控制器（primary domain controller），它是一台运行 Windows NT Server 操作系统的计算机；同时，还可以有后备域控制器（back-up domain controller）与普通服务器，它们都是行 Windows NT Server 操作系统的计算机。

主域控制器负责为域用户与用户组提供信息，同时起到与 NetWare 中的文件服务器相似的功能；后备域控制器的主要功能是提供系统容错，它保存着域用户与用户组信息的备份。后备域控制器可以像主域控制器一样处理用户请求，在主域控制器失效的情况下它会自动升级为主域控制器。由于 Windows NT Server 操作系统在文件、打印、备份、通信与安全性方面的诸多优点，因此它的应用越来越广泛，如图 2.3 所示。

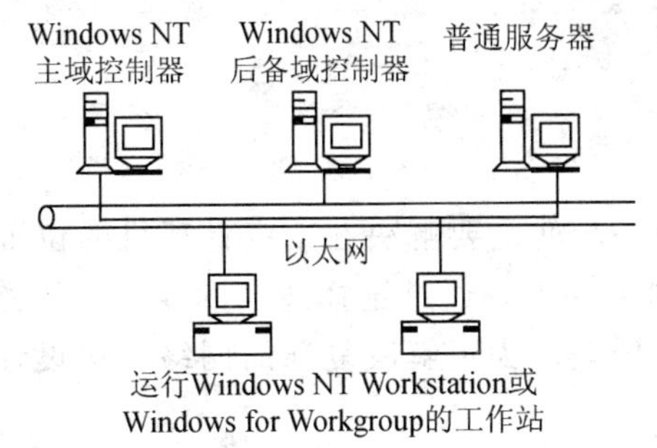

图 2.3　Windows NT 网络

2. 内存与任务管理

Windows NT Server 系统内部采用 32 位体系结构，使得应用程序访问的内存空间可达 4GB。内存保护机制通过为操作系统与应用程序分配隔离的内存空间的方法防止它们之间的冲突。Windows NT Server 采用线程（thread）进行管理与占先式（preemptive）多任务，使得应用程序能够更有效地运行。

3. 开放的体系结构

Windows NT Server 支持网络驱动接口（NDIS）与传输驱动接口（TDI），使用不同的网络协议。Windows NT Server 内置有以下 4 种标准网络协议。

1）TCP/IP 协议。

2）Microsoft 公司的 MWLink 协议。

3）NetBIOS 的扩展用户接口（NetBEUI）。

4）数据链路控制协议。

4. 内置管理

Windows NT Server 通过操作系统内部的安全保密机制，使得网络管理人员可以为每个文件设置不同的访问权限，指定用户对服务器的操作权限与用户审计。

5. 集中式管理

Windows NT Server 利用域与域信任关系实现对大型网络的管理。

6. 用户工作站管理

Windows NT Server 通过用户描述文件，来对工作站用户的优先级、用户注册信息进行管理。

第三节　计算机局域网

一、计算机网络的类型

计算机网络设计的第一步就是要解决在给定计算机的位置及保证一定的网络响应时间、吞吐量和可靠性的条件下，通过选择适当的线路、线路容量、连接方式，使整个网络的结构合理，成本低廉。为了解决复杂的网络结构设计，人们引入了网络拓扑结构的概念。

（一）拓扑结构中的几个基本概念

拓扑学（topology）是几何学的一个分支，它是从图论演变过来的；拓扑学首先把实体抽象成与其大小、形状无关的点，将连接实体的线路抽象成线，进而研究点、线、面之间的关系。

计算机网络拓扑通过网中节点与通信线路之间的几何关系表示网络结构，反映出网络中各实体间的结构关系。即把工作站、服务器等网络单元抽象为“点”，把网络中的传输介质抽象为“线”，形成了由点和面组成的几何图形，抽象出了网络系统的具体结构。

节点就是网络单元。网络单元是网络系统中的各种数据处理设备、数据通信控制设备和数据终端设备。例如：服务器、网络工作站、交换机等。

节点包括转节点（如集中器、交换机）和访问节点（如服务器、网络工作站）。

链路是两个节点的连线。链路包括实际存在的物理链路和逻辑上起作用的逻辑链路。

链路容量是每个链路在单位时间内可传输的最大信息量。

通路是从发出信息的节点到接收信息的节点之间的一串节点和链路。

（二）常见的网络拓扑结构

计算机网络通常分为总线型、环型、星型、树型和网状五种拓扑结构。

1. 总线型结构

网络上的所有节点都连接到一条总线上，如图 2.4 所示。

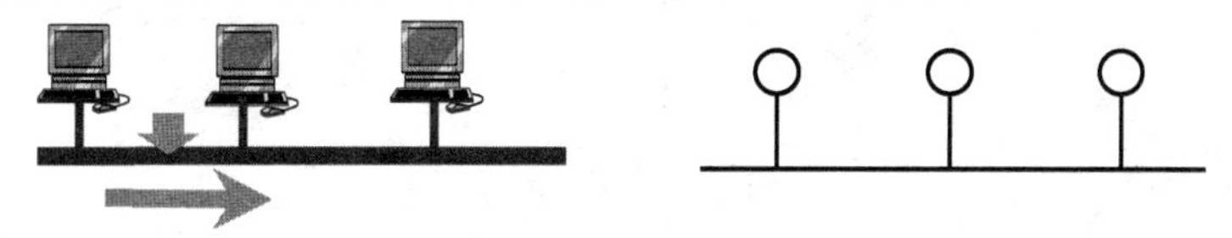

图 2.4　总线型网络

总线型结构的特点如下。

1）广播式传输，所有节点发送的信号均通过公共电缆（总线）传播，并可被所有节点所接收。各节点收到信息时，根据信息中所含的地址与本站地址是否一致，决定是否接收。

2）需要有介质访问控制机制以防止冲突。

3）安装简单，价格低廉，便于扩充。

其缺点是总线上若有一个节点出现问题，则影响整个网络的运行；另外同一时刻，只能有两个网络节点互相通信。

2. 星型结构

有一个中心节点，其他节点与其构成点到点连接，如图 2.5 所示。

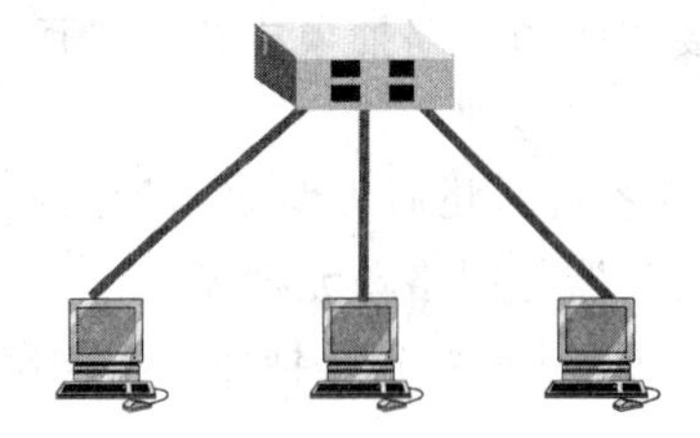
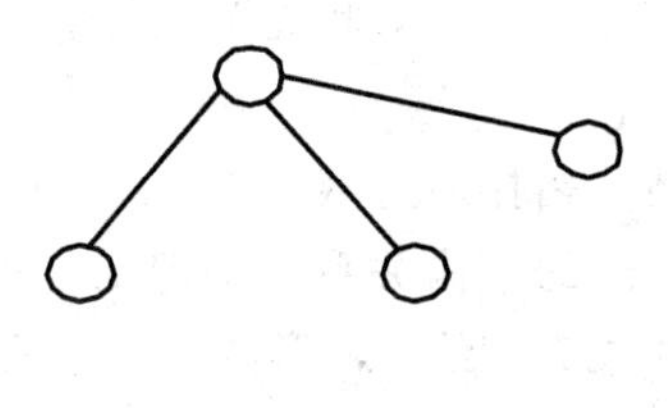

图 2.5　星型网络

星型结构的特点如下。

1）节点通过点—点通信线路与中心节点连接。中心节点控制全网的通信，任何两节点之间的通信都要通过中心节点。中心设备称为集线器。

2）结构简单，易于实现，便于管理，但是网络的中心节点是全网可靠性的瓶颈，中心节点的故障可能造成全网瘫痪。

3. 环型结构

所有节点连接成一个闭合的环，如图 2.6 所示。

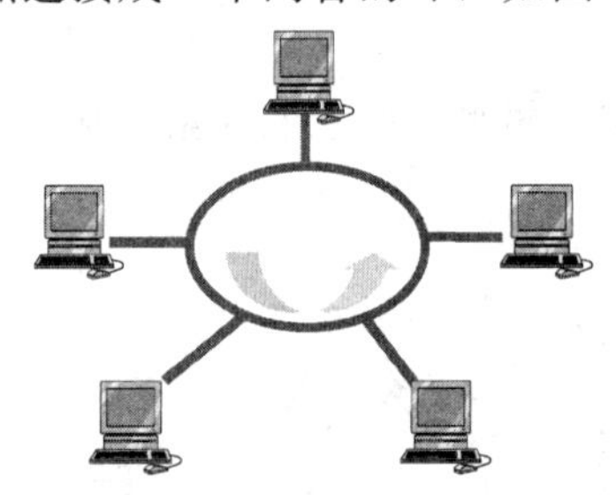
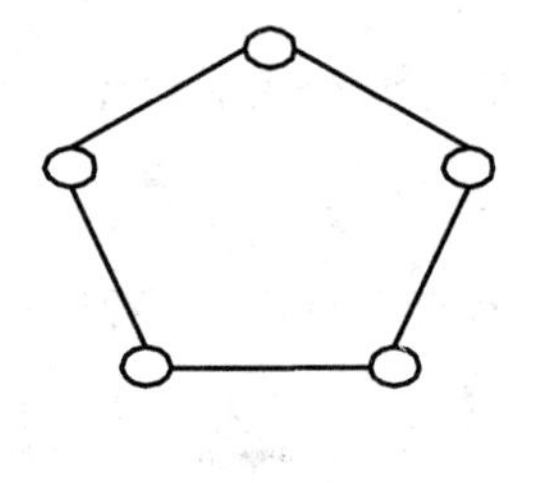

图 2.6　环型网络

环型结构的特点如下。

1）环中数据将沿一个方向逐站传送。

2）环型拓扑结构简单，传输延时确定。

3）环中每个节点与连接节点之间的通信线路都会成为网络可靠性的瓶颈。

4）为保证环的正常工作，需要较复杂的环维护处理。

环型结构的缺点是，如果一个节点出现故障可能会中止全网运行，因此可靠性差。

4. 树型结构

由一个根节点、多个中间分支节点和叶子节点构成，如图 2.7 所示。

树型拓扑构型可以看成是星型拓扑结构的扩展。与星形结构相比，它降低了通信线路的成本。树型拓扑网络适用于汇集信息的应用要求。

5. 网状结构

网络上节点之间的连接是任意的，如图 2.8 所示。

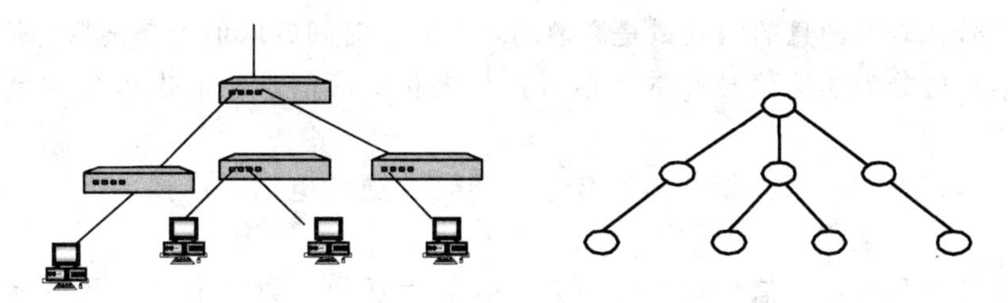

图 2.7　树型结构

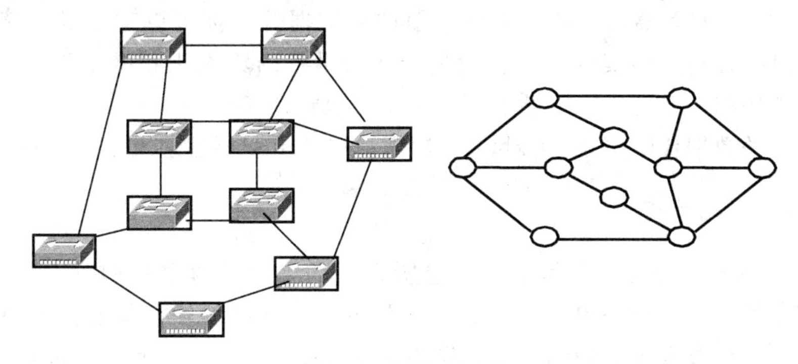

图 2.8　网络型网络

网状结构的特点是系统可靠性高，但结构复杂。

二、通信

（一）基本概念

通信：将表示消息的信号从发送方（信源）传递到接收方（信宿）。

信号：信号以时间为自变量，以表示消息（或数据）的某个参量（振幅、频率或相位）为因变量。信号按其因变量的取值是否连续可分为模拟信号和数字信号，如图 2.9所示。

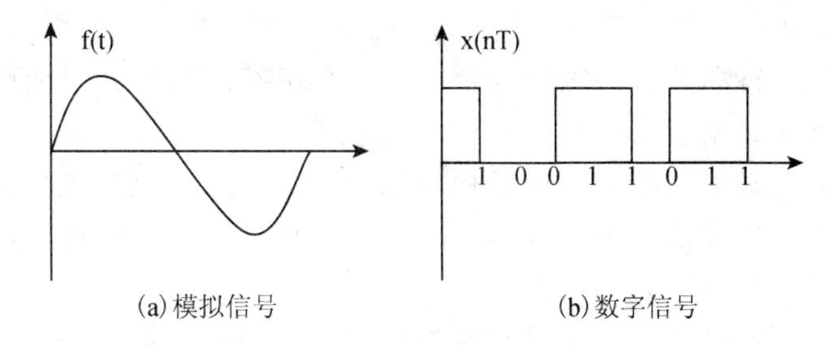

图 2.9　信号波形图

模拟信号：信号的因变量完全随连续消息的变化而变化的信号。模拟信号的自变量可以是连续的，也可以是离散的；但其因变量一定是连续的。

数字信号：表示消息的因变量是离散的，自变量时间的取值也是离散的信号。

既然信号可分为模拟信号和数字信号，与之相对应的，通信也可分为模拟通信和数字通信。

模拟通信特点是利用模拟信号来传递消息，普通的电话、广播、电视等都属于模拟通信。

数字通信是利用数字信号来传递消息，计算机通信、数字电话以及数字电视都属于数字通信。数字通信特点有：抗干扰能力强；可实现高质量的远距离通信；能适应各种通信业务，各种消息（电报、电话、图像和数据等）都可以被变换为统一的二进制数字信号进行传输；能实现高保密通信；通信设备的集成化和微型化。数字通信的最大缺点是占用的频带宽。以电话为例，一路模拟电话占用4kHz信道带宽，而一路数字电话所需要的数据传输率是64 kb/s，所需占用的带宽要远远大于4 kHz。

（二）数据通信方式

数据通信方式是指数据在信道上传输所采取的方式。通常有如下三种分类方法：按数据代码传输的顺序分为串行传输和并行传输；按数据传输的同步方式分为同步传输和异步传输；按数据传输的流向和时间关系分为单工、半双工和双工传输。

串行传输：串行数据传输是在传输中只有一个数据位在设备之间进行的传输。对任何一个由若干位二进制数表示的字符，串行传输都是用一个传输信道，按位有序地对字符进行传输。该方法实现简单，采用较多。缺点是为解决收、发方码组或字符同步，需要外加同步措施。

并行传输：并行数据传输是在传输中有多个数据位同时在设备之间进行的传输。一个编了码的字符通常是由若干位二进制数表示，如用ASCII码编码的符号是由8位二进制数表示的，则并行传输ASCII编码符号就需要8个传输信道，使表示一个符号的所有数据位能同时沿着各自的信道并排地传输。

计算机与计算机、计算机与各种外部设备之间的通信方式可以选择并行传输，计算机内部的通信通常都是并行传输。并行传输不需要另外的措施就可实现收发双方的字符同步。缺点是需要传输信道多、设备复杂、成本高，故较少采用。

值得注意的是串行和并行的概念是指组成一个字符的各码元是依顺序逐位传输还是并行地传输。至于数据字符还是逐个依次发送。

同步：数据从发送端到接收端必须保持双方步调一致，这就是同步。数据通信不仅需要同步，对数据接收端来说，数据还必须是可识别的。数据传输同步的方法有两种即同步传输和异步传输。

同步传输：以固定时钟节拍来发送数据信号。在串行数据流中，各信号码元之间的相对位置都是固定的，接收端要从收到的数据码流中正确区分发送的字符，必须建立同步的时钟。同步传输是以帧为单位发送数据，并有帧的起始和终止标志。

与异步传输相比，同步传输在技术实现上复杂，但不需要对每一个字符单独加起、止码元作为识别字符的标志，只是在一串字符的前后加上标志序列。因此，传输效率高，适合较高速率的数据通信系统（2.4kb/s以上）。

异步传输：每次传输一个字符代码（5～8bits），传输时在一个字符的前后均加上一个特殊的标志（称为起始位和终止位）。通常，起始位为一个码元，极性为0，终止位为1～2个码元，极性为1，每一个字符的起始时刻是随机的、任意的（这就是异步的含义），但在同一字符内码元的长度是相等的。接收端从根据“终止位”到“起始位”的跳变（“1”或“0”）识别一个新的字符，从而区分一个个字符。

异步传输的优点是字符同步实现简单，收发双方的时钟信号不需要精确的同步。缺点是每个字符增加了2～3bits，降低了传输效率，适合1.2kb/s以下的数据传输。

数据在通信线路上传输是有方向的，根据数据在某一时间信息传输的方向和特点，数据传输方式可分为三种。

1）单工数据传输：两站之间只能沿指定方向传输数据，反向传输联络信号。

2）半双工数据传输：两站之间可以沿两个方向传输数据，但两个方向不能同时传输。

3）双工数据传输：两站之间可以同时两个方向传输数据。

（三）数据通信的主要技术指标

带宽：某个信道能够传送电磁波的有效频率范围就是该信道的带宽。有时，也把信号所占据的频率范围叫做信号的带宽。

数据传输速率：数据传输速度是指每秒能够传输多少位数据，单位是比特/秒（b/s）。数据传输速率高，则传输每一位的时间短，反之，数据传输速率低，则每位传输时间长。

最大传输速率：每个信道传输数据的速率有一个上限，叫做信道的最大传输速率。

吞吐量：吞吐量是信道在单位时间内成功传输的信息量。单位一般为b/s。例如，某信道在10分钟内成功传输了8.4Mb的数据，那么它的吞吐量就是8.4 Mb/600s＝14Kb/s。

利用率：利用率是吞吐量和最大数据传输速率之比。

差错率：差错率是衡量通信信道可靠性的重要指标，在计算机通信中最常用的是比特差错率和分组差错率。比将差错率是二进制比特位在传输过程中被误传的概率，在样本足够多的情况下，错传的位数与传输总位数之比近似地等于比特差错率的理论值。分组差错率是指数据分组被误传的概率。

（四）传输介质

传输介质分为有线和无线两大类。有线传输介质包括双绞线、同轴电缆和光纤。

双绞线：双绞线是最常用的一种传输介质，它是由两条具有绝缘保护层的铜导线相互绞合而成。把两条铜导线按一定的密度绞合在一起，可增强双绞线的抗电磁干扰能力。双绞线可以用于模拟传输或数字传输，传输速率根据线的粗细和长短而不同，一般来说，线的直径越大，传输距离越短，则传输速率越高。通常把一对或多对双绞线组合在一起，并用塑料套装，组成双绞线电缆。这种采用塑料套装的双绞线电统称为非屏蔽双绞线（UTP）。有时为了进一步提高抗电磁干扰能力，采用铝箔套管或铜丝编织层套装双绞线，这种双绞线称为屏蔽式双绞线（STP）。

同轴电缆：同轴电缆由同轴的内外两个导体组成，内导体是一根金属线，外导体是一根圆柱形的套管，一般是细金属线编织成的网状结构，内外导体之间有绝缘层。同轴电缆的两端需要有终结器，中间连接需要收发器、T形头、筒形连接器等器件。由于同轴电线绝缘效果佳，频带也宽，数据传输稳定，价格适中，性价比高，是局域网中普遍采用的一种媒介，同轴电缆可分为两类：粗缆和细缆。

光纤：光纤由能传送光波的超细玻璃纤维制成，外包一层比玻璃折射率低的材料，进入光纤的光波在两种材料的界面上形成全反射，从而不断地向前传播。光纤的优点是首先有很高的数据传输速率、极宽的频带、低误码率和低延迟；其次，光传输不受电磁干扰，安全和保密性能好；再次，光纤质量轻、体积小。缺点是价格昂贵，安装维护困难。

无线传输介质包括无线电、微波、卫星、移动通信等各种通信介质，我们通常笼统地称作无线传输介质。无线传输介质与有线传输介质最大的不同之处是，它不使用电能或光能作为导体传输信号，而是利用电磁波来传输。使用无线传输介质时需要配置相应的无线发射和接收设备。

无线电波：传播距离远，容易穿过建筑物，全方向传播。无线通信使用的频率在3MHz至1GHz。

微波：频率在100MHz以上的无线电波，其能量集中于一点并沿直线传播。典型的工作频率为2GHz、4GHz、8GHz、12GHz。

卫星通信：卫星和地面站之间的微波通信系统。

（五）数据交换方式

在交换通信网中实现数据传输时数据交换技术是必不可少的，常用的数据通过通信子网的交换方式有电路交换、报文交换和分组交换三种。

电路交换：电路交换是由交换机在两个通信站点之间建立一条物理专用线路。一旦建设一次通话，在两部电话之间就有一条物理通路存在，直到这次通话结束，然后拆除物理通路。

电路交换有两大优点，第一是传输延迟小，唯一的延迟是物理信号的传播延迟；第二是一旦线路建立，便不会发生冲突。第一个优点得益于一旦建立物理连接，便不再需要交换开销；第二个优点来自于独享物理线路。

电路交换的缺点首先是建立物理线路所需的时间比较长。在数据开始传输之前，呼叫信号必须经过若干个交换机，得到各交换机的认可，并最终传到被呼叫方。这个过程常常需要 10 秒甚至更长的时间（如呼叫市内电话、国内长途和国际长途，需要的时间是不同的）。对于许多应用来说，如信用卡确认，过长的电路建立时间是不合适的。

报文交换：报文交换（message switching）属于存储交换。报文交换不事先建立物理电路，当发送方有数据要发送时，它将把要发送的数据当做一个整体交给中间交换设备，中间交换设备先将报文存储起来，然后选择一条合适的空闲线路将数据转发给下一个交换设备，如此循环往复直至将数据发送到目的节点。

在报文交换中，一般不限制报文的大小，这就要求各个中间节点必须使用磁盘等外部设备来缓存较大的数据块。同时某一块数据可能会长时间占用线路，导致报文在中间结点的延迟非常大（一个报文在每个节点的延迟时间等于接收整个报文的时间加上报文在节点等待输出线路所需的排队延迟时间），这使得报文交换不适合于交互式数据通信。

分组交换（packet switching）：分组交换是报文交换的改进，在分组交换网中，用户的数据被划分成一个个分组（packet），而且分组的大小有严格的上限，分组可以被缓存在交换设备的内存而不是磁盘中，缩短了传输时延。每个分组信息可选择最佳路由，提高通信效率和可靠性。由于分组交换网能够保证任何用户都不能长时间独占某传输线路，因而它非常适合交互式通信。

三、局域网的物理结构

局域网是一个数据通信系统，它在一个较小的地理范围内，把若干独立的设备连接起来，通过物理通信信道．以高数据传输速率实现各独立设备之间的直接通信。

（一）局域网的软硬件组成

局域网软件的基本组成有网卡驱动程序和网络操作系统两部分。

网卡驱动程序：网卡功能的实现必须有其相应的驱动程序支持。网卡驱动程序以常驻内存方式驻留内存，供上层软件与网卡之间的沟通使用。

网络操作系统：是网络的心脏和灵魂，是向计算机提供服务的一类特殊的操作系统。它主要运行在被称为服务器的计算机上，结合计算机操作系统一起运行，并由联网的计算机用户共享，使计算机操作系统增加了网络操作所需要的能力。例如支持计算机用户实现网络通信，硬件资源和软件资源的共享，以及提供完善的网络管理与服务等功能。

局域网硬件的基本组成有网络服务器、工作站、网卡、传输媒体和网络互联设备五部分。

网络服务器：对局域网来说网络服务器是网络控制的核心。一个局域网至少需要有一个服务器，特别是一个局域网至少应配备一个文件服务器，文件服务器要求由高性能、大容量的计算机担任。如微机局域网的文件服务器通常由配备大容量存储器的高档计算机担任，文件服务器的性能直接影响着整个局域网的性能。

工作站：在网络环境中，工作站是网络的前端窗口，用户通过工作站来访问网络中的共享资源。局域网中，工作站可以由计算机担任，也可以由输入输出终端担任，对工作站性能的要求主要根据用户需求而定。以微机局域网为例，486 型以上机型即可作为工作站的机器，与服务器性能相同的计算机也可作为工作站机器。根据实际需求，工作站可以带有软驱和硬磁盘，也可以没有软驱和硬磁盘，没有硬磁盘的工作站被称为无盘工作站。

内存是影响网络工作站性能的关键因素之一。工作站所需要的内存大小取决于操作系统和在工作站上所要运行的应用程序的大小和复杂程度。比如：工作站与网络相连时，网络操作系统中，一部分连接工作站时使用的引导程序需要占用工作站的一部分内存，其余的内存容量才是用于存放正在运行的应用程序和数据的。

网卡：在局域网中，从功能的角度上来说，网卡起着通信控制处理机的作用，工作站或服务器连接到网络上，实现网络资源共享和相互通信都是通过网卡实现的。

传输媒体：传输媒体是网络通信的物质基础之一。传输媒体的性能特点对信息传输速率、通信的距离、连接的网络节点数目和数据传输的可靠性等均有很大的影响。因此，必须根据不同的通信要求，合理地选择传输媒体。

网络互联设备：网络互联设备是用于实现网络之间连接的设备，主要有中继器、路由器、交换机等。

（二）局域网的体系结构

LAN 的结构主要有三种类型：以太网（Ethernet）、令牌环（Token Ring）、令牌总线（Token Bus）。

以太网的体系结构：以太网是 Xerox、Digital Equipment 和 Intel 三家公司开发的局域网组网规范，并于 20 世纪 80 年代初首次公布，称为 DIX1.0。1982 年修改后的版本为 DIX2.0。这三家公司将此规范提交给 IEEE（电子电气工程师协会）802 委员会，经过 IEEE 成员的修改并通过成为 IEEE 的正式标准，编号为 IEEE802.3。以太网和 IEEE802.3 虽然有很多规定不同，但通常认为术语 Ethernet 与 802.3 是兼容的。IEEE 将 802.3 标准提交国际标准化组织（ISO）第一联合技术委员会（JTC1），经过再次修订成为国际标准 ISO8802.3。

以太网的基础是一个介质访问竞争方案，即带有冲突检测的载波侦听多路访问（carrier sense multiple access with collision detection，CSMA/CD）。载波侦听（carrier sense）指的是网络中的每个以太网设备不断监视电缆中的载波，用以确定何时载波处于空闲状态，何时处于使用状态。多路访问（multiple access）指的是电线中的所有以太网设备均有访问载波信号的平等权利，而不需获得特权许可。以太网被称为基带数据传输系统（baseband system），因为在任一时刻线路上只能有一个传输。冲突检测（collision detection）是指如果同时有两个或多个以太网设备传输，致使线路数据混乱，则会检测到冲突，即碰撞返回，可以避免错误传输。

网络结构中有三种组网的物理结构最为常见，如表 2.1 所示。

表 2.1 以太网的常见物理结构

10M 基带	网段—中继	总长	线	接口	拓扑	终端电阻
10BASE5	500m	2.5km	同轴粗缆	AUI	总线	50Ω
10BASE2	200m	1km	同轴细缆	BNC	总线	50Ω
10BASET	100m	0.5km	双绞线	RJ-45 星型	HUB	

接口指的是线路接口，是网卡对外的连接方式，根据网络的拓扑结构而定，常见的有：细缆接口 BNC、粗缆接口 AUI、双绞线接口 RJ-45。

1. *细缆以太网 10BASE2*

细缆以太网规范是每段细线的最大长度为 185m，每段的末端用 50Ω 的终结器终结；每个电缆段是由多个带有 BNC 头的分段组成，这些分段之间用 T 头连接；每个细缆段上最多可控 30 台设备，T 头之间的间距至少为 0.5m。当细缆中继器提供了内部电缆终结功能时，它只能放在电缆的末端；一个细线段上不能使用两个以上的中继器。如果再延长距离要使用网桥，细线段不能分支，所有 T 头必须直接接到工作站，不能连到其他的细缆段。

2. *粗缆以太网 10BASE5*

粗缆以太网的规范是，在粗缆上接入工作站时要使用收发器；通过 AUI 接口接入机器，粗缆也可转接到细缆。一段粗缆段的最大长度是 500m，端点用 50Ω 终结电阻；最多可接 100 个收发器，电缆上每隔 2.5m 有一个标记可以接收发器，收发器电缆的长度最大为 50m。

一个粗缆段最多接两个粗缆中继器或四个光缆中继器，或一个粗缆中继器和两个光缆中继器，任何两个收发器之间的粗缆段的最大长度为 1.5km，使用光纤时，总长可以达到 2600m。

3. *星型以太网 10BASET*

星形以太网使用双绞线通过集线器构成，每根双绞线的最大长度为 100m，每端需要一个 RJ-45 接头；集线器实际上是个多口中继器，多个集线器构成了星形结构。集线器（又称为 HUB）可视为一个中心节点，每一个 RJ-45 口接一个机器。利用集线器可以实现集中检测，防止碰撞，扩大了网络的站点容量。星型结构网络，当一个工作站出现问题时不会影响其他工作站，提高了可靠性。

令牌环是 IBM 公司于 20 世纪 80 年代初开发成功的一种网络技术。之所以称为环，是因为这种网络的物理结构具有环的形状。环上有多个站逐个与环相连，相邻站之间是一种点对点的链路，因此令牌环与广播方式的以太网不同，它是一种顺序向下一站广播的 LAN。令牌环与以太网不同的另一个诱人的特点是，即使令牌环网负载很重，仍具有确定的响应时间。

令牌环网的操作原理：在环网中，每个工作站都有发送信包的可能，为了解决随时发送信包而可能产生的冲突，在网中设置一张令牌，只有获得令牌的节点才有权利发送信包。令牌传送的基本思想是：令牌依次沿每个节点传送，这样每个节点都有平等发送信包的机会。令牌有空和忙两个状态，在一个节点占有令牌期间，其他节点只能处于接收状态，当所发信包到达目的节点并将信包收下后，释放令牌（即为空），然后令牌继续沿环路流动。

发送过程（寻令牌）：当某站获得令牌后，便可将发送缓冲区的信息发送至环路，在最末位加上令牌位忙的标记，向下一个站点发送，下一站用按位转发方式转发经本站而目的又不是本站的信息。如果有新的包要发送，首先要判别前一信包报尾 EOM 后面的令牌位，若为忙则只好等待，若为空则将其清除，并将自己的信包放在按格式规定的位置上，再在 EOM 后面附上令牌位忙的标记，向下一站传送。

接收过程（验地址）：每一站随时检测经过本站的信包，其目的地址与本站地址相符时，则一面拷贝有关信息，一面继续转发信包。由于环网规定由源节点收回信包和撤消令牌标志，故目的节点在接收到发给自己的信息后，继续将该信包向下游转发，由源节点收回。按这种方式工作，发送权在源节点控制之下，只有发送信包的源站放弃发送权，把令牌置为空，其他站才有机会发送自己的信包。

令牌总线综合了总线网和令牌环网的优点。在网络中设一个令牌，并将总线上的站点按站号组成一个逻辑环。令牌沿逻辑环在站点间传递，只有获得令牌的站点才有权发送数据，当此站点将所有的数据传送完毕后，它必须释放令牌并传给下一个网络站。

第四节　互　联　网

互联网是一种广泛区域内的数据包交换网络。网中的每一台主机都作为客户服务器运行。互联网由相互连接的几种组元构成。实际上，互联网的每一个组元都被看作一台主机，甚至路由器也被视为主机。每一台主机都有一个唯一的互联网协议（IP）地址。

一、网络协议 OSI 模型

OSI 的体系结构指七层开放式系统互联标准（open system interconnection，OSI）参考模型。OSI 参考模型是一个对网络中各种通信方式的区分规定。该模型根据数据流的特征，将从物理连接层到应用层的网络互联分为 7 个层次，因此称为 7 层次体系结构，其名称从上到下排序，如图 2.10 所示。也可理解为数据从一个站点传输到达另一个站点的工作可以被分割成 7 种不同的任务，而且这些任务都是按层次来管理的。

OSI 模型是 1978 年国际标准化组织（International Standard Organization，ISO）拟定的一套标准化的开放系统互联参考模型。这一模型被称作 ISO 开放系统互联参考模型（open system interconnection reference model），所以常简称它为 OSI 模型。

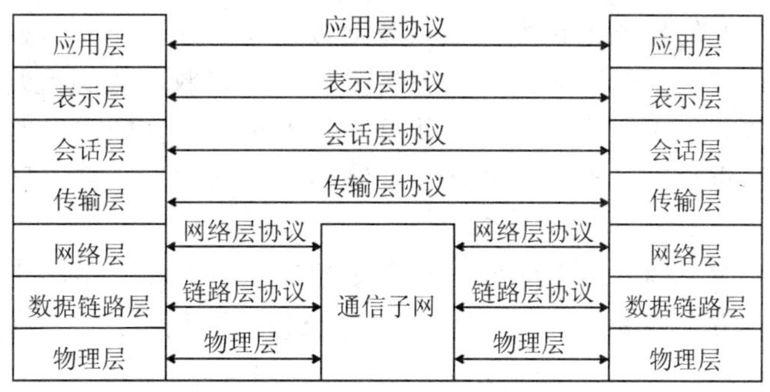

图 2.10　OSI 网络体系结构示意图

OSI 模型有七层，其分层原则如下。

1）根据不同层次的抽象分层。

2）每层应当实现一个定义明确的功能。

3）每层功能的选择应该有助于制定网络协议的国际标准。

4）各层间边界的选择应尽量减少接口的通信量。

5）层数应足够多，以避免不同的功能混杂在同一层中，但也不能太多，否则体系结构会过于庞大。

以下从最下层开始，依次说明 OSI 参考模型各层的任务。须注意 OSI 模型本身不是网络体系结构的全部内容，因为它并未确切地描述用于各层的协议和服务，它仅仅说明每层应该做什么。ISO 已经为各层制定了标准，但它们并不是参考模型的一部分，而是作为独立的国际标准公布的。

各层的主要功能简述如下。

1）物理层（physical layer）：负责提供和维护物理线路，并检测处理争用冲突，提供端到端错误恢复和流控制。提供为建立、维护和拆除物理链路所需的机械的、电气的、功能的和规程的特性。

物理层涉及到在信道上传输的原始比特流。设计上必须保证一方发出二进制“1”时，另一方收到的也是“1”而不是“0”。规定包括用多大电压表示“1”、多大电压表示“0”；1 个比特持续多少微秒；传输是否在两个方向上同时进行；最初的连接如何建立和完成通信后连接如何终止；网络连接插件有多少针以及各针的用途。这里的设计主要是处理机械的、电气的和过程的接口，以及物理层下的物理传输媒体等问题。

2）数据链路层（data link layer）：主要任务是加强物理传输原始比特的功能。发送方把输入数据组成数据帧（data frame）方式（典型的帧为几百或几千字节），按顺序传送各帧，并处理接收方送回的确认帧（acknowledgement frame）。由于物理层仅仅接收和传送比特流，只能依赖各链路层来产生相识别帧边界。可以通过在帧的前面和后面附加特殊的二进制编码来达到这一目的。但必须采取特殊措施以避免这些二进制编码与传输的数据内容混淆。

传输线路上突发的噪声干扰可能把帧完全破坏掉。此时，发送方机器上的数据链路软件必须重传该帧。但相同帧的多次重传又可能使接收方收到重复的帧。例如，接收方发给发送方的“确认”丢失以后，就可能收到重复帧。数据链路层必需解决由于帧的破坏、丢失和重复所出现的问题。数据链路层还要向上一层（网络层）提供几类不同的服务。

数据链路层要解决的另一个问题（在大多数层上也存在）是防止高速的发送方的数据把低速的接收方“淹没”。因此需要有某种流量调节机制，使发送方知道当前接收方还有多少缓存空间。通常流量调节和出错处理是同时完成的。

如果线路能用于双向传输数据，数据链路层软件还必须解决新的问题，即从A到B数据帧的确认帧将同从B到A的数据帧竞争线路的使用权。借道（piggy backing）就是一种巧妙的方法。

广播式网络在数据链路层还要处理控制对共享信道的访问。数据链路层一个特殊子层（媒体访问子层），就专门处理这个问题。

3）网络层（network layer）：关系到子网的运行控制，其中一个关键问题是确定分组从源端到目的端的“路由选择”。路由既可以选用网络中几乎保持不变的静态路由表，也可以在每一次会话开始时条件决定（例如：通过终端对话决定），还可以根据当前网络的负载状况，动态地为每一个分组决定路由。

如果在子网中同时出现过多的分组，它们将互相阻塞通路，形成瓶颈。此类拥塞控制也属于网络层的范围。因为拥有子网的人总是希望他们提供的子网服务能得到“效益”，所以网络层常常设有记账功能。至少软件必须对每一个用户发送的分组数、字符数或比特数进行记数，以便形成账单。当分组跨越国界时，由于双方税率可能不同，记账则更加复杂。当分组不得不跨越另一个网络到达目的地时，又可能有新的问题，第二个网络的寻址方法可能和第一个网络完全不同，第二个网络可能由于分组太长而无法接收；两个网络使用的协议也可能不相同。网络层必须解决这些问题，以便异构网络能够互联。而在广播网络中，选择路由问题很简单，网络层很弱，甚至不存在。

4）传输层（transport layer）：基本功能是从会话层接收数据，必要时把它分成较小的单元传递，并确保到达对方的各段信息正确无误。这些任务都必须高效率地完成。从某种意义上讲，传输层使会话层不受硬件技术变化的影响。

一般会话层每请求建立一个传输连接，传输层就为其创建一独立的网络连接。如果传输连接需要较高的信息吞吐量，传输层也可以创建多个网络连接，让数据在这些网络连接上分流，以提高吞吐量。另一方面，传输层必要时还可以将几个传输连接复用到一个网络连接上，以降低费用、并要求运输层在任何情况下能使多路复用对会话层透明。

传输层也要决定向会话层提供服务，并最终向网络用户提供服务。最基本的传输连接是一条无错的、按发送顺序传输报文或字节的点到点的信息。有的传输服务不能保证传输次序的独立报文传输和多目标报文广播，因为采用哪种服务是在建立连接时确定的。

传输层是真正的从源到目标的“端到端”层。也就是说，源端主机上的某程序，利用报文头和控制报文与目标主机上的类似程序进行对话。在传输层以下的各层中，协议是每台机器和它直接相邻的机器间协议，而不是最终的源机与目标机之间的协议，在它们中间可能还有多个路由器。1～3 底层是通过通信子网链接起来的，4～7 高层是“端到端”的链接。

很多主机是多道程序运行，这意味着这些主机有多个连接口进出，因此需要有某种机制来区别报文属于哪个连接，识别这些连接的信息可以放入传输层的报文头。除了将几个报文流多路复用到一条通道上，传输层还必须解决跨网络连接的建立和拆除。这需要某种命名机制，使机器内的进程可以声明它希望与谁会话。另外，还需要一种机制以调节通信量，以免发生高速主机过快地向低速主机传输数据的现象。这样的机制称为流量控制（flow control)，在传输层（包括在其他层）中它扮演着关键角色。但主机之间的流量控制和路由器之间的流量控制不同，尽管原理上对两者都适用。

5）会话层（session layer)：进行高层通信控制，允许不同机器上的用户建立会话（session）关系。会话层允许进行类似传输层的普通数据传输，并提供对某些应用有用的增强服务会话，也可用于远程登录到分时系统或在两台机器之间的文件传递。

会话层服务之一是管理对话，会话层允许信息同时双向传输，或只能单向传输。若属于后者，则类似于“单线铁路”，会话层会记录传输方向。一种与会话有关的服务是令牌管理（token management)。有些协议要保证双方不能同时进行相同操作，为了管理这些活动，会话层提供“令牌”。“令牌”可以在会话双方之间交换，只有持有令牌的一方可以执行某种关键操作。另一种会话服务是同步（synchronization)。当在两台计算机之间要进行大型文件传输时，如果网络平均每小时出现故障较多，每一次传输中途失败后，都不得不重新传输这个文件。而当网络再次出现故障时，又可能半途而废。为了解决这个问题，会话层在数据流中插入检查点。每次网络故障后，仅需要重传最后一个检查点以后的数据。

6）表示层（presentation layer)：完成某些特定功能。例如，解决数据格式的转换。表示层关心的是所传输信息的语法和语义，而表示层以下各层只关心可靠地传输比特流。

由于不同的机器有不同的代码来表示字符串（例如，ASCII 和 Unicode)、整型

(例如,二进制反码和二进制补码)等。为了让采用不同表示法的计算机之间能进行通信,交换中使用的数据结构可以用抽象的方式来定义,并且使用标准的编码方式。

表示层管理这些抽象数据结构,并且在计算机内部表示法和网络的标准表示法之间进行转换。

7)应用层(application layer):提供与用户应用有关的功能。包括网络浏览、电子邮件、不同类型文件系统间的文件传输、虚拟终端软件、过程作业输入、目录查询和其他各种通用、专用的功能等。

二、网络互联原理

(一)网络互联概述

互联网络也称网际互联,它是指两个以上的计算机网络,通过一定的方法,用一种或多种通信处理设备相互连接起来,以构成更大的网络系统。

网络互联的目的就是实现更广泛的资源共享。这样一个网络上的某一主机可以与另一个网络上的一个主机进行通信,不论是哪一个网络上的用户都能访问其他被连接的网络上的资源;通过通信实现不同网络上的用户之间信息、数据的交换。

网络互联的任务如下。

1)扩大网络通信范围与限定信息通信范围。网络互联有两方面内容。当需要将各自独立的局域网互联起来,形成一个更大的网络系统时,对各个被连接的网络来说就扩大了其资源共享和信息传输的范围。而当一个网络系统过大,网络负荷过重时,往往还需要把一个网络系统分解成若干个小网络,再利用某种互联技术把分解后的若干个小网络互联起来。这样可以减轻网络负荷,各种信息局限在一定的范围内,减少全网的通信量,并且方便管理与操作。

2)不同网络之间的连接。利用互联技术来实现相同或不同体系结构网络之间的互联;实现不同通信媒体共存于同一网络中和实现不同网络拓扑结构的网络之间互联。

3)提高网络系统性能和系统可靠性。对一个网络系统来说,如果其用户站点数太多、通信媒体长度太长,或将所有的通信设备和数据处理设备都连在一个网络中,则系统的各项性能,包括数据传输速率、响应时间、系统安全性等都会明显下降。利用互联技术能有效地改善和提高网络的各种性能。

(二)网络互联设备

网络连接设备用于将一个网络的几个网段连接起来,或将几个网络连接起来形成一个互联网络。习惯上,将它们分成五类:中继器、网桥、交换机、路由器和网关。

中继器:中继器只工作在OSI模型的物理层,是局域网中最简单、也是成本最低的网络连接设备。

中继器实际上是一个信号再生器,其主要作用是检测由某个端口接收的输入信号,将其恢复为原始的波形和振幅，然后以最小的延迟将这些经过重整（重定时和恢复）的信号重新发送到接收端口之外的其他各个端口。中继器的工作对与其连接的工作站是“透明”的，因为两个站点彼此通信时不必知道它们是直接相连还是要通过一个或几个中继器相连。换言之，中继器的作用是放大电信号，提供电流以驱动长距离电缆。它工作在OSI模型的最低层（物理层），因此只能用来连接具有相同物理层协议的LAN。对数据链路层以上的协议来讲，用中继器互联起来的若干段电缆与单根电缆之间并没有差别（除了有一定时延）。值得注意的是：中继器不具备错误检查和纠正功能，因此错误的数据经中继器后仍被复制到另一电缆段。

网桥：网桥也称桥接器，工作在OSI模型数据链路层，用它可以在两个网络之间对数据链路层的帧进行接收、存储和转发，从而将两个或更多独立的物理网段连接起来，以形成一个逻辑网络，并使这个逻辑网络的行为看起来就像一个单独的物理网络一样。一般情况下，被连接的网络系统都具有相同的逻辑链路控制规程LLC，但媒体访问控制协议MAC可以不同。

网桥的特点如下。

1）网桥基于MAC地址实现LAN之间的互联和信息传送，其优点是网络操作简单、速度快且与OSI其他层的协议无关，另外，由于没有路由功能，网桥属简单的网络设备，易于维护且价格低廉。

2）与中继器相比，网桥可以隔离错误帧和需要保密的网段，而且用网络进行网络连接时，连接的网络跨度（距离）几乎是无限制的。

3）网桥无法实现流量控制，尤其对一个规模较大的网络而言，广播包从一个LAN传送到另一个LAN，常会引起大量的多路广播，造成网络效率下降，最严重的会导致广播风暴，使整个网络瘫痪。

路由器：路由器被设计用于连接不同的LAN或连接LAN与WAN。它的基本作用是将数据包转发给由一个或若干个网络互联而成的特定网络。它是通过使用称为“网络协议”或“路由协议”（通常工作在协议栈的第三层）的一些程序来实现这一功能的。路由器其实就是根据主机所在网络的网络ID，在不同网络的主机之间传递信息的计算机。因为使用了网络标识号，路由器在TCP/IP协议组的网际层上工作。一般来说，主机并不配置路由协议，因为这会占用主机的内存和处理资源。

路由器与网桥的差别是路由器在网络层提供连接服务，用路由器连接的网络可以使用在数据链路层和物理层完全不同的协议。由于路由器操作的OSI层次比网桥高，所以路由器提供的服务更为完善。路由器可根据传输费用、转接时延、网络拥塞或信源和终点间的距离来选择最佳路径。路由器的服务通常要由端用户设备明确地请求，它处理的仅仅是由其他端用户设备要求寻址的报文。路由器与网桥的另一个重要差别是，路由器了解整个网络，维持互联网络的拓扑结构，了解网络的状态，因而可选择最有效的路径发送包。

网关：网关是互联网络中操作在OSI运输层之上的设施，之所以称为设施，是因为网关不一定是一台设备，有可能在一台主机中实现网关功能。当然也不排除使用一台计算机来专门实现网关具有的协议转换功能。

由于网关是实现互联、互通和应用互操作的设施。通常又多是用来连接专用系统，所以市场上从未有过出售网关的广告或公司。因此，在这种意义上，网关是一种概念，或一种功能的抽象。网关的范围很宽，在 TCP/IP 网络中，网关有时所指的就是路由器，而在 MHS 系统中，为实现 CCITTX.400 和 SMTPL 简单邮件运输协议间的互操作，也有网关的概念。SMTP 是 TCP/IP 环境中使用的电子邮件传输协议，其标准为 RFC- 822，而符合国际标准的 CCITTX.400 发展较晚，但受到以欧洲为先锋的世界范围的支持。为将两种系统互联，TCP/IP 标准制定团体专门定义了 X.400 和 RFC-822 之间的转换标准 RFC987（适用于 1984 年 X.400），以及 RFC1148（适用于 1988 年 X.400）。实现上述转换标准的设施也称之为网关。

交换机：传统的交换机是具有流量控制能力的多端口的网桥，即二层交换机。二层交换机的原理是网络交换机提供一种新型的智能多端口的网桥，它可以把不同的 LAN 连接在一起，如以太网、令牌环网和 FDII 网。也可以连接若干站点或高性能的服务器。交换机和网桥一样，是工作在链路层的联网设备。所有端口由专用处理器进行控制，并经过控制管理总线转发信息。

交换机的存储转发机制有以下三种方式。

1）存储转发（store and forward)：将整个帧完整接收并存储到缓冲区，对整个帧进行差错检验，然后再查表找出目的端口并转发。该方式的优点是进行差错校验，错误不会扩散到目的网段。缺点是交换延迟比较大。

2）穿通转发（cut-through)：因为转发仅依赖于目的地址，所以只要收到帧的前 6 个字节，就可查表找出目的端口并转发。该方式的优点是交换延迟小，缺点是无法进行差错校验，帧错误会扩散到目的网段。

3）无碎片穿通（fragment free cut-through)：是以上两种方案的折中，当接收了一帧的前 64 字节后，再查表找出目的端口并转发。因为帧出错的主要原因是冲突，而以太网的帧至少为 64 字节，所以小于 64 字节的帧必然是冲突造成的帧碎片（错误帧)。该方式的优点是交换速度较快，并且降低了错误帧转发的概率。缺点是长度大于 64 字节的错误帧仍会转发，转发延时高于直通式。

交换机完成的网络功能如下。

1）分割冲突（碰撞）域——减少了冲突。

2）允许建立多个连接——提高了网络总体带宽。

3）减少每个网段中的站点数——提高了站点平均拥有带宽。

4）允许全双工连接——提高带宽。

三层交换机：人们期待一种像交换机一样快而省的路由器，或者具有路由器能力、能识别三层地址的交换机，把路由技术引入交换机，交换机就可以完成网络路由选择，这样的交换机就是三层交换机。

三、Internet 上的服务

1. WWW 服务

WWW 是 World Wide Web 的缩写，译为“万维网”。WWW 服务是目前 Internet 上最受欢迎、最流行的信息服务。它使用户能够在 Internet 上查找已经建立了的 WWW 服务器上所有的超文本、超媒体等资源文档。WWW 将多种类型的媒体（文本、图形、声音和活动影像）有机地、无缝地结合在一起，并通过统一的图形界面提供给使用者，并且还提供了与 Internet 上的其他信息服务器对接的图形界面。

2. 电子邮件

电子邮件服务也称为 E-mail（electronic mail）服务，是 Internet 上较早获得成功的应用之一，目前电子邮件服务仍是 Internet 应用最广泛的服务之一。

电子邮件系统采用 client/server 方式。客户端的程序主要完成邮件的编辑、转存、转发查阅与读取自己系统邮箱中的邮件等工作；在服务器端，为每个用户开设一个电子邮件账号，同时，还完成将本系统内的需要发送的邮件发送到目的地服务器的指定邮箱的工作。如果始发服务器不能直达目的地服务器，则邮件有可能需要经过多个邮件转发服务器分段转发才能到达目的地。所有中间的转发过程都是自动的，无需人工干预。如果其中的一个服务器关机，则前面负责转发的邮件服务器会将邮件暂时放在存储系统中（通常存放两天），然后每隔一段时间与下一个服务器通信、尝试转发。如果最终邮件不能到达目的地，系统会将邮件退回发件人，并告知可能的错误原因。

3. 文件传输 FTP

FTP 也采用客户机/服务器的工作模式。在使用 FTP 时，用户启用本地计算机上的 FTP 客户程序，连接到指定的远程计算机上的 FTP 服务器程序，并从服务器程序那里获得响应、得到所需要的服务。

在使用 FTP 程序下载或上载文件时，首先应知道远程主机的地址以及相应的用户名和口令，当用 FTP 客户程序与远程主机建立连接后，用户就可以发出各种 FTP 命令，通过这些命令，用户可以浏览远程主机的目录、改变当前目录和传送文件等。

匿名 FTP 是指 FTP 服务器系统管理员建立一个特殊的用户名 anonymous，并经过相应的配置，这样 Internet 上任何用户不需要口令就可使用该用户名进行 FTP 访问了。

4. 远程登录 Telnet

远程登录 Telnet 是将主机仿真成 Internet 上另一台主机的终端的程序，一旦以远程主机上的用户身份登录成功后，用户使用的主机就成为远程主机的一台仿真终端，可以使用远程主机提供的任何功能。如运行该主机提供的各种程序，对该主机进行配置等，就好像在本地使用远程主机一样。

使用 Telnet 的前提条件是首先用户自己的本地主机上要装有包括 Telnet 应用层协议在内的 TCP/IP 协议集。其次，要知道远程主机的 IP 地址或域名、端口号以及账号名称与口令等。在进行 Telnet 服务时，一般应按要求输入账号与口令。而 Telnet 上有些服务是免费的，如 BBS，对于这些系统，当用户使用 Telnet 时，系统会提示如何输入通用账号与口令。

5. 电子公告牌系统 BBS

BBS 是 bulletin board system 的简称，即电子公告板。它开辟了一块空间供所有用户读取和讨论其中的信息。BBS 通常会提供一些多人实时交谈、游戏服务，公布最新消息乃至提供免费软件等。各个 BBS 站点所涉及的主题和专业范围有所不同，用户可以选择适合自己的站点进入 BBS 参与讨论、发表意见、征询建议和结识朋友。

6. 目录服务

目录服务（directory services）向用户提供查找有关 Internet 用户信息，或提供查询 Internet 上各种服务系统以及提供者的情况，前者称为“白页服务”（white pages），后者则称为“黄页服务”（yellow pages）。“白页服务”可用于查找某个人或某个机构的电子邮件地址，而“黄页服务”可用于查找某个图书馆联机检索系统的 IP 地址或某个 FTP 服务器的 IP 地址。

7. 网络电话

网络电话是指以 Internet 为媒介，在网络上传输语音信息、以达到实时双向语音通信的效果。网络电话把语音数据按 IP 地址在网上分组传送，因众多用户在网络上共享带宽，因此网络电话对通信资源的使用效率比传统电话要高得多，因而成本较低，也是由于它的这种传输特性，网络电话没有传统电话的地域性，使用网络电话打越洋长途电话的费用与和邻居通话的费用一样的便宜。提供网络电话功能的软件有 Microsoft 的 Netmeeting、Netscape 的 Cooltalk 和 IBM 的 Intranet Connection Phone 等。

四、Intranet 网络应用

1. Intranet 的概念

简单地说，Intranet 就是建立于企业内部的 Internet，即把 Internet 技术运用于企业内部，称之为企业网或内部网。从技术上说，Intranet 主要由企业级的 TCP/IP 网络协议和 Web 服务器/浏览器系统构成，而 TCP/IP 技术能使 Intranet 与遍及全球的 Internet 很方便地互联起来，从而使企业内部网很自然地成为全球信息网的一个组成部分。

2. Intranet 的构成

如果 Intranet 只是一个单纯的企业局域网，不需要与 Internet 连接，Intranet 的构

成就相对简单，只需配备 Intranet 服务器，包括 WWW 服务器、E-mail 服务器、数据库服务器等，并在客户机上安装 Intranet 客户端软件即可。当 Intranet 与 Internet 连接时，网络安全就显得很重要了，采用防火墙安全技术是将 Intranet 与 Internet 可靠隔离的一个重要方法。这样，一方面企业内部由于采用了 Internet 技术，可获得 Internet 上的信息资源；另一方面，由于采用了防火墙技术，内部网又相对独立、安全。

从 Intranet 的构成环境来看，Intranet 主要由网络硬件、网络软件、网络协议和网络应用系统等部分组成。

网络硬件：Intranet 的硬件采用局域网技术和广域网技术。局域网可采用以太网、令牌环网、FDDI、ATM 和高速以太网等多种技术；在广域网中则采用 X.25、帧中继、ATM 和 ISDN 等。其主要构成是路由器、交换设备、集线器等。同时，Intranet 在广域网上可通过虚拟网络的方式来实现。从计算机硬件方面来看，Intranet 主要由各种服务器和用户工作站组成。远程用户可通过拨号进入企业 Intranet。

网络软件：Intranet 的网络软件可分为网络操作系统、数据库管理系统、防火墙软件和各种应用代理服务。如 WWW 服务、E-mail 服务、域名服务、代理服务等。

网络协议：Intranet 中采用 Internet 的 TCP/IP 协议。TCP/IP 协议具有广泛的兼容性和可伸缩性，从局域网到广域网，可连接不同的计算机网络、不同的网络设备。

网络应用系统：为用户提供良好的运行、管理和调度网络资源的环境，提供网络开发平台并制作出各种用户所需的界面。

3. Intranet 的主要功能

Intranet 是 Internet 在企业内部信息系统的应用和延伸。其服务对象原则上是企业内部员工，并以联系企业内部员工的工作为主，促进企业内部的沟通，提高工作效率，强化企业管理。其主要功能如下：

企业内部信息发布。利用 Intranet 企业内部信息，如日常新闻、年度报告、产品价格信息、公司机构等，可通过如同 Internet 上的 Web 站点一样的 Web 服务器向分散在全国乃至世界各地的雇员发布，这样企业内部网就变成了全球性的信息网络。

充分利用现有的数据库资源。现代企业普遍建立了管理信息系约束管理其业务，并建立了各种数据库，但是使用这些数据库必须在客户机上安装相应的客户软件，使用很不方便，有了 Intranet 以后，Web 技术使一般的工作人员能通过浏览器来访问各种复杂的数据库。CGI（公共网关接口）和 ASP（动态服务器页）技术使访问数据库变得十分简单。

理想的营销工具，实现企业的电子商务。利用 Intranet，营销人员不管身在何处，都可以使用浏览器来查阅企业内部网上的各种多媒体信息，同时营销人员收集的信息可及时反馈到公司。

近年来，电子商务一词越来越频繁地出现在报刊、广播、电视等媒体上，成为人们谈论的焦点。无论是在全球还是在我国，电子商务都以比人们预料的还要快得多的速度发展着。企业可利用 Intranet 实现网上销售、网上支付、网上服务等，在全球经济一体化的今天，电子商务已成为时代发展的潮流。

协同工作环境：现代企业的集团性质，使企业（公司）内的工作群体往往在分散的环境下协同工作，必须使用具有交互性质的工具来完成群体内各成员间的信息交流。使用 Intranet，WWW 页面和动态 Web 技术就会成为工作群体之间进行协同工作的理想环境。

第五节　数据库系统

一、数据模型

数据库是某个企业、组织或部门所涉及的数据的综合。它不仅反映数据本身的内容，而且反映数据之间的联系。在数据库系统的形式化结构中如何抽象、表示、处理现实世界中的数据和信息呢？在数据库中是用数据模型这个工具来对现实世界进行抽象的。数据模型是数据库系统中用于提供信息表示和操作手段的形式。

不同的数据模型是提供给用户以进行模型化数据和信息工作的不同工具。概括应用模型的不同目的，可以将模型分为两类或者两个层次。一是概念模型（也称信息模型），一是数据模型（如网状、层次、关系模型）。前者是按用户的观点来对数据和信息建模，后者是按计算机系统的观点对数据建模。

（一）概念模型

数据模型是数据库系统的核心和基础。各种机器上实现的 DBMS 软件都是基于某种模型的。为把现实世界中的具体事物抽象、组织为 DBMS 支持的数据模型，人们常常首先将现实世界抽象为计算机世界，然后将信息世界转化为机器世界。也就是说，首先把现实世界中的客观对象抽象为某一种信息结构。这种信息结构并不依赖于具体的计算机系统，也不是某一个 DBMS 支持的数据类型，而是概念级的模型。然后再把概念模型转化为计算机上某一 DBMS 支持的数据模型。因此概念模型是现实世界到机器世界的一个中间层次。

现实世界的事物反映到人的意识中来，人们对这些事物有个认识过程，经过选择、命名、分类等抽象工作之后进入信息世界。信息世界涉及的主要概念有：

实体：客观存在并可相互区分的事物叫实体。实体可以是人，也可以是物；可以指实际的对象，也可以指某些概念；可以指事物本身，也可以指事物与事物间的联系。例如，一个职工、一个部门、一门课，学生的一次选课、部门的一次订货。

属性：实体所具有的某一特性，一个实体可以由若干个属性来刻画。例如，学生实体可以由学号、姓名、年龄、性别、系、年级等属性组成（如 7806032，王平，19 岁，男，计算机系，三年级）。这些属性组合起来表征了一个学生。

实体型：具有相同属性的实体具有共同的特征和性质。用实体名及其属性名集合来抽象和刻画同类实体，称为实体型。例如，学生（学号、姓名、年龄、性别、系、年级）是一个实体型。

实体集：同型实体的集合称为实体集。例如，全体学生就是一个实体集。

联系：现实世界的事物之间是有联系的。这种联系必然要在信息世界中加以反映，一般存在两类联系：一是实体内部的联系，如组成实体的属性之间的联系；二是实体之间的联系。

两个实体之间的联系可分为三类。

1）一对一联系（1∶1）。若对实体集 A 中的每一个实体，在实体 B 至多有一个实体与之联系，反之亦然，则称实体集 A 与实体集 B 具有一对一联系，如图 2.11 所示。

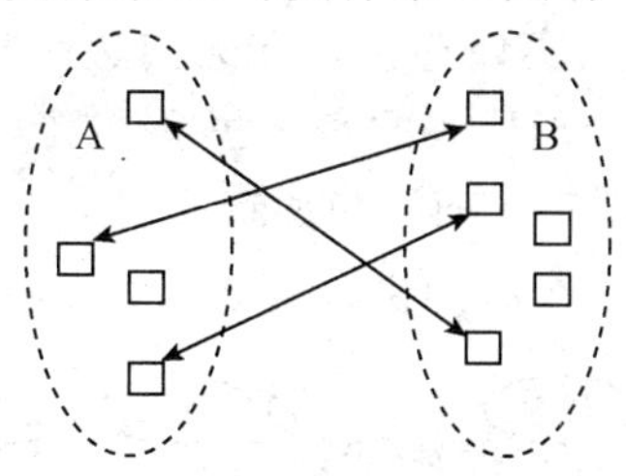

图 2.11　一对一联系

2）一对多联系（1∶N）。若对于实体集 A 中的每一个实体，实体集 B 中有 N 个实体与之联系，反之，对于实体 B 中的每一个实体，实体 A 中至多只有一个实体与之联系，则称实体集 A 与实体集 B 有一对多的联系，如图 2.12 所示。

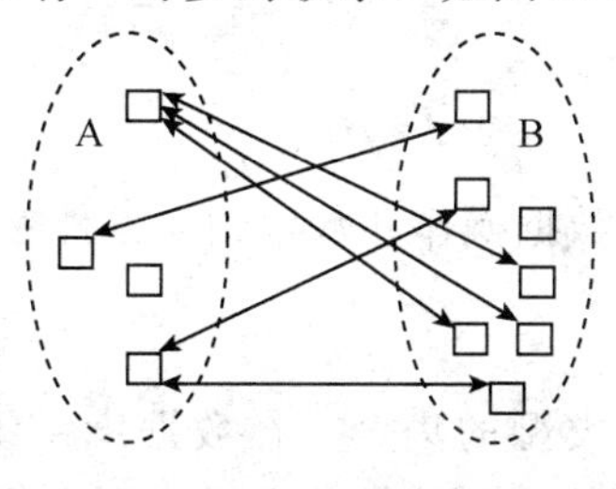

图 2.12　一对多联系

3）多对多联系（M∶N）。若对于实体集 A 中的每一个实体，实体集 B 中有 N 实体与之联系，反过来，对于实体集 B 中的每个元素，实体集 A 也有个 M 实体与之联系，M 和 N 均大于 1，则称实体集 A 与实体集 B 具有多对多联系，如图 2.13所示。

例如：一个部门有一个经理，而每个经理只在一个部门任职，则部门和经理之间具有一对一联系。一个部门有若干职工而每个职工只在一个部门工作，则部门与职工之间是一对多的联系。一个项目有多个职工参加而一个职工可以参加若干项目的工作，则项目和职工之间具有多对多的联系。

最常用的概念模型的表示方法是实体—联系方法。这个方法是用 E-R 图来描述某

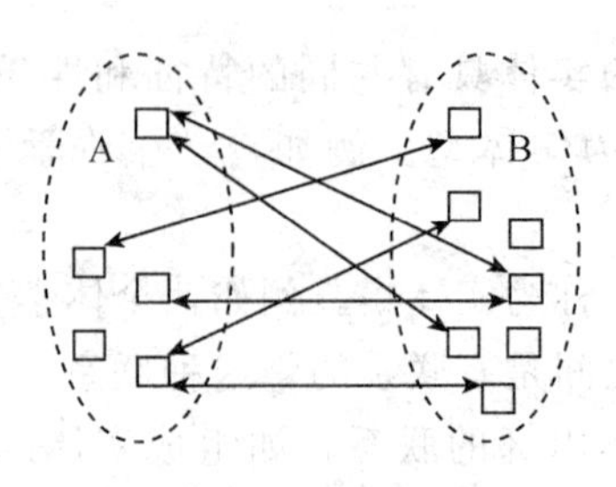

图 2.13 多对多联系

一组织的概念模型。

E-R 图中用长方形表示实体型，在框内写上实体名；用椭圆形表示实体的属性，并用无向边把实体与其属性连接起来；菱形表示实体之间的联系，菱形框内写上联系名。用无向边把菱形分别与有关实体连接，在无向边旁标上联系的类型。若实体之间联系也具有属性，则把属性和菱形代表的实体联系也用无向边连接上。

例如，一个学生可选多门课程，而一门课程又有多个学生选修，一个教师至多可讲三门课程，一门课程至多只有一个教师讲授，如图 2.14 所示。

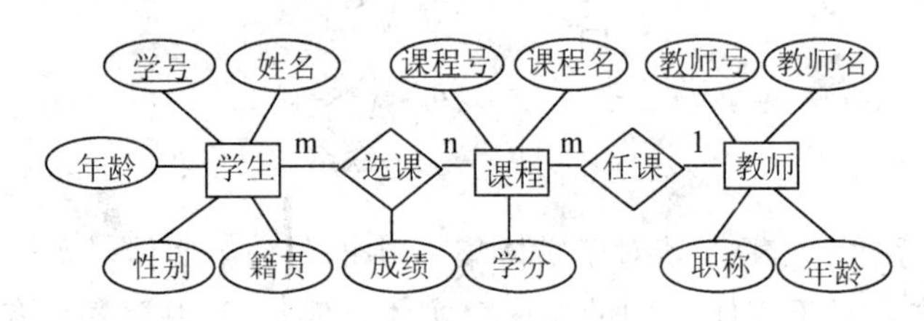

图 2.14 教学 E-R 模型

(二) 数据模型的三要素

数据模型具有数据结构、数据操作和数据约束条件三要素。

1. 数据结构

数据结构是所研究的对象类型的集合。在数据库系统中通常按照数据结构的类型来命名数据模型，例如层次结构、网状结构和关系结构的数据模型分别被命名为层次模型、网状模型和关系模型。数据结构中的对象是数据库的组成成分，它们包括两类：一类是与数据类型、内容、性质有关的对象，例如层次模型和网状模型中的数据项和记录，关系模型中的关系和属性等；另一类是与数据之间联系有关的对象。

2. 数据操作

数据操作是指对数据库中各种数据对象允许执行的操作集合。数据对象包括操作对象和有关的操作规则两部分。数据中的数据操作主要有数据检索和数据更新（即插入、删除或修改数据的操作）两大类操作。数据模型必须对数据库中的全部数据进行定义，指明每项数据操作的确切含义、操作对象、操作符号、操作规则以及对操作的

语言约束等。数据操作是对系统动态特性的描述。

3. 数据约束条件

数据约束条件是一组数据完整性规则的集合。数据完整性规则是指数据模型中的数据及其联系所具有的制约和依存规则。数据约束条件用以限定符合数据模型的数据库状态以及状态的变化，以保证数据库中数据的正确、有效和一致性。每种数据模型都规定了基本的完整性约束条件，这些完整性约束条件要求所属的数据模型都应满足。同理，每个数据模型还规定了特殊的完整性约束条件，以满足具体应用的要求。例如，在关系模型中，基本的完整性约束条件是实体完整性和参照完整性，特殊的完整性条件是用户定义的完整性。

（三）常见的数据模型

1. 层次模型

层次模型通常用树型结构来表示各类实体以及实体间的一对多联系，每一个节点表示一个记录类型，节点间的连线表示记录类型间的联系。这种模型的特征如下。

1）有且只有一个节点，无双亲节点，称之为根节点。

2）根以外的其他节点，有且只有一个双亲节点。

在层次模型中，同一双亲的子女节点称为兄弟节点，没有子女的节点称为叶子节点。

层次模型的存储依照某种方法，不仅要存储数据本身，还要反映出数据之间的层次联系。存储方法一旦确定，存取记录的方法也就确定了。层次模型的一个基本特点是，任何一个给定的记录值只有按其路径查看时，才能显示出它的全部意义，没有一个子女记录的值能够脱离双亲记录而独立存在。如果要存取某一记录类型的记录，必须从根节点起，沿着层次路径逐层向下查找，直到找到为止。

层次数据模型本身比较简单，实体间联系是固定的。但现实世界很多联系是非层次性的，用这种数据模型很难表示多对多的复杂联系，因此，目前应用不多。层次模型的代表产品是 IBM 公司的 IMS 数据库管理系统，这是一个曾经广泛应用的数据库管理系统。

2. 网状数据模型

网状数据模型是一种比层次模型更具普遍性的结构，它可以更直接地描述现实世界，从下面的特征不难看出，层次结构实际上是网络结构的一个特例。网状数据模型的特征如下。

1）允许多个双亲节点无双亲节点。

2）允许节点有多个双亲节点。

3）允许两个节点之间有多种联系（称为复合联系）。

与层次模型一样，网状模型中也是每个节点表示一个记录类型，每个记录类型可以包含若干项，节点间的连线表示记录类型之间的父子关系。

网状模型的存储结构也是依赖某种方法实行存储的。网状数据模型的操作主要包括查询、插入、删除和更新数据。网状模型的另一个特点就是存取记录类型的记录时，允许从任一节点找起，经过指定的联系，就能在整个网内找到所需的数据。

网状数据模型能够直接地描述现实世界的多种复杂联系，具有良好的性能，存取效率高，能取代任何层次结构的系统，但是数据定义语言复杂，数据独立性差。

3. 关系数据模型

关系数据模型的逻辑结构就是一张二维表，它由行和列组成。关系是一张通常所记录的表，表的格式就是关系的定义。表中的每个列就是一个属性，列头是相应的属性的属性名；表中的每一行称为一个元组，元组中的每一个属性称为一个分量，如表 2.2所示。

表 2.2　某订购数据表

订单代号	客户代号	订购日期	运货费/元
O001	C001	1999—12—03	20
O002	C002	1999—12—10	50
O003	C001	2000—04—05	20
O004	C002	2000—04—20	20
O005	C003	1999—12—20	100
O006	C003	2000—06—09	50
O007	C004	2000—07—08	50
O008	C005	2000—10—08	100

对关系的描述称为关系模式，一般格式为

关系名（属性名 1，属性名 2，…，属性名 n）

与非关系模型相比，关系数据模型具有下列特点。

1）关系数据模型建立在严格的数学基础之上，关系及其系统的设计和优化有数学理论指导，因而容易实现且性能好。

2）关系数据模型的概念单一，容易理解。关系数据库中，无论实体还是联系，无论是操作的原始数据、中间数据还是结果数据，都用关系表示。这种概念单一的数据结构，使用操作方法统一，也使用户易懂易用。

3）关系数据模型的存取路径对用户隐蔽。用户根据数据的逻辑模式和子模式进行

数据操作，而不必关心数据的物理模式情况，无论计算机专业人员还是非计算机专业人员使用起来都很方便，数据的独立性和安全保密性都较好。

4）关系数据模型中的数据联系是靠数据冗余实现的，关系数据库中不可能完全消除数据冗余，由于数据冗余，使得关系数据模型的空间效率和时间效率都较低。

二、文件组织

在管理信息系统中，大量数据以一定的形式存放在各种存储介质中，数据的组织方式及内在联系的表示方式决定着数据处理的效率，因而是数据处理工作的主要内容之一。

（一）数据结构

数据结构分为数据的逻辑结构和物理结构。物理结构又称存储结构，指数据元素在计算机存储器中的存放方式，而数据的逻辑结构是指数据间的逻辑关系。数据的逻辑结构包括串、队列、堆栈、表结构、树、图等，表结构包括线性表和链表。

（二）数据文件

在信息系统中，数据组织一般采用文件组织和数据库组织。文件组织是指数据记录以某种数据结构方式存放在外存设备上的组织方式。

文件系统是数据处理的主要方式，主要有以下两种：

顺序文件：顺序文件中的记录是按照某些关键字排序的文件。

索引文件：有时为了便于检索，除文件本身外，另外建一张指示逻辑记录和物理记录之间对应关系的索引表，这类包括文件数据区和索引表两大部分的文件称为索引文件。

（三）数据库

数据库是比文件系统更高级的一种数据组织方式，在文件系统中，文件由记录构成，通过种种数据结构描述应用领域的数据及其关系，数据的存取以记录为单位。由于文件系统的结构只限于记录内部，因而仅能适用于单项应用的场合。对于一个组织的管理信息系统而言，要求从整体上解决问题，不仅要考虑某个应用的数据结构，而且要考虑全局数据结构。

三、数据库系统

（一）相关概念

1. 数据处理及分类

围绕着数据所做的工作均称为数据处理。数据处理是指对数据的收集、组织、整理、加工、存储和传播等工作。

2. 数据管理及内容

在数据处理中，最基本的工作就是数据管理工作。数据管理是其他数据处理工作的核心和基础。数据管理工作应包括三项内容：一是组织和保存数据，即将收集到的数据合理地分类组织，将其存储在物理载体上，使数据能够长期地被保存；二是进行数据维护，即根据需要随时进行插入新数据、修改原数据和删除失效数据的操作；三是提供数据查询和数据统计功能，以便快速地得到需要的正确数据，满足各种使用要求。

数据管理在实际工作中的地位很重要。我们周围有很多人从事行政管理工作，这些管人、管财、管物或管事的工作实际上就是数据管理工作。在事务管理中，事务以数据的形式被记录和保存。例如在财务管理中，财务科通过对各种财务的记账、对账或查账等实现对财务数据的管理。传统的数据管理方法是人工管理方式，即通过手工记帐、算账和保管账目的方法实现对各种事务的管理。计算机的发展为科学地进行数据管理提供了先进的技术手段，目前许多数据管理工作利用计算机进行，而数据管理也成了计算机应用的一个重要分支。

3. 数据库

数据库有三种含义。

1）数据库是存在于计算机中的，与公司或组织的业务活动和组织结构相对应的各种相关数据的一个仓库。

2）放在数据库中的数据是按一定的方式组织起来的，而不是杂乱无章地存放的。

3）数据库是一个共享的信息资源，它可以被企业或组织中的多个经过授权的职员使用。

4. 数据库管理系统

数据库管理系统是指支持人们建立、使用和修改数据库的软件系统。它是位于用户和操作系统之间的数据管理软件。

在数据库管理系统的操作功能中，数据定义功能是指为说明库中要管理的数据情况而进行的建立数据库结构的操作，通过数据定义可以建立起数据库的框架；数据建立功能是指将大批数据输入到数据库中的操作，它使得数据库中含有需要保存的数据记录；数据库维护功能是指对数据的插入、删除和修改操作，其操作能满足库中信息变化或更新的需求；数据查询和统计功能是指通过对数据库的访问，为实际应用提供需要的数据。

数据库管理系统不仅要为数据管理提供数据操作功能，还要为数据库提供必要的数据控制功能。数据库管理系统的数据控制主要指对数据安全性和完整性的控制。数据安全性控制是为了保证数据库的数据安全可靠，防止不合法的使用造成数据泄漏和破坏，即避免数据被人偷看、篡改或破坏；数据完整性控制是为了保证数据库中数据的正确、有效和一致，以防止不合语义的错误数据被输入或输出。

数据库管理系统的目标是让用户能够更方便、更有效、更可靠地建立数据库和使用数据库中的信息资源。数据库管理系统不是应用软件，它不能直接用于诸如工资管理、人事管理或资料管理等事务管理工作，但数据库管理系统能够为事务管理提供技术和方法、充当应用系统的设计平台和设计工具，使相关的事务管理软件很容易设计。也就是说，数据库管理系统是为设计数据库应用项目提供的计算机软件，利用数据库管理系统设计事务管理系统可以达到事半功倍的效果。我们周围有关数据库管理系统的计算机软件有很多，其中比较著名的系统有 Oracle，Sybase ，SQL Server 等。

5. 数据库系统

数据库系统是指在计算机系统中引入数据库后的系统构成。一般由数据库、数据库管理系统及其开发工具、应用系统、数据库管理员和用户构成。应当指出的是，数据库的建立使用和维护等工作只靠一个 DBMS 远远不够，还要有专门的人员来完成，这些人员称为数据库管理员（DBA）。DBA 的主要任务是：决定数据库的信息内容；充当数据库系统与用户的联络员；决定数据存储结构和访问策略；决定数据库的保护策略；监视数据系统的工作，响应系统的某些变化，改善系统的时空性能，提高系统的效率。

（二）三级模式结构

数据模型用数据描述语言给出的精确描述称为数据模式。数据模式是数据库的框架。

数据库的三级模式是指逻辑模式、外模式（子模式）、内模式（物理模式），如图 2.15所示。

1. 逻辑模式及概念数据库

逻辑模式也常称为模式，它是对数据库中数据的整体逻辑结构和特征的描述。

逻辑模式使用模式 DDL 进行定义，其定义的内容不仅包括对数据库的记录型、数据项的类型、记录间的联系等的描述，同时也包括对数据安全性的定义（保密方式、保密级别和数据使用权）、数据应满足的完整性条件和数据寻址方式的说明。

逻辑模式是系统为了减小数据冗余、实现数据共享的目标，并对所有用户的数据进行综合抽象而得到的统一的全局数据视图。一个数据库系统只能有一个逻辑模式，以逻辑模式为框架的数据库为概念数据库。

2. 外模式及用户数据库

外模式也称子模式，它对各个用户或程序所涉及的数据逻辑结构和数据特征的描述外模式使用子模式 DDL 进行定义，其定义主要是对子模式的数据结构、数据域、数

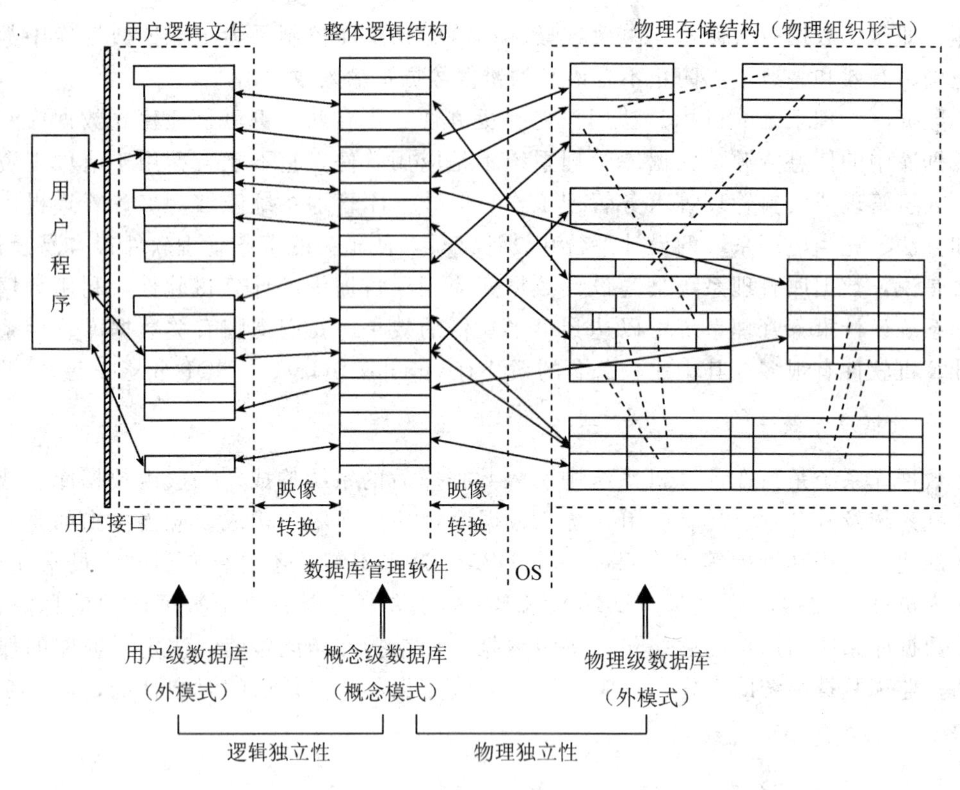

图 2.15 数据库结构图

据构造规则及数据的安全性和完整性的描述。子模式可以在数据组成（数据项的个数及内容）、数据间的联系、数据项的型（数据类型和数据宽度）、数据名称上与逻辑模式不同，也可以在数据的安全性和完整性方面与逻辑模式不同。

子模式是完全按用户自己对数据的需要、站在局部的角度进行设计的。由于一个数据库系统有多个用户，所以就可能有多个数据子模式。由于子模式是面向用户或程序设计的，所以它被称为用户数据视图。从逻辑关系上来看，子模式是模式的一个逻辑子集，从一个模式可以推导出多个不同的子模式。以子模式为框架的数据库为用户数据库。显然，某个用户数据库是部分抽取概念数据库形成的。

使用子模式可以带来三个优点。

1）由于使用了子模式，用户不必考虑那些与自己无关的数据，也无需了解数据的存储结构，使用户操作数据和程序设计的工作都得到了简化。

2）由于用户使用的是子模式，使得用户只能对自己需要的数据进行操作，数据库的其他数据与用户是隔离的，这样有利于数据的安全和保密。

3）由于用户可以使用子模式，而同一模式又可派生出多个子模式，所以有利于数据库的独立性和共享性。

3. 内模式及物理数据库

内模式也叫存储模式或物理模式，它是数据的内部表示或底层描述。内模式使用内模式 DDL 描述，它规定包括数据项、记录、数据集、索引和存取路径在内的一切物理组织方式，也规定数据的优化性能、响应时间和存储空间要求，还规定数据的记录位置、块的大小与数据溢出区等。

物理模式的设计目标是将系统的模式（全局逻辑模式）组织成最优的物理模式，以提高数据的存取效率，改善系统的性能。

以物理模式为框架的数据库为物理数据库。在数据库系统中，只有物理数据库才是真正存在的，它是存放在外存的实际数据文件；而概念数据库和用户数据库在计算机外存上是不存在的。用户数据库、概念数据库和物理数据库三者之间的关系是：概念数据库是物理数据库的逻辑抽象形式；物理数据库是概念数据库的具体实现；用户数据库是概念数据库的子集，也是物理数据库子集的逻辑描述。

（三）数据库系统的二级映像技术及作用

数据库系统的二级映像技术是指外模式与子模式之间的映像、模式与内模式之间的映像技术，这二级映像技术不仅在三级数据库模式之间建立了联系，同时也保证了数据的独立性。

1. 外模式／模式之间的映像及作用

外模式/模式之间的映像，定义并保证了外模式与数据模式之间的对应关系。外模式/模式之间的映像定义通常保存在外模式中。当模式变化时，DBA 可以通过修改映像的定义使外模式保持不变；由于应用程序是根据外模式进行设计的，只要外模式不变，应用程序就不需要修改。显然，数据库系统中的外模式与模式之间的映像技术不仅建立了用户数据库与逻辑数据库之间的对应关系，也使得用户能够按子模式进行程序设计，同时也保证了数据的逻辑独立性。

2. 模式/内模式之间的映像及作用

模式/内模式之间的映像，定义并保证了数据的逻辑模式与内模式之间的对应关系。它说明数据的记录、数据项在计算机内部是如何组织和表示的。当数据库的存储结构改变时，DBA 可以通过修改模式/内模式之间的映像使数据模式不发生变化。由于用户或程序是按数据的逻辑模式使用数据的，所以只要数据模式不变，用户仍可以按原来的方式使用数据，程序也不需要修改。模式/内模式的映像技术不仅使用户或程序能够按数据的逻辑结构使用数据，还提供了保证内模式变化而程序不变的方法，从而保证了数据的物理独立性。

(四) 关系数据库基本理论

关系数据库是以关系数据模型为基础。数据模型是数据库的框架，这个框架表示了信息以及信息之间的联系的组织方式和表达方式，同时反映了存取路径。

模型，是现实世界特征的模拟和抽象。在数据库技术中，我们用模型的概念描述数据库的结构与语义，对现实世界进行抽象。能表示实体类型及实体间联系的模型称为数据模型（data model)。关系模型的基本组成是关系。关系模型中，实体、实体与实体之间的联系都通过关系这种单一的结构类型来表示。概括地讲由三部分组成。

1. 数据结构

关系数据模型的逻辑结构就是人们熟悉的二维表，它由行和列组成。表的格式就是关系的定义。表 2.3 所示是一张公司员工表。

表 2.3 公司员工表

员工号	姓名	年龄	职称	参加工作时间	基本工资
1	张某	32	高级工程师	1990/07/01	1000.00
7	王某	25	工程师	1997/08/01	800.00
8	李某	30	工程师	1994/06/01	980.00

其中包含的基本概念有：

表：是一种按行与列排列的相关信息的逻辑组，如上面的公司员工表。

属性（字段)：表中的一列为一个属性，也称为一个字段，字段的特征有名称、类型、长度。如上表中有 6 列，即有 6 个属性（6 个字段)，它们分别是：员工号、姓名、年龄、职称、参加工作时间、基本工资。表结构是由其包含的各种字段定义的，每个字段描述了它的一个属性。字段可包含各种字符、数字甚至图形（如保存员工的照片)。

值域：属性的取值范围，每一个属性对应一个值域，不同的属性可对应于同一个值域。如上表中姓名的值域是该公司的职员的姓名，年龄的值域是 18 至 60。

元组（记录)：表中的一行为一个元组，也称为一个记录。同一个数据表中任意两个记录都不能完全相同。如表上中有 3 行，即有 3 个元组（3 个记录)。

主码（主键)：表中可以唯一确定一个元组（一个记录）的某个属性组（字段组)，称为主码，也称为主键，它可以由一个属性或多个属性构成。例如，在员工表中，员工号是表的主键，因为它唯一地标识了一个员工（这里我们不能用姓名做主键，因为姓名不能唯一标识一个员工，可能会有重名的情况)。

分量：元组中的一个属性值（字段值)。

关系：关系就是表和表之间的联系。数据库可以由多个表组成，表与表之间以不同的方式相互关联。例如，员工数据库还可以有一个包含某个员工其他信息的表，这

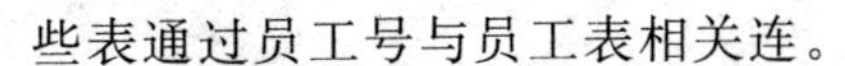

些表通过员工号与员工表相关连。

关系模式：对关系的描述，一般表示为

关系名（属性名1，属性名2，…，属性名M）

关系中的主码在关系模式中应该用下划线指明。如上表的关系可描述为

职工（<u>员工号</u>、姓名、年龄、职称、参加工作时间、基本工资）

其中，员工号是该关系的主码。

在关系模型中，实体要用关系来表示，例如在下面的关系模型中的学生、课程关系；另外，实体间的联系也用关系来表示，例如选修关系描述了学生与课程之间的多对多联系。

学生（学号，姓名，性别，年龄，所在系）
课程（课程号，课程名，学分）
选修（学号，课程号，成绩）

关系具有的性质：

1）同一属性的数据具有同质性。

2）同一关系的属性不能重复。

3）关系中列的顺序可以任意交换。

4）关系中任意两个元组不能相同。

5）关系中元组的顺序可以任意交换。

6）每一个分量必须是不可分的数据项。

2. 关系操作

关系操作可用关系代数（或等价的关系演算）中并、交、差、广义笛卡尔积、选择、投影、连接、除等操作来表示。关系操作的特点是集合操作，无论是操作的对象还是操作的结果都是集合。这种操作方式被称为一次一集合（set-at-a-time）的方式，与非关系型的一次一记录（record-at-a-time）的方式相对照。

3. 数据完整性

数据完整性包括实体完整性、参照完整性以及与应用有关的完整性。实体完整性和参照完整性是关系模型必须满足的完整性约束条件，应由关系数据库管理系统自动支持；用户定义完整性则是针对某一具体数据库的约束条件，由应用环境决定。反映某一具体应用所涉及的数据必须满足的语义要求，关系数据库系统应提供定义和检验这类完整性的机制。

实体完整性规则：关系中元组的主键值不能为空且取值唯一。

表2.3中主键是员工号，其值在表中是唯一的和确定的，才能有效地标识每一个员工。主键不能取空值（NULL），空值不是0，也不是空字符串，是没有值，是不确定的值，空值无法标识表中的一行。为了保证每一个实体有唯一的标识符，主键不能

取空值。

参照完整性规则，如果关系S中的属性F与另一关系R的主键K相对应（称K为S的外键），则S中F的取值必须为R中K的值或者为空值。如职员表的“部门编码”是部门表的外键，职员表的“部门编码”的值必须是部门表中“部门编码”的值中，表示某职员属于某部门，否则职员表的“部门编码”的值必为空值，表示该职员没有分配到某部门，如表2.4和表2.5所示。

表2.4　部门表

部门编码	部门名称
KF	开发部
SC	市场部

表2.5　职员表

员工号	姓名	部门编码
1	张某	KF
7	王某	KF
8	李某	SC

用户定义的完整性规则，这是针对某一具体数据的约束条件，由应用环境决定。它反映某一具体应用所涉及的数据必须满足的语义要求。系统应提供定义和检验这类完整性的机制，以使用统一的系统方法处理它们，不再由应用程序承担这项工作。

关系模型建立在严格数学概念的基础上，概念简单、清晰，易于用户理解和使用，大大简化了用户的工作。正因为如此，关系模型提出以后，便得到迅速发展，并在实际的商用数据库产品中得到了广泛应用，成为深受广大用户欢迎的数据模型。总的来看，关系模型主要具有以下特点。

1）关系模型的概念单一，实体以及实体之间的联系都用关系来表示。

2）以关系代数为基础，数据形式化基础好。

3）数据独立性强，数据的物理存储和存取路径对用户透明。

4）关系数据库语言是非过程化的，这将用户从编程进行数据库记录的导航式检索的工作中解放出来，大大减小了用户编程的难度。

（五）关系数据库的标准语言SQL

数据库语言是DBMS提供的用户界面（接口），是用户和数据库管理员用来完成数据的定义、查询、更新和控制的主要工具。不同的数据模型对应不同的数据库语言。结构化查询语言SQL（structured query language）语言是一种介于关系代数与关系演算之间的结构化查询语言，其功能包括定义、查询、操纵和控制四个方面，是一个通用的、功能极强的关系数据库语言。

SQL语言既是自含式语言，又是嵌入式语言。作为自含式语言，它能够独立地用于联机交互的使用方式，用户可以在终端键盘上直接键入SQL命令对数据库进行操作；作为嵌入式语言，SQL语句能够嵌入到高级语言程序中，供程序员设计程序时使用。而在两种不同的使用方式下，SQL语言的语法结构基本上是一致的。这种以统一的语法结构提供两种不同的使用方式的做法，提供了极大的灵活性与方便性。

尽管SQL的功能很强，但语言十分简洁，核心功能只用了8个动词，见表2.6。SQL的语法接近英语口语，所以，用户很容易学习和使用。

表2.6　SQL核心功能动词

SQL功能	动　词
数据库查询	SELECT
数据定义	CREATE，DROP
数据操纵	INSERT，UPDATE，DELETE
数据控制	GRANT，REVOKE

四、分布式数据库

分布式数据库是在多个不同的地理位置存储库中数据的数据库。分布式数据库的某一部分在一个位置存储和处理，数据库的其他部分在另外一个或多个位置存储和处理。有两种典型的分布式数据库，一种是中央数据库，包括分区数据库和副本分布式数据库；另一种是中央索引数据库，包括中央索引数据库和网络请求分布式数据库。

在分布式数据库中，中央数据库存储了所有数据，而在各分布式站点上只存储其中的某一部分数据，也就是说，各分站点数据库为中央数据库的分区。分区数据库主要是存储在该站点上经常需要处理的数据。在某一站点上，若需要其他数据，则需向中央数据库发出请求。副本分布式数据库是在各站点上存储了中央数据库的副本，这样，各站点就可以直接使用副本数据库中的数据。副本分布式数据库的关键技术是如何保证各副本数据库和中央数据库的一致性。

在中央索引数据库中，当用户使用数据时，先将数据服务请求发送到中央索引数据库小，中央索引数据库根据索引指针寻找存储这些数据的有关站点数据库，最后再把结果返回发出请求的用户。在这种中央索引数据库中，数据存储在各站点上，由各站点负责维护自己的数据，而中央索引数据库只存储数据的索引，不存储具体的数据。在网络请求分布式数据库中，没有中央索引数据库，依靠网络轮询来完成用户的数据请求。

五、数据仓库

数据仓库（data warehouse，DW）是一个用以更好地支持企业或组织的决策分析处理的、面向主题的、集成的、不可更新的、随时间不断变化的数据集合。

“面向主题的”主题是某一宏观分析领域中所涉及的分析对象。

“集成的”是指数据仓库的数据来自于不同的数据源，要按照统一的结构，一致的格式、度量及语义，将各种数据源数据合并到数据仓库中。

"不可更新的"是指数据仓库的数据主要供决策分析之用，所涉及的数据操作主要是数据查询，这些数据反映的是不同时间点的源数据库快照的集合，以及基于这些快照的统计、综合等导出数据，不能被更改。

"随时间变化的"是指对用户来说不能更改数据仓库中的数据，但随着时间变化系统定期进行刷新，把新的内容追加到数据仓库和随时导出新的综合数据和统计数据。

数据仓库是一个决策支持环境，它从不同数据源获得数据、集成数据、组织和管理数据，使得数据有效地支持决策分析。

数据仓库至少包括 4 个部分：数据源、数据集成、数据存储和数据查询与分析工具。

1. 数据源

数据源包括数据库、文件系统、Internet 上 HTML 文件以及其他数据源。数据源一般是异构的，通过网络互连，数据仓库应能通过 ODBC 或 JDBC 等机制，访问各种异构数据源。

2. 数据集成

由于数据仓库数据来自多个数据源．各数据源是为各自的应用而建立的。数据的格式、类型、编码、命名和语义等方面都会有冲突。因此，要建立有关元数据，描述源数据的格式、目标数据的格式以及如何把源数据转换成目标数据的一些规则并记录在元数据库中。

3. 数据存储

数据存储是数据仓库的核心部分，其中包括元数据和数据仓库。元数据是关于数据的数据，如同数据库系统中的数据字典。元数据的内容反映数据仓库的数据内容，及其与数据源之间的关系，记载了数据仓库与业务运行系统之间数据结构的映射关系。在系统环境中，元数据几乎代表了整个仓库系统的逻辑结构。数据仓库是存储数据的地方，数据组织方式可采用基于关系表的存储方式或多维数据库存储形式。基于关系表的存储方式是将数据仓库的数据存储在关系型数据库的表结构中，在数据库系统的管理下完成数据仓库的功能。多维数据库的组织采用多维数组结构文件进行数据存储，并有维索引及相应的元数组管理文件与数据相对应。

4. 数据查询与分析工具

数据查询和分析工具不仅能将数据以直观的形式提供给用户，而且能对数据仓库中的数据进行分析，使用户获得数据之间蕴涵的知识。目前，数据查询工具有一般的用户查询工具和报表生成工具。分析工具则有联机分析处理（on-line analysis processing，OLAP）和数据挖掘（data mining，DM）。

OLAP 是针对特定问题的联机数据存取和分析，它能够对数据集合从某个或多个角度进行比较，从不同角度进行分析。OLAP 通过切片、切块、旋转、上卷、下探等基本操作实现事实表和多维表的连接以及聚集汇总运算。

六、数据库设计

数据库设计是指对于一个给定的应用环境，提供一个能确定最优数据模型与处理模式的逻辑设计，以及对数据库存储结构与存取方法的物理设计，建立起既能反映现实世界信息和信息联系，满足用户数据要求和加工要求，又能被某个数据库管理系统所接受，同时能实现系统目标，并有效存取数据的数据库。

数据库的设计分为用户需求分析、概念模型设计、逻辑模型设计、物理结构设计、物理实现，分别存在于系统开发的不同阶段，如图 2.16 所示。用户需求分析的目的是在调查的基础上，确定用户总体信息（输入、输出）需求及信息处理需求。概念模型设计的目的是产生反映企业组织信息需求的数据库概念结构，完成概念模型设计，首先要对数据进行抽象，设计出局部模式，其次是将局部概念模式转化为全局概念模式。概念模型设计常使用的工具是 E-R 模型图。逻辑模型设计的目的是把概念模式转换为与具体 DBMS 所支持的数据模型相符合的逻辑结构。逻辑模型必须在功能上、完整性和一致性约束及扩充性等方面满足用户的各种要求。在逻辑模型设计中，需要进行关系模式的规范化。物理设计的目的是要给逻辑模型设计适应环境的物理结构，主要确定存储记录格式、存储记录存放的安排与存取方法。物理实现是指硬件物理实现、具体数据库的建立，初始数据录入、测试及试运行与评价。

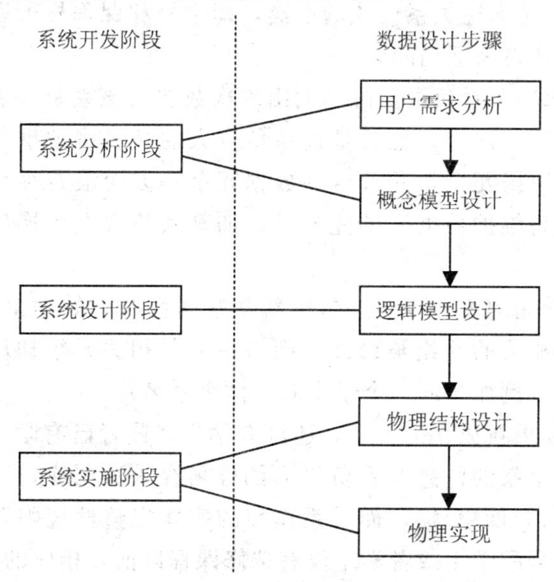

图 2.16　数据库的设计过程

1. 问题提出

某学校要建立一个数据库来描述学生的一些情况，由现实世界的已知事实得到如下对应关系。

1）一个系有若干名学生，一个学生只属于一个系。

2）一个系只有一名负责人。

3）一个学生可以选修多门课程，每门课程有若干学生选修。

4）每个学生学习每一门课程都有一个成绩。

根据上述情况，可以找出如下一组属性：

U=（学号，姓名，系编号，系名称，系负责人，课程号，课程名称，成绩）

如果采用一个总的关系模式，把所有的属性组合成一个关系模式，其形式如下：

SA（学号，姓名，系编号，系名称，系负责人，课程号，课程名称，成绩）

在这个关系模式中，存在如下函数依赖：

（学号，课程号）→姓名
（学号，课程号）→系名称
（学号，课程号）→课程名称
（学号，课程号）→系编号
（学号，课程号）→系负责人
（学号，课程号）→成绩

（学号，课程号）是上述关系模式的主键，即学号和课程号可以唯一地确定一个元组，这个关系模式可能带来下列问题。

1）数据冗余。每一个系负责人姓名的出现次数要与该系每一名学生选修的每一门课程的成绩出现的次数一样多，也就是说系负责人的姓名将被重复保存。这种重复保存是没有意义的，是数据冗余，并且这种数据冗余一方面浪费存储器资源，另一方面DBMS要付出很大代价维护数据库的完整性。如某系负责人更换后，就必须逐一修改有关的每一个元组。

2）修改异常或潜在的不一致性。当更新某些属性时（如学生所在的系），由于数据冗余，可能一部分相关的元组被修改，而另一部分相关元组却没有被修改，这就造成了数据的不一致性（例如，同一个学生对应两个系名）。

3）插入异常。如果新成立一个系，还没有学生，或者已有学生，但还没有安排课程，那么就无法把这个系的信息及系负责人的姓名存入数据库，这是因为在关系模式SA中，主键为（学号，课程号），而关系模型的实体完整性规则要求主键值不能为空值，因此在该系没有分配学生或者学生没有选修课程以前，相应的元组无法插入。

4）删除异常。如果某个系的学生全部毕业了，在删除该系全体学生信息的同时，把这个系的信息及负责人的姓名也一同删去了，丢失了应该保留的信息。

由于上述几个问题，可以看到该学生数据库模式的设计不是一个好的设计。一个好的数据库模式应当不会发生插入异常和删除异常，冗余尽可能少。运用规范化理论对数据模型进行优化，可以消除以上产生的问题。

2. 关系的规范化

在关系模式的设计中，函数依赖起着重要作用，关系模式设计的好坏取决于它的函数依赖是否满足特定的要求。满足特定要求的模式称为范式（normal form）。满足不同程度要求的模式为不同范式。

所谓“第几范式”是表示关系模式的某一种级别，因此，范式这个概念可以理解成符合某种级别的关系模式的集合。一般地，如果 R 属于第 x 范式，那么就可写成 R ∈xNF。各种范式之间的关系满足 5NF⊂4NF⊂3NF⊂2NF⊂1NF，一个低一级范式的关系模式，通过模式分解可以转换为若干个高一级范式的关系模式的集合，这种过程叫做规范化。

1）第一范式（1NF）。如果一个关系模式 R 的所有属性都是不可分的基本数据项，则这个关系属于第一范式。在任何一个关系数据库系统里，第一范式是对关系模式的一个最起码的要求。不满足第一范式的数据库模式不能称为关系数据库。但满足第一范式的关系模式并不一定是好的关系模式。

2）第二范式（2NF）。若关系模式 R 属于第一范式，且每个非主属性都完全函数依赖于主键，则 R 属于第二范式（R∈2NF）。第二范式不允许关系模式中的主属性部分函数依赖于主键。

3）第三范式（3NF）。如果 R∈2NF，且每一个非主属性不传递函数依赖于主键，则 R∈3NF。

4）BCNF。BCNF 比 3NF 更进了一步，是修正的第三范式，有时也称为扩充的第三范式。

定义：如果 R∈1NF，若 X→Y，且 Y⊄X 时 X 必含有主键，则是 R∈BCNF。

可以这样理解这个定义，在关系模式中，若每一个决定因素都包含主键，则 R∈BCNF。由于 3NF 不能很好地处理含有多个候选键和候选键是组合项的情况，因此，人们定义了一个更强的范式 BCNF，一个满足 BCNF 的关系模式有以下特点。

1）所有非主属性对每一个主键都是完全函数依赖。

2）所有的主属性对每一个不包含它的主键也是完全函数依赖。

3）没有任何属性完全函数依赖于非主键的任何一组属性。

一个数据库模式中的关系模式如果都属于 BCNF，那么在函数依赖范畴内，它已消除了插入和删除异常。3NF 的“不彻底性”表现在存在主属性对主键的部分函数依赖或传递函数依赖。

函数依赖和多值依赖是两种最重要的数据依赖。如果只考虑函数依赖，则属于 BC-NF 的关系模式其规范化程度是最高的。规范化的基本思想是逐步消除数据依赖中不合适的部分，使数据库模式中的各关系模式达到某种程度的分离，让一个关系描述一个概念或一个实体或实体之间的一种联系。若一个关系的描述内容多于一个的概念时就把这些概念分离出去。因此，所谓规范化实质上是概念的单一化。

规范化理论为数据库设计提供了理论指南和工具。但是，并不是规范化程度越高，模式就越好。分解得过细，即使对消除存储异常有些好处，但查询时需要更多的连接操作，很可能得不偿失。因此，进行数据库设计时，必须结合应用环境和现实世界的具体情况合理地选择数据库模式。

3. 经验设计

规范的设计方法有利于开发人员的合作，有利于保证设计的质量，但是需要经过较多的环节，需要耗费较多的开销。在实际工作中，尤其是在一些小型系统的开发当中，人们经常利用经验，在对应用系统调研完成后，很快地完成设计。

所谓经验是人们在长期工作过程中形成的一些规则。规范的设计方法来源于经验，是对开发方法的总结，同时经验与规范的方法并不冲突，经验是按照规范的设计方法在工作过程中形成的一种潜意识。经验丰富的设计人员根据调研中收集到的现行系统中的单据、表格，经过一定构思后将直接形成设计结果。当然，经验设计的质量决于设计人员的经验。

下面是经常运用的数据库设计原则。

1）相同属性（字段）的数据只能是单一的数据类型。

2）一个关系只反映一个主题。这意味着表中一条记录只定义单独的一件事情，不要将多个实体都塞入一个表中。如果两个实体之间有多对多和一对多的关系，需要将两个实体分别对应一个表，它们的联系也做成一个表。

3）同一实体只在数据库中出现一次。

4）一个数据库由若干个表组成，应该保证对应于每个实体的描述只在数据库中出现一次。否则，一方面存在数据冗余，另一方面在更新这些实体的信息时，必须更新在所有出现相应信息的地方，稍有疏忽就会出错，造成系统中数据的不一致。

5）能通过简单计算得到的数据不保存。经过简单计算就可以得到的值一般不保存，例如保存了单价和数量后，金额不再保存。如果保存了这样的数据，当相关数据变化时就要求计算值也要变化，这无疑要加重应用程序的负担。我们只要在使用到这些计算值时再去计算就行了，这样总能取得最新的值，这对于以计算速度为优势的计算机来说是不成问题的。

6）信息量大，但取值固定的列应建立编号体系。

7）建立并使用编号体系的最大好处在于便于管理和节约存储空间。

8）保证每个表中的记录是唯一的。

9）为方便用户操作，需要建立一些辅助的表。

10）反映规则的数据可以考虑保存到一个辅助表中。

例如在图书管理系统中，不同身份的读者允许借书的数目是不一样的，如研究生每次可借10本，本科生每次只可借7本，这就是借书的规则。可以将反映这种规则的数据体现在程序中，但这时，一旦允许借书的数量改变了，即规则改变了，你必须改变程序。如果把这样的信息保存在一个表中，当规则改变时，只要修改这个表中数据就可以“平稳过渡”，甚至我们还可以加入新的身份的读者。这使得系统的适应能力和可扩充性大增。

按上述经验设计之后，要对照系统功能，看是否还有其他要处理的数据没有考虑进来。数据库能够真实反映现实世界的状态，这是对数据库的基本要求。现实世界中的实体及实体间的一对一、一对多及多对多的关系必须体现在各个表中，要认真检查，防止遗漏。另外，可以结合规范化的方法，对设计结果进行优化。

七、数据库安全

数据库的安全性，就是防止非法用户使用数据库造成数据泄露、更改或破坏，以达到保护数据库的目的。数据库中数据必须在DBMS统一的严格的控制之下，只允许有合法使用权限的用户访问，尽可能杜绝所有可能对数据库的非法访问。一个DBMS能否有效地保证数据库的安全性是它的主要性能指标之一。

数据库系统建立在操作系统之上。操作系统统管计算机资源，如果操作系统存在安全漏洞，则入侵者可能避开数据库的安全机制入侵数据库。更有甚者，入侵者有可能窃取DBA的权限。另外，人为的因素也是安全漏洞因素之一，例如人为的破坏，窃取合法用户的口令等等。事实上，这些漏洞占了安全问题很大的比重。在计算机系统中，安全性问题还涉及以下领域：网络、服务器、用户、应用程序与服务、数据等。

1）网络安全。它关系到什么用户和应用程序具有访问权，查明任何非法访问或偶然访问的入侵者，保证只有授权许可的通信才可以在客户机和服务器之间建立连接，而且正在传输中的数据不会被非法读取和改变。

2）服务器安全。需要控制访问服务器的用户或访问者的操作，防止病毒的侵入，检测有意或偶然闯入系统的不速之客等。

3）用户安全。在系统内为每个合法的用户都建立一个账户；在用户获得访问特权时设置相应的功能，在他们的访问特权不再有效时删除用户账户；以及通过身份验证确保用户的登录是合法的。

4）应用程序和服务安全。大多数应用程序和服务都靠口令保护，而采用授权可用于控制用户访问系统资源的权限。

5）数据安全。通过数据加密防止非法阅读；保证数据的完整性；防止非法和偶然的不正确的数据更新。

最需要考虑的安全性内容有：

1）仅允许被授权用户访问网络和资源。

2）仅允许被授权用户执行某些特定的功能。

3）防止违反安全制度的操作。并在进行这些操作的企图被发现时及时发出警告。

4）通过在详细的日记（日志文件）中记载所有用户的活动，监视系统的安全性。

5）为本地和远程计算机系统提供一个集中的安全性控制点。

6）将系统超级权限委托给系统管理员，确保超级特权安全。

总之，安全措施需要采用层层设防的各种技术，这里我们只介绍数据库系统有关的安全措施。

（一）数据库安全性控制

数据库安全性控制包括以下几个方面。

1. 用户标识与鉴定

用户标识与鉴定是系统提供的最外层安全保护措施。数据库用户在注册时，每个用户都登记一个用户标识符，它是用户公开的标识。但为了正确识别用户，防止别人冒名顶替，仅使用用户标识符是不够的，还需要进一步鉴别用户身份。

为了进一步鉴别用户，目前最广泛使用的是口令（password）。口令一般是在注册时，由用户选择输入。口令的选择既要便于记忆，又要不易被别人猜出。系统中设置了一个表，记录着所有的合法用户的标识符和口令。每次用户要求进入系统时，要求用户输入用户标识符和口令，然后系统核对用户标识符和口令以鉴别用户身份。只有当用户标识符和口令核实正确后，用户才可以使用计算机。为保密起见，用户输入的口令不在屏幕上显示。为了防止有人猜测口令，对于多次（例如三次）尝试未成功的用户，系统会中断其连接，并记录在案。口令使用时间长了，容易泄露，应经常更换口令。

2. 存取控制

存取控制是对用户存取数据库的权力的控制。这是数据库安全的基本手段。数据库用户按其访问权力的大小，一般可分为以下三类：

1）一般数据库用户，通过授权可对数据库进行操作的用户。

2）数据库的拥有者，即数据库的创建者，他除了一般数据库用户拥有的权力外，还可以授予或收回其他用户对其所创建的数据库的存取权。

3）有 DBA 特权的用户，即拥有支配整个数据库资源的特权，他对数据库拥有最大的特权，因而也对数据库负有特别的责任。通常只有数据库管理员才有这种特权。

由于不同的用户对数据库具有不同的存取权，因此，为了保证用户只能访问他有权存取的数据，必须对每个用户授予不同的数据库存取权，这称为授权（authorization）。第一个具有 DBA 特权的用户是由系统设置的，在系统初始化时，系统中至少有一个具有 DBA 特权的用户，例如 SYS 和 SYSTEM，它的口令也是由系统规定好的。第一个 DBA 用户进入系统后，应立即更换口令，以免别人盗用该口令进入系统，然后由他给其他用户授权。

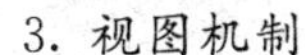

3. 视图机制

为不同的用户定义不同的视图，可以将要保密的数据对无权存取这些数据的用户隐藏起来，从而自动对数据提供一定程度的安全保护。例如，要限制各系的教务秘书只能查询其本系学生的情况，可为他们定义只包含本系学生记录的视图。但视图机制主要的功能是提供数据库的逻辑独立性，其安全性功能还需要与授权机制配合使用。因此，在实际应用中，首先用视图机制限制用户访问范围，屏蔽掉保密数据，然后在视图上再进一步定义存取权限。

4. 数据加密

用户标识和鉴定、存取机制、视图等安全措施，都是防止从数据序系统窃取保密数据。另外，数据是存储在介质上的（例如磁盘、磁带），还常常通过通信线路进行传输。有可能被人通过不正常渠道窃取存储介质，或者从通信线路上窃取数据。对于这种非法行为，上述几种安全性措施就无能为力了。为了防止这类窃密活动，比较好的办法是对数据加密。对存储和传输的数据用密码进行加密，而在正常查询时，要按密码钥匙进行解密。因此，由于不知道密码钥匙看到窃取的数据只能是一些无法辨认的二进制代码。由于数据加密和解密是比较费时的操作，增加了系统的开销，降低了数据库的性能。因此，在一般数据库系统中，数据加密作为可选的功能，允许用户自由选择，只有对那些保密要求特别高的数据，才值得采用此方法。

5. 审计

上面所介绍的安全性措施都不可能是完美无缺的，蓄意盗窃、破坏数据的人总是想方设法企图打破这些控制。为此，对某些保密数据，还可以采用审计技术。审计是一种监视措施，它跟踪记录有关这些数据的存取活动，监测可能的非法行为。

审计跟踪使用的是一个专用文件，这个文件叫跟踪审计记录（audit trail)。跟踪审计记录一般包括下列内容：

1）操作类型（例如查询、修改等）。

2）操作终端标识与操作者标识。

3）操作日期和时间。

4）所涉及到的数据（例如表、视图、记录）。

5）操作前的数据和操作后的数据。

系统能利用这些审计跟踪的信息，重现导致数据库现状的一系列事件，以找出非法存取数据的人。

审计通常是很费时间和空间的，所以 DBMS 往往将其作为可选功能，允许 DEA 和数据的拥有者选择。审计功能一般用于安全性要求较高的部门。

案例分析

数据库帮助宝洁公司管理产品信息

宝洁公司是世界上最大的日用品公司之一，每年的销售额达到430亿美元。宝洁公司在全球销售的产品品牌超过300个，在超过80个国家开展新产品研发、委托加工等业务，涉及的供应商超过10万个。

宝洁公司在开发一种新产品时，总是先制定一系列技术标准，涉及产品、原材料、包装材料、生产流程等。由于宝洁公司业务遍布全球，功能类似的产品在不同地区其规格也常常大不一样。因此，宝洁公司所有的技术规范超过了60万种。而这些大量的技术标准数据存储在30个不同的数据库中，研究人员很难共享这些数据。这些数据无法整合，也增加了额外的采购成本。例如，宝洁公司一个部门曾经向许多家供应商采购超过50种黏合剂，而很多粘合剂只是名称不同，功效完全一样，实际上只需要三种就可以满足所有的需求。

为了解决这个问题，宝洁公司建立了一个被称为公司标准系统（Corporate Standards System，CSS）的数据库，对所有的技术标准进行分类管理。目前，这个供应商管理系统向宝洁的8200名员工开放，未来还将对部分供应商和委托制造商开放。

数据进入数据库后，人员可以从不同的角度对数据进行分析，例如，设计人员或工程师可以用这些数据设计新产品或改进老产品；采购人员可以利用数据合并物料订单；零售商甚至可以利用这些数据来确定恰当的货架高度。

宝洁公司建立的数据库系统，至少从两个方面带来了好处。首先，所有数据集中处理后，宝洁公司可以合并零散的订单，从而获得更优惠的采购价格和更有效率的采购流程；其次，信息共享避免了不必要的重复工作。例如，某个研发团队成功开发了一种产品，制定了该产品的技术标准，当另一个研发团队开发另一种与之类似的产品时，就可以参考其技术标准，了解各种成分的相互作用、含量等技术数据，从而避免浪费时间和成本进行重复研究。

（资料来源：神州数码 ERP，http：//www. digiwin. com. cn/news/13 _ 8892. html，2009. 9）

思考题

1. 宝洁公司面临的数据管理的问题是什么，它是如何解决这些问题的？
2. 数据库系统给宝洁公司带来哪些价值？

本章思考题

1. 简述单机操作系统与网络操作系统的区别。

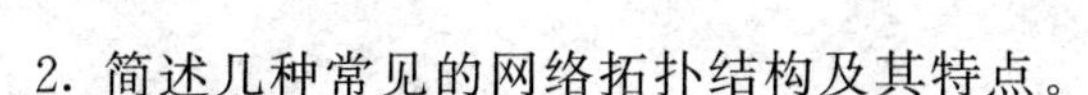

2. 简述几种常见的网络拓扑结构及其特点。
3. 什么是数字信号？什么是模拟信号？各有什么特点？
4. 简述几种常见的数据传输方式。
5. 简述局域网的软硬件组成。
6. 简述 OSI 模型及各层的主要功能。
7. 简述 Internet 提供的几种典型的服务。
8. 简述 Intranet 的概念及其主要功能。
9. 简述数据、数据库、数据库管理系统、数据库系统的概念。
10. 简述实体、实体集、属性、联系的概念。
11. 分别列举出实体之间具有一对一、一对多、多对多联系的例子。
12. 简述数据库系统的三级模式。
13. 简述数据库的三类完整性规则。
14. 简述数据仓库的特点及其组成。
15. 简述关系数据库设计的步骤。

第三章　管理信息系统开发概述

本章重点讲述研究开发方法的原因和目的、开发方法的体系结构、常用开发方法、开发系统的基本条件，系统开发的组织和项目管理。通过本章的学习，应了解管理信息系统开发的任务与特点，了解系统规划的主要方法，掌握系统开发的四种基本方法，理解关系到系列管理信息系统成功开发的关键因素。

中小企业信息系统规划研究

信息化的建设能够拓展中小企业的生存空间，提高其技术创新能力和市场竞争力，有利于中小企业参与国内外竞争，加速我国经济市场化与国际化，适应国际经济网络化、信息化的要求。然而，我国中小企业的信息化建设现状却不容乐观。据国家发展和改革委员会、工业和信息化部、国务院信息化工作办公室委托中国社会科学院信息化研究中心牵头，组织编写的《中国中小企业信息化发展报告（2007）》中可以看到在信息技术的应用方面，虽然有高达80%的中小企业具有接入互联网的能力，但用于业务应用的只占44.2%，只有9%左右的中小企业实施了电子商务，4.8%的企业应用了ERP。中小企业的信息化应用比率以及应用范围远远的落后于大企业。

并非这些中小企业没有意识到信息化对企业的重要价值，而是信息化建设在一些中小企业中的应用现状让它们望而却步。这些中小企业并没有结合企业自身的企业战略、发展特点进行科学、系统的信息系统规划，而是盲目上马信息系统。这样盲目上马的结果导致了信息系统不但没有提高企业的效率，反而造成了企业的混乱，阻碍了企业的发展。这些先行企业信息化建设的失败案例也给其他企业造成了巨大的负面影响，让许多企业从此远离信息化。

1. 信息系统规划对中小企业信息化建设的作用

通过对建设信息系统的中小企业失败原因的分析，我们发现这些企业的主要问题在于对企业现状分析不够，没有进行合理的信息系统规划，而是盲目的追求高新技术，购买了大量昂贵的不能有效利用或者根本用不上的信息系统设施，从而导致信息系统应用失败，甚至造成了企业经营的混乱，给企业经营带来了极大的风险。

信息系统规划工作是保证企业信息系统实施成功的前提和基础，对中小企业而言信息系统规划的作用在其信息系统建设中也是非常重要的。在对温州79家信息化试点（示范）企业信息化实施效果和满意度的一项调查中表明，企业信息化成功因素排名前两位的是领导重视和信息系统规划；而对信息系统规划不满意的比例高于满意的比例。因此中小企业的信息系统建设规模相比大企业来说虽然比较小，但中小企业同样需要对信息系统进行科学的规划。依照制定的科学的信息系统规划实施信息系统的建设能让中小企业的信息系统建设做到有的放矢，而不是盲目建设，从而降低投资风险，提高信息系统建设的成功率。

2. 中小企业信息系统规划的原则

调查最终结论认为中小企业的劣势突出表现在规模较小、资本量较少、抗风险能力较弱、缺乏技术和人才、内部管理水平欠佳、组织关系不稳定等方面。中小企业的上述特点也就决定了中小企业的信息系统建设不能像大型企业一样投入巨大的人力与财力，实施大规模的信息系统建设，其信息系统规划的原则也就不同于大型企业。

中小企业信息系统规划应以企业发展需求为导向，本着适用实用、效益优先的原则，集中资源，重点突破，以点带面；同时要考虑信息系统的可持续发展，避免造成信息孤岛。要改变信息化建设中粗放投入和重复投入发展的现状，注重信息化的集约效益，走低成本信息化的道路。

3. 中小企业信息系统规划方法

中小企业信息系统规划可以选择多种方法结合的方式来完成。首先就是从本企业战略研究开始，通过分析企业所处行业的特点，以及企业的内外部环境和自身的竞争能力，确定企业目前所面临的关键战略问题；接着，对企业信息系统现状以及建设信息系统的必要性进行分析，明确公司信息系统将要发展的阶段，从而得到企业信息系统建设的目标；然后，在分解了企业的战略目标后，采用关键成功因素法（CSF）确定关键成功因素并且结合企业信息系统现状得到企业的信息需求，再使用企业系统规划法（BSP）对公司的信息系统进行规划。这两种方法的结合能够发挥其优势，弥补其劣势，从而提高了信息系统规划的针对性以及效率。

（资料来源：陈功，中小企业信息系统规划研究，企业技术开发，2009.10）

第一节 管理信息系统开发的任务与特点

一、管理信息系统开发的任务

近几年来，信息技术及信息产业正在成为国民经济新的增长点，信息化已成为跨世纪的世界潮流，并成为各国抢占高新技术的制高点的重要手段。同时随着经济全球化的发展，企业要想取得竞争优势和谋求经济的发展，必须通过信息化来改变传统的经营模式，利用先进技术手段提高市场竞争力，也就是要实现企业信息化。企业信息化是使企业由传统型向现代型转变的必备手段，即充分利用现代信息技术，改造生产工艺，实现生产过程现代化，改善企业经营管理，实现管理现代化，改变营销手段，实现商务运营电子化。企业信息化包括业务信息化和管理信息化两个方面，信息化是一个过程，需要进行信息的采集、加工和处理，需要开发信息资源，建立覆盖企业生产经营管理各个领域的信息系统，也就是要建立管理信息系统。

开发管理信息系统的任务是根据企业管理战略发展目标和企业具体情况，利用系统工程方法，采用合适的工具和方法，遵循系统开发原则，为企业建立一个适应现代管理需求的、集成化的计算机信息系统。

二、管理信息系统开发的特点

1. 复杂性

管理信息系统的开发是一项综合性技术，它涉及到管理学、计算机科学、通信技术、系统学、应用数学等多种学科的技术和方法，是一项知识密集型工作。同时由于在系统开发各阶段都有大量人员的参与，工作繁多、复杂，容易出错，组织的内部机构、人员、业务流程以及外部环境条件的复杂性，使系统开发初始阶段在确定系统目标、分析系统需求等方面的工作非常复杂。另外内外环境条件的不断变化要求系统的功能能够适应这些变化，更加增加了系统开发的复杂性。

2. 创新性

虽然新系统开发是在现行系统基础上进行的，但开发新系统的目的是为了克服旧系统和目前管理模式相矛盾的“瓶颈”，是为了实现新的功能，给企业的发展带来活力，所以管理信息系统的开发不能拘泥于旧的思维方式，必须有突破和创新，能够促进企业管理模式和管理水平的提高，使企业更具有竞争力。

3. 高质量标准

管理信息系统是一个无形的产品，是存储在计算机系统内的程序和数据，其生产过程是开发人员的智力活动，而系统质量的判断标准是用户对系统的功能的满意程度，而用户需求和系统环境不是一成不变的，所以要求系统的开发必须是高质量的，必须经得起时间的考验。

4. 动态适应性

绝大多数信息系统是模拟客观世界的软件实现，它是在一定的企业管理水平、自身条件和外界环境下建立的，现实世界不断在变化，企业和外界的条件也在不断变化，因此一个动态的、能够不断适应环境变化的系统才是最有生命力的。

5. 历史短，经验不足

管理信息系统开发只有几十年的历史，而在我国管理信息系统的规范化开发历史只有十几年，经验不足，有关的开发技术和管理技术还不是十分成熟，没有统一的参考模式，可以说在管理信息系统开发方面的研究和实践尚处于发展阶段。

第二节 管理信息系统规划

管理信息系统规划是管理信息系统开发中的首要问题，也是现在管理信息系统研究的主要课题之一。管理信息系统规划制定的好与环，决定着管理信息系统最终能否成功开发。企业管理信息系统的建设是个投资巨大、历时很长的工程项目。人们通常的经验是，假如一个操作错误可能损失几万元，那么一个设计错误就能损失几十万元，一个计划的错误就能损失几百万元，而一个规划错误的损失则能达到上千万元，甚至上亿元。因此，企业必须把管理信息系统的规划摆到重要的战略位置上。

一、管理信息系统规划概述

规划是指对较长时期的活动进行总体的、全面的计划。管理信息系统的规划是开发管理信息系统要做的第一项工作，这一工作的主要目标就是制定管理信息系统的长期发展方案，即制定管理信息系统发展战略，确定组织的主要信息需求，形成管理信息系统的总体结构方案，制定系统建设的资源分配计划。

制订管理信息系统（MIS）战略规划的作用有以下几种。

1）合理分配和利用信息资源（信息、信息技术和信息生产者），以节省信息系统的投资。

2）通过制订规划，找出存在的问题，更正确地识别出为实现企业目标，MIS 系统必须完成的任务，促进信息系统的应用，带来更多的经济效益。

3）指导管理信息系统开发，用规划作为将来考核系统开发工作的标准。

规划的内容包括：信息系统的目标、约束及总体结构，组织（企业、部门）的状况。其中组织的状况包括计算机软件及硬件情况、企业人员的配备情况以及开发费用的投入情况、业务流程的现状、存在的问题和不足，以及流程在新技术条件下的重组。

在制定规划时，还应对影响规划的信息技术的发展进行预测。这些信息技术主要包括计算机硬件技术、网络技术及数据处理技术等。这些技术的不断更新将给管理信息系统的开发带来深刻的影响（如处理效率、响应时间等），与管理信息系统的性能有着密切的联系，决定着管理信息系统的优劣。因此，在规划过程中需要吸收相关技术的最新发展，从而使所开发的管理信息系统具有更强大的生命力。

二、管理信息系统系统规划的主要方法

管理信息系统系统规划的方法很多，主要是企业系统规划法（business system planning，BSP）、关键成功因素法（critical success factors，CSF）和战略目标集转化法（strategy set transformation，SST）等，其中较常用的是企业系统规划法。

（一）企业系统规划法概述

企业系统规划法是由IBM公司提出的一种需要由资料和规则支持的综合性方法，以帮助规划人员根据企业目标做出管理信息系统规划，来满足近期和长期的信息需求。

BSP法的优点在于采用这种方法进行系统规划，能保证所开发出的信息系统独立于企业的组织机构，使信息系统具有对环境变更的适应性。即使将来企业的组织机构或管理体制发生变化，信息系统的结构体系也不会受到太大的冲击。

（二）BSP法的工作步骤

用BSP法制定规划是一项系统工程，其主要的工作步骤如图3.1所示。

1. 研究项目的确立

管理信息系统的开发必须得到企业最高领导支持和业务管理部门的参与才能成功，因为管理部门能否积极向研究组提供有关企业现状的基本材料，能否完全表达出他们对管理的认识和对信息的需求，直接关系着研究工作是否能够成功，只有得到高层领导的承诺，才能确立研究项目。

2. 规划准备工作

在取得领导同意后，成立开发小组，应有一位企业高层领导全程参加研究开发工作，开发组首先要对相关人员进行培训，并尽快选好调查对象，让他们做好准备。要制定研究计划，包括：一个会谈日程表、一个同主持单位一起复查的时间表、一个研究报告大纲。还要收集同企业本身有关的资料，以供研究工作正式开始时使用。

3. 研究开始阶段

要通过查阅资料，深入各级管理层，了解企业有关决策过程、组织职能和部门的主要活动和存在的主要问题。

应召开一个有相关管理人员参加的动员会，会上由企业负责人简要介绍企业的现状，介绍企业的决策过程、组织功能、关键人物、用户的期望以及用户对现有信息系统的看法等。然后，由信息系统开发负责人介绍开发人员对于企业的看法，同时应介绍现有项目状况、历史状况以及信息系统存在的问题。通过介绍让大家对企业和对信息系统的要求有个全面的了解。

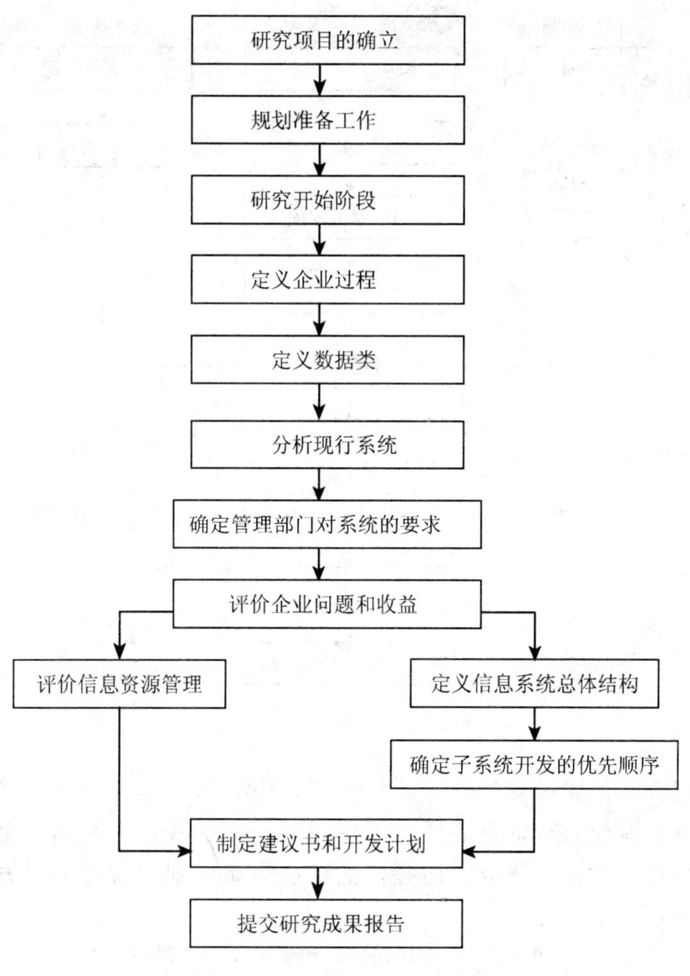

图 3.1 BSP 方法的工作步骤

4. 定义企业过程

企业过程指的是企业管理过程中为了完成某种管理功能所必需的，逻辑上相关的一组决策与活动。定义企业过程是 BSP 方法的核心，它是确定信息系统总体结构、分析问题、识别数据类等工作的基础。

整个企业的管理活动由许多企业过程组成。识别企业过程可对企业如何完成其目标有个深刻的了解，识别企业过程可以作为构成信息系统的基础，按照企业过程所建造的信息系统，在企业组织变化时可以不必改变，或者说信息系统相对独立于组织。定义企业过程的步骤如图 3.2 所示。

任何企业的活动均由三方面组成：一方面是计划和控制；另一方面是产品和服务；再一方面是支持资源。这可以说是三个源泉，任何活动均由这里导出。

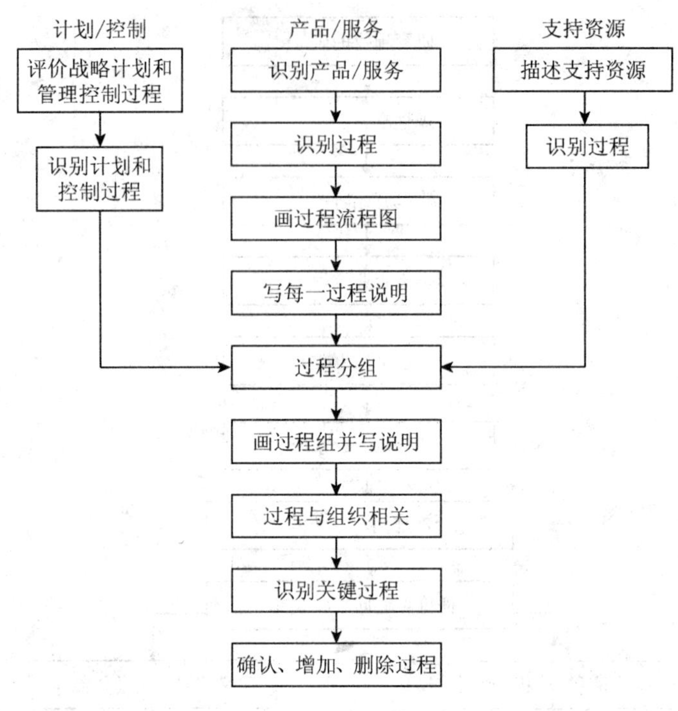

图 3.2　企业过程识别过程

识别企业过程要依靠占有材料，分析研究，但更重要的是要和有经验的管理人员讨论商议。因为只有他们对企业的活动了解得最深刻。我们先从第一个源头计划与控制出发，经过分析、讨论、研究、切磋，把企业战略规划和管理控制方面的过程列出来，如表 3.1 所示。

表 3.1　企业战略规划和管理控制过程表

战略规划	管理控制	战略规划	管理控制
经济预测	市场/产品预测	预测管理	预　　算
组织计划	工作资金计划	目标开发	测量与评价
政策开发	雇员水平计划	产品线模型	
放弃/追求分析	运营计划		

识别产品与服务的过程与此稍有不同，我们知道任何一种产品均有要求、获得、服务、退出四阶段组成的生命周期，对于每一个阶段，就用一些过程对它进行管理。我们就可以沿着这条线去摸清这些过程，如表 3.2 所示。

表 3.2　企业产品和服务过程表

要　　求	获　　得	服　　务	退　　出
市场计划	工程设计开发	库存控制	销售
市场研究	产品说明	接受	定货服务
预测	工程记录	质量控制	运输
定价	生产调度	包装储存	运输管理
材料需求	生产运行		
能力计划	购买		

列出的过程不一定很合逻辑，过程的大小也未必一致，这些均没多大关系。重要的是解放思想，大胆列出所有能想到的过程。对于产品和服务这条线所列出的过程，可以把它们画成流程图的形式，这有助于对企业活动的深刻了解，并有利于进一步识别、合并、调整过程，如图 3.3 所示。

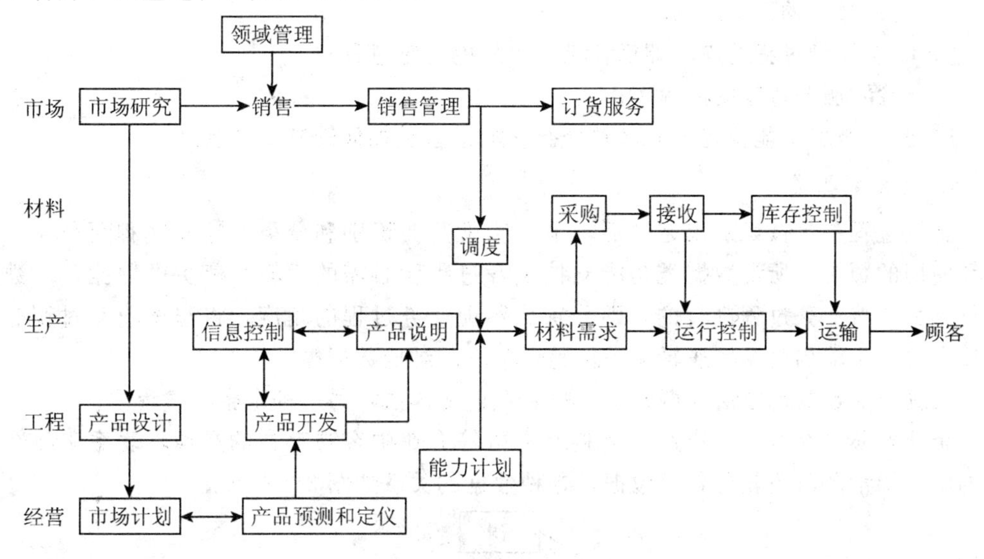

图 3.3　过程初步流程图

这种图也只是为了帮助开发人员深刻地理解企业过程，以后还可能增加、合并或删除某些过程，它是企业过程的关联图，而不是子系统的划分图。

从支持资源的角度识别企业过程，其方法类似于产品和服务。我们由资源的生命周期出发列举企业过程，一般来说企业资源包括资金、人才、材料和设备等，如表 3.3 所示。同样要对以上识别出的过程进行合并、补充、删除和修改等。

表 3.3 支持资源过程表

资源	生命周期			
	需求	获得	服务	退出
资金	财务计划 成本控制	资金获得 接收	公文管理 银行账户	会计支付 会计总账
人事	人事计划 工资管理	招聘 转业	补充和收益 职业发展	终止合同 退休
材料	需求产生	采购 接收	库存控制	订货控制 运输
设备	主设备计划	设备购买	机器维修 建设管理	设备报损 家具、附属物

定义过程是 BSP 方法成功的关键，应予以高度重视，识别过程的输出应有以下文件：

1）一个过程组及过程表；

2）每一过程的简单说明；

3）一个关键过程的表，即识别满足目标的关键过程；

4）产品/服务过程的流程图；

5）系统组成员能很好地了解整个企业的运营是如何管理和控制的。

5. 定义数据类

企业过程一旦被识别出来以后，下一步就是要识别和分类由这些过程所产生、控制和使用的数据。所谓数据类是指支持业务过程所必需的逻辑上相关的数据。对数据进行分类是按业务过程进行的，即分别从各项业务过程的角度，将与该业务过程有关的输入数据和输出数据按逻辑相关性整理出来归纳成数据类。

识别企业数据的方法有两种，一种是企业实体法，另一种是企业过程法。

企业的实体有客户、产品、材料及人员等企业中客观存在的东西，联系于每个实体的生命周期各阶段就有各种数据，各种数据的关系如图 3.4 所示。

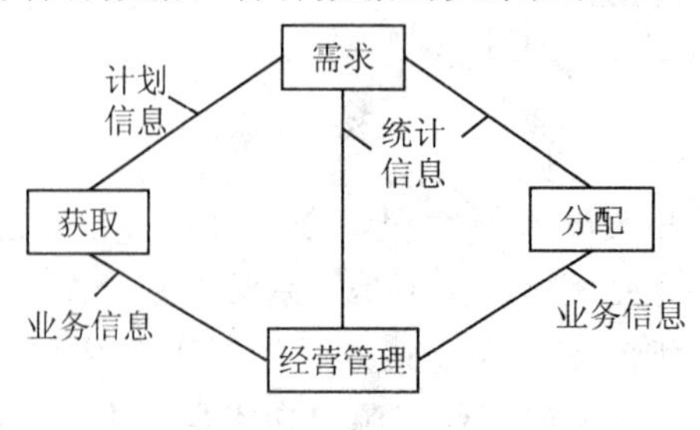

图 3.4 定义数据类

企业实体法的第一步是列出企业实体，一般来说要列出 7～15 个实体，再归纳各种数据类。实体和数据类形成一个数据/实体矩阵，实体列于水平方向，数据类列在垂直方向，如表 3.4 所示。

表 3.4 数据/企业实体矩阵

企业资源 数据类	产品	顾客	设备	材料	卖主	现金	人员
计划/模型	产品计划	销售领域 市场计划	能力计划 设备计划	材料需求 生产调度		预算	人员计划
统计/汇总	产品需求	销售历史	运行 设备利用	开列需求	卖主行为	财务统计	生产率 盈利历史
库存	产品 成品 零件	顾客	设备 机器负荷	原材料 成本 材料单	卖主	财务 会计总账	雇用工资 技术
业务	定货	运输		采购 订货	材料 接收	接收 支付	

另一种识别数据的方法是企业过程法，它利用以前识别的企业过程，分析每一个过程利用什么数据，产生什么数据，或者说每一过程的输入和输出数据是什么。它可以用输入—处理—输出图来形象地表达，如图 3.5 所示。

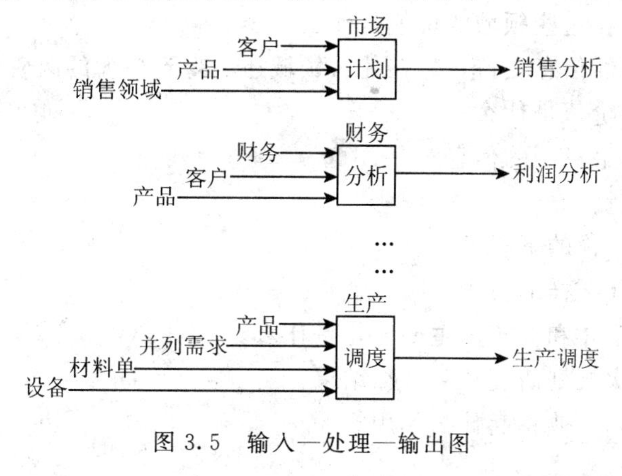

图 3.5 输入—处理—输出图

6. 分析现行系统

主要目的是弄清楚现行系统的运行情况，知道现行系统的信息处理是如何支持企业管理的。

对目前的组织、企业过程、数据处理和数据文件进行分析，发现问题的瓶颈，进而针对实际情况提出改进意见，进一步增加对企业过程的理解。

分析企业和系统的关系主要用几个矩阵来表示：其一是组织/过程矩阵，是在水平方向列出各种过程，在垂直方向列出各种组织，如果该组织是该过程的主要负责者或决策者，则在对应的矩阵单元中画 *；若为主要参加者就画×；若为部分参加者就画/，这样一目了然。如果企业已有现行系统时，我们可以画出组织和系统矩阵。在矩阵单元中填C，表示该组织用该系统，如果该组织以后想用该系统，可以在矩阵元中填入P，表示该组织计划用该系统。同理可以画出系统过程矩阵，用以表示某系统支持某过程，同样可以用C和P表示现行和计划，用同样方法还可以画出系统和数据类的关系。

7. 确定管理部门对系统的要求

通过与高层管理部门人员的对话来确认前述工作，明确系统目标、任务和问题，使开发人员与管理人员建立良好的、密切的关系。

在对话前应事先准备好采访提纲，以便顺利地进行采访和事后的分析总结。

以下为可供参考的采访的主要问题：

1）你的责任领域是什么？

2）基本目标是什么？

3）你去年达到目标所遇到的三个最大的问题是什么？

4）什么东西妨碍你解决它们？

5）为什么需要解决它们？

6）较好的信息在这些领域的价值是什么？

7）如果有更好的信息支持，你在什么领域还能得到最大的改善？

8）这些改善的价值是什么？

9）什么是对你最有用的信息？

10）你如何测量？

11）你如何衡量你的下级？

12）你希望做什么样的决策？

13）你的领域明年和3年内主要变化是什么？

14）你希望本次规划研究达到什么结果？

15）规划对你和企业将起什么作用？

8. 评价企业问题和收益

根据采访的资料评价企业现行系统存在的问题，对问题进行分析并联系到企业过程，以便指导安排项目的优先顺序，并清楚地指出信息系统的待改进之处，从而有助于解决问题，如图3.6所示。

第一步，总结采访数据，进行汇总，见表3.5。

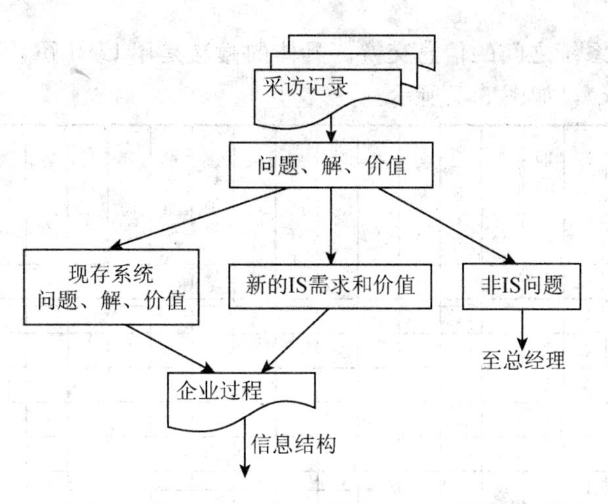

图 3.6　评价企业问题

表 3.5　问题汇总表

主要问题	问题解	价值说明	信息系统要求	过程/组影响	过程/组起因
由于生产计划影响利润	计划自动化	改善利润 改善顾客关系 改善服务和供应	生产计划	生产	生产

第二步，分类采访数据，任何采访的数据均要分三类，即现存系统问题和解、新系统需求和解以及非信息系统问题。第三类问题虽不是信息系统所能解决的，但也应充分重视，并整理递交总经理。

第三步，把数据和过程关联起来，可以用问题/过程矩阵表示，见表 3.6。表中的数字表示这种问题出现的次数。

表 3.6　问题/过程矩阵

问题 \ 过程组	市场	销售	工程	生产	材料	财务	人事	经营
市场 / 顾客选择	2	2						2
预测质量	3							4
产品开发			4			1		1

9．定义信息系统总体结构

定义信息系统总体结构的目的是刻画未来信息系统的框架和相应的数据类。其主要工作是划分子系统，具体实现可利用 U/C 矩阵。BSP 方法是根据信息的产生和使用来划分子系统的，它尽量把信息产生的企业过程和使用的企业过程划分在一个子系统中，从而减少了子系统之间的信息交换。具体的做法是用U/C图，U表示使用（use），C表示产生（create），如图3.7所示。

过程 \ 数据类	计划	财务	产品	零件主文件	材料单	卖主	原材料库存	成品库存	设备	过程工作	机器负荷	开列需求	日常工作	顾客	销售领域	订货	成本	雇员
企业计划	C	U	U						U					U			U	U
组织分析	U																	
评价与控制	U	U																
财务计划	C	U									U							U
资本寻求		C																
研　　究			U												U			
预　　测	U		U											U	U			
设计、开发			C	C	U									U				
产品说明维护			U	C	C	U												
采　　购						C											U	
接　　收						U	U											
库存控制							C	C		U								
工作流图			U						C				U					
调　　度			U			U			U	C	U							
能力计划						U			U		C	U	U					
材料需求			U		U	U						C						
运　　行										U	U	U	C					
领域管理			U											C		U		
销　　售			U											U	C	U		
销售管理															U	U		
订货服务			U											U		C		
运　　输			U				U							U				
会计总账		U				U								U				U
成本计划						U										U	C	
预算会计	U	U									U						U	U
人员计划		U																C
招聘/发展																		U
赔　　偿		U																U

图3.7　U/C矩阵

这个图的最左列是企业过程，最上一行列出数据类。如果某过程产生某数据，就在对应行列的矩阵元中写C。如果某过程使用某数据，则在其对应元中写U。开始时数据类和过程是随机排列的。U、C在矩阵中排列也是分散的，我们以调换过程和数据类的顺序的方法，尽量使U、C集中到对角线上排列。然后把U、C比较集中的区域用粗线条框起来，这样形成的框就是一个个子系统。在粗框外的U表示一个系统用另一个子系统的数据，图中用带箭头的线表示。这样就完成了子系统划分，即确定了信息结

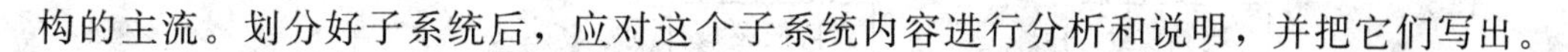

构的主流。划分好子系统后，应对这个子系统内容进行分析和说明，并把它们写出。

10. 确定子系统开发的优先顺序

确定总体结构中的优先顺序即对信息系统总体结构中的子系统按先后顺序排出开发计划。因为总体结构一般不可能同时开发和实施，确定子系统优先顺序可以知道项目的计划和排列，以方便工作的安排。

（三）关键成功因素法

1970年哈佛大学教授 William Zani 在 MIS 模型中使用了关键成功变量，这些变量是确定 MIS 成败的因素。在每一个企业中都存在着对该企业成功起关键性作用的因素，称为关键成功因素（critical success factor，CSF）。关键成功因素总是与那些能确保企业具有竞争能力的方面相关的。在不同类别的业务活动中，关键成功因素会有很大的不同；即使在同一类型的业务活动中，在不同时间内，其关键成功因素也会不同。在多数企业中，通常有3～6个决定企业成功与否的因素。

关键成功因素与企业战略规划密切相关。企业战略规划要描绘企业的期望目标，关键成功因素则提供了达到目标的关键和需要的测量标准。一个企业要获得成功，就需要对关键成功出素进行认真的和不断的度量，并时刻注意对这些因素进行调整。关键成功因素法就是帮助识别关键成功因素的方法，它在确定企业关键成功因素和信息系统关键成功因素方面都收到了较好效果。在 William 之后 John Rockart 把 CSF 提升为 MIS 规划战略，通常包含以下步骤：

1）了解企业（或信息系统）的战略目标。

2）识别所有的成功因素。这时可采用树枝图，画出影响战略目标的各种因素以及影响各种因素的子因素。

3）确定关键成功因素。对所有成功因素进行评价，根据企业现状与目标确定出关键成功因素，这时可采用德尔菲法、模糊综合评判法等。不同企业的关键成功因素不甚相同。James Martin 曾给出汽车工业和软件公司两类企业的关键成功因素。汽车工业的关键成功因素为：燃料的节约措施；汽车的式样；高效供货组织；生产成本的严格控制。软件公司的关键成功因素为：产品的革新；销售和用户资料的质量；国际市场和服务；产品的易用性。

4）识别性能指标与标准。给出每个关键成功因素的性能指标与测试标准。例如，某企业有一个目标是提高产品竞争力，可以用树枝图画出影响它的各种因素以及影响这些因素的子因素，如图3.8所示。

（四）战略目标集转化法

战略目标集转化法（strategy set transformation，SST），该方法由 William King 于1978年提出，他把整个战略目标看成是一个“信息集合”，由使命、目标、战略和

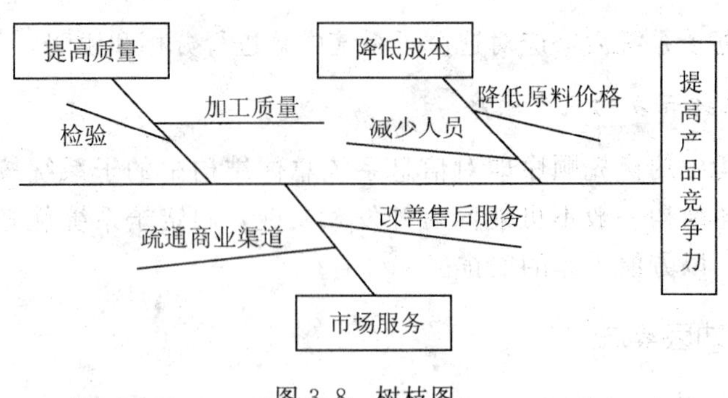

图 3.8　树枝图

其他战略变量（如管理的复杂性、改革习惯以及重要环境约束）等组成。其基本出发点是将该集合转化为信息系统的目标与战略。

战略目标集转换法的步骤：

1）说明企业战略集合。

说明企业中人员的结构。如供应商、顾客、经理、雇员、股东、竞争者等；

识别每类人员的目标；

指出每类人员的任务及战略。

2）请管理人员、高级领导人对形成的目标和战略进行审阅、修改，最后形成包含企业目标、战略和战略属性的企此战略集合。

3）将企业的战略集合转化成信息系统战略规划。

针对企业战略集合中的每个战略及相关目标与属性，找出一个或多个信息系统的目标；

从企业的战略和信息系统的目标中找出信息系统的约束条件；

根据企业的战略属性、信息系统的目标和信息系统的约束条件，找出信息系统的设计战略。

（五）三种规划方法的比较与评价

CSF 方法能抓住主要矛盾，使目标的识别突出重点。由于经理们比较熟悉这种方法，用这种方法所确定的目标，经理们乐于努力去实现，或者说它和传统方法衔接得比较好，但是一般最有利的方面只是确定管理目标。

SST 方法从另一个角度识别管理目标，它反映了各种人的要求，而且给出了按这种要求的分层，然后转化为信息系统目标的结构化方法。它能保证目标比较全面，疏漏较少，但它在突出目标方面不如前者。

BSP 方法显然也首先强调目标，但它没有明显的目标引出过程。它通过管理人员酝酿“过程”引出了系统目标，企业目标到系统目标的转换是通过组织/系统、组织/过程以及系统/过程距阵的分析得到。这样可以定义出新的系统以支持企业过程，也就把企业的目标转化为系统的目标，所以我们说识别企业过程是 BSP 战略规划的中心，绝不能把BSP方法的中心内容当成是U/C矩阵。

我们把这三种方法结合起来使用，把它叫CSB方法，即CSF，SST和BSP的结合。这种方法先用CSF方法确定企业目标，然后用SST方法补充完善企业目标，并将这些目标转化为信息系统目标，用BSP方法校核两个目标，并确定信息系统结构。这样就补充了单个方法的不足。当然这也使得整个方法过于复杂，而削弱了单个方法的灵活性。可以说至今为止信息系统战略规划没有一种十全十美的方法。出于战略规划本身的非结构性，可能永远也找不到一个唯一解。进行任何一个企业的规划均不应照搬以上方法，而应当具体情况具体分析，选择以上方法的可取的思想，灵活运用。

第三节 管理信息系统开发的基本方法

管理信息系统的开发是一项复杂的系统工程，它涉及到计算机处理技术、系统理论、组织结构、管理功能、管理知识等各方面的问题，至今没有一种完全有效的开发方法。从20世纪60年代开始，人们就已经开始注意研究管理信息系统开发的方法和工具，70年代初产生了最早的结构化系统开发方法。80年代初期，随着开发环境的日趋成熟，尤其是第四代语言的使用，产生了另一种开发方法——原型法。80年代末期，计算机辅助软件方法和面向对象方法得到了很大发展。90年代初，面向对象的分析与设计方法和面向对象的程序设计语言开始在实际应用。

一、结构化开发方法

结构化系统分析与设计方法（structured systems analysis and structured systems design），产生于20世纪60年代，是一种比较成熟的信息系统开发方法，也是目前应用得最普遍的一种开发方法。

（一）结构化方法的基本开发思想

1）用户至上的原则。系统开发过程中始终要保持至上用户的原则，充分了解用户的需求和愿望。

2）自顶向下的分析与设计和自底向上的实施相结合。在进行系统分析与设计时，从系统的整体考虑，自顶向下，逐步细化，在系统实施阶段，采用自底向上的方法逐步实现整个系统。

3）严格区分工作阶段。把整个系统开发过程划分为几个工作阶段，每个阶段都有明确的任务与目标。严格按阶段一步步开展工作。

4）工作文档规范化。开发过程的文档要标准化、规范化。

5）网络化进度安排。通过网络图合理安排开发过程中的人员分工和项目管理，使工作有序而又顺利地进行。

(二)系统开发的生命周期

结构化开发方法将系统开发分为系统分析、系统设计、系统实施、系统运行与维护四个阶段，称为系统开发的生命周期。

1. 系统规划阶段

根据用户的需求，对现行系统进行初步调查，定义新系统的总体目标和总体结构，确定系统开发的范围和策略，制定项目开发计划，进行可行性研究。然后对现行系统进行详细调查，分析系统的业务流程、数据流程以及数据与功能之间的关系，确定新系统的逻辑需求，建立新系统的逻辑模型。

2. 系统设计阶段

通过系统的总体结构设计（模块功能结构设计、平台设计）和详细设计（代码设计、数据库设计、输入/输出设计、处理逻辑设计）将系统分析阶段建立的逻辑模型转换为物理模型。

3. 系统实施阶段

建立新系统的开发与运行环境，建立数据库系统并录入数据，进行用户方人员培训，同时进行程序的编制与调试，把系统设计阶段的物理模型变为真正可以运行的计算机系统。

4. 系统运行与维护阶段

在系统正式投入运行后，进行日常的管理工作，针对出现的具体问题以及用户需求或系统环境的变化，对系统进行修改和完善。

(三)生命周期方法的优点

1）自顶向下整体地进行分析与设计和自底向上逐步实施的系统开发过程：在系统规划、分析与设计时，从整体全局考虑，自顶向下地工作；在系统实施阶段则根据设计的要求，先编制一个个具体的功能模块，然后自底向上逐步实现逐步实现整个系统。

2）用户至上原则是影响成败的关键因素，整个开发过程中，要面向用户，充分了解用户的需求与愿望。

3）符合实际、客观性和科学化：即强调在设计系统之前，深入实际，详细地调查研究，努力弄清实际业务处理过程的每一个细节，然后分析研究，制订出科学合理的目标系统设计方案。

4）严格区分工作阶段，把整个开发过程划分为若干工作阶段，每一个阶段有明确的任务和目标、预期达到的工作成效，以便制定计划和控制进度，协调各方面的工作。前一阶段的工作成果是后一阶段的工作依据。

5）充分预料可能发生的变化：环境变化、内部处理模式变化、用户需求变化。

6）开发过程工程化，要求开发过程的每一步都要按工程标准规范化，工作文体或文档资料标准化。

（四）生命周期方法的缺点

生命周期方法强调系统开发过程的整体性，采用“自顶向下”的原则，在总体优化的基础上，逐层分解，逐步细化。把开发和运行过程划分为五个阶段，强调阶段的完整性和先后顺序，以正确、完整、一致的文档资料作为本阶段验收的依据和结束的标志，并作为下一阶段开发的主要依据。这种开发方法使管理信息系统的建设有了明确、严格的标准，是一种规范化的方法。

但生命周期方法也存在以下问题：

1）在开发初期，管理者（用户）缺乏计算机与信息系统方面的知识，开发者缺乏用户方的业务知识，双方对需求理解常常产生分歧，很难协调一致地工作。

2）开发工具落后，致使开发周期过长，难以适应环境的急剧变化。

3）要求用户和系统分析员对于一个还不存在的信息系统做出准确描述是不现实的。

4）对用户的需求变更不能做出迅速的反应。

二、原型法

原型法（prototyping）又称为快速原型法，是20世纪80年代随着计算机软件技术的发展，特别是在关系数据库系统（relational data base system，RDBS）、第四代程序生成语言（4th generation language，4GL）和各种系统开发集成环境产生的基础之上，提出的一种从设计思想、到工具和手段都全新的系统开发方法。与前面介绍的生命周期方法相比，它扬弃了那种一步步周密细致地调查分析，然后逐步整理出文字档案，最后才能让用户看到结果的烦琐作法。原型法一开始就凭借着系统开发人员对用户要求的理解，在强有力的软件环境支持下，给出一个形象、直观的系统原型，然后与用户反复协商修改，最终形成实际系统。

1. 原型法的基本思想

原型法的基本思想是：用户与系统分析设计人员合作，根据用户提出的最基本的问题和想法，对需求做简单快速分析后，利用先进的开发工具，尽快构造出一个原型系统作为实验模型提供给用户试用、评价，在试用中不断修改完善原型，直至用户满意为止，如果原型与用户的要求相去太远，就要重新构造一个原型。其工作流程如图3.9所示。

2. 原型法的特点

从上述流程来看，原型方法无论从原理到流程都是十分简单的，但为什么会在实

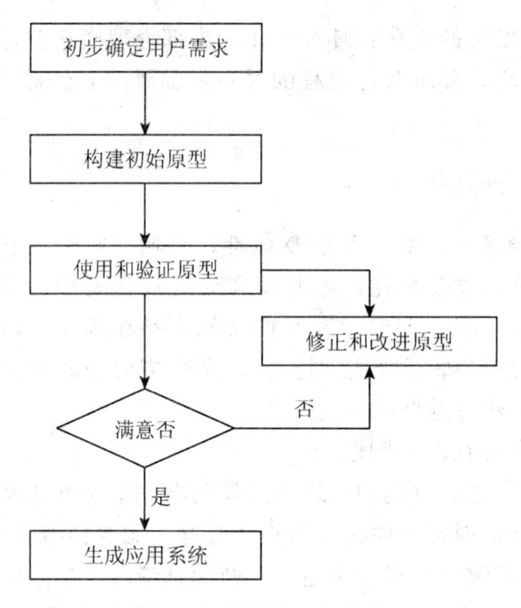

图 3.9　原型法工作流程

践中获得了巨大的成功呢？因为与结构化生命周期方法相比，原型方法具有如下几方面的特点。

1）原型法将模拟的手段引入系统分析的初始阶段，沟通了用户和开发人员的思想，缩短了用户和系统分析人员之间的距离，解决了生命周期方法中最难于解决的一环。原型法强调用户参与、描述、运行、沟通，通过反复构造原型、使用原型和修改原型，为用户和开发人员提供了一个不断沟通的过程，从而产生对系统需求的新认识，提出新需求，这与人们认识事物的过程很相似。所以，从认识论的角度来看，原型方法更多地遵循了人们认识事物的规律，因而更容易为人们所普遍接受，因为人们对任何事物都不可能一次就完全了解，并把工作做得尽善尽美。认识和学习的过程都是循序渐进的。人们对于事物的描述，往往都是受环境的启发而不断完善的。人们批评指责一个已有的事物，要比空洞地描述自己的设想容易得多，改进一些事物要比创造一些事物容易得多。

2）采用原型法时，对问题的讨论都是围绕某一个确定原型而进行的，用户与开发者之间不存在误解和答非所问的可能性，为准确认识问题创造了条件。有了原型后才能启发人们对原来想不起来或不易准确描述的问题给出一个比较确切的描述。能够及早地暴露出系统实现后会遇到的一些问题，促使人们在系统实现之前就加以解决。

3）充分利用了最新的软件工具，摆脱了传统的方法，强调软件工具支持，计算机软件的发展使系统开发的时间、费用大为减少，效率、技术等方面都大大地提高。

4）原型法将系统调查、系统分析和系统设计合而为一，使用户一开始就能看到系统开发完成后的样子，提高了用户参与开发的积极性。并且用户参与系统开发的全过程，对系统比较了解，有利于系统的移交、运行和维护。

5）原型法的缺点是用户过早地看到了原型，可能会错误地认为新系统就是这个模样，对开发缺乏信心和耐心。开发人员很容易用原型取代系统分析，造成对用户情况了解不彻底、分析不彻底。同时让用户控制系统的开发进程往往会导致工期无法保证。

3. 软件支持环境

原型法虽然具有很多优点，但需要有一个强有力的软件支持环境作为背景，计算机软件的迅速发展，使原型法得以应用及推广，一般认为原型方法所需要的软件支撑环境主要如下。

1）一个高性能的关系数据库管理系统（RDBS）。它使数据库的设计、数据的存储和查询都更为直接和方便。

2）一个与 RDBS 相对应的、方便灵活的数据字典，它具有存储所有实体描述的功能。

3）一套与 RDBS 相对应的快速查询语言，能支持任意非过程化的（即交互定义方式）组合条件查询。

4）一套高级软件工具。如 4GL 或信息系统开发集成环境等，用以支持结构化程序，并且允许采用交互的方式迅速地进行代码编书写和维护，产生任意程序语言的模块。

5）一个非过程化的报告或界面生成器，允许设计人员详细定义报告或界面输出样本以及生成内部联系。

4. 适用范围

作为一种具体的开发方法，原型法不是万能的，有其一定的适用范围和局限性。这主要表现在以下几方面。

1）原型法较适于子系统相互联系程度较大的交互式系统，而对批处理和连续变化等基于大量算法的系统则不合适。

2）对于用户一开始难于确定详细需求，且又积极准备参与新系统开发的情况较适宜。

3）原型法不适于大型复杂信息系统的开发，因为对于一个大型的系统，如果不经过系统分析来进行整体性划分，想要直接用原型来进行模拟是很困难的。

4）对于原基础管理不善、信息处理过程混乱的问题，使用原型法有一定的困难。首先是由于工作过程不清，构造原型有一定困难；其次是由于基础管理不好，没有科学合理的方法可依，系统开发容易走上机械地模拟原来手工系统的轨道。

三、面向对象方法

20 世纪 80 年代末面向对象的方法（OO 方法）得到了很大发展，面向对象的方法是一种分析方法、设计方法、思维方法和程序设计方法，是从各种面向对象的程序设计方法逐步发展而来的。面向对象方法强调从应用的角度来考虑和解决问题，它使解决问题的方法在空间和结构上尽可能与实际问题一致。

（一）面向对象的基本思想

面向对象的方法认为：客观世界是由各种各样的对象组成的，每种对象都有各自的内部状态和运动规律，不同对象之间的相互作用和联系就构成了各种不同的系统。当我们设计和实现一个系统时，把信息系统本身看成是一系列离散对象的集合，这些对象既包括数据结构，也包括在这些数据结构上的操作或行为，各对象之间由事件触发引起互通消息而实现互操作。面向对象方法把基点放在相对固定的部分即对象上，设计出的软件必然是模块化的、可重用的、可扩充的和可移植的，克服了结构化方法把数据结构和处理分开，面向过程的缺点。促进了系统的可重用性和可维护性，减少了后续阶段的开发量。

（二）面向对象的建模技术

面向对象方法通过识别客观世界中的对象，以其行为分别设计出各个对象的实体；分析对象之间的联系和相互传递的信息，构成信息系统的模型；由信息系统模型转换成软件系统的模型，对各个对象进行归并和整理，并确定它们之间的联系；由软件系统模型转换成目标系统。

面向对象的建模技术（object modeling technique，OMT）使用三种模型。

1）对象模型。描述系统中对象的结构，包括对象之间的关系、对象的属性和操作。对象模型用含有对象类的对象图表示。

2）动态模型。描述对象的状态和事件的正确次序，用状态图表示。

3）功能模型。只考虑系统做什么，而不关心怎么做，其描述工具是数据流程图（DFD）。

（三）面向对象的开发过程

面向对象的开发过程分为以下四个阶段。

1. 系统调查和需求分析

在此阶段对系统将要面临的具体管理问题以及用户对系统开发的需求进行调查研究。

2. 分析问题的性质和求解问题

在此阶段要从繁杂的问题域中抽象识别出对象以及对象的行为、结构、属性、方法等。此阶段称为面向对象的分析阶段（OOA）。

面向对象的分析由以下几个步骤组成。

1）标识对象和类。对象是系统中最稳定的部分，标识对象可使对系统的描述方式与人们对现实世界的认识方式相一致，从而建立一个稳定的系统模型，避免从分析到设计时改变系统的基本表示。

2）定义结构。即定义多种对象的组合方式，用来反映问题域的复杂事物和复杂关系。

3）定义主题。主题指事物的总体概貌和总体分析模型。

4）定义属性及实例连接。属性指对象所具有的数据性质。

5）定义服务。对象收到消息后的操作定义为服务。定义服务，首先要定义每一种对象和结构所具有的行为，其次，还要定义对象实例之间必要的通信。

3. 整理问题

对分析的结果作进一步的抽象、归类、整理，最终以范式的形式将它们确定下来。此阶段称为面向对象的设计阶段（OOD）。

面向对象的设计基本内容和结构化方法大体相同，其主要任务是在面向对象的分析基础上，继续用面向对象的基本思想和方法建立系统的物理模型，为面向对象的程序设计打好基础。

4. 程序实现

用面向对象的程序设计语言将上一步整理的结果直接映射为应用程序软件。此阶段称为面向对象的程序设计（OOP）。

（四）面向对象方法的特点

面向对象开发方法有如下五个特点。

1）封装性。面向对象方法中，程序和数据是封装在一起的，对象作为一个实体，其操作隐藏在方法中，其状态由对象的“属性”来描述，并且只能通过对象中的“方法”来改变。封装性构成了面向对象方法的基础。因而，这种方法的创始人 Codd 和 Youmn 认为，面向对象就是“对象＋属性＋方法”。

2）抽象性。面向对象方法中，把从具有共同性质的实体中抽象出的事物本质特征概念，称为“类”（class），对象是类的一个实例。类中封装了对象共有的属性和方法，通过实例化一个类创建的对象，自动具有类中规定的属性和方法。

3）继承性。继承性是类特有的性质，类可以派生出子类，子类自动继承父类的属性与方法。这样，在定义子类时，只须说明它不同于父类的特性，从而大大提高软件的可重用性。

4）多态性。同一消息发送至不同类或对象可引起不同的操作，使软件开发设计更便利，编码更灵活。

5）动态链接性。对象间的联系是通过对象间的消息传递动态建立的。

（五）面向对象方法的优缺点

面向对象方法以对象为基础，利用强大的软件工具完成从对象实体的描述到软件结构的转换，解决了传统的结构化方法中，客观世界描述工具与软件结构不一致的问题，缩短了开发周期。但是，面向对象方法需要功能强大的软件支持环境才可以应用，另外，对于大型的复杂信息系统开发，如果不经过自顶向下的整体划分，一开始就采用自底向上的面向对象开发方法，会造成系统结构不合理、各部分关系失调等问题。面向对象方法必须与其他方法综合运用才能充分发挥其优势。

四、计算机辅助软件方法

计算机辅助软件（CASE）方法是集图形处理技术、程序生成技术、关系数据库技术和各类开发工具于一身的方法。它是一种除系统调查外全面支持系统开发过程的方法，同时也是一种自动化（准确地说应该是半自动化）的系统开发方法。因此从方法学的特点来看，它具有前面所述方法的各种特点，同时又具有其自身的独特之处——高度自动化的特点。如果严格地从认知方法论角度来看，计算机辅助开发并不是一门真正独立意义上的方法。目前，CASE 仍是一个发展中的概念，各种 CASE 软件也较多，没有统一的模式和标准。采用 CASE 工具进行系统开发，必须结合一种具体的开发方法，如结构化系统开发方法、面向对象方法或原型化开发方法等，CASE 方法只是为具体的开发方法提供了支持每一过程的专门工具。因而，CASE 方法实际上把原先由手工完成的开发过程转变为以自动化工具和支撑环境支持的自动化开发过程。就目前 CASE 工具的开发和它对整个开发过程提供支持的程度来看，CASE 不失为一种实用的系统开发方法，值得推荐。

（一）CASE 方法的基本思路

CASE 方法解决问题的基本思路是：在前面所介绍的任何一种系统开发方法中，如果对象系统调查后，系统开发中的每一步都可以在一定程度上形成对应关系的话，那么就完全可以借助于专门研制的软件工具来实现上述一个个的系统开发过程。由于在实际开发过程中几个过程很可能只是在一定程度上对应（而不是绝对的一一对应），故这种专门研制的软件工具暂时还不能一次“映射”出最终结果，还必须实现其中间过程。即对于不完全一致的地方由系统开发人员再做具体修改。上述 CASE 的基本思路解决了 CASE 环境的特点。

1）实际开发一个系统时，CASE 环境的应用必须依赖于一种具体的开发方法，例如结构化方法、原型方法、面向对象方法等，而一套大型完备的 CASE 产品，能为用户提供支持上述各种方法的开发环境。

2）CASE 只是一种辅助的开发方法。这种辅助主要体现在它能帮助开发者方便、快捷地产生出系统开发过程中各类图表、程序和说明性文档。

3）由于CASE工具的出现从根本上改变了开发系统的软件基础，从而使得利用CASE开发一个系统时，在考虑问题的角度、开发过程的做法以及实现系统的措施等方面都与传统方法有所不同，故常有人将之称为CASE方法。

（二）CASE方法的特点

CASE方法与其他方法相结合，使得系统开发工作变得简单易行，其主要表现如下。

1）解决了从客观世界对象到软件系统的直接映射问题，强有力地支持管理信息系统开发的全过程。

2）使结构化方法更加实用。

3）自动检测的方法大大地提高了软件的质量。

4）使原型化方法和OO方法付诸实施。

5）简化了软件的管理和维护。

6）加速了系统的开发过程。

7）使开发者从繁杂的分析设计图表和程序编写工作中解放出来。

8）使软件的各部分能重复使用。

9）产生出统一的标准化的系统文档。

10）使软件开发的速度加快而且功能进一步完善。

阅读材料

企业信息化的十条原则

企业信息化的十条原则：

1）企业管理软件对于任何企业而言，只能锦上添花而不能雪中送炭。一套再好的软件也不能帮助企业解决产品无法销售、发展没有前途的问题。但企业管理软件却可以帮助企业解决如何更好地管理销售人员与队伍、提高企业的竞争力。

2）企业管理系统和软件实施的根本目的在于提高企业的营利能力。作为企业应该明确，无论软件厂商和相关媒体吹得如何天花乱坠，只要不是企业急迫需要的，或者虽然需要但给企业带来的利润小于企业的成本投入的，不能带来企业的竞争力提高的系统和软件，绝对不应该选购。

3）管理是根本、软件是工具。IT技术可以为企业的管理提供一个很好的基础，有了IT的架构后，企业可以在这个平台上做很多事情，但也可能什么也无法做成。因为软件仅仅为企业的管理提供了一个工具，关键还在于企业的管理。

4）企业管理的改进是一个过程，企业管理软件的实施也是一个过程而非一个结果。一套软件和系统的上线对企业而言并不代表什么，而软件和系统带来的企业运作与管理方式的改变和竞争力的提高才是企业的终极目标。

5）企业管理系统的构建需要规划。凡事预则立，不预则废，企业管理系统的构建也是这个道理。但企业管理系统的规划涉及很多方面和较多的不确定因素，因此，规划宜粗不宜细。远期规划确定企业管理系统建设的大方向，近期目标的可操作性要强。远期规划和近期目标要有机结合。

6）企业管理系统的目标是多层次的。不同的企业有不同的目标，企业内部不同的部门对管理系统的要求也不同，不同时间阶段同一个企业对企业管理系统的要求和目标也不同。因此，企业在进行管理系统的建设时必须抓住主要目标和要求，根据20/80原则，抓住企业20%的关键目标和需求，就可以解决企业在某个阶段内80%的问题。

7）对中小企业而言，管理落后于企业的实践是正常的，管理软件系统也不可能超前建设。最好的状态是当你的企业运作中需要对哪一部分的功能加强时，再选择相应的系统或软件。对中小企业，外界和企业内部的不确定性因素太多，你不要奢望提前将未来需要的系统都建设好。

8）任何有关企业管理软件和系统的实施都需要一把手的支持。但“一把手”工程并非仅仅是让领导每天都说那个系统有多重要，“一把手”的重视包括三个层次：口头上的重视；在企业经营中的重视；充分利用系统解决问题并为企业创造效益。

9）企业管理系统和软件应该有事后审计。一套企业管理的软件和系统究竟对企业是否发挥出了巨大作用，是否物有所值，是否对企业的发展有利，这些既不能凭提供IT服务的厂商的吹嘘，也不能靠企业内某个人的一面之词，而需要企业独立的机构对整个系统的投入/产出进行有效评估。这其实也是企业提高管理水平的重要一环。

10）企业管理的进步和提高是没有尽头的，因此企业信息化也是没有尽头的。企业的外部环境在变，企业的内部也在变，因此企业管理的系统和软件也要随之改变，企业只能在不断的变化中保持自己的竞争力。因此企业管理信息系统的选型、采购、实施和应用将是一个没有结束的动态过程。

（资料来源：吴小梅．2005．管理信息系统案例分析．杭州：浙江人民出版社）

第四节　管理信息系统成功开发的关键

管理信息系统的建设是一项复杂的系统工程，能否成功地进行要受到许多方面因素的影响。影响管理信息系统成功的因素主要有以下几种。

一、管理方法科学化

管理信息系统的成功建设，三分靠技术，七分靠管理，也就是说管理和组织协调工作对系统成功开发的影响很大。实践证明，管理信息系统开发80%的失败原因在于

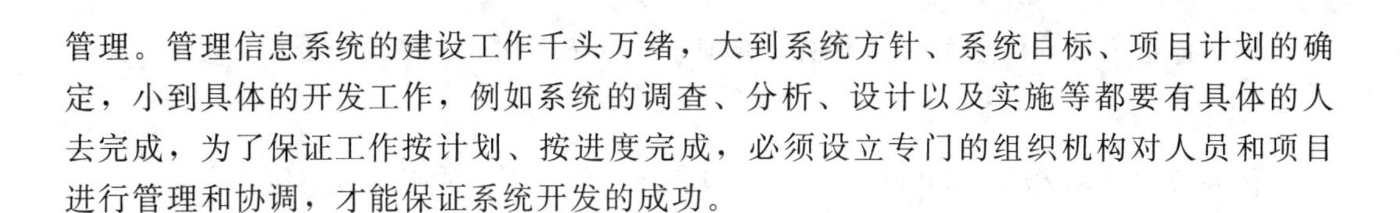

管理。管理信息系统的建设工作千头万绪，大到系统方针、系统目标、项目计划的确定，小到具体的开发工作，例如系统的调查、分析、设计以及实施等都要有具体的人去完成，为了保证工作按计划、按进度完成，必须设立专门的组织机构对人员和项目进行管理和协调，才能保证系统开发的成功。

二、领导的支持与参与

管理信息系统是一个人机交互式系统，是广大业务人员使用的工具，它要为管理者服务，尤其是为决策层的管理者服务，大量实践和经验证明，只有管理者包括各级领导进入角色，在信息系统开发和使用中担当主角，信息系统才会成功。

由于信息系统耗资巨大，建设过程周期比较长，涉及到管理方式的变革，所以必须主要领导亲自参与才能成功。因为只有领导最清楚自己企业的问题，最能合理地确定系统的目标，拥有实现目标的人权、财权和指挥权，能够决定投资、调整机构、确定计算机化水平等。

作为领导要想管理好信息系统的开发，首先应具备一些管理信息系统的基本知识，懂得管理信息系统开发步骤及每个阶段的主要工作内容，懂得一些计算机的基本知识；其次，应有提高企业管理水平和运用现代管理科学的设想；最后，还应善于组织队伍和用人。

三、建立自己的专业队伍

管理信息系统的开发是一项系统工程，是大规模分工合作的现代生产方式，在开发过程中建立一支自己的专业队伍是非常重要的一件事情。首先，在开发过程中，用户自己的信息管理人员要参与整个开发过程，便于用户了解管理信息系统的形成过程和结构，能缩短从开发商手中接收系统所需的过渡期，同时，也为以后的管理和维护工作打下了良好的基础；另外，用户拥有自己的专业队伍，可以减少对开发商的依赖，减少了维护开销，也间接增加了系统的安全性。

四、系统开发的组织与项目管理

要想保证信息系统开发工作的顺利启动，首先要建立项目的组织机构——项目组。项目组可以由负责项目管理和开发的不同方面的人员组成，项目组由项目组长或项目经理来领导。一般来说可以根据项目经费的多少和系统的大小来确定相应的项目组。项目组根据工作需要可设若干小组，小组的数目和每个小组的任务可以根据项目规模、复杂程度和周期长短来确定，可能设立的小组有：过程管理小组、项目支持小组、质量保证小组、系统工程小组、系统开发与测试小组、系统集成与测试小组等等。一个好的项目组不一定能保证项目的成功，但一个差的管理组将肯定会导致项目的失败。因此，在建立项目组时要充分利用项目组每个成员的特长，坚持将正确的开发方法贯穿始终。

在具体实施管理信息系统开发项目管理时，可按下面五个步骤来进行：

1. 任务分解

任务分解（work breakdown structure），又叫任务划分或工作分解结构，是把整个信息系统的开发工作定义为一组任务的集合，这组任务又可以进一步划分成若干个子任务，进而形成具有层次结构的任务群。使任务责任到人，落实到位，运行高效。任务划分是实现项目管理科学化的基础，虽然进行任务划分要花费一定的时间和精力，但是在整个系统开发过程中将会越来越显示出它的优越性。

任务划分包括：任务设置、资金划分、任务计划时间表、协同过程与保证完成任务的条件。

任务分解的主要方法经常按照系统开发阶段进行划分。即按照系统开发中的系统分析、系统设计、系统实施及系统运行与维护等各个阶段，划分出每个阶段应该完成的任务、技术要求、软硬件系统的支持、文档的标准、人员的组织及责任、质量保证、检验及审查等项内容，同时还可根据完成各阶段任务所需的步骤将这些任务进行更细一级的划分。

在进行任务划分过程中应特别注意以下两点。

1）划分任务的数量不易过多，但也不能过少。过多会引起项目管理的复杂性与系统集成的难度；过少会对项目组成员，特别是任务负责人有较高的要求，而影响整个开发。

2）在任务划分后应该对任务负责人赋予一定的职权，明确责任人的任务、界限、对其他任务的依赖程度、确定约束机制和管理规则。

2. 计划安排

依据任务划分即可制定出整个开发及项目管理计划，并产生任务时间计划表。开发计划可以划分为配置计划、应用软件开发计划、测试和评估计划、验收计划、质量保证计划、系统工程管理计划和项目管理计划等。

计划安排还包括培训计划、安装计划、安全性保证计划等。当这些计划制定出来后，可以画出任务时间计划表，表明任务的开始时间、结束时间，表明任务之间的相互依赖程度。这个任务时间计划表可以按照任务的层次形成多张表，系统开发的主任务可以单独形成一张表，它是所有子任务时间计划表建立的基础。这些表可以帮助对整个计划实施监控。任务时间计划表的建立可以有多种方法，它可以采用表格形式，也可以使用图形来表达，也可以使用软件工具，其表达方式取决于实际的应用需求。

3. 项目经费管理

项目经费管理是信息系统开发项目管理的关键因素。项目经理可以运用经济杠杆来有效控制整个开发工作，达到事半功倍的效果。在项目管理中，赋予任务负责人一定职责的同时，还要赋予其相应的支配权，也要对其进行适当的控制。

在经费管理中要制订两个重要的计划，即经费开支计划和预测计划。

4. 项目审计与控制

项目审计与控制是整个项目管理的重要部分，它对于整个系统开发能否在预算的范围内按照任务时间表来完成相应的任务起着关键作用。相应的管理内容和步骤如下。

1）制定系统开发的工作制度。按照所采用的开发方法，针对每一类开发人员确定在其工作过程中的责任、义务、完成任务的质量标准等。

2）制定审计计划。按照总体目标和工作标准制定出进行审计的计划。

3）分析审计结果。按计划对每项任务进行审计，分析执行任务计划表和经费的变化情况，确定需要调整、变化的部分。

4）控制。即根据任务时间计划表和审计结果，掌握项目进展情况，及时处理开发过程中出现的问题，及时修正开发工作中出现的偏差，保证系统开发工作的顺利进行。

对于系统开发中出现的变化情况，项目经理要及时与用户和主管部门联系，取得他们的理解和支持，针对变化情况及时采取相应的对策。

5. 项目风险管理

信息系统开发项目实施过程中，尽管经过前期的可行性研究以及一系列管理措施的控制，但一般来说还不能过早地确定其效果，项目实施过程会有一定风险，可能达不到预期的效果，费用可能比计划的高，实现时间可能比预期的长，而且硬件和软件的性能可能比预期的低，等等。因此，任何一个系统开发项目都应具有风险管理，这样才能充分体现出成本分析的优点。

如果一个风险高的项目获得成功，将能得到最大的期望效益。当冒着某种风险去实现规模大、非结构化的高技术项目时，把具有不同风险和不同项目组织管理的一些项目结合起采，可以使企业获得令人满意的结果。

对信息系统的建设来说，项目管理中风险管理十分重要，因其涉及到方方面面的开发人员和广大的最终用户。为了保证系统开发的顺利进行，除了要建立一整套的管理职责和规范，坚持将一种正确的开发方法贯穿始终外，还要做好各类人员的思想沟通，充分发挥各类人员的团队精神，保障管理信息系统开发工作的顺利进行和系统的成功。

案例分析

长飞上海：ERP打破信息孤岛——让管控细致深入

长飞光纤光缆（上海）有限公司（以下简称长飞上海）成立于2002年10月，是一家以生产销售光纤光缆为主营业务的制造型企业。公司生产的光缆产品广泛用于电信运营商等干线和本地网光缆传输单位，广电、电力、高速公路等行业信息传输系统和局域网数据传输系统，为最终实现光纤到户提供全面解决方案。

长飞上海的信息化建设始于2006年，在几年的时间里，这家光纤光缆行业的品牌企业花较少的预算成功地实施了ERP，通过一系列科学有序的规划和实施方法，消除了企业内部的信息孤岛，提升了生产管理水平，在光纤光缆行业的ERP建设起到了很好的标杆作用。

1. 差异化战略导向

近年来，随着光纤光缆行业的快速发展，整个市场出现了两个大的发展趋势：一是越来越多的用户倾向于个性化定制，二是光纤光缆产品的同质化竞争日趋激烈。在这样的行业背景下，长飞上海审时度势，率先在行业内树起了差异化战略的旗帜，即“人无我有，人有我优，人优我新”，用丰富产品类别和突出产品性能打造企业核心竞争力，规避日益激烈的同质化产品的价格竞争。

差异化的战略也决定了长飞上海亟需提升自身的制造及管理水平，打破信息孤岛，实现精益制造。ERP无疑是长飞上海实施差异化战略的有利武器。“建立以精益生产和成本控制为导向，以产品类别和工艺线路为基础的信息化平台，高效整合企业内部、外部的有效资源，增强公司的核心竞争力，使企业在激烈的国际和国内市场中长期生存和可持续发展，这是长飞上海实施ERP的初衷。”长飞光纤光缆（上海）有限公司ERP项目经理王泽俊说。

值得关注的是，在实施ERP之前，长飞上海内部有几套系统在支持着企业的内部管理。但由于这几套独立系统管理着不同的企业业务，从而使得长飞上海公司的生产、销售、库存、财务等信息得不到共享，形成的信息孤岛给企业的管理者带来了很大的烦恼。比如，公司拿到客户订单后，如何准确确定订单赚不赚钱，能赚多少？哪些差异化的产品能让公司赚钱，需要加大研发投入、提高附加值？这需要在数据整合与分析的基础上实现。因此，打破信息孤岛，长飞上海也亟需通过实施ERP来整合信息资源以加强管理。

2. ERP成功实施，计划先行

在决定启动ERP项目后，长飞上海在选择产品类型方面做了充分的市场调研。“我们希望找到一款更加贴近中小企业和制造业的软件产品，”王泽俊介绍，由于昂贵的价格及全英文界面难以在公司内部广泛运用和深入推广等原因，长飞上海放弃了国外的软件产品，通过ERP项目组对备选软件产品在技术的优越性、实施团队的综合水平、综合实施成本及后期售后服务保障四个方面的综合评分，最终选择了DCMS易飞ERP系统。

ERP成功实施，计划必须先行，此外就是对计划的执行能力及组织上的保障。ERP是一把手工程也并非套话，长飞上海公司总经理张雁翔作为公司最高的决策者和ERP项目的倡导者，亲自参与具体项目的实施计划，并按照计划定期组织实施进度会，协调相关资源，现场解决人员调配、流程重组等核心问题。“这不仅给ERP项目实施提供了物质上的支持，更重要的是提供了强大的组织保障。”王泽俊说。

毫无疑问，ERP系统上线成功与否与项目实施团队有很大关系，其中事前的“热身”尤为重要。ERP项目经理和DCMS顾问组织了多次培训，开展了ERP先进管理思想和方法培训、ERP的实现方法、系统运行的原理和维护方法培训及系统基本操作和流程培训，在培训或者模拟过程中尽量把可能出现的问题描述出来。“ERP项目实施团队一定要清楚了解企业的信息化需求是什么，没有符合行业特点、产品特点的全面、系统、完整流程的输入，就难以实现与之相应的标准化十个性化输出，事前确认需求这点十分重要。”王泽俊深有感触。

为了提高ERP上线成功率，ERP项目组制定了先易后难、分步实施的战略，2007年4月ERP第一阶段进销存系统成功上线，2008年1月ERP第二阶段半成品管控系统上线，接着ERP第三阶段关键流程Barcode管控的实施。从业务和财务整合，一直上升到财务管理和分析的全面整合。通过ERP流程再造和系统集成初步实现了基层操作层面——人人有事做（数据时时采集）；部门经理层面——事事有人管（报表时时分析）；管理层层面——适时有人核（报告适时审核）。

3. 打破信息孤岛，管控细致深入

目前随着ERP系统的成功实施和运行，长飞上海公司基本上实现了企业内部各流程和系统集成及报表的数字化管理。在2008年金融危机期间，企业利用ERP系统进一步强化精益生产和成本控制，促进了生产和利润的稳步成长，并超额完成了管理层制定的生产和经营目标。

具体来讲，最显著的变化是管理者告别了主要依靠事后数据分析指导决策的过去，迎来了以实时数据分析指导决策的新阶段，实现有据可查，决策有依。生产经营过程中的事前控制、事中解决问题及事后分析，基本上都能够通过ERP系统来解决。通过ERP系统，长飞上海能事前清晰地知道订单是否赚钱，能赚多少；不同客户占公司销售额的比例及需求变化，很好地支撑了公司的差异化发展战略。

关于未来长飞上海信息化建设的更进一步设想，王泽俊介绍，实现公司TL9000质量管理体系衡量指标相关数据的采集与ERP系统整合，确保质量体系要求的衡量指标相关数据来源的及时性、可靠性和准确性；原材料预算、核算、决算系统集成一体化；研发、进、销、存管控系统集成一体化；产成品收、发、存管控系统集成可视化；在现有ERP系统平台的基础上构建符合行业和产品特点的电子商务模式等，这些都是长飞上海未来持续不断改进的诉求和方向。

“ERP没有最好的，只有适应和满足行业、企业个性化需求的，持续不断改进是运行ERP企业永恒的追求和目标。”王泽俊认为，随着企业的不断发展，对ERP的认识也会更进一步不断提升，随之自然会激发和衍生一些新的需求。在深层次应用与持续改进中，信息化所能带来的价值会更加深入地体现出来。而通过信息化的支撑，长飞上海公司必将会在竞争日益激烈的光缆行业竞争中，赢得更大的比较优势，实现以创新、效率和可持续发展的企业目标。

（资料来源：穆琳琳，畅享网，http：//www.digiwin.com.cn/case/caseinfo_307.html，2010.5）

思考题

1. 长飞上海公司的信息化是如何支持企业战略的？
2. 长飞上海公司的信息化成功的经验是什么？

本章思考题

1. 管理信息系统开发的任务和特点是什么？
2. 如何使用企业系统规划法进行管理信息系统的规划？
3. 结构化开发方法中生命周期各阶段的主要任务是什么？
4. 简述管理信息系统几种开发方法的区别。
5. 试调查我国管理信息系统开发中经常应用的几种方法，以及其中存在的问题。
6. 试论管理信息系统开发方法的发展趋势。

第四章　系统分析

学习目的与要求

本章重点讲解系统分析目标及主要内容、结构化分析方法、新系统逻辑模型。通过本章的学习，了解系统分析目标、主要内容和工具，通过对现行系统详细调查结果进行分析和研究，掌握建立新系统逻辑模型的方法，学会编写系统分析报告。

阅读材料

优秀的系统分析师必读——需求分析20条原则

对商业用户来说，他们后面是成百上千个供应商，前面是成千上万个消费顾客。怎样利用软件管理错综复杂的供应商和消费顾客，如何做好精细到一个小小调料包的进、销、调、存的商品流通工作，这些都是商业企业需要信息管理系统的理由。软件开发的意义也就在于此。而弄清商业用户如此复杂需求的真面目，正是软件开发成功的关键所在。

1. 客户项目经理与系统分析人员的对话

经理："我们要建立一套完整的商业管理软件系统，包括商品的进、销、调、存管理，是总部一门店的连锁经营模式。通过通信手段门店自动订货，供应商自动结算，卖场通过扫条码实现销售，管理人员能够随时查询门店商品销售和库存情况。另外，我们也得为政府部门提供关于商品营运的报告。"

分析员："我已经明白这个项目的大体结构框架，这非常重要，但在制定计划之前，我们必须收集一些需求。"

经理觉得奇怪："我不是刚告诉你我的需求了吗？"

分析员："实际上，您只说明了整个项目的概念和目标。这些高层次的业务需求不足以提供开发的内容和时间。我需要与实际将要使用系统的业务人员进行讨论，然后才能真正明白达到业务目标所需功能和用户要求，了解清楚后，才可以发现哪些是现有组件即可实现的，哪些是需要开发的，这样可节省很多时间。"

经理："业务人员都在招商。他们非常忙，没有时间与你们详细讨论各种细节。你能不能说明一下你们现有的系统？"

分析员尽量解释从用户处收集需求的合理性："如果我们只是凭空猜想用户的要求，结果不会令人满意。我们只是软件开发人员，而不是采购专家、营运专家或是财务专家，我们并不真正明白您这个企业内部运营需要做些什么。我曾经尝试过，未真正明白这些问题就开始编码，结果没有人对产品满意。”

经理坚持道：“行了，行了，我们没有那么多的时间。让我来告诉您我们的需求。实际上我也很忙。请马上开始开发，并随时将你们的进展情况告诉我。”

2. 需求分析的内容

像这样的对话经常出现在软件开发的过程中。客户项目经理的需求对分析人员来讲，像“雾里看花”般模糊并令开发者感到困惑。那么，我们就拨开雾影，分析一下需求的具体内容：

1）业务需求——反映了组织机构或客户对系统、产品高层次的目标要求，通常在项目定义与范围文档中予以说明。

2）用户需求——描述了用户使用产品必须要完成的任务，这在使用实例或方案脚本中予以说明。

3）功能需求——定义了开发人员必须实现的软件功能，使用户利用系统能够完成他们的任务，从而满足了业务需求。

4）非功能性的需求——描述了系统展现给用户的行为和执行的操作等，它包括产品必须遵从的标准、规范和约束，操作界面的具体细节和构造上的限制。

5）需求分析报告——报告所说明的功能需求充分描述了软件系统所应具有的外部行为。“需求分析报告”在开发、测试、质量保证、项目管理以及相关项目功能中起着重要作用。

前面提到的客户项目经理通常阐明产品的高层次概念和主要业务内容，为后继工作建立了一个指导性的框架。其他任何说明都应遵循“业务需求”的规定，然而“业务需求”并不能为开发人员提供开发所需的许多细节说明。

下一层次需求——用户需求，必须从使用产品的用户处收集。因此，这些用户构成了另一种软件客户，他们清楚要使用该产品完成什么任务和一些非功能性的特性需求。例如：程序的易用性、健壮性和可靠性，而这些特性将会使用户很好地接受具有该特点的软件产品。

经理层有时试图代替实际用户说话，但通常他们无法准确说明“用户需求”。用户需求来自产品的真正使用者，必须让实际用户参与到收集需求的过程中。如果不这样做，产品很可能会因缺乏足够的信息而遗留不少隐患。

在实际需求分析过程中，以上两种客户可能都觉得没有时间与需求分析人员讨论，有时客户还希望分析人员无需讨论和编写需求说明就能说出用户的需求。除非遇到的需求极为简单，否则不能这样做。如果您的组织希望软件成功，那么必须要花上数天时间来消除需求中模糊不清的地方和一些使开发者感到困惑的方面。

优秀的软件产品建立在优秀的需求基础之上，而优秀的需求源于客户与开发人员之间有效的交流和合作。只有双方参与者都明白自己需要什么、成功的合作需要什么时，才能建立起一种良好的合作关系。

由于项目的压力与日俱增，所有项目风险承担者有着一个共同目标，那就是大家都想开发出一个既能实现商业价值又能满足用户要求，还能使开发者感到满足的优秀软件产品。

3. 开发人员进行需求分析的20条原则

客户与开发人员交流需要好的方法。下面建议20条法则，客户和开发人员可以通过评审以下内容并达成共识。如果遇到分歧，将通过协商达成对各自义务的相互理解，以便减少以后的摩擦（如一方要求而另一方不愿意或不能够满足要求）。

（1）分析人员要使用符合客户语言习惯的表达

需求讨论集中于业务需求和任务，因此要使用术语。客户应将有关术语（例如：采价、印花商品等采购术语）教给分析人员，而客户不一定要懂得计算机行业的术语。

（2）分析人员要了解客户的业务及目标

只有分析人员更好地了解客户的业务，才能使产品更好地满足需要。这将有助于开发人员设计出真正满足客户需要并达到期望的优秀软件。为帮助开发和分析人员，客户可以考虑邀请他们观察自己的工作流程。如果是切换新系统，那么开发和分析人员应使用一下目前的旧系统，有利于他们明白目前系统是怎样工作的，其流程情况以及可供改进之处。

（3）分析人员必须编写软件需求报告

分析人员应将从客户那里获得的所有信息进行整理，以区分业务需求及规范、功能需求、质量目标、解决方法和其他信息。通过这些分析，客户就能得到一份“需求分析报告”，此份报告使开发人员和客户之间针对要开发的产品内容达成协议。报告应以一种客户认为易于翻阅和理解的方式组织编写。客户要评审此报告，以确保报告内容准确完整地表达其需求。一份高质量的“需求分析报告”有助于开发人员开发出真正需要的产品。

（4）要求得到需求工作结果的解释说明

分析人员可能采用了多种图表作为文字性“需求分析报告”的补充说明，因为工作图表能很清晰地描述出系统行为的某些方面，所以报告中各种图表有着极高的价值；虽然它们不太难于理解，但是客户可能对此并不熟悉，因此客户可以要求分析人员解释说明每个图表的作用、符号的意义和需求开发工作的结果，以及怎样检查图表有无错误及不一致等。

（5）开发人员要尊重客户的意见

如果用户与开发人员之间不能相互理解，那关于需求的讨论将会有障碍。共同合作能使大家“兼听则明”。参与需求开发过程的客户有权要求开发人员尊重他们并珍惜他们为项目成功所付出的时间，同样，客户也应对开发人员为项目成功这一共同目标所做出的努力表示尊重。

（6）开发人员要对需求及产品实施提出建议和解决方案

通常客户所说的“需求”已经是一种实际可行的实施方案，分析人员应尽力从这些解决方法中了解真正的业务需求，同时还应找出已有系统与当前业务不符之处，以确保产品不会无效或低效；在彻底弄清业务领域内的事情后，分析人员就能提出相当好的改进方法，有经验且有创造力的分析人员还能提出增加一些用户没有发现的很有价值的系统特性。

(7) 描述产品使用特性

客户可以要求分析人员在实现功能需求的同时还注意软件的易用性，因为这些易用特性或质量属性能使客户更准确、高效地完成任务。例如：客户有时要求产品要“界面友好”、“健壮”或“高效率”，但对于开发人员来讲，太主观了并无实用价值。正确的做法是，分析人员通过询问和调查了解客户所要的“友好、健壮、高效”所包含的具体特性，具体分析哪些特性对哪些特性有负面影响，在性能代价和所提出解决方案的预期利益之间做出权衡，以确保做出合理的取舍。

(8) 允许重用已有的软件组件

需求通常有一定灵活性，分析人员可能发现已有的某个软件组件与客户描述的需求很相符，在这种情况下，分析人员应提供一些修改需求的选择以便开发人员能够降低新系统的开发成本和节省时间，而不必严格按原有的需求说明开发。所以说，如果想在产品中使用一些已有的商业常用组件，而它们并不完全适合客户所需的特性，这时一定程度上的需求灵活性就显得极为重要了。

(9) 要求对变更的代价提供真实可靠的评估

有时，人们面临更好、更昂贵的方案时，会做出不同的选择。而这时，对需求变更的影响进行评估从而对业务决策提供帮助，是十分必要的。所以，客户有权利要求开发人员通过分析给出一个真实可信的评估，包括影响、成本和得失等。开发人员不能由于不想实施变更而随意夸大评估成本。

(10) 获得满足客户功能和质量要求的系统

每个人都希望项目成功，但这不仅要求客户要清晰地告知开发人员关于系统“做什么”所需的所有信息，而且还要求开发人员能通过交流了解清楚取舍与限制，一定要明确说明假设和潜在的期望，否则，开发人员开发出的产品很可能无法让您满意。

(11) 给分析人员讲解业务

分析人员要依靠客户讲解业务概念及术语，但客户不能指望分析人员会成为该领域的专家，而只能让他们明白问题和目标；不要期望分析人员能把握客户业务的细微潜在之处，他们可能不知道那些对于客户来说理所当然的“常识”。

(12) 抽出时间清楚地说明并完善需求

客户很忙，但无论如何客户有必要抽出时间参与“头脑高峰会议”的讨论，接受采访或其他获取需求的活动。有些分析人员可能先明白了客户的观点，而过后发现还需要客户的讲解，这时应耐心对待一些需求和需求的精化工作过程中的反复，因为它是人们交流中很自然的现象，何况这对软件产品的成功极为重要。

(13) 准确而详细地说明需求

编写一份清晰、准确的需求文档是很困难的。由于处理细节问题不但烦人而且耗时，因此很容易留下模糊不清的需求。但是在开发过程中，必须解决这种模糊性和不准确性，而客户恰恰是为解决这些问题作出决定的最佳人选，否则，就只好靠开发人员去正确猜测了。

在需求分析中暂时加上“待定”标志是个方法。用该标志可指明哪些是需要进一步讨论、分析或增加信息的地方，有时也可能因为某个特殊需求难以解决或没有人愿意处理它而标注上“待定”。客户要尽量将每项需求的内容都阐述清楚，以便分析人员能准确地将它们写进“软件需求报告”中去。如果客户一时不能准确表达，通常就要求用原型技术，通过原型开发，客户可以同开发人员一起反复修改，不断完善需求定义。

(14) 及时作出决定

分析人员会要求客户作出一些选择和决定，这些决定包括来自多个用户提出的处理方法或在质量特性冲突和信息准确度中选择折中方案等。有权作出决定的客户必须积极地对待这一切，尽快做处理，做决定，因为开发人员通常只有等客户做出决定才能行动，而这种等待会延误项目的进展。

(15) 尊重开发人员的需求可行性及成本评估

所有的软件功能都有其成本。客户所希望的某些产品特性可能在技术上行不通，或者实现它要付出极高的代价，而某些需求试图达到在操作环境中不可能达到的性能，或试图得到一些根本得不到的数据。开发人员会对此作出负面的评价，客户应该尊重他们的意见。

(16) 划分需求的优先级

绝大多数项目没有足够的时间或资源实现功能性的每个细节。决定哪些特性是必要的，哪些是重要的，是需求开发的主要部分，这只能由客户负责设定需求优先级，因为开发者不可能按照客户的观点决定需求优先级；开发人员将为客户确定优先级提供有关每个需求的花费和风险的信息。

在时间和资源限制下，关于所需特性能否完成或完成多少应尊重开发人员的意见。尽管没有人愿意看到自己所希望的需求在项目中未被实现，但毕竟是要面对现实，业务决策有时不得不依据优先级来缩小项目范围或延长工期，或增加资源，或在质量上寻找折衷。

(17) 评审需求文档和原型

客户评审需求文档，是给分析人员带来反馈信息的一个机会。如果客户认为编写的“需求分析报告”不够准确，就有必要尽早告知分析人员并为改进提供建议。

更好的办法是先为产品开发一个原型。这样客户就能提供更有价值的反馈信息给开发人员，使他们更好地理解客户的需求；原型并非是一个实际应用产品，但开发人员能将其转化、扩充成功能齐全的系统。

（18）需求变更要立即联系

不断的需求变更，会给在预定计划内完成的产品质量带来严重的不利影响。变更是不可避免的，但在开发周期中，变更越在晚期出现，其影响越大；变更不仅会导致代价极高的返工，而且工期将被延误，特别是在大体结构已完成后又需要增加新特性时。所以，一旦客户发现需要变更需求时，应立即通知分析人员。

（19）遵照开发小组处理需求变更的过程

为将变更带来的负面影响减少到最低限度，所有参与者必须遵照项目变更控制过程。这要求不放弃所有提出的变更，对每项要求的变更进行分析、综合考虑，最后做出合适的决策，以确定应将哪些变更引入项目中。

（20）尊重开发人员采用的需求分析过程

软件开发中最具挑战性的莫过于收集需求并确定其正确性，分析人员采用的方法有其合理性。也许客户认为收集需求的过程不太划算，但请相信花在需求开发上的时间是非常有价值的；如果客户理解并支持分析人员为收集、编写需求文档和确保其质量所采用的技术，那么整个过程将会更为顺利。

4．“需求确认”的意义

在“需求分析报告”上签字确认，通常被认为是客户同意需求分析的标志行为，然而实际操作中，客户往往把“签字”看作是毫无意义的事情。“他们要我在需求文档的最后一行下面签名，于是我就签了，否则这些开发人员不开始编码。”

这种态度将带来麻烦，譬如客户想更改需求或对产品不满时就会说：“不错，我是在需求分析报告上签了字，但我并没有时间去读完所有的内容，我是相信你们的，是你们非让我签字的。”

同样问题也会发生在仅把“签字确认”看作是完成任务的分析人员身上，一旦有需求变更出现，他便指着“需求分析报告”说：“您已经在需求上签字了，所以这些就是我们所开发的，如果您想要别的什么，您应早些告诉我们。”

这两种态度都是不对的。因为不可能在项目的早期就了解所有的需求，而且毫无疑问地需求将会出现变更，在“需求分析报告”上签字确认是终止需求分析过程的正确方法，所以我们必须明白签字意味着什么。

对“需求分析报告”的签名是建立在一个需求协议的基础上，因此我们对签名应该这样理解：“我同意这份需求文档表述了我们对项目软件需求的了解，进一步的变更可在此基础上通过项目定义的变更过程来进行。我知道变更可能会使我们重新协商成本、资源和项目阶段任务等事宜。”对需求分析达成一定的共识会使双方易于忍受将来的摩擦，这些摩擦来源于项目的改进和需求的误差或市场和业务的新要求等。

需求确认将迷雾拨散，显现需求的真面目，给初步的需求开发工作画上了双方都明确的句号，并有助于形成一个持续良好的客户与开发人员的关系，为项目的成功奠定了坚实的基础。

（资料来源：IT经理世界，http：//www.cioage.com/art/200906/65287.html）

第一节 系统分析概述

系统分析是对企业现有信息系统进行调查、分析、抽象和修改，进而建立一个新的信息系统的逻辑模型的工作过程。

系统分析是整个管理信息系统开发生命周期的第一个阶段，是信息系统研制过程中最重要的阶段，是使系统设计达到合理优化的基础，同时也是系统开发成功与否的决定性阶段。

一、系统分析阶段的任务

系统分析的主要任务是设计出新系统的逻辑模型。即根据用户提出的要求，深入研究现行系统，了解现行系统及与它有关的各方面的具体情况，确定所要开发的信息系统应该具有的功能。一言以蔽之，系统分析就是要明确新系统到底要“干什么”。

为了能够获得一个较好的逻辑模型，一定要将研制任务具体化。首先要确定系统目标，在初步调查和通过可行性论证后，对用户企业进行工作过程的调查分析，然后建立起新系统的逻辑模型，从而为系统设计提供可靠的依据。

当用户提出研制一个计算机化信息系统的要求后，系统分析人员一定要对企业的现有信息系统进行细致的调查研究，搞清其基本目标和存在的问题，确定用户需求，决定是否值得开发一个新的信息系统。因为用户提出的要求不一定就是合理的，系统分析员要通过对现有系统的分析，经过用户的同意，提出对现有系统的改进办法，设计出新系统的逻辑模型，并形成书面报告，提交用户批准。

二、系统分析阶段的工作步骤

1. 进行初步调查分析

新系统是在现有系统的基础上发展起来的，为了使新系统更好地满足用户的需求，首先必须做好对先行系统的调查分析。调查分析一般分两个阶段，即初步调查和详细调查。

初步调查分析的目的是确定开发新系统的必要性和可行性。主要工作有初步调查和可行性分析两部分工作，其结果以可行性分析报告的形式表达。

在这个阶段，系统分析员首先要和用户交谈，确定用户的需求，查清系统现状，然后对企业的技术、经济和管理等方面进行研究，以确定企业是否真的有必要建立一个新的信息系统来取代现有系统，以及这样的可行性如何。根据初步调查和可行性分析的结果，写出可行性报告，提出对新系统开发的建议，作为企业领导和管理人员决策时的参考。

2. 进行详细调查分析

当可行性报告得到企业领导的批准和管理部门的支持后，便可开始进行详细调查分析，包括对企业组织结构的调查和分析；对企业系统内部工作流程的调查分析；对企业信息流程的调查分析。为建立新系统的逻辑模型奠定基础。

3. 构筑新系统的逻辑模型，写出系统分析报告。

新系统的逻辑模型是结合用户需求，在现有系统的逻辑模型的基础上进行改进后得来的。逻辑模型主要是以数据流程图的形式表达，数据字典等作为其补充。

系统分析报告是整个系统分析阶段的总成果。其内容包括企业组织情况、系统目标、现行信息系统情况和新系统的逻辑模型等，是由系统分析人员与用户共同讨论决定的。

三、系统分析的方法和工具

错误的系统分析方法，如系统研制人员在接受任务以后，没有对企业现有系统进行充分详细的调查研究，也不对用户提出的要求进行具体分析，加以明确化和定量化，而过早地、过多地考虑计算机技术问题，会导致研制出来的系统难以得到用户的支持和采用。而且由于系统分析人员的经验和知识水平的不同，使用的分析方法也不同，即使是同一企业、同样的用户需求，不同的系统分析员得出的系统分析报告都可能不相同，因而其可读性很差，也不利于同行之间的相互交流和借鉴。

正确的系统分析方法是以结构化思想为指导来进行的，通常被称为“结构化”的系统分析方法。

“结构”这个词的意思是指使用一组标准的方法和工具去从事某项工作。结构化系统分析是受结构化系统设计思想的启发而产生的，这种方法可以帮助系统分析员建立一个较直观的系统逻辑模型，充分说明将要开发的系统需要达到的各种功能，使得用户在实际使用这个系统之前，就能够知道该系统是否是他所需要的系统。

结构化系统分析方法的主要思想，是利用系统的方法和有关结构的概念，对一个管理信息系统的输入、输出、内部数据结构和处理逻辑进行明确的定义，使其成为系统设计的指导和依据。

结构化系统分析的基本观点可以归纳为以下几方面。

1. 以系统的思想为指导

用系统的观点看企业，把一个企业作为一个系统，从总体出发，自顶向下地完成系统的研制工作，这是结构化思想的核心。按照系统的定义，对企业进行目标分析、企业与外部环境之间的界线分析，以及正确划分企业内部各个子系统，用系统的观点对企业中的信息流和信息处理进行调查、分析和描述。

2. 注重调查研究

调查研究是系统分析阶段的首要任务，并将贯穿整个系统分析的全过程。系统分析人员一定要深入企业，对现有系统的整个事务处理过程与信息流程进行周密的调查研究，把系统各方面的情况、系统与环境、系统内部的问题全都调查清楚。系统分析人员要与企业管理人员充分交谈，弄清其真正的需求。系统分析阶段调查研究工作的深入与否是结构化系统分析工作成败的关键。

3. 严格区分“逻辑设计”和“物理设计”。

人们一般将系统分析称为信息系统的逻辑设计阶段。这个阶段的主要工作是设计新系统的逻辑模型。而系统设计被称为信息系统的物理设计阶段，其工作是建立新系统的物理模型。

逻辑模型仅仅表述要实现目标系统所必须完成的功能，以及存储和传递的数据，而不考虑完成系统功能所使用的具体技术手段和方法，如是用计算机还是用手工来完成。物理模型则用来表示在一定的约束条件下，信息系统怎样才能实现企业的目标，要考虑在环境、资源和计算机等条件的限制下，完成系统功能所使用的具体手段和工具。

结构化系统分析方法认为：系统分析阶段与设计阶段既要紧密衔接，前后呼应，又要严格区分，界限清楚，各自目标明确。分析阶段强调系统的逻辑功能而不是物理实现方法，也就是强调这个系统能够为用户做什么事（逻辑），至于用哪种计算机、用什么技术、怎样去做这些事（物理）则是系统设计阶段的工作。切忌过早地考虑计算机的设置和程序的编写，导致逻辑上并不合理的处理过程，影响整个系统的开发效果。

4. 考虑系统的易修改性

企业是一个动态系统，无论是企业内部条件还是企业外部环境都在不断地运动着、变化着，这种变动必然会给企业信息系统带来一定影响，导致系统结构和功能上的一些改变。因此在进行系统分析时就要考虑到系统将来的变动问题，要用发展的眼光而不能用静止的眼光去研制系统，使系统容易修改。一个不易修改的系统是没有生命力的。利用结构化方法可使得对系统的改进更容易而且影响范围更小。

5. 资料文档化

结构化方法对系统研发各阶段工作完成后的规范说明有很严格的要求。由于信息系统的研制需要较长时间而且有不同人员参加，研制成功后的系统不仅要长期使用而且应不断地维护，因此有关研发过程中所收集到的原始资料，调查分析的结果，以及整个系统研发过程中各阶段的工作情况、成果，工作中出现的问题和问题的解决方法等均应按照一定的标准（国家标准、部门标准）上升到书面形式，形成固定格式的文本，分成等级，给予编号，妥善保管，以便于进行后续工作对其进行查询，保证工作的连续性，为将来的系统维护和技术交流打好基础。

结构化方法的主要思路是：按照求解问题的功能将一个复杂系统进行自顶向下的分解。先将整个系统作为一个功能块，定义系统的顶层图，然后渐次向下分解，逐步补充其细节，形成各子功能、子子功能，一直分解成若干个非常小的、不易再分解的、只用很少的程序语句就能实现的功能为止。经过这种分解，层次越高的功能块所代表的功能越抽象、越趋于总体，层次越低的功能块所代表的功能越具体、越详细。一个企业的管理信息系统，是由营销管理、生产管理和财务管理人力资源管理等多个功能组成，其中生产管理功能又可分解为生产计划制订和生产进度控制等多个功能，而生产计划控制功能还可以进一步向下分解，如图 4.1所示。

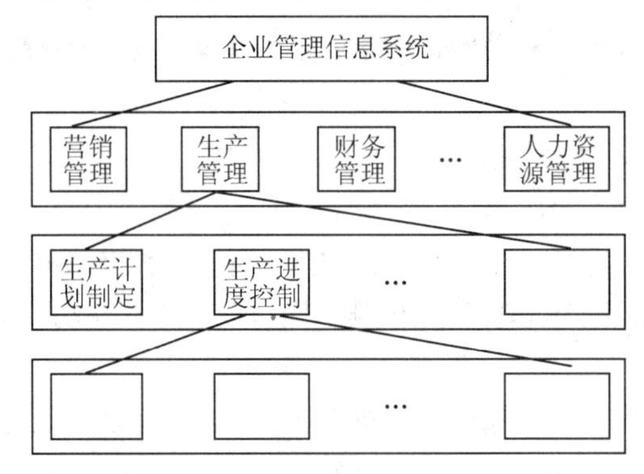

图 4.1　系统功能分解图

系统分析的过程是一个交流信息的过程。系统分析员则是用户和系统设计人员之间的桥梁，系统分析的结果“系统分析报告”则是通过与用户和设计员的信息交流得到的，并且必须使这两方面都能理解和接受才行。

常用的交流信息的工具有两种，一种是文字说明，一种是图示说明。一般来说，图示说明比文字说明更形象、直观清晰，是进行信息量压缩的有效办法。几十张文字说明用几张图纸加些适当说明就可以描述得十分清楚，容易被用户和系统设计人员接受。系统分析人员是采用以图示说明为主，文字说明为补充的工具来进行系统分析的。

结构化系统分析的工具主要有组织结构图、系统流程图、数据流程图、数据字典等。这些工具将在以后系统分析各阶段中用到时再作详细的介绍。

四、系统分析的指导原则

由于系统分析阶段是整个系统开发成功的关键性阶段，系统分析所提出的新系统的逻辑模型将成为系统设计的指导和依据。为了提高系统分析工作的质量，在进行系统分析时必须遵循下列原则，处理好系统内外的各种关系。

1. 用户第一的原则

系统分析人员必须明确管理信息系统是属于用户的，整个开发过程必须时刻为用户着想，一切从用户出发。因为用户是系统开发工作的需求方和新系统的使用者，是信息系统开发的出发点和归宿。一个信息系统质量的好坏，不仅取决于其计算机化的程度高低、速度快慢，更重要的是取决于用户对它的满意程度。因此，系统分析人员不应独立地工作，而要请用户参与系统的开发，并依靠用户，经常听取用户的意见，与用户一起讨论研制方案，尽量尊重用户的工作习惯，并考虑其业务水平，帮助用户弄清其真正需求，从而设计出能被管理人员所接受所采用的信息系统。

2. 计算机功能优势的原则

开发计算机化的信息系统，既不是用计算机去模拟现行的工作方式和方法，也不是让用户被动地去适应计算机，而是将计算机巧妙地运用于现行信息系统中工作量大、问题多，现有系统不易处理或无法解决的地方，是利用计算机技术去实现新的管理理论和方法，是利用计算机的功能去探索用更有效的方法来解决现行系统中存在的问题。

3. 内外条件相结合的原则

这里的内外条件指的是企业信息系统的环境因素。一个企业信息系统不仅受到企业本身的组织结构、生产类型、工艺规程等的影响，而且受到有关政策法律的约束，同时还受到企业外部的自然环境、市场、客户以及合作伙伴等多方面影响。因此在系统分析阶段必须对企业的内外条件进行综合分析。对于用户和合作伙伴，还要考虑其输入的信息能否为本系统识别，本系统的输出信息能否被其接受等问题。

4. 当前利益与长远利益相结合的原则

进行系统开发，不仅要从目前利益出发，还要考虑到企业的长远需求，研制一个系统应有长远的规划，要有步骤、有计划地进行开发工作。要首先开发系统中容易见成效，同时又对实现系统功能有主要影响的部分，留出与其他部分的接口，同时要考虑到系统的易修改性以适应外界环境的变化，使研制出的系统具有较强的适应性。

5. 局部利益服从整体利益的原则

一个系统是一个有机整体，是由若干个子系统组成的，各个子系统效益的最佳并不等于整体效益的最佳。因此在系统分析中，要坚持局部利益服从整体利益的原则，要协调各子系统正常运转，使信息系统整体性能最佳。在这个基础上，尽量提高各子系统的工作效率。

以上这些原则在整个系统开发生命周期的各个阶段中都适用。

第二节 初步调查和可行性分析

在系统分析过程中，系统分析人员首先要充分理解用户的工作，明确用户所处的环境，用户面临的问题以及用户对信息的需求等。因此系统分析的第一步就是系统分析人员对用户的状况进行初步调查。

一、初步调查

任何一个企业都有自己的目标，企业领导为了达到这个目标，必须对本企业的计划、生产、采购、财务和销售等各个方面进行管理，及时地获得必要信息，从而进行有效的控制。管理信息系统正是管理人员获取信息，迅速对企业进行管理和控制的工具。

初步调查是系统分析人员在接受研发新系统的任务后，在用户提出的开发任务和要求的基础上，初步明确新系统目标，对用户的组织情况、现行系统和目前存在的问题进行的一次初步调查，以便为确定系统目标、为可行性分析收集可靠的资料。

研制人员从用户那里接受任务，但因为用户对系统开发和计算机方面的知识缺乏足够的了解，所提出的要求往往是含糊的、不确切的，系统分析人员必须进行调查研究，以熟悉企业的业务工作过程，要和用户进行交谈从而帮助用户将其要求明确化、定量化，形成科学和严格的系统目标，并通过初步调查分析，为可行性研究提供定性和定量的根据。

（一）初步调查的内容

初步调查是可行性分析的前提和基础，其主要内容如下。

1. 整个企业的概况

包括企业的外部约束环境、规模、历史、企业的目标、主要业务、企业管理体制、企业的生产类型以及企业的经济效益等。

2. 现行信息系统的情况

包括开发新系统的原因，现行系统的工作情况及存在的问题，以及现有系统的组织结构、基本工作方式、工作效率、可靠性，与系统开发有关的信息处理部门的人数、人员素质、工作权限、技术条件、工作效率，以及各部门之间的相互制约关系、功能分配、信息收集与传输的主要途径等。

3. 开发信息系统的基本条件

包括企业的经济状况、技术力量以及开发新系统能够投入的人力、物力和财力资源，企业是否已实现科学管理，能否为系统输入提供准确完整的数据资料等。

4. 系统各类人员对开发新系统的态度

包括领导和有关管理业务人员对现行系统的看法，对新系统开发的支持和关心程度等。

（二）初步调查的方法

在初步调查阶段，系统研制人员主要通过访谈、问卷调查等方式和企业管理人员进行交流来获得有关的信息。

1. 访谈

系统分析员可以与企业内部的各级管理人员进行面对面的接触和交谈，或者以召开座谈会的形式来得到初步调查所需了解的信息，并听取他们提出的问题和要求。

2. 问卷调查

在问卷上列出想要了解的问题。设计问卷以前，系统分析员应首先对企业具有一定的认识，应使被调查人对问卷中所提出的问题感兴趣并乐于回答。问卷可以采用问答式、选择式或打分的形式。

除此之外，还可采用其他如实地观察等方法来进行初步调查。

通过这次调查，系统分析人员应对企业的组织情况、企业的目标、企业内部现有资源对系统研发工作所能提供的支持、企业领导对研发新系统的态度以及企业与外界的关系等情况具有一定的了解，做到心中有数。这次调查研究的难度较大，需要由有经验的系统分析员来进行。调查得到的情况可能很不全面、很粗糙，却十分重要，它可以为可行性分析提供材料，是进行可行性分析的基础和前提。

二、可行性分析

可行性分析是在初步调查的基础上，找出现行系统存在的问题，确定系统开发的目标，同时仔细分析企业是否具备开发新系统所必需的条件，并预测新系统可能带来的经济效益，从而确定是否有必要以及是否有可能建立一个新的信息系统。

开发信息系统需要在一个较长的时期内投入一笔相当大的资金才能完成开发工作，是企业的一项重大的投资决策，具有很大的风险，需要通过可行性分析来确定这项决策的合理性。

可行性研究的目的主要是为了分析企业提出的任务是否切实可行，存在的问题能否通过新系统的开发得到解决，尽量避免在投入了大量的人力、物力和财力之后才发现开发新系统根本不切实际或现行系统本来就不需要改进和更新，造成巨大损失。

可行性研究的内容包括经济、技术和管理等三个方面。

（一）经济方面

首先要考虑企业的经济条件是否能够满足开发新系统所需要的大量投资，如果不能满足则不要进行新系统的开发。其次要进行成本与效益的分析，只有当开发新系统后得到的经济效益大于系统开发过程中的支出，开发这个项目才是有意义的。

开发系统的成本主要指建立一个管理信息系统所需要的经费总额。其中包括研制费用、设备费、材料费（打印纸等）、管理费（水、电消耗等）以及将来系统所需的维护费用等。

效益是指使用新系统以后为企业管理所带来的经济效果。

对于系统开发成本，可以进行定量的分析，然而效益却很难准确地用货币的形式来表示。

系统效益一般从两方面来考察。一方面是直接效益，是指较直观的，可以直接用货币指标来进行计算的经济效益。比如，开发新系统后可以精简机构，节省人力，降低经营管理成本，还有企业可以使用新的信息系统进行对外服务而取得的经济收入等。另一方面是间接效益，是指使用新的管理信息系统后，带来的许多并非像直接效益那样可以用货币指标来衡量的效果。如企业内部领导和管理人员能比以前更及时准确地获取所需信息，从而提高了决策的质量；改进了库存管理方式，使库存量压缩到最佳限度，从而节约了大量资金，加速了现金流通，降低了产品成本；改善了对外服务质量，增加了客户，提高了企业的竞争能力等等。这种效益不易计算，而且要经过一定的过程和时间后，才能体现出来。信息系统的成本与效益见表 4.1。

表 4.1　信息系统的成本与效益

信息系统的开发成本	信息系统的效益	
	直接经济效益	间接经济效益
硬件 软件 研制费用 管理费 维护费用	缩短生产周期 降低库存量 减少流动资金的占用 减少劳动力 降低外部代理成本 降低办公和业务成本 减少开支	提高企业的现代化管理水平 提高企业的决策水平 提高企业竞争能力 改善资产的利用 提高组织灵活性 提高工作满意度 较高的顾客满意度 更好的企业形象

进行效益与成本分析时，一方面要将系统的开发成本与直接效益进行比较，更重要的是要考察新系统所带来的间接效益，考虑系统实施后所能提高的企业管理水平的程度。

（二）技术方面

技术方面的可行性包括技术条件、人员配备和设备情况三个部分。

1）要考虑现有的技术水平是否能够达到用户的要求，同时要对用户不切实际的要求加以说明，从技术上排除。

2）要考虑到人员配备方面的可行性。要有一支既懂管理业务又懂计算机知识的人员组成系统研发组，系统研发才能有成功的保障。还要考虑到系统投入使用时企业是否具备系统所需要的日常操作人员和维护人员。

3）运行系统的硬件设备也是不可缺少的。要分析企业现有设备是否能够满足新系统的需要，是否还需用购入新的设备及配套设施。

在技术方面还要考虑硬件的环境因素，如机房设施与各种物质技术条件，温度、湿度控制等，还要考虑防火防盗等安全技术措施等。

（三）管理方面

主要考虑当前系统的管理体制是否能够为系统提供必需的数据，各级管理人员对新系统需求的迫切性，以及时间方面的可行性。

1. 基础工作

分析企业的现行管理体制和管理水平是否符合计算机化信息系统的要求。主要指企业管理的基础工作是否健全，是否已经实现了科学管理。具体地说就是考察企业的生产是否正常，基础管理工作如定额管理、计划管理、经济核算等是否已经建立，各种规章制度和各种原始记录是否齐全。企业只有在具备系统的、完整的、准确的数据资料的情况下才能进行系统开发，否则信息系统没有输入的数据或输入的是错误的数据，新的计算机化信息系统效率再高也是徒劳无益的，甚至可能导致管理更加混乱。因此只有在科学合理的管理体制、完善的规章制度、稳定的生产秩序、有效的管理方法和完整准确的原始数据的基础上，才能考虑建立计算机化的管理信息系统。

2. 管理人员的态度

要考虑到管理信息系统的实施会给企业带来组织结构、工作流程、人的权力以及人际关系等方面的变化，可能将遇到来自人的各种抵制。如来自企业高层领导的否定，企业管理人员不与系统开发人员配合，不提供开发人员所需的资料等，这些都不利于系统开发。

由于开发一个系统需要花费的时间长、投资大，因此企业高级领导者的支持是保证系统开发成功的重要因素。在系统研制过程中必须有企业高层领导参加，为系统开发提供资金、资源（包括人员、设备），花费一定时间和精力积极参与系统开发并愿意承担一定责任。

由于企业的管理人员是新系统的使用者，要考虑到他们的情况，与他们搞好关系，以期得到他们支持和帮助。要分析改变管理人员已经习惯和十分熟悉的工作方式的可能性，这些人员与系统研制人员的协作程度将决定系统研发项目可行的程度。

系统分析员还要处理好与企业领导和管理人员间的关系，要注意向他们普及一些计算机方面的知识，解除他们对计算机化可能产生的误会。如果系统研制没有企业主要领导的积极支持和管理人员的认真配合，则认为这个企业不具备系统开发的条件。

3. 时间的可行性

要让用户对此有充分的认识，开发一个管理信息系统不是一朝一夕就能完成的。

应估计出开发目标企业管理信息系统所需时间的长短，考虑系统的完成时间能否与用户指定的时间相符。由于企业的内外环境是在不断变化的，因此还应考虑花费如此长的时间去建立新系统是否值得。

系统初步调查和可行性分析阶段投入的人力不多，可能只是一个专家小组。这个小组不仅要有经验丰富的系统分析员，而且一定要请企业高层领导和管理人员参加。可行性分析的三个方面不是孤立的，而是互相联系的，要将这三个方面调查清楚并进行综合分析，搞清企业在现有的资金、技术力量和管理条件下建立新系统是否行得通，企业内部各级人员对开发新系统的支持程度，以及研制新系统经济上是否合算等问题，从而确定研制新系统的可行性。

可行性分析的结果一般有五种：可以立即开始进行、需对系统目标进行某些修改后才能进行、需等待某些条件具备后才能进行、不必要、不可能。

三、可行性报告

可行性报告是初步调查和可行性分析阶段最终结果的文字体现，是系统开发过程中的第一个正式文档，是开发人员在对现行系统进行初步调查和可行性分析后所做的结论，反映了开发人员对开发新系统的看法。

可行性报告的内容包括系统目标、初步调查的情况、可行性分析的结果和建议 4 部分。

1）系统目标。指的是达到系统目的所要实现的具体功能。包括新系统的名称和新系统将要解决的主要功能。

2）初步调查的情况，包括现有系统的情况、用户的要求、现有系统存在问题以及建立新系统的理由，还要将企业可以提供给研制工作的资源情况，如提供的人力、资金、设备和时间等问题明确化。

3）可行性分析的情况。从可行性研究的三个方面来具体说明建立新系统的必要性和可能性。

4）建议。在结尾部分，系统分析员应根据调查和分析的情况，明确提出自己的看法。若认为研制项目是可行的，则应写明可行的理由，若认为不可行，也要说明问题的所在。

可行性报告一旦得到批准，就应当成为所有参加信息系统研制人员共同遵守的依据。如果认为报告中还有不确切或不完善的地方，系统分析人员必须继续深入调查，重新进行分析、综合和归纳，对报告进行修改后，再次送审直至批准。

可行性报告经过有关部门审核并得到批准后，如果结论是需等待某些条件具备后才能进行、不必要或不可能，则不再继续进行系统的开发工作；如结论认为改进现行系统或开发新系统是可行的，则可进入系统分析的下一个阶段——详细调查分析阶段。

第三节 详细调查分析

一、详细调查分析的重要性

任何一个新系统都是在分析、改进现行系统的基础上建立的，因此在开发新系统之前，一定要对现行信息系统各个方面的情况进行详细调查和系统分析，深入弄清组织中信息处理及流动的具体方式，找出现行系统问题的所在，从而为新系统的逻辑设计和物理设计奠定基础。

与初步调查不同，详细调查的目的是深入了解企业管理工作中信息处理的全部具体情况和存在的具体问题，为提出新系统的逻辑模型提供可靠的依据，因此其细微程度要比初步调查高得多，工作量也要大得多。详细调查主要是针对系统中的物流、控制流和信息流程来进行的，具体包括对现有系统组织结构和管理业务流程的调查；对每项业务处理的目的、方法和步骤的调查；关于各项业务涉及到的单据、报表、工作手册和账本记录的调查等。

对现行系统的详细调查分析阶段，在整个系统分析过程中是很重要的部分，其结果将成为建立新系统逻辑模型的依据，也是通向系统设计的桥梁。所以，这个阶段工作的好坏是决定研制的新系统能否符合客观情况，满足用户需要，解决实际问题的关键，也是整个系统开发过程的关键。

二、详细调查分析阶段使用的方法和工具

详细调查分析阶段由调查和分析两方面工作组成。

（一）详细调查的方法

可以用于详细调查阶段的方法有很多，通常采用查阅档案、同有关人员进行座谈访问、实地观察和取样等方法来进行。

1. 查阅档案

调查开始可以采用查阅档案的方式。这种方式是通过分析企业组织中现有的管理资料、账册、报表文件和书面材料，来达到调查的目的，得到所需的资料。如到各科室查阅报表或库存账目。这是最省事又最经济的办法。

2. 座谈访问

只查阅档案是不够的，还要与业务人员进行交谈，了解他们的工作方式和具体内容。如对某一财务报表，应了解这个报表所用到的数据来源、报表的编制方法、报表的格式、报表的具体内容、编制周期、编制份数、保留期限、发送单位以及这个报表

又将成为哪些报表的数据来源，与哪些报表具有重复内容等。

3. 实地观察和取样

系统研制人员还可以采取实地观察和取样的方法，深入业务人员的工作现场，熟悉其业务务处理的过程，了解某些环节中可能存在的人为因素，掌握第一手资料，为进行信息流程的分析提供可靠依据。

（二）详细调查分析的内容

详细调查阶段所使用的分析工具就是前面曾提到的结构化系统分析的工具，有组织结构图、系统流程图和数据流程图等。利用这些工具对详细调查得到的资料进行充分的分析，为建立新系统的逻辑模型做好准备工作。

1. 组织结构的调查与分析

对一个组织作调查研究，首先接触到的具体情况就是系统的组织结构状况，也就是一个单位组织内部的部门划分以及它们的相互关系，组织结构决定了一个组织的工作流程和内容。

2. 功能结构的调查和分析

系统有一个总的目标，为了达到这个目标，必须要完成各子系统的功能，而各子系统功能的完成，又依赖于子系统下面各项更具体的功能来执行。功能结构调查的任务，就是要了解或确定系统的这种功能构造，因此，在掌握系统组织体系的基础上，以组织结构为线索，层层了解各个部门的职责、工作内容和内部分工，就可以掌握系统的功能体系。

3. 管理业务流程的调查与分析

调查组织机构的情况可以了解企业的部门划分以及这些部门之间的关系，而功能分析反映了这些部门所具有的管理功能，这些都是有关信息系统工作背景的综合性的描述，只能反映系统的总体情况而不能反映系统的细节情况。因此要通过管理业务流程的调查与分析，弄清这些职能是如何在有关部门具体完成的，以及在完成这些职能时信息处理工作的一些细节情况。

4. 数据和数据流程的调查与分析

数据是信息的载体，是系统要处理的主要对象，因此全面准确的收集、整理和分析数据及其是在系统分析阶段必须要进行的工作。

5. 处理逻辑的调查和分析

对于系统中复杂的处理逻辑，含有逻辑判断的处理逻辑，应该对其进行调查，以分析其合理性，然后作出详细的说明。

6. 构筑新系统的逻辑模型

值得注意的是，这个阶段的调查和分析不是分步骤开始，而是相互补充、交叉进行的。调查是基础，分析是核心。要根据调查得来的资料进行分析，在分析过程中发现问题后，则应再进一步调查以补充数据。

第四节 管理业务流程的调查与分析

一、组织结构分析

系统研制过程中的详细调查阶段是从对企业组织结构的分析入手的。从系统论的观点出发，一个企业就是一个系统。搞清了企业目标和企业的组织结构关系，就等于搞清了系统目标以及系统与子系统之间的关系，从而为确定系统功能和划分子系统提供了依据。

组织结构图是描述企业内部组织结构、进行组织结构分析的一种工具。它将一个组织内部的部门划分以及它们的相互关系用图形表示出来，调查中应详细了解各部门的业务分工情况和有关人员的姓名、工作职责、决策内容、存在问题和对新系统的要求等。

如图 4.2 所示的是某企业的组织结构图，这个企业有销售部、采购部、财务部和仓库四个业务部门，其中，采购部又设订货组、验收组，仓库设有发货组和进货组，财务部设有销售账组、采购账组。各业务部门通过各种关系相互联结在一起。

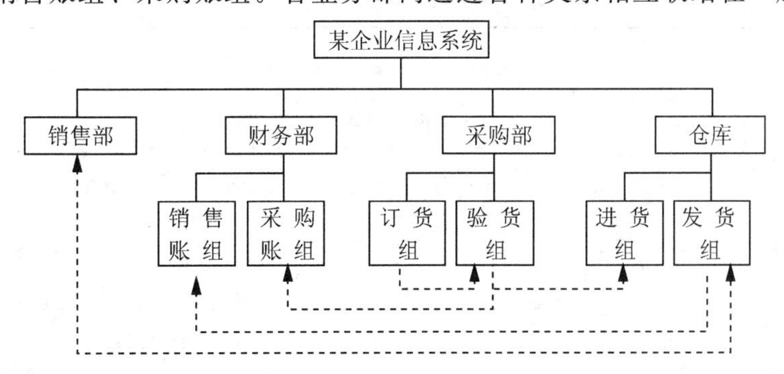

图 4.2 某企业的组织结构图

绘制组织结构图的步骤如下。

1）按照组织系统的行政隶属关系画出由直线联结的各业务部门。

2）以物流为背景，按照伴随其运动的各种单据、报表的传递路线，画出由虚线表示的各部门之间的信息流，并简单标出主要资料的名称。

组织结构图的绘制过程其实就是进行组织结构分析的过程。由于企业中信息的流动是以企业内部的组织结构为背景的，因此组织结构分析也是企业系统流程调查和数据流程分析的准备阶段。

二、管理业务流程的调查与分析

通过企业组织结构调查分析所反映出来的各种流动关系的情况，仅仅是对企业信息系统研制工作背景的一个综合性概述。但在对现行系统业务流程的调查分析过程中，却能看出企业中数据（或信息）处理集中点的所在。因此业务流程分析比组织结构分析更接近于数据流程分析。

管理业务流程分析的内容：包括调查和分析企业各部门都设置了哪些业务、设置这些业务的作用、各项业务的性质、有哪些数据来源、数据的输出供哪些部门使用等内容。

管理业务流程分析的过程：收集所有的单据、收集所有的报表、收集所有的账本和档案、跟踪一笔业务处理的全过程。

管理业务流程分析主要是通过对绘制业务流程图来帮助系统分析人员全面了解系统业务处理过程，分析业务流程的合理性。

管理业务流程的工具：管理业务流程图。

管理业务流程图是在企业职能部门划分的基础上，着眼于系统内部工作流程的描述，是表示系统中与信息处理有关的各项业务活动进行的先后顺序、各项业务的工作内容和工作结果的一种工具。

管理业务流程图中所使用的符号共有以下五种，如表 4.2 所示。

表 4.2　业务流程图的符号

符号	名称	含义
	处理框	其功能是对具体的信息进行加工或转换，主要表示各种处理。如开发货单，修改库存记录
	实物框	表示要传递的具体实物或单据。如订单、发票等
	数据存储框	表示在加工或转换数据的过程中需要储存的数据。如库存记录、采购单存档
	流程线	表示单据或物品从一种符号框到另一种符号框的流向
	外部实体框	表示与系统有关的外部单位。如用户、供应厂家

下面通过对某企业管理业务流程图的绘制过程来说明系统流程图的绘制原则。如前面在组织结构分析中所叙述的例子，某个企业有销售、生产、供应和财务四个职能部门。其中销售部门的工作是接收用户的订货单，对订货单进行验收，将填写不清的订货单和无法供货的订货单退回用户，对合格的订货单，查库存账并确定发货量，根

据库存情况将订货单分为可发货的订货单和未满足的订货单两类，对可发货的订货单开发货单、修改库存、记应收账和将订货单存档，对未满足的订货单填写暂存订货单，接到采购部门的到货通知后，对照暂存订货单。如可以发货，则执行开发货单和修改库存处理。图 4.3 是这个企业销售部门的管理业务流程图。

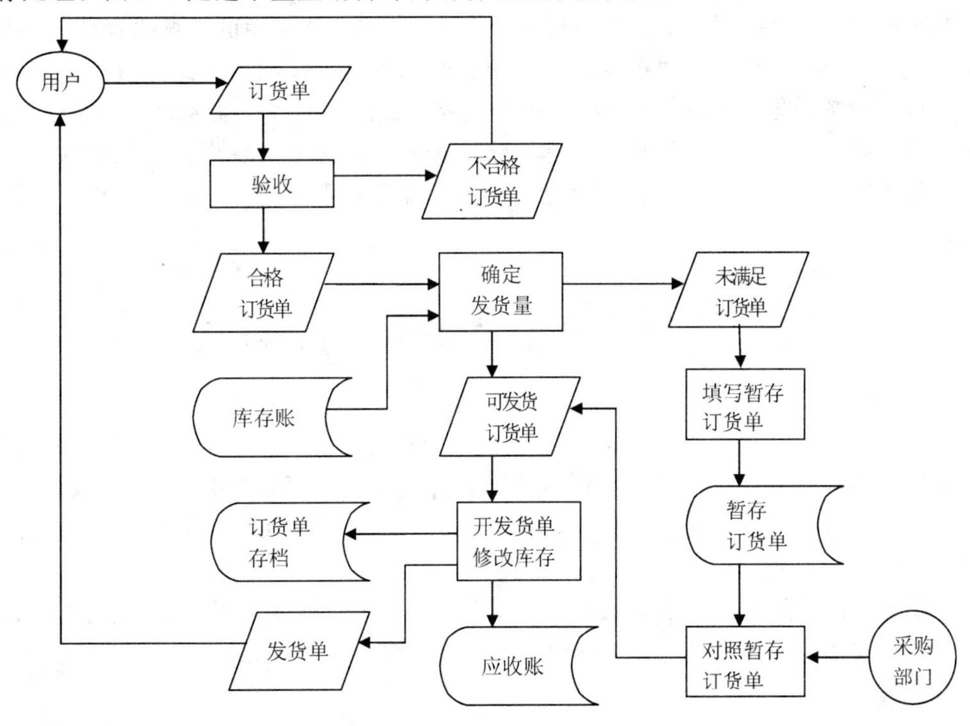

图 4.3 某企业销售部门的管理业务流程图

由于篇幅有限，其他部门的工作都没有在前面介绍，也没有在此图中表示出来。根据这张图，可以看出画系统流程图的一些要领。

1）首先要确定管理业务流程图的绘制范围是画出整个组织的管理业务流程图，还是只画出某一子系统的流程图。图 4.3 只画出了这个企业销售部门的业务处理过程的流程。

2）管理业务流程图的绘制顺序是根据系统范围和组织结构图从上到下、从左到右地画出企业中的主要业务流程线，与实际业务处理顺序相同，然后再按照调查的结果逐步细化，图 4.3 表示了企业从接收用户订货单开始、检查库存，到给用户发货为止这样一种业务处理的主要过程。

3）画图时以业务处理步骤为主干线进行绘制。任何两个处理框都不能直接相联。每一个处理框都要有数据或实物的输入和输出，输入可来自外部实体、数据存储或另一处理框和输出结果，输出可以作为另一处理框的输入，也可作为数据存储的内容或系统向外部实体的输出。两个处理框要通过数据存储框或实物框等连结起来。如图 4.3

中销售部门的“开发货单修改库存”这个处理框，其输入有“确定发货量”处理框的输出“可发货订货单”，有表示数据存储的“库存记录”，其输出是“发货单”、修改后的“库存记录”、“订货单存档”和“应收账”。

4）尽量减少系统与外部实体间的输入和输出，将能够集中描述的输入、输出流程线尽量集中描述。同时要尽量避免流程线的交叉，实在无法避免的用弧线绕过。

管理业务流程分析，是通过管理业务流程图的绘制，以图的形式充分地描述现行信息系统，使系统分析人员了解现行系统的主要业务，明确各项业务处理功能的目标，必要性及主要的输入、输出和具体处理策略，管理业务流程图将现行系统的物理实现方法表示出来，从而可以了解企业现行的业务处理的物理过程，为数据流程分析做好准备。

第五节　数据流程调查与分析

数据流程分析过程要进一步抽象管理业务流程分析的结果，舍去其中的物质流，抽出信息流和其中的数据存储，得到整个企业信息流动及存储的综合情况。然后从数据和处理两方面来进一步分析其细节，画出数据流程图，从而完成对整个企业的信息系统的详细调查和分析。

数据流程图着重描述了系统内部数据的流动和变化。它是以管理业务流程图为依据，通过抽象和概括，来全面、准确地表示系统内部以及系统与环境之间的信息传递、处理和存储过程。

一、数据流程图的基本符号

数据流程图的基本符号如表4.3所示。

表4.3　数据流程图的符号表示

符　号	名　称	含　义
	外部实体框	是系统以外的事物或人，不受系统控制，是数据源或数据的接收者
	数据处理框	表示对数据的处理或变换功能
→	数据流程线	用一个带箭头的线来表示数据流动的方向
	数据存储框	用来指出数据暂时停留或永久保存的地方

1）外部实体框。用一个正方形，并在其左上方各加一条线来表示。是系统以外的事物或人，不受系统控制，是数据源或数据的接收者。

为避免数据流程线条的交叉，同一外部实体框在一张图上可以出现多次。这时要在该外部项符号的右下角画上一小条斜线，表示是重复项。

2）数据流。用一个带箭头的线来表示数据流动的方向，一般用单箭头，有时也采用双箭头，表示数据的双向流动。

3）处理框。表示对数据的处理或变换功能，用一个长方形上部加横线来表示。

4）数据存储框。用来指出数据暂时停留或永久保存的地方。用一个右边开口的水平长方条，左部加一竖线表示。同外部项一样，允许在一张数据流程图上重复出现相同的数据存储。

二、数据流程图的绘制

数据流程图是结构化系统分析的一个重要工具。它采用自顶向下逐层扩展的分层结构，先用几个处理高度概括地描述整个系统的功能，然后再逐步扩展，使其具体化。

绘制数据流程图的方法与绘制管理业务流程图相类似。按照从左到右、由上而下的顺序将系统中的各个处理单元和存储单元，通过数据流线联结在一起，并在每个数据流线上表明所要传输的数据名称。外部实体框尽量绘制在图形的外围。

数据流程图与管理业务流程图的不同之处在于数据流程图舍去了管理业务流程图中的所有物理因素，省略了一些价值不大的细节，只保留了数据的流动、处理和存储，并将系统的各项业务处理过程联结成为一个整体。通常一个系统的数据流程图是一系列有层次的图表，层次由高到低的图表，其内容则是从抽象到具体。

在数据流程图的逐层分解中要保持两种平衡：第一，上一层数据流程图的输入数据和输出数据，必须要和它的下一层数据流程图的输入、输出数据对应；第二，上一层数据流程图与下一层数据流程图所要实现的功能必须一样，只是详细程度不同。

对数据流程图中的处理框、存储框和数据流线分别以P、D和F开头予以编号。

随着数据流程图逐层地向下扩展，处理框的编号应反映出它的层次关系。如第一层数据流程图的处理逻辑的编号是P1、P2、P3…，第二层数据流程图是根据第一层图中的每一个处理逻辑扩展得来的，其相应的编号应该是P1.1、P1.2、…、P2.1、P2.2、…、P3.1、P3.2、…，扩展到第三层数据流程图，其相应的处理逻辑编号应该是P1.1.1、P1.1.2、…，P1.2.1、P1.2.2、…，P2.1.1、P2.1.2、…，P3.1.1、P3.1.2、…。

各存储框和数据流线一般只在最底层的数据流程图中编号，记为D1、D2、…、D*m*和F1、F2、…、F*n*。

数据流程图分解到什么程度才算结束呢？总的原则是，当扩展出来的数据流程图已经基本表达了系统所有的逻辑功能和必要的输入输出时，就没有必要再继续向下分解了。

下面根据前面例子所提到的企业的数据流程来说明数据流程图的绘制要领。

绘制数据流程图采用自顶向下逐层分解的方法，先将整个系统按总的处理功能画出顶层的流程图，然后逐层细分，画出下一层的数据流程图。顶图只有一张，它说明了系统总的功能和输入输出的数据流。

第一层的数据流程图是订货处理的顶层数据流程图，只反映这个企业的主要的业务——销售，外部实体是用户，销售部门接到用户的订货单后，根据库存情况向用户发货，如图 4.4 所示。

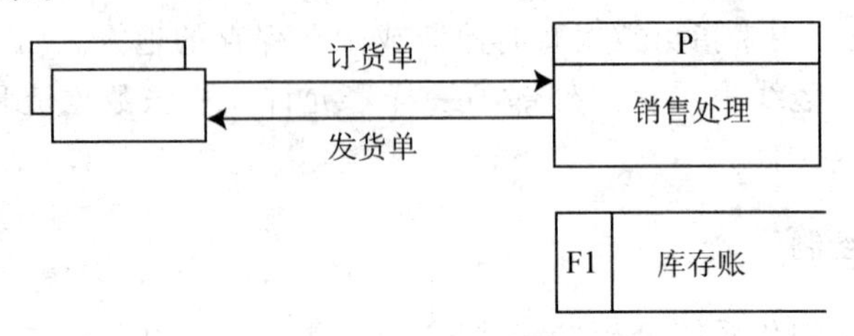

图 4.4　订货处理的顶层数据流程图

对顶层数据流程图的分解从“处理”开始，将图 4.4 中“销售处理”分解为五个主要的处理逻辑，如图 4.5 所示。

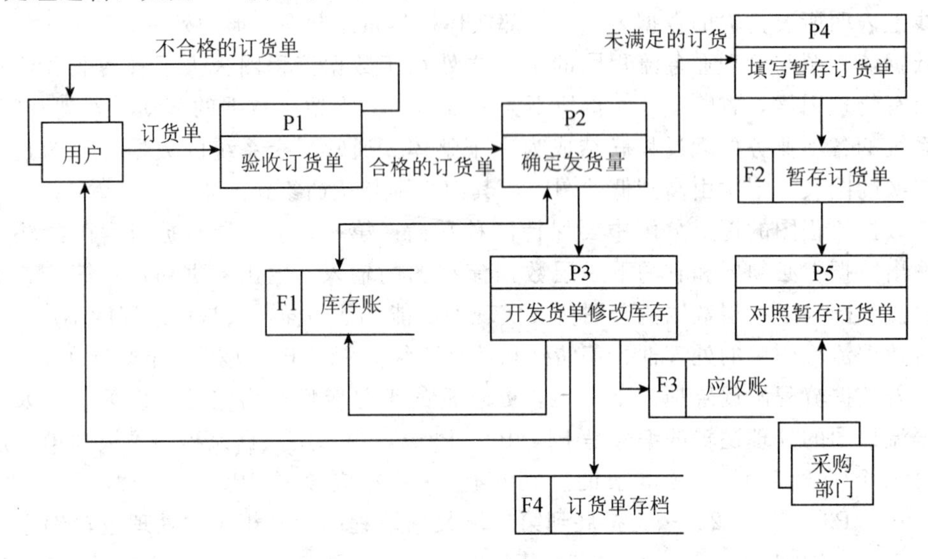

图 4.5　订货处理的数据流程图

1）验收订货单 P1。将填写不清的订货单和无法供货的订货单退回用户，将合格的订货单送到下一步“确定发货量”处理。

2）确定发货量 P2。检查库存账，根据库存情况将订货分为两类，分别送到下一步处理。

3）开发货单、修改库存、记应收账和将订货单存档 P3。

4）填写暂存订货单 P4。对不能满足的订货单填写暂存订货单。

5）对照暂存订货单 P5。接到采购部门到货通知后，应对照暂存订货单。如可以发货，则执行“开发货单和修改库存”处理功能。

数据流程图分多少层次要视实际情况而定，一般来说，由顶层、中间层和底层组成。顶层图说明了系统的边界，即系统的输入和输出数据流，顶层图只有一张；中间层的数据流程图描述了某个处理（加工）的分解，而它的组成部分又要进一步被分解，较小的系统可能没有中间层，而大的系统中间层可达八九层之多；底层由一些不必再分解的处理（加工）组成。

数据流程图的绘制要领如下。

1）确定系统的外部实体。也就是确定系统与外部环境的分界线。要找出不受系统控制又影响系统运行的外部因素，找出系统的输入来源和输出对象是什么。

2）确定系统的处理单元。将整个系统的功能根据管理业务流程图划分成若干个工作环节，每个环节完成一项相对独立的任务，称为一个处理单元。要确定每个处理单元的名称，主要的输入、输出及与外部实体之间的联系。

3）确定系统在处理过程中需要查询的数据存储单元。如一些标准文件、原始单据等。

4）绘制高层次的数据流程图。即只绘制概要的、不涉及业务处理细节和例外情况的流程。

5）绘制低层次的数据流程图。将高层数据流程图中的每一个处理单元都扩展到两个或两个以上的处理框，并加入对例外情况的处理，形成对每项业务的较细致的描述。数据流程图的扩展层数和细化程度根据实际需要而定。

需要注意的是本章中所举的这个例子以及绘制的一系列图表只是某企业整个业务范围中的部分内容，目的是使所举的例子简单易懂。

数据流程图的绘制过程，完全体现了自顶向下的结构化系统分析方法的优点。保证了系统的易修改性，易扩充性。当需要对某层数据流程图中的任一处理内容进行修改、删除或补充时，既不会影响其他层次的数据流程图，也不会影响本层数据流程图中的其他处理单元，对于实现系统分析规范化、文档化和进行结构化系统设计打下了基础。

数据流程图是对系统的一种综合性描述。它只对数据的存储、流动以及加工的情况进行了描述，但对有关数据的详细内容如对于数据存储的结构，数据流动的具体内容等等都没有也无法在图上表示出来。因此在系统分析的详细调查分析阶段还应包括对数据的详细分析。

第六节 数据的调查与分析

数据流程图从数据流向的角度描述了系统的功能以及相互之间的联系，但没有流程图上各个组成部分的具体内容。数据字典的任务就是对数据流程图上的各个元素做出详细的定义和说明。它是结构化系统分析的另一种重要工具，是对数据流程图的重要补充和注释。数据流程图加上数据字典，就可以从图形和文字两个方面对系统的逻辑模型进行描述，为以后的系统设计提供依据。

一、数据字典的含义

数据字典（data dictionary，DD）是系统中各种数据类型的属性清单。它对数据流程图上各个基本要素（数据流、数据存储、处理逻辑和外部实体等）的具体内容和特征都加以定义，并将它们按照特定的格式记录下来，以便随时查阅和修改。

二、数据字典的内容

数据字典定义的内容除了包括数据流程图上的所有要素：数据流、数据存储、处理逻辑、外部实体外，还有数据结构和数据元素。

1. 数据流的定义

数据流的定义包括数据流的名称、来源、去向、组成（指它所包含的数据结构），还要说明该数据流的流通量（指在单位时间如每天、每周或每月内的传输次数），例如：

数据流名称：发货单
编　　号：F03
简　　述：销售部门向用户发货是所开出的单据
来　　源：开发货单和修改库存处理功能
去　　向：用户
数据结构：发货单标识、用户明细、货物明细
流通量：50 份/每天
高峰流通量：40 份，每天上午 9：00～11：00

2. 数据存储的定义

数据存储定义包括数据存储的名称、简述、输入数据流、输出数据流，以及数据存储的组成、关键字、相关联的处理，例如：

数据存储名称：库存账
数据存储编号：D3
简　　述：对成品库中现有的成品的品种和数量的记录
输入数据流：出、入库量
输出数据流：库存数量
数据结构：产品标识、库存数量
关键字：产品编号

相关联的处理：P2、P3

3. 数据结构的定义

数据结构定义是对数据流和数据存储中所包含的各种数据结构的定义，要描述每个数据结构的名称、编号，对应的数据流和对应的数据存储以及数据结构的组成。

一个数据结构可以由若干个数据元素组成，也可以由若干个数据结构组成，还可以由若干个数据元素和数据结构组成。如发货单包括发货单标识、用户明细和产品明细，而发货单标识又包括发货单编号和日期；用户明细包括用户代码、用户名称、用户地址、联系人姓名、联系电话、开户银行、账号等；产品明细包括产品代码、产品名称、产品规格和发货数量。

对简单的数据结构，只要列出它所包含的数据项。如果是一个嵌套的数据结构，只需列出它所包含的数据结构的名称。对于出现在不同的数据流和数据存储中的同一数据结构只需定义一次，例如：

数据结构编号：DS03

数据结构名称：用户明细

简　　　　述：用户所填写用户情况

对应的数据流：订货单、发货单

对应的数据存储：用户文件

数据结构的结构：用户代码、用户名称、用户地址、联系人姓名、联系电话、开户银行、账号

4. 数据元素

数据元素是指不可再分的数据的最小组成单位。对数据元素的定义包括数据元素的名称、编号、其他场合下的别名、类型、长度及取值范围等。

从数据结构中不重复的提取所有数据元素，对数据元素进行定义。对数据元素的类型、长度或编码的说明是为了便于今后的计算机存储和编码工作，例如：

数据元素编号：I001

数据元素名称：库存量

别　　名：数量

简　　述：某种产品的库存数量

类　　型：数值型

长　　度：6个字节

取值范围：0～999999

5. 处理逻辑的定义

仅对数据流程图中最底层的处理逻辑加以说明。内容包括处理逻辑名称、编号、简述、输入的数据流、处理过程、输出的数据流、处理频率，例如：

处理逻辑名称：验收订货单

处理逻辑编号：P1

简　　述：确定用户所填写的订货单是否有效

输入数据流：订货单，来自“用户”

处 理 过程：检验订货单数据，查明是否符合供货范围

输出数据流：合格的订单，去向“确定发货量”；不合格的订单，去向“用户”

处理频率：50 次/天

6. 外部实体的定义

外部实体的定义内容包括：外部实体的名称、编号、简述、输入数据流、输出数据流等。

数据字典的编写和维护是一件十分繁重的工作，需要花费相当的人力，不但工作量大，而且单调乏味。在编写中主要是依靠前面的调查工作所积累的原始资料。如果在编写中发现有重要的遗漏，则应该回过头去继续调查。

由于数据字典的编写十分烦琐，目前已有比较成熟的数据字典管理软件，可以帮助人们自动生成及编排数据字典。

一旦数据字典建立起来，就是一本可供查阅的字典。在数据字典编写的基础上，通过综合分析，根据数据量和数据处理内容，可估算出现行系统的业务量。根据数据存储的情况，可以估算出整个系统的总数据量，并进一步分析系统的处理特点和存在问题。

第七节　处理逻辑的调查与分析

数据流程图中的处理逻辑已在数据字典中作了简要的定义。数据流程图中的处理逻辑所采用的算法大体可分为三类：数学计算、数据的输入/输出和逻辑判断。其中数学计算很容易用数学公式来表达，数据的输入/输出也比较容易描述，比较困难的是逻辑判断功能的描述。处理逻辑调查与分析的任务是详细地说明对比较复杂的含有逻辑判断功能的处理逻辑。

为了能够清楚准确地表达逻辑判断功能，需要借助判定树和判断表等逻辑分析工具。

一、判定树

判定树是用树型分叉图表示处理元素的逻辑判断功能的一种工具，由两部分组成：左边是条件，用分叉表示，右边是采取的具体的决定。

某公司的销售折扣政策的判定树，如图 4.6 所示。其销售折扣政策取决于三个条

件：年交易额、客户的支付信用以及与本公司的业务史，分别采取10%、5%、2%折扣和无折扣四种策略。

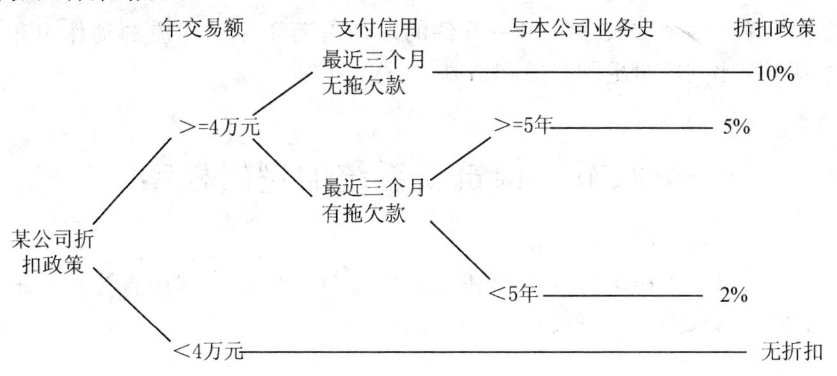

图 4.6　某公司销售折扣政策的判断树

判定树的优点是直观、鲜明、清楚。可以清楚地看出各种情况下应当采取的行动，还可以看出根据条件的优先级别逐步判断、决策的过程，但在表达条件数目较多，并且互相组合时，会显得烦琐。

二、判断表

判断表是一种用表格的形式来表达逻辑判断过程的工具。判断表共分四部分：左边上部是条件，列出作决定时应考虑的各种条件因素；右边上部是规则，列举了条件因素的各种可能的组合；左下部是各种可供选择的决策；右边下部是在各种规则下所对应采取的行动。

上述某公司销售折扣政策的例子的判断表，如表 4.4 所示。

表 4.4　某公司销售折扣政策的判断表

各种条件组合 / 条件和行动	1	2	3	4	5	6	7	8
C1：交易额＞＝4 万元	Y	Y	Y	Y	N	N	N	N
C2：最近 3 个月无拖欠额	Y	Y	N	N	Y	Y	N	N
C3：与本公司交易＞＝5 年	Y	N	Y	N	Y	N	Y	N
A1：折扣率 10%	√	√						
A2：折扣率 5%			√					
A3：折扣率 2%				√				
A4：无折扣					√	√	√	√

三、判定树与判断表的关系

判定树与判断表是进行处理逻辑分析的两个主要工具。判定树着重于逻辑判断功能结构的描述，适用于条件、行动较少的处理；判断表着重强调条件的组合，更适用在复杂的逻辑判断中。

因此，当条件的个数较多、每一条件的取值有若干个、相应的动作也很多的情况下，使用判断表比判定树更加有效和清晰。

第八节　构筑新系统的逻辑模型

系统分析阶段的工作由初步调查和可行性分析开始到详细调查分析，最后一步是构筑新系统的逻辑模型，并写出系统说明书。

一、新系统逻辑模型

前面我们曾提到过，逻辑模型仅仅表述要实现系统目标所必须完成的功能和用到的数据，而不考虑完成系统功能所使用的具体方法。也就是说一个系统的逻辑模型指从信息的产生、传输、加工和使用过程，不涉及实现这些功能的具体手段和设备。

一个系统的逻辑模型主要是以系统的各层数据流程图的形式表达，数据字典、判定树和判断表等作为其补充。

我们前面所讲到的调查和分析都是针对现行系统来进行的，所得到的只是现行系统的数据流程图、数据字典、判定树和判断表，那么怎样得到新系统的数据流程图和数据字典呢?

新系统的数据流程图也是调查分析的产物，源于现有系统，但又高于现有系统。它是对现行信息系统数据流程图的修改、补充和提高。

在现有系统的数据流程图上加进企业对信息系统的新的逻辑功能要求，并且对其不合理或已经不适应企业目前要求的地方进行删除和修改，就得到新系统的数据流程图了。

促使企业开发新系统的原因归纳起来主要有以下几方面：由于企业的发展，出现了现行信息系统无法解决的新问题；现有的信息系统陈旧落后，不能与飞速发展的信息处理技术相适应；由于国家经济体制改革，组织结构调整等环境条件的变化，使得现有的信息系统不能满足新的需要；由于现有数据流程不合理，造成信息流的阻塞，引起所需信息迟到、失真甚至得不到等问题。

因此，在系统分析过程中要仔细了解到底是由于那种原因造成了企业对新系统的迫切需求，进一步把目标明确化、定量化，真正弄清用户究竟要解决什么问题，希望新系统最后达到什么水平，想要增加什么功能等。据此来对现有系统的数据流程图进行改进，并加上用户的新的逻辑需求，得到用户同意后，确定新系统的数据流程图。

除了要得到新系统的数据流程图，还要编制新系统的数据字典、判定树和判断表等。新系统的数据字典也是根据用户对新系统的要求，通过对现有系统的数据字典、判定树和判断表进行改进后得到的。至此，系统分析工作就全部完成了。

二、系统分析报告

系统分析工作完成后，系统分析人员要将系统分析的结果写成文字资料，即系统分析报告。

系统分析报告是系统分析阶段总成果的文字体现。数据流程图是产生新系统分析报告的主要基础和依据，系统分析报告又是对数据流程图的详细解释和说明。系统分析报告大致包括简介、对现行系统和新系统的说明、开发新系统的总体规划和建议等4个部分。

1. 简介部分

简介部分主要是简要地介绍系统分析人员进行系统分析的起因和经过。

2. 现行系统和新系统的说明部分

现行系统和新系统的说明部分主要包括两方面的内容：对现行系统的详细分析和对新系统的介绍。

1）对现有系统的详细介绍和分析。简述企业的组织结构，说明企业的任务和目标，企业内部管理部门、业务部门以及各部门之间，企业与外部环境之间的信息交换等各种关系。详细介绍现有信息系统的运行情况和用户提出的主要要求，解释现有系统的数据流程图，分析并说明其中存在的主要问题。

2）对新系统的介绍。说明新系统研制工作的目标，介绍新系统的数据流程图，说明它的先进性和优越性，指出新系统对现行系统的修改和补充之处，并指出这种改变对企业的组织结构、业务流程，以及企业中的人员关系和工作方式等方可能带来的影响。

3. 开发新系统的总体规划部分

管理信息系统虽然只是协助人们进行有效管理的一种手段和工具，但由于开发和运行一个管理信息系统要消耗大量的人力、物力和财力等资源，因而信息系统研制本身也有如何组织与管理的问题。总体规划是对管理信息系统研发过程进行管理的一个重要内容。

要根据企业的总目标来制定管理信息系统的发展规划。企业的总目标是企业的长期战略目标，它规定了企业一切活动的总方向。开发企业管理信息系统，其目标也应从长远考虑，紧紧围绕着实现企业战略目标而努力。要根据企业内部条件和外部环境的实际情况，提出整个管理信息系统开发过程的长期和近期规划，确定长期的战略目标和近期的具体目标，要根据系统的各个子目标（或各个子系统）对实现整个系统目标的重要程度和各个子系统实现的难易程度，因开发各个子系统而带来的效益的明显程度，以及开发各个子系统所需的资金、设备、人力等方面来确定首先开发哪些子系统，安排好各子系统实现的先后顺序，分阶段地完成系统开发任务。在这个总体规划的指导下，再具体地制定各个阶段的开发计划，组织开发过程。

制定出合理的系统开发计划和控制措施是系统成功的重要保证，而制订合理计划的基础是对系统开发各阶段工作所需时间和费用进行适当的定量和估计，排出系统开发的进度计划。

在系统分析报告中，应对整个系统开发过程的进度计划进行说明，对系统的开发时间做出估计。这里包括对各个阶段工作所需的具体时间，试运行所需要的时间，以及新系统正式交付使用的时间的说明。要使企业领导对此有思想准备，并及时为系统开发的各阶段提供人力和物力等各种支持。

在系统分析报告还应对系统开发所需的费用估计进行说明。除了要说明开发新系统可能要支出的总费用外，还要列出一张概略预算系统开发各阶段所需费用的费用分配表。对于系统开发费用的估计要由有经验的系统分析员来进行，使得估计的数字比较精确，以免估计不足造成以后多次追加投资，引起企业不满，或预算太高，让用户觉得所付代价太大，不愿投资的情况出现。

4. 建议部分

系统分析员要提出在新系统开发过程中所需要的企业内外各有关部门的配合要求。

系统分析报告要写得简明易懂。主要通过对新系统的概述，使用户对其有大致的了解，便于系统分析人员和用户之间的交流以及企业主要领导的阅读理解。

系统分析报告要提交有关部门审核，由主管人员召开讨论会。聘请有关方面的专家、系统分析与研制人员、企业的领导和管理人员参加。在会上，系统分析人员要以简练的语言对新系统数据流程图和系统分析报告的主要内容进行必要的解释和说明，提请与会者讨论和审核。若得到与会者的认可，尤其是用户的同意，则系统分析阶段的任务——建立新系统逻辑模型的工作就算彻底完成。系统分析报告将成为以后系统开发各阶段工作的依据和系统设计阶段的指导性文件。如果系统分析报告在会上没有被通过。系统分析人员则要重新进行详细调查和分析，根据与会者的意见对新系统的逻辑模型进行改进后，再次写出系统分析报告，提交主管人员和用户的批准。

案例分析

北京协和医院医生工作站系统

北京协和医院信息系统建设正在向纵深发展，而医生工作站系统的实施是关键的一环。医生工作站以病人信息为中心，围绕病人的诊断治疗活动，实现病人信息的采集、处理、存储、传输和服务。它以加快信息传送和减轻病历书写工作量为目的，围绕临床医生每天的日常工作，切实提高医生的医疗服务质量和临床工作效率，支持医生的临床研究。

医生工作站的难度首先是来自技术方面的。经过多方考察，协和医院最终选择了众邦慧智公司作为软件供应商。经过对系统的多次修改和测试，应用系统得到了优化，技术的难关过了，产品做好了，但非技术因素形成的难关才是真正的难关。真正的挑战来了！而且这一“战”就持续了两年半。

2003 年 8 月，按照院长的要求，选择医嘱最为复杂的内科开始第一批上线。医生工作站系统在内科病房上线时，迎来了来自医生最大的阻力。第一，内科医生从学生时代开始训练，到后来的实际工作中，一直习惯于手写医嘱，然后交给护士去执行。上了系统之后，必须彻底改变这种习惯。他们最初并不熟悉这个系统，需要花费大量的时间练习医嘱的录入，因此，部分医生就产生了很强的抵触情绪。第二，以往北京协和医院规定医生开了医嘱后，需要“三查七对”，以减少医嘱的错误率，同时写医嘱的大部分责任在护士身上。上了医生工作站后，医嘱的发生源在医生那里，医生就成了全权责任的承担者。有的医生不愿承担这种责任，对系统的应用产生了抵触。第三，在系统运行之前，医生写医嘱时，只需要写明医疗属性，即明确用什么药，如何使用等，而它的财务属性则由药房和护士负责。使用系统后，医生不仅要明确医疗属性，还要掌握医嘱的财务属性，在录入医嘱时也要录入和记账有关的问题。这也引起了部分医生的反对，他们认为他们不应该关心这些问题。

医生的埋怨声越来越大，他们质疑这个系统运行的必要性。如果医生不用这个系统，这个系统就是个死系统，也意味着两年多的努力将付诸东流。医院领导在这关键时刻及时表明了态度，大家才明确了这条路必须坚定不移地走下去，剩下的问题就是坐下来好好协商解决这些问题了。

（资料来源：北京协和医院医生工作站系统，http：//industry.ccidnet.com，2004.12）

思考题

1. 北京协和医院医生工作站系统上线后，医生写医嘱与以往手写医嘱有什么不同？
2. 医生工作站系统的本意是帮助医生工作，为什么会遇到来自医生的阻力？
3. 如果你是领导，打算采取什么措施使医生工作站运行下去？
4. 从医生工作站系统的遭遇，如何认识信息系统是社会—技术系统？

本章思考题

1. 系统分析的主要任务和特点是什么？
2. 系统分析的工作内容有哪些？
3. 系统分析的工具有哪些？它们之间的关系是什么？
4. 系统分析报告的内容有哪些？
5. 如何进行可行性分析？
6. 什么是管理信息系统的逻辑模型，怎样表达逻辑模型？

第五章　系统设计

学习目的与要求

本章重点讲解系统设计目标及主要内容、所用工具、新系统物理方案。通过本章的学习，应了解系统设计目标、主要内容和工具，掌握如何根据系统逻辑模型所提出的要求进行系统总体结构设计、代码设计、数据库（文件）设计、输入输出设计、处理流程设计，掌握设计的方法、遵循的原则、工具等，学会编写系统设计报告。

阅读材料

网上商店退货物流信息系统的设计研究

近几年来，网上商店零售业在我国电子商务中得到发展，网上购买活动不断增多。同时，网上商店的产品退货现象也正迅速地增加。网上商店对退货如何处理，如何构建有效的退货物流系统正成为网上商店提高效率的全新竞争领域。作为退货物流系统重要组成部分退货物流信息系统的设计已经成为业界和学术界研究的热点。因此，网上商店如何利用现代信息网络技术，降低退货物流系统中的不确定性和风险性，针对退货的特征建立物流信息系统，对网上商店的可持续发展都具有十分重要的意义。

一、网上商店退货物流信息系统分析

1. 网上商店退货物流信息系统的功能

网上商店退货物流信息系统是由接受、处理信息及退货等组成的系统。根据退货物流的需要，网上商店退货物流信息系统至少需要具备以下几个功能。

（1）数据共享

为供应商（生产厂商）、物流公司和内部跨业务部门分别提供相应的信息渠道。在网上商店内部建立公用的数据仓库，在供应商（生产厂商）和物流公司中建立访问节点。对供应商（生产厂商）和物流公司设置访问权限，对内部各部门进行数据共享。

（2）产品信息的在线查询

在线查询包括产品生产日期、生命周期、有效生命周期、出厂编号、使用说明等信息，便于供应商（生产厂商）、物流公司对退货的管理。

（3）退货信息在线录入

当供应商（生产厂商）或物流公司不能销出退货时，及时录入退货信息（包括退货理由、退货损失等），以便上一级节点及时掌握退货信息，为退货运输、库存或再销售做准备。

（4）退货集中管理

对于可以继续销售的退货，及时安排销售渠道；对不能继续销售的退货，安排回收计划。

（5）协调各部门的工作

及时向财务部门提供财务信息，便于财务部门结算；向营销部门提供退货统计信息，为营销部门制定营销策略提供依据；应能向客户管理部门及时传递客户的意见和建议，提高客户关系管理质量。

2. 网上商店退货物流信息系统的设计目标

针对网上商店退货物流信息系统的特点，在设计网上商店的退货物流信息系统时需要满足以下目标需求。

（1）服务性

服务性指网上商店的退货物流信息系统所要达到的一个主要的目标，能够给用户提供多种可供选择的退货信息服务；能够给本企业、供应商、物流公司提供不同层次、类型的退货信息服务；具有退货信息的及时反馈功能等。

（2）快捷性

快捷性指网上商店的退货物流信息系统应该具备快捷的退货订单审查系统；快捷灵活的退货运输系统；自动化的分拣、理货系统；方便、灵活的信息服务系统等。

（3）高效性

高效性指网上商店需要根据现况建立一套完整有效的自动信息系统，将一些程序化的活动通过自动信息传递系统或计算机辅助决策系统来实现，根据用户的不同退货需求情况，通过自动信息传递系统调整库存数量，选择物流公司，调整退货作业活动。

（4）低成本性

低成本性指网上商店的退货物流信息系统能够使退货双方通过网络进行单证的传输，实现了结算成本及单证传输成本的降低。还要能够实现信息采集成本的降低，节约自建退货系统的投资及相应的管理费用。

（5）安全性

安全性指网上商店退货物流信息系统必须保证退货信息的安全性，保证用户的商业机密不受侵犯，主要包括操作系统、交易工具选择、数据库等的安全性。

二、网上商店退货物流信息系统的结构设计

退货物流信息系统是退货物流运作的重要支撑体系，可构建如图 5.1 所示的三层系统结构模型。此结构模型通过中间件技术与网上商店的电子商务系统进行集成，实现与合作伙伴数据共享，能够对退货进行全面跟踪，帮助网上商店和生产企业了解退货信息，尽快地解决退货问题，并针对退货原因采取有效措施降低退货率。

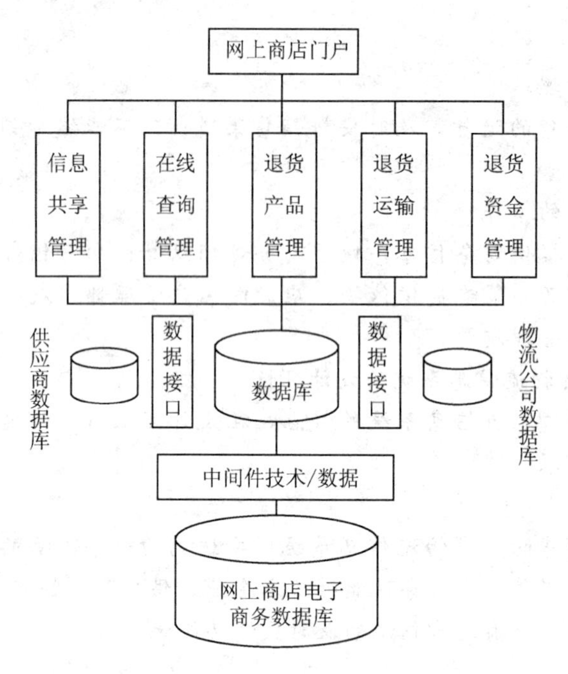

图 5.1 网上商店退货物流信息系统结构

三、网上商店退货物流信息系统的内容设计

网上商店在进行退货物流信息系统的设计时需要进行设计准备、网络结构设计、建立退货数据库以及逻辑结构设计等工作。

1. 设计准备

在设计准备阶段，首先需要网上商店设计退货政策。退货政策既要条款清楚，如公布退货中心电话、退货渠道、退货中出现的意外问题处理等，又要包含相关奖励政策，将其放在顾客容易找到的地方，保证顾客知晓。另一方面可以针对客户提出的意见，对产品进行改进，减少退货，这是一个良性循环的过程。其次，建立退货中心。退货中心是退货物流运作的基础和前提，是退货物流系统的产品导入点。产品在此聚集之后，再经过分拣、测试、运输和修复等，将有价值的产品再导出去。同时，退货中心与销售、财务、客户服务部门和生产部门紧密联系，共用数据库，通过建立及时呼叫中心，指导客户和避免潜在的问题发生。最后进行开发方式选择。一般来说，信息系统开发通常有两种选择，一是完全靠自己的力量，在网上商店自行开发，这样开发出来的信息系统更具个性化，更符合商店自身的情况。二是采用外包策略，交由第三方开发。这样网上商店可以减少自己开发时所遇到的管理困难，将精力放在其他战略上。同时，网上商店可利用第三方的软件通过计算机获得退货商品信息，对退货商品进行追踪管理。

2. 网络结构设计

退货物流信息系统建设是一项复杂的系统工程，在系统网络结构层面，应该采用

分阶段方式进行，采用 Intranet、EDI 和以 VPN 为基础的 Extranet 技术建立一个具有数据接口的可扩展的内部网络，并且使网络结构与商店的组织结构、生产厂商及物流公司整合。

3. 建立退货数据库

网上商店需建立以集中式主数据库为中心的数据仓库，与地理上分散的供应商、物流公司数据库通过数据接口技术进行共享，实现生产企业、网上商店与物流公司之间共享退货信息，追踪退货成本和退货过程，为供应商提供包括质量评价、产品生命周期在内的各类营销信息，使退货在最短时间内分流，为供应商（生产企业）节约大量的库存成本和运输成本，更大程度地提高客户满意度。

4. 逻辑结构设计

网上商店的退货物流业务广泛与供应商和客户联系，总体上可采用三层结构。出于安全性和信息处理的考虑，B/S 模式是必需的，主要应用于前台管理，而后台管理辅助性采用 C/S 模式，两者相互结合，共同发挥作用。在不同地区的客户只需要登陆网上商店网站，填写退货单，退货单则被发送到中心管理系统进行汇总处理，启动退货管理模块。在网上商店内部通过公用的数据仓库，对供应商和物流公司进行访问。而对于财务管理和退货物运输管理涉及商店的一些机密信息，则需要成熟的 C/S 模式的系统。

四、网上商店退货物流信息系统设计的注意事项

在网上商店逆向物流系统中，有效地逆向物流信息系统被看作是网上商店一种战略能力，是在无法预测的持续快速变化的竞争环境中生存、发展并扩大其竞争优势的能力。在设计退图网上商店退货物流信息系统结构货物流信息系统时，网上商店需要注重以下几方面内容：

1. 系统的可重用性和可重构性

网上商店需要考虑当商店业务发生重组时如何快速、有效地进行物流信息系统的重构。信息系统的重构可以分为对系统的业务流程重构和系统的功能重构，这要求信息系统体系结构本身能够提供对重构的支持。此外，在构造可重构系统的过程中，必然要以软件的重用为基础，即系统应该是由可重用的软件模块构成。

2. 系统的分布性和异构性

由于网上销售的跨域性，因此要求退货物流信息系统必须是一个分布的松耦合系统；此外，要求新建立的系统能够为各种平台，各种编程语言编写的系统提供集成的方案，即系统的异构性。

3. 系统的可扩展性和开放性

退货物流信息系统的可重构能力和系统的动态性还要求系统具有开放性和可扩展性。因此退货物流信息系统的建设应该分阶段进行，并采用先进的开发工具和方法，在各部分留有接口。

4. 系统的信息集成和信息共享

网上商店的退货物流信息系统要实现与商店内部各个数据库的无缝链接、具有标准的信息交换接口，实现与外部合作伙伴的信息共享及分布式管理。

(资料来源：韩江，网上商店退货物流信息系统的设计研究，中国市场，2008.02)

第一节　系统设计概述

系统设计也称为物理设计，是将分析阶段的逻辑模型转化为具体的计算机实现方案的物理模型，最终设计出新系统的详细实施方案的工作过程。

系统设计是整个管理信息系统开发生命周期的第二个工作阶段，是信息系统研制过程中另一个重要的阶段，它使用从系统分析阶段得到的结果，为系统实施做准备。

一、系统设计阶段的任务

系统设计阶段的任务是依据系统分析报告和设计人员的知识和经验在各种技术和实施方案中权衡利弊、精心设计、合理地使用各种资源，将分析阶段的逻辑模型转化为具体的物理模型，最终确定新系统的详细设计方案。

应该说明的是，在实际工作中，可以实现系统目标的设计方案往往不止一个，所以，在系统设计阶段应该提出尽可能多的备选方案，然后对各个备选方案进行评价，从中选出一个最优设计方案。为此，我们引出“最优设计”的概念。

二、最优设计的含义

最优设计是指在一定条件的约束下（如时间、资源等）使系统的可靠性、有效性（效率）和可维护性达到最大值，即系统所期望的目标达到最大满足度。

1. 可靠性

可靠性是对系统最基本的要求，是有效性和可维护性的基础。它要求系统运行稳定，较少出错和发生故障，能及时报告出错误信息并能对错误进行分类处理，一旦发生故障后能很快排除。

2. 有效性

通常人们总是希望系统有较高的运行效率。衡量一个系统的有效性有三个参数：处理能力、运行时间和响应时间。

1）处理能力，指单位时间内处理的业务量；

2）运行时间，指系统从数据输入到输出信息，完成整个处理的时间；

3）响应时间，指用户从发出数据请求到得到系统回答之间的等待时间。

3. 可维护性

可维护性表现在三个主要方面：适应性、易修改和易扩充。

因为系统会受到外界环境的约束，外界环境是在不断变化的，所开发出的系统必须能够适应环境的变化而不断改进；因为系统的研制和运行过程是一个不断修改和完善的过程，那么就要求系统出现问题后易修改、易恢复；系统要够根据用户管理人员的要求较易地进行扩充。

三、系统设计阶段的主要内容

概括地讲，系统设计阶段的主要内容由两部分组成——总体设计和详细设计。

1. 总体设计

总体设计是确定系统的模块结构，它包括把系统分解成一个个模块、确定模块间的联系、评价模块结构质量三项工作。

整个总体设计的过程是用结构化设计方法来支持的。

2. 详细设计

详细设计是具体确定每一模块采用什么算法，主要考虑以下问题：代码设计、数据库设计、用户界面设计、输入/输出设计以及处理过程设计等。

通过总体设计和详细设计，最终要产生新系统物理模型，并据此形成“系统设计报告”。系统设计报告主要包括模块结构说明和模块功能说明两方面的内容。

1）模块结构说明。说明系统由哪些模块组成以及模块间的关系。

2）模块功能说明说明。描述各个模块具体的输入输出数据，完成的功能和采用的算法。

系统设计报告经过审核之后成为系统开发的下一阶段即系统实施阶段的工作依据。

以上，我们介绍了在设计阶段的主要工作，可以看出，这个阶段工作的内容十分丰富。限于篇幅，这里不能把这些内容像理论专著那样作全面详尽阐述，只能对其做简要叙述，重点是通过结构化的设计方法来说明总体设计的过程，对于详细设计的内容，仅作一般性描述。

第二节 系统总体设计方法——结构化设计方法

设计工作是复杂、艰苦的，必须以一定的方法来支持。从20世纪70年代以来，出现了多种设计方法，较有代表性的有结构化设计方法、Jackson方法、Parnas方法以及面向对象的设计方法。结构化设计方法以数据流程图为基础构成系统的模块结构，Jackson方法以数据结构为基础建立系统模块结构，Parnas方法是以信息隐蔽为原则建立模块结构，而面向对象设计方法则以对象行为封装、继承性、多态性为基础建立系统模块结构。

系统设计方法的选择往往与系统分析阶段采用的分析方法有密切关系。因为系统设计阶段是以系统分析为基础的。所以在选用设计方法时应选择能够处理系统分析成果的设计方法。

结构化系统设计方法是在结构化思想的基础上，发展起来的一种用于复杂系统结构设计的技术，它是运用一套标准的设计准则和工具，采用模块化的方法进行系统结构设计。结构化设计方法适用于任何信息系统的总体设计，它可以和分析阶段的结构化分析方法以及实施阶段的结构化程序设计方法前后衔接起来。

一、结构化设计方法的基本思想

1. 结构化设计方法的基本思想

结构化设计方法的基本思想是使系统模块化，在这一思想的指导下，设计人员根据系统的数据流程图，自顶向下，层层分解，步步求精，最后建立起一个结构良好的模块化系统。

例如，对于企业来说，可以把企业管理视为一个系统，往下逐层分解。图 5.2所示的某企业管理任务模块分解图，企业管理包括销售管理、生产管理、财务管理等。而生产管理又分为生产计划、生产控制和质量管理等，所以层次越高，工作内容越抽象，层次越低，工作内容越具体。

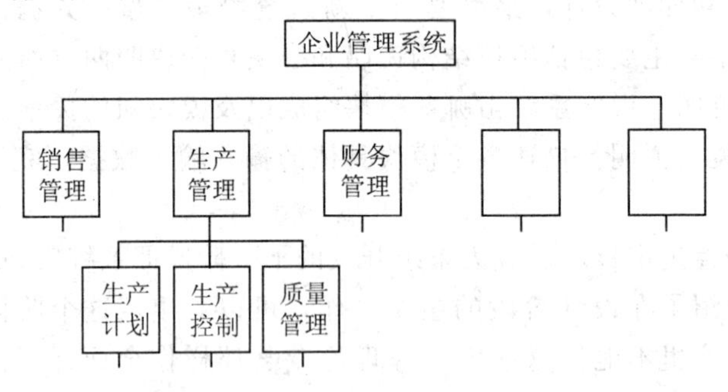

图 5.2　企业管理任务模块分解图

2. 结构化设计的主要内容

结构化设计的主要内容，包括下列三个方面：研究系统分解成一个个模块的方法、评价模块的方法、从数据流程图导出系统模块结构图的方法。

结构化设计方法的优点是可变更性强，能适应系统环境的变化——每一个模块功能单一，模块之间相互独立，便于比较、编程、测试、修改、维护和排错等。

3. “黑盒”的概念

黑盒（black-box），是个非常有用的概念。黑盒是指它的输入和输出及其功能是已知的，但其内部结构和内容是未知的，就是说黑盒是指我们看不到它的内部。所以，在不知道黑盒的内部结构内容的情况下，人们就能利用它。日常生活中，计算机、电视机、DVD等，对用户来说都是黑盒。黑盒的概念如图5.3所示。

把黑盒的概念运用于系统设计中，可以理解为“黑盒技术”，这一技术对于支持结构化设计十分重要，通常人们把它视作“启发式”的设计方法。这一技术要求：每当需要设计新的功能部分时，先把它定义为黑盒，并在系统中先利用它，暂时不考虑其内部结构和内容，仅在进一步分解系统时，才需要了解它的内部情况。这使设计者仅仅关心目前有关问题，而暂时不必考虑进一步的细节问题。

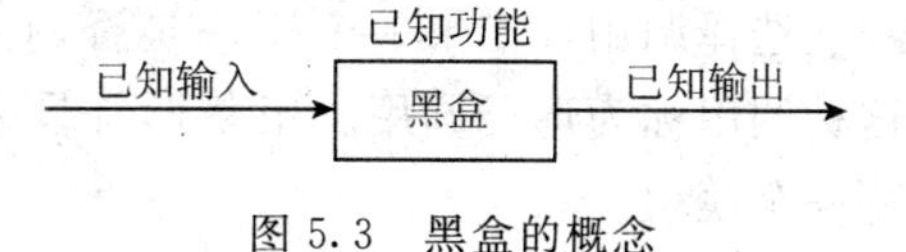

图5.3 黑盒的概念

黑盒技术将渗透到以后要讨论的各种设计策略中。

二、结构化设计的工具——系统结构图

1. 系统结构图的概念

系统结构图是系统设计阶段描述系统结构的主要工具。它作为一种文档，不仅包括了系统由哪些模块组成，而且还包括了模块与模块之间及每个模块内部各组成部分的联系方式。

2. 系统结构图的符号

系统结构图使用下列符号，如表5.1所示。

表5.1 系统结构图的符号

符号	名称	含义
□	模块	矩形框表示模块
→	块间联系	表示两个模块之间的调用关系
○→	数据通信	表示模块间只传送数据
●→	控制通信	模块间除传送数据外，还传递控制信息
A → B	直接调用	一个模块无条件地调用另一个模块
A → A、B、C	选择调用 也称为条件调用	根据条件满足情况决定调用哪一个模块
M → A、B、C	循环调用	也称为重复调用，表示上层模块对下层模块的多次反复的调用

模块：矩形框表示模块。要给模块命名，最好能直接表达出模块的功能。

直接调用：这是一种最简单的调用关系，是指一个模块无条件地调用另一个模块，在表 5.1 中，模块 A 直接调用模块 B。

选择调用：如果一个模块是否调用另一个模块取决于调用模块内部的某个条件，这种调用称为选择调用。用菱形符号来表示，其含义是，根据条件满足情况决定调用哪一个模块。

循环调用：如果一个模块内部存在一个循环过程，每次循环中均需调用一个或几个下层模块，则称这种调用为循环调用或重复调用。用扇形符号来表示循环调用，其含义是上层模块对下层模块的多次反复的调用。

下面通过例子来说明系统结构。

图 5.4 是一个工资支付子系统的系统结构图。图中清楚地表示了工资支付子系统由计算应发工资、计算实发工资和打印工资单三个模块组成，其中计算实发工资模块又由计算附加工资模块和计算扣除金额模块组成。每个模块都是用一个矩形框加上名字表示，且模块名字能直接表达模块的功能。图中表示了模块之间的调用关系和模块间传送的数据，但没有控制信息流和条件调用及循环调用的情况。

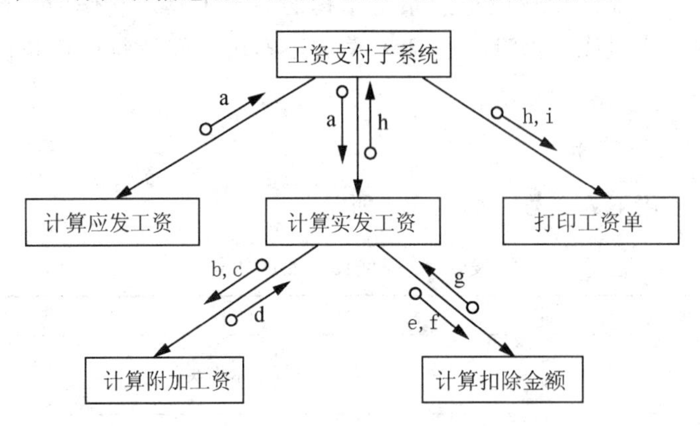

图 5.4　工资支付子系统结构图

画系统结构图时，应该指出的有下列四点。

1）每个系统结构图不一定都是标准的树形图。

2）一个模块在一个系统结构图中最好只出现一次，否则修改该模块时，就要修改多处，易出错。

3）为了便于更好地理解整个系统结构，最好把整个系统结构图画在一张纸上。

4）“系统结构图”和“程序流程图”是完全不同的两回事。“系统结构图”从空间角度说明了系统的层次性，“程序流程图”则从时间角度说明了系统的过程性，即系统先做什么，再做什么。所以，二者是描述同一事物不同特性的两种手段。

三、结构化设计的分解原则

以上通过讨论结构化设计的基本思想，结构化设计的表达工具，对“模块化”有了初步的认识。这时，读者可能会想到，既然模块化过程是把系统分解成一个个模块、用结构图表达其关系，那么怎样分解才算是好的系统结构呢？下面讨论一下分解原则及分解质量的评价问题。

用结构化设计方法，划分系统模块时，总体来说，应遵守的原则有两条：一是把密切相关的子问题划分在系统的同一部分；二是把不相关的子问题划分在系统的不同部分。

这两条总原则的具体内容是通过模块与模块之间的联系程度和每个模块内部各个组成部分之间的联系程度这两个方面来描述的。

1. 模块之间的联系

模块间的联系是衡量模块独立性大小的一个方面，系统设计的总要求是尽量减小模块之间的联系，使模块的独立性达到最大。

一个不好的系统结构设计往往会出现下列情况。

1）一个模块直接调用另一模块内部的信息。这说明被调用模块内含有多个不相关的信息（数据），这种情况必然导致模块间联系增大，使被调用模块内的数据互相影响，这些数据的变化对调用模块影响很大。

2）过多使用控制信息。这种情况增大了调用模块和被调用模块之间的联系，从而影响了模块的独立性。

3）模块之间传送的数据过多。即共享信息过多，给理解、修改系统都带来麻烦。

鉴于上述情况，一个好的系统结构设计，应该尽量做到：一个模块尽量用调用语句来调用另一整个模块；尽量避免使用控制信息；尽量传送数据参数，而且数量最好不超过 4 个。做到上述四点，模块间的联系就会大大减小，模块的独立性就会大大增强。

2. 模块内部的联系

模块内部的联系是指一个模块内部各个组成部分之间的联系，它是衡量模块独立性的又一方面。

一个好的结构设计所追求的目标是：每个模块都是功能模块。所谓功能模块就是指一个模块内部的各个组成部分是为完成且仅为完成某一具体功能（任务）而结合在一起，即各个部分都是必需的，缺一不可的。例如，计算利息、计算工资、打印销售报告等，都是功能模块。所以，这类模块的内部联系程度最高，相应的模块间联系就会最低，因而，模块的独立性就最高。图 5.4 中所示的模块都是功能模块。

功能模块的特点是：模块的名字和模块的功能完全一致 ，功能单一，易于理解、编程、修改、调试、排错等。如果把一个功能模块分开或把几个功能模块合并都会造成块与块之间不必要的牵扯，从而大大降低模块的独立性。

鉴于上述理由，在结构设计时，应尽量避免非功能模块，尤其要尽量避免把几个毫不相干的、毫无联系的功能随机地组合在一起，形成一个模块。这些非功能模块的特点是：功能不够单一，往往一个块内含多个功能，很难用一个确定的名字来命名。这类模块内部各个部分联系松散，模块间联系却很强，因此独立性差。

但应指出的是，如果是为了节省计算机存储空间，非功能模块也可以适当使用。

从上述讨论可知，模块之间的联系和模块内部的联系是描述同一事物的两个方面，它们之间的关系是此消彼长的。系统设计的追求目标是：模块内联系最高，模块间联系最小。

第三节　结构化设计的策略

结构化设计的策略有变换分析和事务分析两种。它们都是实现系统设计的具体手段。无论用哪种策略进行设计，都可以分为两步进行：第一步从数据流程图导出初始结构图；第二步运用一定的规则对初始结构图进行改进。在讨论具体问题之前，先介绍几个基本术语。

一、基本术语

1. 逻辑输入模块

所谓逻辑输入模块是指这类模块从下层模块获得数据，然后把数据传递给上层模块。如图 5.5 所示。

2. 逻辑输出模块

这类模块从上层模块获得信息，并传递给下层模块。如图 5.6 所示。

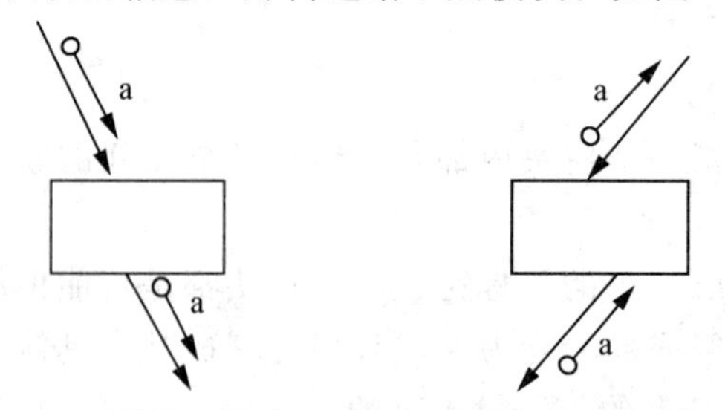

图 5.5　逻辑输入模块　　图 5.6　逻辑输出模块

3. 变换模块

这类仅把数据变换成其他形式。大部分计算类模块都属此类。如图 5.7 所示。

4. 协调模块

这类模块对其他模块进行协调和管理。在一个好的系统结构中，协调模块应在较高的层次中出现，如图 5.8 所示。

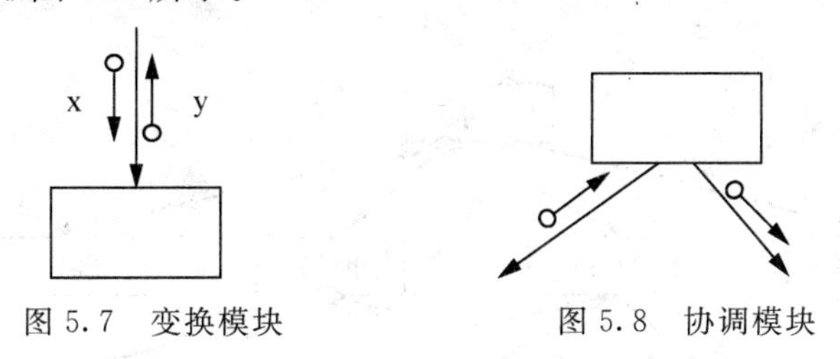

图 5.7 变换模块　　图 5.8 协调模块

在实际系统中，一些模块是上述各类模块的结合。

二、系统的标准形式

系统有两种典型形式：变换型和事务型。实际中的系统都是这两种形式的不同组合。

1. 变换型系统结构

变换型系统是最常见的，它由输入、加工和输出三部分组成。这类系统的功能是从某处获得输入数据，在对这些数据进行加工，然后将加工结果输出。其标准形式如图 5.9 所示。图中输入部分总是先在最底层输入一个数据（图中 A），称为“物理输入”，经过一系列中间处理，变为系统的“逻辑输入”（图中 C），进入系统；在系统控制下，逻辑输入由“加工”（C 变换成 D）变换成“逻辑输出”（图中 D）；然后，从顶层向下传送，经中间处理，最后变成“物理输出”被送出系统（图中 E）。

在实际中，这类系统有很多变种形式，如有多个“加工”，或无“加工”，有多个“输入”，多个“输出”等。

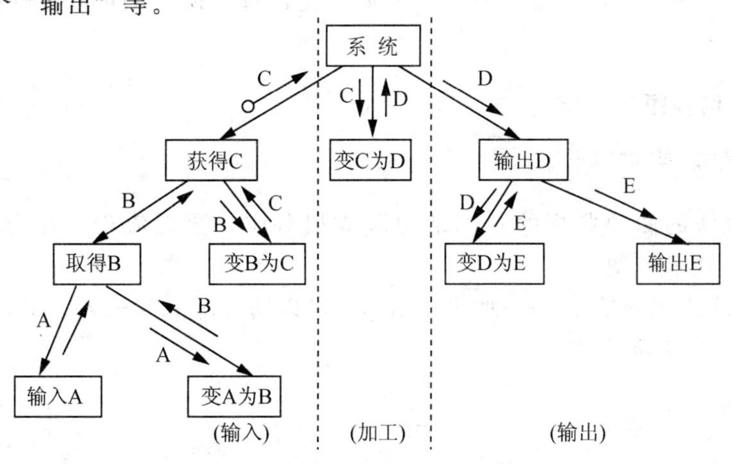

图 5.9 变换型系统结构图

2. 事务型系统结构

这类系统是接受一项事务，然后按事务的不同类型选择，进行某一类事务的处理。这类事务的标准形式如图 5.10 所示。图中系统有三个层次，即事务层、操作层和细节层。

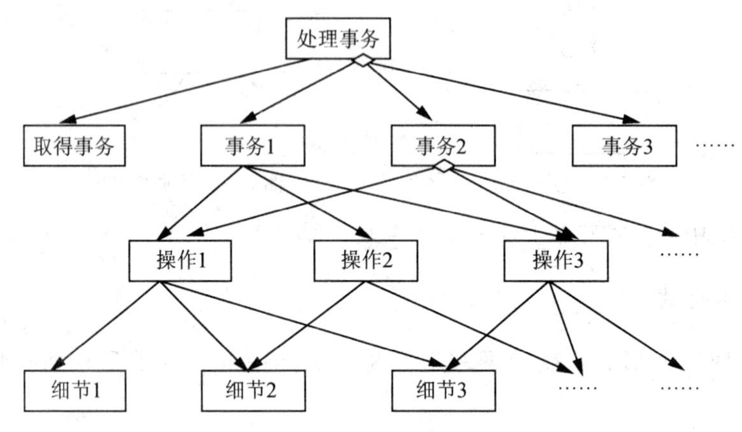

图 5.10 事务型系统结构图

这类系统按照所接受的事务类型选择调用某个事务处理模块，每个事务处理模块，可能调用若干个操作模块，而操作模块又可能需要调用若干个细节模块。

由于不同类型的事务处理，可能含有一些相同的操作，所以某些事务处理模块可能共用同一操作；不同操作可能含有一些相同的细节，所以某些操作也可能共用同一细节。

这种类型的系统在实际中也有变种形式，如：有好几个细节层或没有细节层等。

上述两种系统标准形式，都具有较高的块内联系和较低的块间联系，且系统中每个模块都是功能模块，所以易于理解，界面清楚，每个模块都可以单独编程、测试、修改等。

三、导出初始结构图

（一）两种类型的数据流程图

与上述系统的两种典型的系统结构形式相对应，数据流程图也有两种典型形式——变换型和事务型。

变换型数据流程图：它是一种线状结构，可以明显地分为输入、中心变换和输出三部分，如图 5.11 所示。

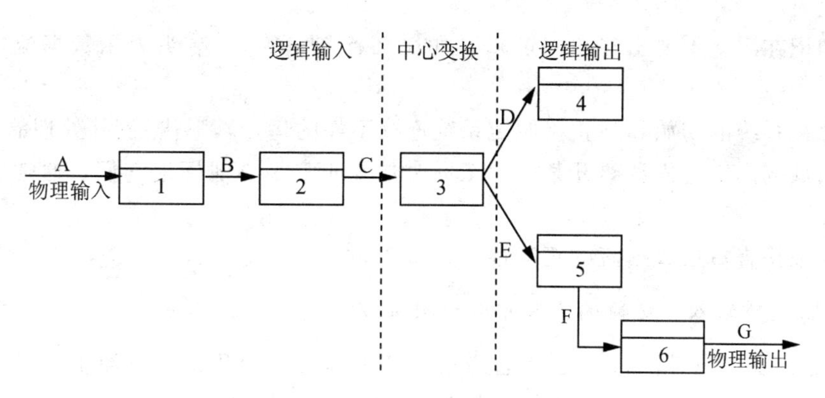

图 5.11 变换型数据流程图

事务型数据流程图：它是某一个主加工将其输入分离成一串平行的数据流，然后选择执行后面的某个加工，如图 5.12 所示。

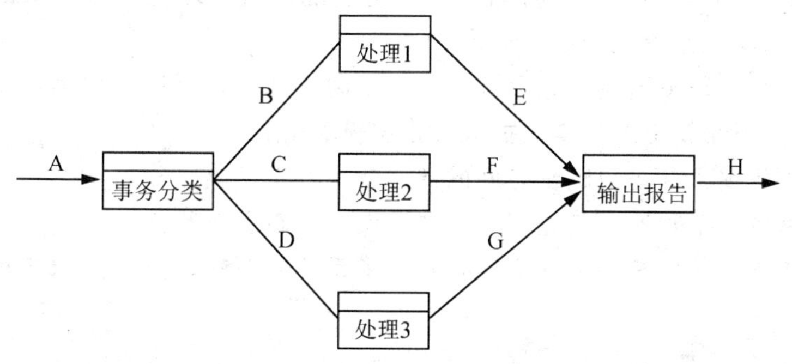

图 5.12 事务型数据流程图

以上两种类型的数据流程图的初始结构图分别可以通过“变换分析”和“事物分析”这两种设计策略来导出，其过程都是先设计模块结构的顶端主模块，然后自顶向下、逐层细化，最后得到一个满足系统分析报告要求的系统结构图。下面分别介绍这两种设计策略。

（二）变换分析

变换分析设计策略是以变换型结构的数据流程图导出初始结构图，其过程可分为以下四步。

1. 重画数据流程图

在分析阶段得到的数据流程图，侧重于描述系统如何加工数据，而重画数据流程图的出发点是说明数据如何流动，因此，重画数据流程图应注意以下几点。

1）以分析阶段的数据流程图为基础，重画的方向可以是从输入（物理输入）到输出（物理输出），或相反。

2）切记在图上不要出现控制逻辑（如循环、判定等），箭头表示数据流，而不是控制流。

3）忽视系统的初始和终止（假定系统连续不停的运行），省略例外处理的路径。

4）当数据元素进入和离开某一加工框时，要非常小心地标记它们，通常不应该有同名。

5）仔细检查每层数据流的正确性。

2. 找出逻辑输入、逻辑输出及中心变换部分

对于熟悉系统设计的人，区分上述三部分很容易，如几条数据流汇合处，往往就是中心变换部分。如果一时不能确认中心变换部分，则可以用以下办法来划分上述三部分。

1）从物理输入端起，逐渐向系统中间移动，直到数据流不再被看作系统输入为止，它前面的一个数据流就是逻辑输入，换句话说，离物理输入端最远的、但仍被视为系统输入的那支数据流就是逻辑输入。

2）同样，从物理输出端起，逐渐向系统中间移动，也可以找到离物理输出端最远的，但仍被视为系统输出的那支数据流就是逻辑输出。

3）位于逻辑输入和逻辑输出之间的部分就是中心变换部分。

4）有些系统的逻辑输入就是逻辑输出，没有中心变换部分。

在图 5.11 中，我们按照上述方法，标出了系统的逻辑输入、逻辑输出和中心变换部分。

3. 设计顶层和第一层模块

顶层是主模块。它的功能是完成整个系统要做的全部工作，一般把它画在和中心变换相应的位置上。顶层设计好后，就可以设计第一层了。第一层由逻辑输入、逻辑输出和中心变换三部分组成。具体方法如下。

1）为每一逻辑输入设计一个输入模块，其功能是向主模块提供数据。

2）为每一逻辑输出设计一个输出模块，其功能是将主模块提供的数据输出。

3）为中心变换设计一个变换模块，其功能是将逻辑输入变换成逻辑输出。

4）第一层模块和主模块之间传送的数据要和数据流程图中相对应。

我们以图 5.11 为例，对其进行顶层和第一层设计，如图 5.13 所示。

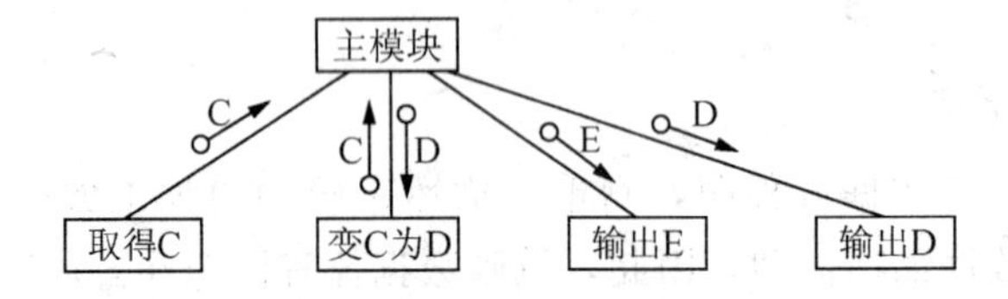

图 5.13　变换型数据流程的顶层和第一层设计

4. 设计逻辑输入、逻辑输出和中心变换的下层模块

这一步是自顶向下，逐层细化地为每一个逻辑输入模块、逻辑输出模块和中心变换模块分别设计它们的下层模块，现分别讨论如下。

1）输入模块设计。输入模块的功能是向它的调用模块提供数据。它由两个部分组成：一个是接受输入数据（数据来源）；另一个是把输入数据变换成它的调用模块所需要的数据。根据这一原则，我们可以为每个输入模块设计两个下层模块：一个是输入模块；另一个是变换模块。以图 5.11 中的输入部分为例，输入模块的设计如图 5.14 所示。

2）输出模块的设计。输出模块的功能是把调用模块提供的数据输出，所以，它也由两部分组成：一部分是把调用模块提供的数据变换为输出形式；另一部分是把变换后的数据输出。根据这一原则，我们可以为每个输出模块设计两个下层模块：一个是变换模块，一个是输出模块。以图 5.11 中输出部分为例，输出模块设计如图 5.15 所示。

上述过程可以一直进行下去，直到系统的输入端或输出端（见图 5.14、图 5.15所示的下层模块）。

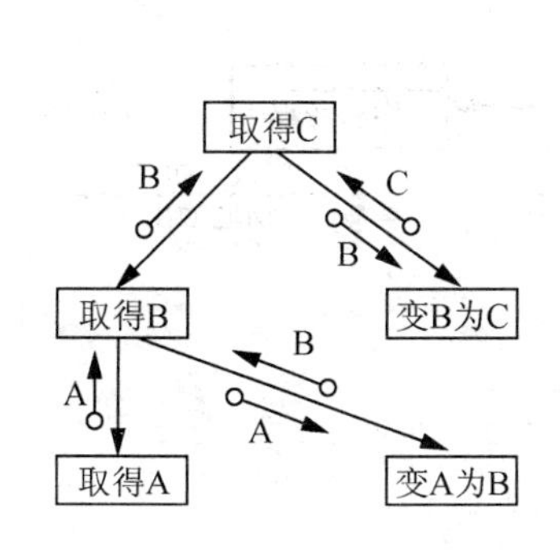

图 5.14 输入部分下层模块设计

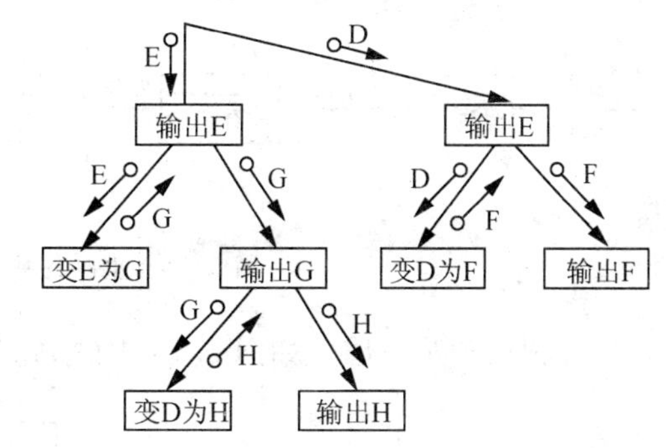

图 5.15 输出部分下层模块设计

为中心变换模块设计它的下层模块则没有一定之规可循，此时要研究数据流程图中相应的中心变换部分的组成情况。在我们所用的例子中，中心变换只有一层，即“把 C 变为 D”，故无需再进行下层设计。

如果这种中心变换由 X、Y、Z 三个子变换组成，如图 5.16 所示，它的下层模块的设计如图 5.17 所示。

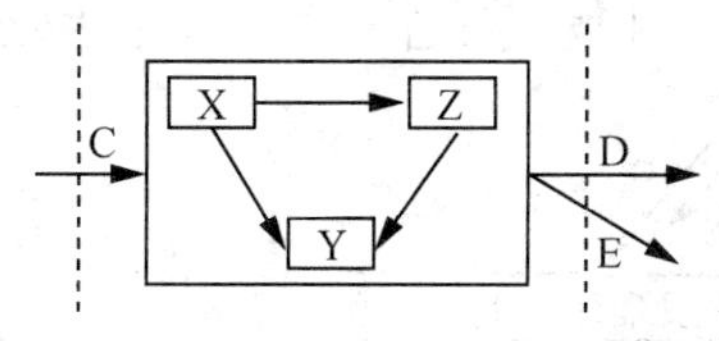

图 5.16 含有子变换的中心变换图

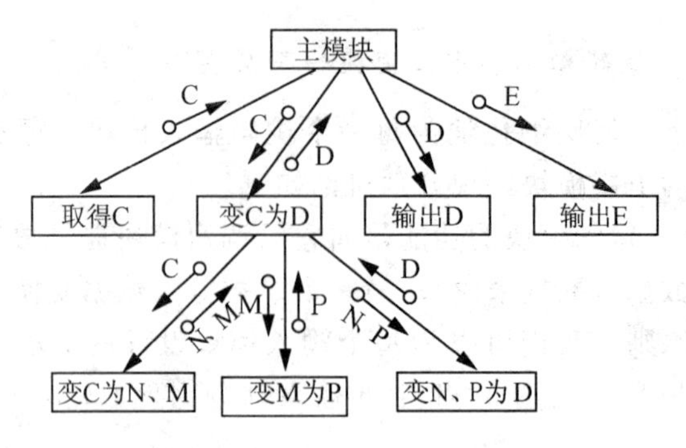

图 5.17　图 5.16 的下层设计

以上我们用一个一般性的例子说明了变换分析设计策略的具体步骤。下面，我们再引用在系统分析阶段“修改库存”的实例来说明变换分析的应用。

1）重画数据流程图。根据上述有关重画数据流程图的具体要求，我们得到重新画好的数据流程图，如图 5.18 所示。

2）确认逻辑输入、逻辑输出和中心变换部分，如图 5.18 所示。

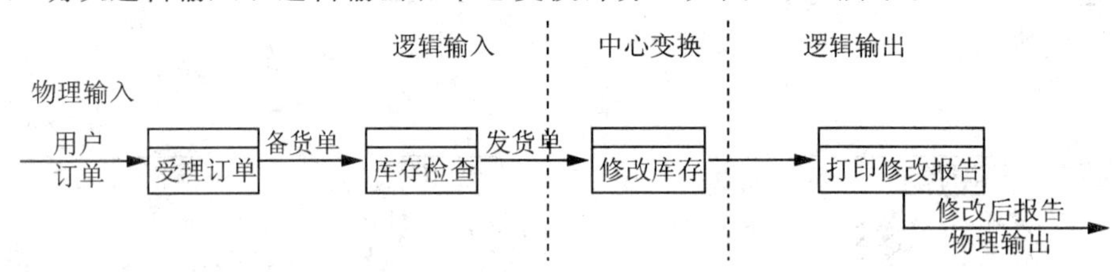

图 5.18　重画的数据流程图

3）设计顶层和第一层，如图 5.19 中的 A 部分所示。

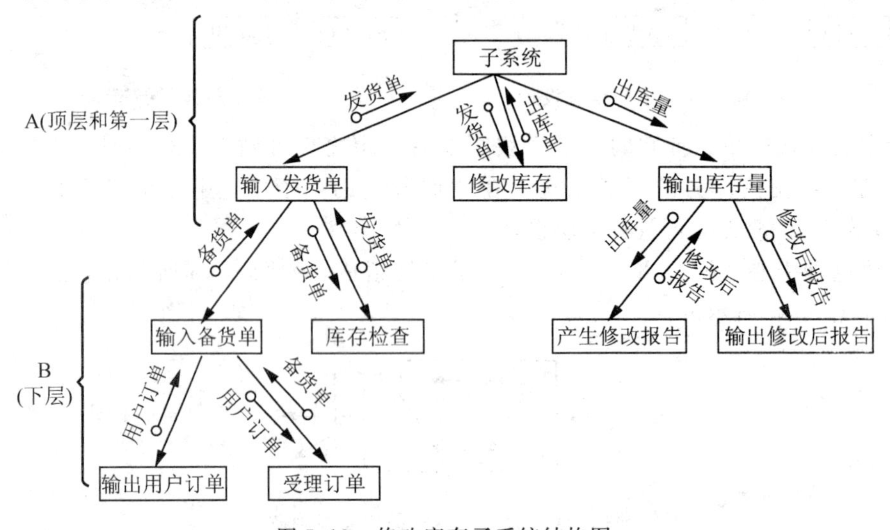

图 5.19　修改库存子系统结构图

4）为每个逻辑输入模块、逻辑输出模块和变换模块设计下层模块，如图 5.19中 B 部分所示。

这里的中心变换模块“修改库存”只有此一层，无下层模块；经检查，图 5.19的子系统结构图中，模块间传送的数据和数据流程图中的数据流一致；每个模块都有一个名字，且反映了相应模块的功能；图中模块结构与实际问题结构相对应；图中模块均为功能模块，独立性较高。

所以，图 5.19 表示的子系统结构图是符合要求的初始结构图。

（三）事务分析

事务分析是根据事务型结构的数据流程图导出初始结构图，其方法也是“自顶向下，逐层细化”地进行。

下面以图 5.12 中的事务型结构数据流程图为例，说明事务分析的步骤。

1）设计顶层和第一层。顶层是主模块，本例中主模块为“处理事务”模块，它完成整个系统的事务处理功能；顶层设计好后，设计第一层。由于事务型结构是先区分事务类型，再根据不同类型选择不同处理，所以第一层有两部分，一是取得事务分类，另一部分是“选择处理”。如图 5.20 所示。

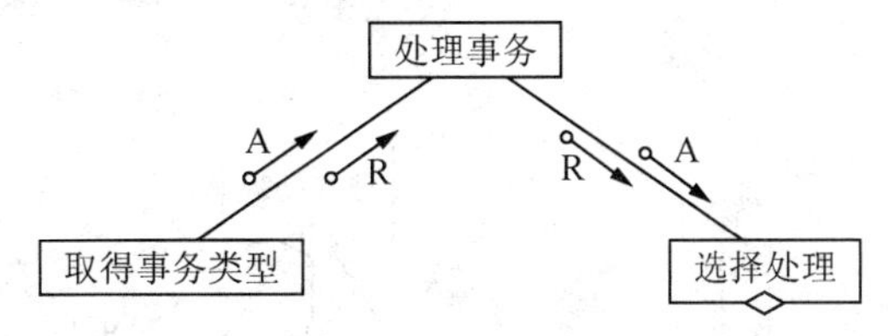

图 5.20 顶层和第一层设计

2）为第一层的每个模块设计其下层模块，如图 5.21 所示。

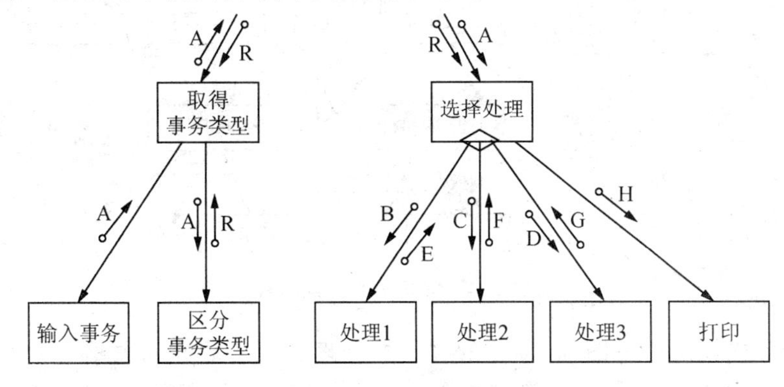

图 5.21 事务层设计

3）为每个事务处理模块设计操作层，如图 5.22 所示。

4）为每个操作设计细节层，本例简单，可没有细节层，如图 5.23 所示。

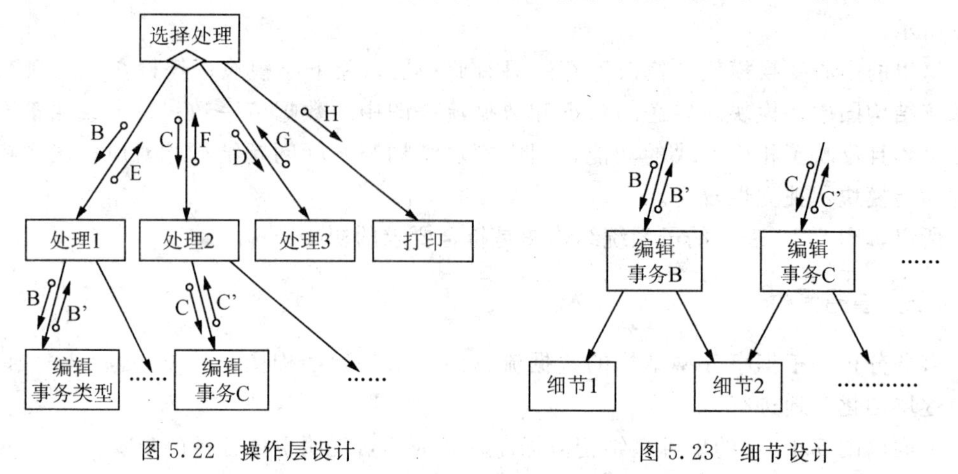

图 5.22 操作层设计　　　　图 5.23 细节设计

综上所述，可以形成一个完整的系统结构图。如图 5.24 所示。

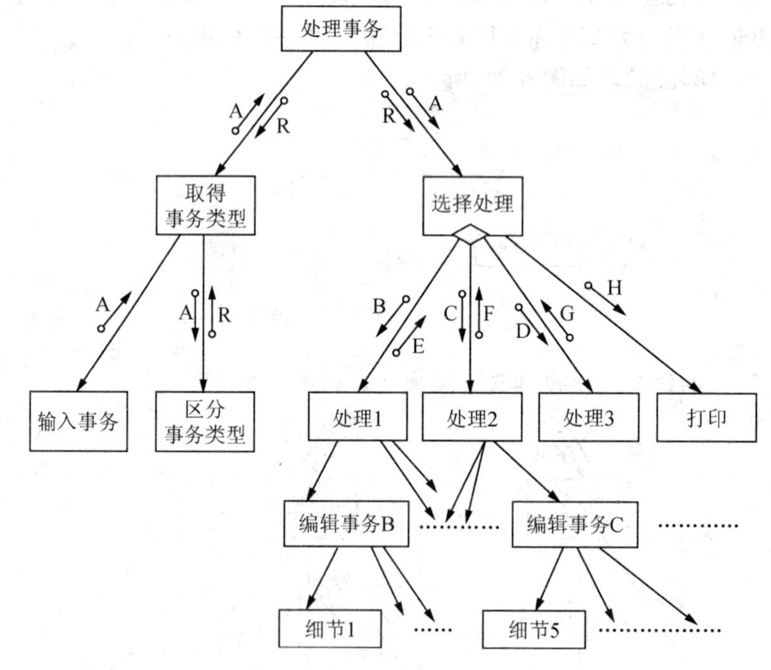

图 5.24 完整的系统结构图

如果事务比较简单，图 5.20 中的“选择处理”模块可并入主模块，如图 5.25所示。这时，主模块（顶层）不仅有控制功能，而且还有取得事务类型和选择处理功能。

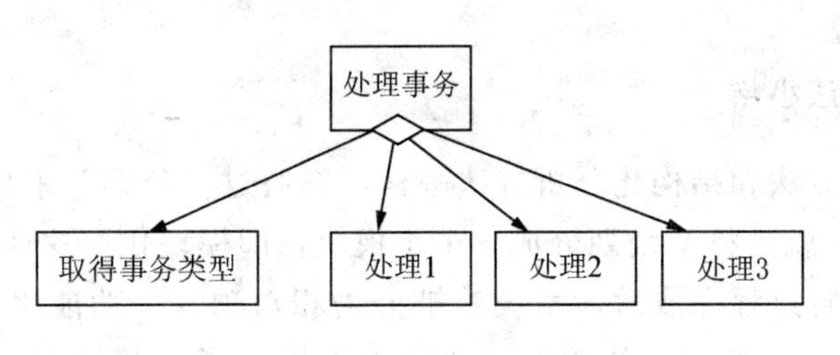

图 5.25 分类与选择

(四)“变换分析”与“事务分析”小结

“变换分析”和“事务分析”都是支持结构化设计方法的重要技术策略，在运用这两种策略进行总体设计时，需强调以下几点。

1）调用模块与被调用模块之间传送的数据，要和数据流程图中的一致。

2）每设计出一个新的模块要注意给它起一个能反映其功能的名字。

3）模块结构要与问题结构对应。

4）尽量降低模块间联系，提高模块内联系。

一般地讲，在实际系统中，数据流程图往往是变换型和事务型结构的混合，这时可以以变换分析为主，事务分析为辅进行设计。

应指出的是，变换分析和事务分析需要灵活运用，由于不同系统有不同特点，初始结构图的设计方法也有多种。事实上，任何满足系统分析报告的结构图都能作为初始方案；由于重画的数据流程图并不能反映所有的用户要求（如控制流，例外处理等都未体现），所以按数据流程图导出的初始结构图只是设计的开始，后面还要有大量的改进和补充工作；在讨论中所举的例子，都是为说明问题而假定系统在单任务的环境中运行，所以，将系统设计成一个层次结构。如果系统在多任务环境下运行，则只需把数据流程图中每一个加工设计成一个任务，各个任务之间选择一定的通信方式加以连接即可。

(五)初始结构图的改进

上面提到，初始结构图很不完善，需进一步改进，这一步工作较复杂，而且与个人经验有直接关系。在改进中除了遵循前面曾讲到的有关模块间联系和模块内联系的基本原则外，还应注意以下几点。

1）消除模块的重复功能。

2）模块大小要适中。

3）一个模块调用其他模块的个数尽量不超过五个。

4）一个模块被其他模块调用时，调用它的模块的数量不可超过五个。

5）一个模块如果按规定条件调用其他模块时，所有被调用模块都应在该模块的控制范围之内。

四、结构化设计方法小结

结构化的设计方法和结构化分析方法一样，都通过“分解”来控制系统的复杂性。在设计时，“分解”就是将系统划分成一个个模块，即模块化，这体现了结构化设计方法的基本思想。分解过程完成后，系统就被分为相对独立、功能单一的模块结构，每个模块都可单独地进行编程、修改等，这就大大提高了系统质量，简化了开发工作，为系统实施打下了良好基础。

结构化设计方法的独特之处在于它提出了从块间联系和块内联系两个方面来评价模块结构质量的原则。在这个原则基础上，再运用一些改进规则，就可以得出一个较为满意的系统结构。

第四节　系统详细设计

总体设计侧重于设计系统的整体结构，主要进行了模块的划分和确定模块间的关系等。总体设计阶段只定义了每个模块的外部结构，即模块之间的调用关系以及参数的传递等。对于每一个模块内部的内容，应该在详细设计阶段来完成。

详细设计是在总体设计的基础上，对每一模块应具体采用什么算法作进一步描述。主要内容包括代码设计、数据库设计、用户界面设计、输入/输出设计、以及处理过程设计等。

一、代码设计

管理信息系统是一个人机一体化系统，为便于共享数据资源和信息，也为了便于计算机处理，有必要对各种信息进行分类、编码，进行代码设计。

因为代码关系到管理信息系统的质量，关系到软件工程的规范，关系到企业内部信息系统与外部信息系统的信息交换等方面，因此代码设计工作在信息系统开发中十分重要，必须认真对待。

1. 代码的含义

代码指代表事物名称、属性和状态等的一种符号。它是一种特殊的数据，是一种数据的缩写结构，是唯一的标识。

代码可以是数字的，也可以是字符的，或数字与字符的混合。如产品编号、用户编号、身份证号、汽车牌照号、邮政编码等都是代码。

2. 代码的功能

1）唯一性。在现实世界中有很多东西如果我们不加标识是无法区分的，因此必须给客观事物设计代码，以便能够唯一地标识系统中的某一事物，便于计算机识别，例如用代码可以区分两个同名的职员。

2）节省存储空间。当一个事物需要在多个计算机的文件存储时，可以在一个文件中存储对事物进行定义的数据，在其他文件中，用存储事物的代码来取代存储大量的对事物进行定义和说明的数据，以节省存储空间和便于数据的修改。

3）提高效率。在对数据进行处理时，可以直接使用代码来进行诸如分类、统计和检索等工作，这样可以大大提高系统的工作效率。

3. 代码设计的原则

代码设计的好坏对系统性能和效率影响很大。代码设计应遵循的一般原则如下。

1）唯一性。一个名称可能对应多个事物，每一个事物应该有唯一的编码。

2）合理性。代码的结构应该与事物的分类体系相对应；并适合计算机的处理。

3）尽量使代码在字面上就能反映所代表事物的某些属性，减少出错的机会。

4）尽量短小并有一定的可扩展性。这样可以便于记忆，同时又应留有充分的余地，以便于将来代码的扩充。

5）规范性。代码的长度和格式要统一。

6）代码系统要有一定的稳定性。

代码设计时首先采用国际、国家、某部门内部等已有的标准化代码，另外要考虑代码的检错功能。

4. 代码的分类

代码大体可分为 4 种。

1）顺序码。这是一种最简单的代码形式，它是从最小的数字开始，按顺序编排。

2）区间码。这种代码形式也是从最小的数字开始，依次对编码对象进行编号，但区间码把数据项分成若干组，每一区间代表一个组，且每一区间都留有一定空号，以供添加编码对象用。

3）层次码。这种代码的不同位有不同的含义。

4）缩写码。这种代码通常把编码对象的英文单词或中文拼音的词头拼在一起作为代码，以便于识别和记忆，此时应注意避免代码重复。

二、数据库设计

当今，数据库技术已十分成熟，数据库管理系统的产品众多、通用性好，且功能强大，所以，我们可以利用数据库管理系统提供的强大功能对数据进行操作、管理和维护。

数据库设计的基础是系统分析阶段所编制的“数据字典”，在这里系统设计人员要根据系统结构图中模块的具体处理需要，对数据字典中的数据项进行精炼和修改，确定它们之间的关系，也就是建立数据库的结构。建立数据库结构的原则是，既要满足客户使用数据的要求，又要使计算机保持较高的响应性能。

数据库设计最后还是落实到文件设计。系统的文件可分为共享文件和局部文件两种。共享文件存储的是系统中所有模块都有可能要访问的数据，局部文件中存储的是专为某些模块使用的数据。在进行文件设计时应首先进行共享文件的设计，然后在此基础上再进行局部文件的设计。

文件设计内容主要有以下几方面。

1）定义每个文件的作用。

2）定义每个文件组织方式。

3）定义文件记录格式、记录数和存储量。

4）定义文件的存取方法。

5）定义文件的操作策略。

6）定义文件的存储介质。

有关数据库设计的理论和方法有大量专门著作，在此不再作详细讨论。

三、用户界面设计

用户界面是系统与用户之间的接口，也是控制和选择信息输入输出的主要途径。用户界面设计应坚持友好、简便、实用和易于操作的原则，尽量避免过于烦琐和花哨。

（一）用户界面设计的原则

用户界面设计应遵循以下原则。

1. 易用性

所设计的界面必须让用户容易学会使用。在良好的系统界面设计中，用户不需要记忆很多命令和规则。可以考虑尽可能地仿照现实作业的工作方式，来设计计算机上的人机对话流程。

2. 反馈性

对用户每一次操作都应产生反馈信息，对需要较长时间进行的处理，系统可以显示出一个画面，告诉用户系统正在干什么，并应有完成任务的进度信息提示。

合理性。在设计菜单等提供给用户的操作功能时应注意表示的合理性，即相关功能应尽可能地放在一起。随着对系统使用时间的增长，用户对系统越来越熟悉，这时候系统应该表现出一定的适应性，即系统不仅让用户入门容易，而且要让用户可以提高。

统一性。指在类似环境中操作方法、屏幕的画面的展现等均应类似，在设计时应特别注意保持一种统一的风格。

3. 容错性

系统应表现出较强的对输入的容错性，对于用户的输入首先应做到无论怎样输入错误，也不会导致系统死机。尽量使操作可逆，允许用户犯错误。其次应根据系统的需要对输入进行必要的检查，如去掉无意义的空格、对数据格式进行校验等。

4. 简明性

界面设计应该尽量简单明了。

（二）用户界面设计的主要内容

在系统设计阶段不可能设计每一个用户交互过程及其界面，但必须定义用户界面的总的框架。这些框架的内容包括以下几方面。

1）确定界面形式。采用字符界面，还是图形界面，采用菜单方式，还是图形化图标方式或基于对象方式。

2）定义基本的交互控制方式。如图形界面中文本输入框的形状及其操作方式，窗口的种类、形状及其操作方式，另外还有滚动条、列表框等。

3）定义基本的图形和符号。在图形界面中，常用一些图标表示某些常用的操作或应用系统中某类事物，这些图标及其语义在整个系统中要保持统一和一一对应。

4）定义类似环境中的操作方法，使其保持一致。如定义通用的功能键和组合键的含义及其操作内容，文本编辑的方式，窗口的转换，事件的取消操作，菜单的返回等。

5）定义统一的信息反馈策略。

6）定义统一的帮助策略。

7）定义统一的色彩。

四、输出设计

系统输出的有用信息，是管理者决策的基础，用户对系统的评价首先取决于输出信息的质量。所以，输出设计时应根据有户的工作要求，确定向哪些管理人员，输出什么信息，输出的时间和输出的方式等，最后写出输出设计说明书。

输出设计也是体现人机关系的一个方面，所以设计时应充分方便用户，从用户角度来考虑输出格式的设计和输出设备选择等。

输出设计的主要内容有以下几个方面：

1）确定输出信息的目的：无用的信息绝对不输出。

2）确定输出信息的内容：输出数据项、位数、数据形式。

3）确定输出信息的格式：报表、凭证、单据、公文等的格式。

4）确定输出信息使用方面的内容：使用者、数据量、使用周期、有效期、保管方法、密级和复写份数等。

5）选择输出设备：打印机、显示器、绘图仪等。

6）选择输出介质：纸张、磁盘、光盘、微缩胶卷等。

五、输入设计

系统输入设计是根据输出的内容，用户对输出的要求，确定相应的输入内容，包括输入什么数据，什么时间输入，选择什么输入方式（手工操作、机器资料）和设计输入的格式等，最后写出输入设计说明书。

输入格式的设计十分重要，它不仅与设备有关，还直接与用户有关，输入格式是人机对话的沟通形式。一个好的输入格式设计，应当充分体现与用户“友好”。

输入设计主要考虑输入设备、输入方式和输入数据的校验等三个方面的问题。

1. 输入设备的选择

随着计算机技术的发展，输入设备的种类越来越多。能够输入到计算机中的数据的类型也越来越多。设计人员必须认真分析输入数据的类型，从方便用户使用的角度选择相应的输入设备。目前常用的输入设备有键盘、触摸屏、多媒体输入设备、IC卡读写器等。

2. 确定输入方式

输入方式主要有两种：脱机输入方式和联机输入方式。

脱机输入方式是将数据的输入过程与处理过程分离，这种分离可能是时间上的，也可能是空间上的，还可能两者都有。在这种方式下，先通过输入设备，如键盘，将数据输入到某个存储介质上保存，从而完成输入过程。此时，输入的数据并没有进入系统的主数据库。当计算机需要对这些数据进行某种处理时，再将这些数据通过软盘、磁带或网络送入计算机系统的主数据库，并进行处理。这种方式适合非实时处理和批处理。

联机输入方式是系统采集到数据后，立即进行数据处理，并反映到数据库中。这种方式适合实时系统使用。

3. 输入数据的校验

输入计算机的数据必须保证是正确的，因为输入的是垃圾，无论系统设计的再好，输出的一定也是垃圾。因此必须对输入数据进行校验。

数据校验方式很多，但总的来说分为人工校验和计算机校验两大类。

数据校验的具体方法主要有以下几种。

1）格式校验。主要检查输入数据的格式，如格式是否符合要求，是否包含非法字符、数据项的位数是否符合要求等。

2）顺序校验。对于作为标识键使用的代码，为防止上下错位和重码，要进行顺序校验，这种校验可用重复输入的方法进行比较检查。

3）范围校验。是检查所有数据是否在规定的量值范围以内。

4）关系校验。主要利用数据之间的量值关系，实现数据之间的平衡检查。

5）逻辑校验。依据数据值的特性要求进行校验。

六、处理过程设计

处理过程设计是在总体设计阶段的系统结构图的基础上，更进一步地考虑每一功能模块的具体内容，选择适合的处理方法和确定处理方式。诸如是手工处理还是计算机处理，是脱机处理、联机处理还是实时处理等。

在处理过程设计阶段要对各模块的内部处理过程进行描述。在结构化系统设计中，处理过程设计要详细描述各个处理模块所用的算法和处理步骤等。

常用的描述模块处理过程的工具有处理过程流程图等。

处理过程流程图是处理过程设计的表达工具，它说明信息在计算机介质上存储、传递、转换处理的情况。它为程序流程图的设计提供详细的输入/输出依据。处理过程流程图的详细程度无一定标准，一般对应于将来可以用一段程序来实现的模块画一个处理过程流程图。处理过程流程图的通用符号如图 5.26所示。

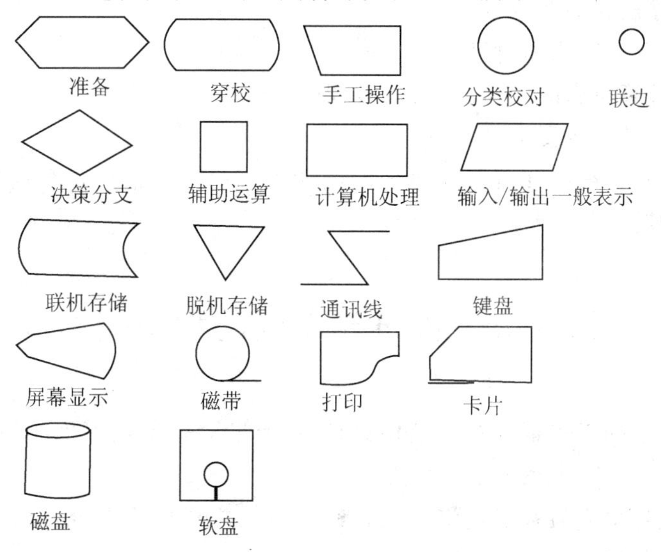

图 5.26　处理过程流程图符号

处理过程流程图较简单，容易理解，在画处理过程流程图时，应考虑数据库和文件设计等方面内容。

下面用前述“修改库存”的例子，说明处理过程流程图的内容。“修改库存”处理过程流程图，如图 5.27 所示。

通过图 5.27 我们可以看出，计算机系统流程图具有很强的物理性，我们可以用它描述以下内容。

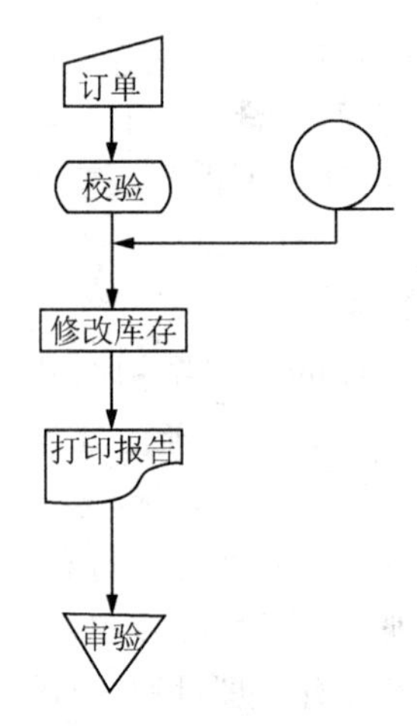

图 5.27 “修改库存”处理过程流程图

1）系统处理方式。

2）各文件存放的介质。

3）处理程序的目的及数量。

4）输入/输出的形式和内容。

5）信息在计算机内的传递、存储、处理过程。

6）外围设备的配备要求等。

以上，我们对详细设计阶段应考虑的问题作了一般性描述，在描述中，尽量绕开了一些技术性问题。

第五节 构筑新系统的物理模型

系统设计阶段的工作是从总体结构设计开始到系统详细设计，最后一步是构筑新系统的物理模型，并写出系统设计报告。

系统设计报告也成为系统实施方案，经过审核之后成为系统开发的下一阶段即系统实施阶段的工作依据。

一、新系统物理模型

一个系统的物理模型主要由系统结构图、数据存储说明、输入/输出设计书和处理过程流程图等组成。

系统结构图将整个系统划分成一个个相互联系的模块，并严格定义了模块间的调用格式，如模块名、参数及其类型、返回值等，而处理过程流程图则对各模块的内部处理过程进行了描述，详细地定义了每一个模块的输入、处理、数据存储以及输出的具体内容，再辅之以数据存储说明、输入输出设计书等内容就形成了一个非常完整的系统物理模型。

这样一种自顶向下、逐层分解、逐步细化的结构化设计思路既充分保证了系统设计的质量，同时又非常有利于系统实施阶段的编程工作。使得每个程序员只需编写给定的模块，而不必考虑该模块的调用模块或被调用模块，因此整个系统可以在系统结构图的指引下，由多名程序员分工、协作地共同完成。

二、系统设计报告

系统设计工作完成后，系统设计人员要将系统设计的结果写成文字资料，即系统设计报告。

系统设计报告是系统设计阶段总成果的文字体现。系统的物理模型是产生系统设计报告的主要基础和依据，系统设计报告又是对物理模型的详细解释和说明。系统设计报告大致包括引言、系统总体设计、系统详细设计和系统实施计划等4个部分。

1. 简介

简介部分主要说明所设计系统的名称、目标和功能；简要地介绍系统设计人员进行系统设计的原则、采用的方法和设计的过程；说明环境对系统的限制；提供设计中的参考资料和专门的术语说明。

2. 系统总体设计说明

系统总体设计说明指出子系统的划分及依据；提交系统总体结构设计的结果，包括新系统的数据流程图、新系统的初始结构图和优化后的系统结构图。

3. 系统详细设计说明

系统详细设计说明包括以下几部分。

1）代码设计：各类代码的类型、名称、功能、使用范围、使用要求等的说明。

2）用户界面设计的内容。

3）数据库设计，文件的数量、文件之间的关系、每个文件的内容、存取方法、存储介质。

4）输出设计：输出项目及使用者。输出内容包括输出数据的名称、类型、取值范围、输出周期；输出的方式、设备与格式等。

5）输入设计：输入项目及提供者。输入内容包括输入数据的名称、类型、取值范围、频度，输入的方式、设备与格式，输入数据的校验方法及效果分析。

6）处理过程设计的内容。

4. 系统实施计划

系统实施计划部分要说明包括工作任务的分解、进度安排和经费预算等内容。

系统设计报告完成之后，需要组织用户、系统开发人员、管理人员和有关专家参加对系统设计报告的审定工作。通过对设计报告的审议，系统设计人员根据各方面的建议对方案进行权衡、修改或做必要解释，最后由用户组织的主要领导做出选择何种方案的决策，并与系统设计师及开发商法人代表一同在报告上签字盖章。至此，系统设计阶段的工作宣告结束，开发工作从系统设计阶段转入系统实施阶段。

案 例 分 析

高校教材管理信息系统的设计与实现

近年来，我国高等教育事业发展迅猛，高校扩招使得学生人数不断攀升，办学规模不断扩大。一校多区的管理模式以及新专业、新课程的设置越来越复杂。教材管理部门所承担的教材种类、数量不断增加。学分制的推行，学生自主自愿购买教材的新模式使得教材管理工作难度加大、任务艰巨。传统的以经验为主的手工操作和简单的计算机表格统计已远远不适应现代化的管理需求，日渐显露出工作量大、效率低、准确性差等弊端。学校自 1993 年以来一直使用 DOS 操作系统下运行的 FoxPro2.6 单机版的教材管理系统。一方面，该系统功能简易，仅有简单的新书登陆、教材销售、书库维护等基础功能；另一方面，系统维护管理困难，安全性差。因此，开发符合现代化管理需求的性能优越的教材管理信息系统已是大势所趋。国内许多高校在改革和创新教材管理手段与方法方面进行了大量的研究和探索。借鉴它们的成功经验，针对我校的特色，我们在旧教材管理系统的基础上，开发了基于 Web 的 B/S（Browser/Server）结构的教材管理信息系统，大大减轻了工作强度，提高了工作效率。

一、系统业务流程分析

图 5.28 为教材管理业务流程图，由图可知，教材管理业务流程清晰明了，基础数据完整，管理规范。教师根据培养计划、教学大纲选用合适的教材，填写《教学任务书》和《预订教材申请表》，经各院系审核后报教材科汇总。教材管理人员根据教师上报的教材并参照学籍班级人数制定本学期教材订购计划，报供应商订购。供应商供书入库后，学生以班级为单位购买教材，教师凭《任课教师领书申请单》领购教材。最后，对教材入库单和出库单报财务处进行教材费用结算。

二、系统功能设计

本系统主要由销售管理、采购服务、统计报表、数据服务、查询服务和系统维护六大模块组成，如图 5.29 所示。

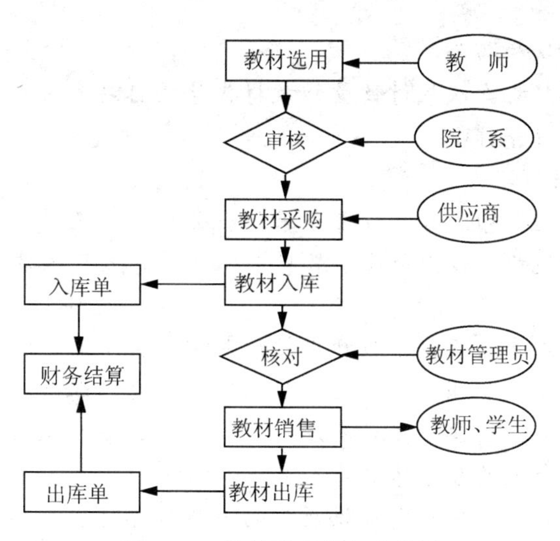

图 5.28 教材管理业务流程图

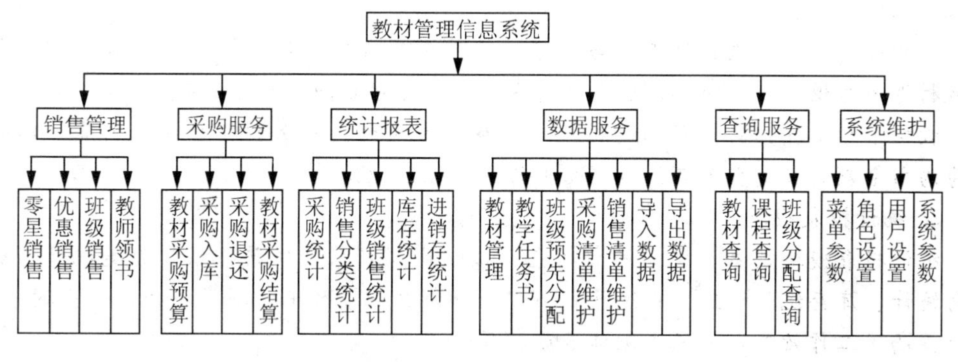

图 5.29 系统功能结构图

1. 销售管理模块

教材销售是教材科日常工作的重要部分。多种销售分类带来了销售业务的复杂性，因此，该模块分为 4 个部分：零星销售、优惠销售、班级销售和教师领书。4 种模式中，当售书确认后将自动生成购书清单（一式 4 份），导出 Excel 表格打印，并在库存信息中减去售书量，更新库存表。

零星/优惠销售：针对无优惠和优惠的零售教材进行销售，用户只需输入教材销售数量和教材代号便自动生成销售单数据。

班级销售：在导入了教学任务书并执行班级预分配后，只需输入购书班级，将自动生成班级购书表。由于课程名称和教材名称有时并不相符，而且课程属性呈现多样性，因此我们特别设计在页面上显示教材所对应的课程名称和课程属性，以便学生购书时能准确无误地领取教材。我校学生购书时间一般分本学期末和下学期开学初两次，由于不是一次性地发放教材，因此，当班级部分教材售出后，在相应的教材后会显示

“已售”，以免教材重发和漏发。

教师领书：用户只需输入教材数量和教材代号便自动生成销售单数据，最后输入教师所在院系即可保存并打印。

2. 采购服务模块

在充分分析了教材采购流程后设置了采购服务模块，是对原有单机版系统功能的补充。根据教材采购流程，我们分设了教材采购预算、采购入库、采购退还和教材结算 4 个部分。

教材采购预算：在导入各院系教师申报的教学任务书后，将自动生成教材采购计划清单。课程属性分必修、限选、辅修、任选等，学生选课的不确定性带来教材采购的不确定性，因此在采购清单中显示各属性的明细栏，最后生成汇总，便于灵活地掌握订购教材数量。教材预购量为总需求量减去库存量。

采购入库：将完成不同供应商提供教材的入库程序生成清单，用户只需输入教材代号和教材采购数量即可。对于新教材的购进，必须先在教材管理模块进行教材信息的录入工作。

采购退还：发放教材结束，与供应商结算教材费时要进行教材的清理工作，剩余的教材退还给供应商。同样，输入教材代号和退还数量即可生成退书单。

教材采购结算：针对不同的供应商，在某时间段内对教材账目进行结算，实际金额为购书金额减去退书金额，所有账单将由系统自动完成。

3. 统计报表模块

统计报表模块是本系统的一大特色。该模块包括采购统计、销售分类统计、班级销售统计、库存统计、进销存统计 5 个部分，为财务报账工作提供了必不可少的依据，大大提高了工作效率，降低了工作强度。

采购统计：对购进教材的入库单、退书单进行汇总，包括数量、让售价、购进价等。

销售分类统计：实现了 4 种销售类型（零星销售、优惠销售、班级销售和教师领书）在某段时间内销售账单的汇总，自动生成报表，可以导出打印，以作每月报账之用。

班级销售统计：可以迅速查询全校所有班级在某个时间段内领取教材的具体清单。班级核对教材代办费时，作为学生教材代办费结算的依据。

库存统计：按院系统计教材的库存。

进销存统计：统计整个系统内每种教材购入、销售和剩余的具体数量和财务金额。盘库时，可以看到教材当前库存与实际库存是否吻合，即形成一年度教材盈亏表。进销存统计是盘点库存的重要依据。

4. 查询服务模块

教材查询、课程查询和班级预分配查询均使用强大的模糊查询功能。只需输入某个字段，可以快捷地查询教材信息、课程信息和班级所使用教材信息。同时，在教材管理信息系统的主页面上方设置了快速查询功能，在界面上直接输入关键字段即可查询。

5. 数据服务模块

教材信息：教材基础数据的维护，包括教材代号、教材名称、作者、出版社、出版时间、印次、单价，获奖信息等的输入、修改、删除等。

教学任务书：学校各院系填报的教学任务书导入系统后，直接在系统中可以查询各院系具体课程选用教材信息，并进行编辑、删除等。

班级预先分配：执行班级预先分配，则教材信息分配到各班级，在班级销售时直接显示。

采购清单/销售清单维护：可以对每笔采购和销售清单进行查询和维护工作。

导入/导出数据：实现教材管理系统内部信息和外部信息的连接，包括教材数据表、教学任务书、教材入库单、销售清单、供应商、学院等信息。

6. 系统维护模块

菜单参数：主要支持用户在使用本系统的时候的二次开发以及系统的升级，包括系统功能的添加、修改、删除等。

角色/用户设置：为不同用户分配不同的角色，提高系统的安全性。主要有角色权限的设置，用户的添加、修改、删除，用户密码的设置、修改等。

系统参数：包括供应商、出版社、年级、学院等跟教材相关的基础信息的设置、修改、删除等。

三、系统开发环境

本系统是基于 Web 的 B/S 模式的三层服务器，服务器采用 Microsoft Windows XP SP2 操作系统，数据库管理系统采用 SQL Server 2000，Web 服务器采用 Microsoft Information Server 5.0 作为服务软件，Web 服务器的脚本环境使用较为安全和较优性能的 ASP.Net 技术，并配合使用脚本语言 Java script，从而形成了三层 B/S 模式的数据库结构。

四、系统特点

1）功能强大、通用。此次开发的教材管理信息系统不仅覆盖了原来 FoxPro 单机版的所有功能，而且根据实时需要，添加了统计报表、数据管理等模块，将管理人员从原来手工记账的庞大复杂的工作中解脱出来，不仅工作强度降低、工作效率提高，而且财务报账快捷方便，准确度提高。从目前使用的效果来看，准确无误，省时省力。

2）人机界面友好，操作简便。优美、实用、简单的操作界面越来越为人们所青睐。本系统界面直观友好，提示性强。在系统操作中采用简单地点击鼠标来完成，便于用户能迅速掌握操作要领。

3）强大的模糊查询功能。通过登录主页面上的快捷查询，只需输入关键字段，就会得到教材的所有信息。又如可以查询某班级某一学期某门课程使用的教材，某班级在某段时间内所领取的所有教材信息、金额，供应商提供的教材入库单和退书单等。

4）支持远程网络访问。多校区的办学模式使得教材管理呈现出复杂和繁琐性，因此为了维护统一的教材销售和维护管理，必须支持远程网络访问。基于Web的教材管理系统采取B/S的软件架构，客户端只需配置有浏览器软件就可以访问系统。

5）可扩展性和可维护性强。系统的扩展性表现在许多功能是灵活的、可扩展的，比如用户可以在数据服务模块随意增加功能菜单，实现对系统的二次开发和升级。在开发中，采用统一的编码、统一的标准面和面向对象等技术思想，提高系统的可维护性。

6）安全可靠性好。系统的用户权限和密码设置功能，限制了非法用户进入系统。不同的用户有不同的权限，仅有教材管理员有维护系统的权限。另外，定期的硬盘备份也保障了系统的安全性和可靠性。

五、结语

本文在分析了教材管理业务流程的基础上，结合旧系统的特点，开发了一套经济、实用、高效的教材管理信息系统。该系统已成功地应用于南京邮电大学的教材管理实践中，使用一年来，运行稳定，效果良好，颇受好评，真正地实现了办公自动化，提高了工作效率和工作质量，使得教材管理能满足师生需求，全面服务于高校的教学与科研。

（资料来源：于华等，高校教材管理信息系统的设计与实现，科技情报开发与经济，2008.1）

思考题

1. 该高校原教材管理信息系统存在的问题是什么？
2. 该系统设计的主要目标及系统结构是什么？

本章思考题

1. 系统设计的内容有哪些？
2. 如何评价系统设计方案的结果？
3. 结构化系统设计的两种设计策略是怎样导出系统结构图的？
4. 代码设计的概念、作用和设计原则是什么？
5. 怎样进行用户界面设计？
6. 文件设计的内容是什么？
7. 输入/输出设计的内容是什么？
8. 如何进行处理过程的设计？
9. 系统设计报告的内容有哪些？

第六章　系统的实施

本章讲述了系统实施的主要内容包括物理系统的实施、程序设计与调试、人员培训、数据准备与录入、系统转换等。通过本章的学习，掌握系统实施的准备工作、任务和步骤，掌握系统测试的方法及如何选择转换方式。

ERP 系统实施前的初始数据准备实务研究

ERP 系统是一项非常复杂的系统工程，它由先进的管理思想与软件系统相互结合构成，整个系统可谓："三分技术、七分管理、十二分数据"。期初初始数据的准备在 ERP 系统实施的过程中具有十分重要的地位，占整个系统工作量的 30%～40%左右。在整个 ERP 系统的运行过程中，所有的操作过程都是针对有关业务数据的收集、处理和整理的过程。所以在实施 ERP 系统之前，一定要对初始基础数据进行十分细致详实的整理和分类，以满足在实施阶段系统正式上线和运行时的使用。

一、期初初始数据的分类

整个 ERP 系统的期初初始资料可以划分为两大类：初始静态数据和动态业务数据。其中，静态数据是指在开展经济业务活动中的基础数据，如部门职员资料、供应商资料等，它对动态数据起着支撑作用；动态业务数据是业务活动过程中产生的数据(业务单据)，大多数随经济业务发生而形成，如销售订单、采购申请单等。ERP 系统实施过程中，对静态数据的准备，是针对基础数据的收集和整理，而对动态业务数据的准备，主要是业务单据格式的确定。

1. 初始静态数据的准备

(1) 企业组织机构数据

单元是实际经济业务发生的主体，每一笔经济业务的数据也是在各个使用部门之间进行流动。所以在实施 ERP 软件系统之前，首要任务就是准备各个部门和人员的相关资料，对部门和人员进行分组分类，细化每个部门人员的职责分工，使之能在 ERP 软件系统中体现企业的组织机构，以便在系统初始化之前对相关人员分配权限与责任。部门数据的信息主要包括部门名称和部门类型等；职员信息主要包括职员姓名和职务等。

（2）财务系统基础数据

财务系统是针对企业资产财物以及经济业务系统运行状况的核算和监督，其基础数据也是其他业务模块的支撑数据，其他相关模块的业务资料最终会传递到财务系统中进行反映。如果事先没有准备好财务系统的基础数据，那么物流系统、生产管理系统和人力资源系统等其他系统的基础数据也就无法准备。在实务中，这类财务系统的基础数据主要包括：核算参数、币别、计量单位、会计科目、税率、系统启用年度、系统启用期间、会计期间定义以及各个会计科目余额等。在核算参数的准备过程中，以财务核算方法作为核心内容，如是否允许负库存、是否分仓核算、暂估冲回的方式选择单到冲回还是月初一次调整、是否区分内销外销等，这些参数的设定直接影响后续整个系统的运行方式，甚至于有些内容一旦设定后不允许做后期更改。

（3）物流系统基础数据

数据主要是针对进销存模块以及企业内部生产过程中物资流动的基础数据，它的种类非常繁多；动态业务数据绝大多数也由它的运动产生。所以对物流系统基础数据的收集不但难度高而且工作量十分巨大，这些数据也经常会随着经营管理方法的不同而变动，具有一定的不确定性，收集这类数据时要十分细致地考虑企业经营目标对物资管理的要求。物流系统的基础数据主要包含以下几大类：物料资料、仓库资料、客户资料、供应商供货信息和库存期初初始数据。

在准备物料初始资料时也要一并确定物料的相关属性，明确物料的采购策略、生产方式和相关物料的财务数据等，有时这些基础数据的确定还要通过企业内部多个部门之间的沟通、协调与合作才能最终完成。以一家生产电脑的企业的物料数据准备为例：①由技术部门确定电脑各个组成部件的物料编码、物料名称、计量单位、数量精度、规格颜色等基础信息。②由生产部门确定各部分物料的属性：是外购、委外加工、虚拟件还是自制件。③针对不同的物料属性，还要由仓储部门、采购部门和生产部门共同确定采购方式：是按需订货、按固定批量订货还是按固定时区订货，同时还要确定物料存储的最低库存、最高库存、安全库存等。④由采购部门和销售部门来确定物料的采购单价与销售单价。⑤上述基本信息和物流数据确定以后，最后由财务部门确定各个物料计价方法以及相关的会计科目，如主机的计价方法可以是加权平均成本法，销售收入会计科目是主营业务收入；而内存的计价方法是移动平均法或先进先出法，销售收入的会计科目则是其他业务收入。⑥对于采购提前期、订货/生产批量等经常变动的数据可以事先预留，等到使用时再与采购与生产部门沟通来进行设置。除了上述物料的基础信息以外，物流系统中还要准备与供应商、客户有关的基础数据以及企业内部与仓储相关的信息。针对工业企业或是生产制造类型的企业，其在实施ERP软件系统之前，还要准备与生产系统的基础数据，这些数据包含了企业的BOM资料、物料需求计划（MRP）运行策略、主生产计划（MPS）运行策略、工作中心、工艺路线等。

2. 动态业务数据的准备

与静态数据相比，企业中动态业务数据的准备工作相对简单，工作量也相对较小，只占整个初始数据准备的20%左右。它主要是由经济业务活动的运行而产生的单据资料。在实施ERP软件系统之前，可以根据部门类别和人员职责对这方面的资料进行准备，当然也可以依据企业中现行的业务单据直接转接到软件系统当中。

（1）生产和物流系统的动态业务数据

在整个ERP软件系统中，绝大多数的动态业务数据都产生于生产和物流系统中，这些业务数据也是进行企业财务分析、经营决策的依据。对这类数据的准备过程就是确定各种业务单据格式的过程。ERP软件系统的实施中，企业人员最关心的也是这类经营业务数据，通过这些数据及时了解库存资金占用状况、供应商及时供货情况、客户信用情况、销售收入情况以及生产安排情况等。物流模块中，这些动态业务数据主要是进销存的业务单据，如采购入库单、销售订单等。而生产模块中的动态业务数据主要是指生产任务单和生产单元的流转汇报单据等。部分企业还需要相关业务单据的汇总信息，这也要一并在系统实施之前确定相应格式。

（2）财务系统的动态业务数据

财务系统的动态业务数据主要指的是凭证、账簿和报表。这些单据的格式要按照相应要求进行确定。另外，在进行财务核算时，有些时候还要把会计科目与物流系统中的相关数据一并加以考虑，才能得到准确数据，如在核算应收账款时，就要用到相关客户的信息；在核算应付账款时，也要用到相关供应商的信息。所以在确定账簿格式时，也要确定这些附加信息的格式。

二、期初初始数据准备的一般性策略要求

ERP系统实施前的初始数据准备与系统正式上线运行时的数据录入有很大不同，系统正式上线运行时，数据的录入主要是企业内各部门人员的手工录入，以动态业务数据为主，以当天实际发生的经济业务单据为主。而期初初始数据的准备主要是基础数据，是把企业中所有现行的基本资料以特定的格式录入到软件系统中，对数据准备的格式与正确性有更大的要求。

1. 以部门人员职责为主线，对初始数据的准备工作进行合理分工

由于期初初始数据准备的是企业内部所有需要输入到软件系统中的基础数据，数据数量与种类非常繁多，仅由少数几名员工来准备会造成不必要的混乱，甚至会拖延ERP的实施工期。建议按部门的职责和种类来对数据准备进行分类，再在部门内部进行人员分工，如在期初初始数据准备时，可以让技术部来准备BOM资料，客户部来准备客户的相关信息等，让企业员工的日常工作分工与数据准备的分工基本一致。

2. 按照先后原则，合理安排数据准备顺序，保证数据的一致性

对企业内部数据的准备不能一拥而上、各部门齐头并进，这样反而会适得其反，造成日后的返工，更增加了数据准备的工作量。例如：如果技术部门没有准备好物料的分类和编码，仓库就不能准备物料的基础数据；如果财务部门没有设置好会计科目，仓库也不能准备物料财务部分的信息。基础数据的准备也要在做好各部门人员及时沟通的基础上，按照先静态后动态，先基础数据再生产物流数据的原则进行。

3. 要求一岗一员，保证数据的正确性和格式的规范性

保证数据的正确性，首先要保证数据本身的正确性，即数据的来源正确，基础数据和动态业务数据都要来源于相应的岗位，一岗一员，一个岗位的数据只能由一位员工来收集，来源也要是这唯一的员工，没有其他信息源头；再次，数据的正确性还要求在ERP系统的数据录入过程中保证正确，谁录入谁负责，做到定期检查。在期初初始数据的准备之前，ERP实施顾问会提供相应数据的空白格式范本，企业人员可以按照事先准备好的编码原则和数据格式，对数据的一致性进行检查和核对，在确保数据的正确性和规范性以后，就可以在ERP软件中进行数据录入。

4. 数据准备分类要求可以按照ABC分类法，按重要性原则对基础资料进行分类

对于迫切需要的数据要定义关键元素A类，确保在数据准备阶段就能完成，不会产生拖期；对于经常变化并且不重要的数据，可以定义为非关键元素C类，在系统运行时，再予以确定，这些数据的准备即使拖期了，也不会对系统的运行产生多大的影响。另外还要在A类数据的准备时可以安排专职人员进行各部门之间的沟通协调，以保证数据准备能够按质按量按时完成。

综上所述，ERP软件系统实施前的期初初始数据准备是一项相当繁琐的工作，其工作量在整个ERP系统中也占有相当大的比重，数据准备质量的好坏直接影响到企业ERP实施的成败。为此实施ERP软件系统的企业人员一定要做好相关数据的准备工作，为整个ERP系统最终成功上线运行打下夯实的数据基础。

（资料来源：鲁少勤，ERP系统实施前的初始数据准备实务研究，中国新技术新产品，2009.1）

第一节　系统实施阶段的任务、计划和问题

一、系统实施阶段的任务

系统实施阶段的任务可以分为以下几个方面。

1）物理系统的实现，根据系统设计阶段所确定的技术路线、系统的物理结构与设备配置方案完成采购设备、布线、机房装修、设备安装、操作系统安装以及网络连通调试等（如：系统的运行情况、性能指标测试、多用户联机通信测试）。由于计算机网络设备的价格变化非常快，所以在物理系统实施的时候要结合系统软件开发的需要确定。一般来说，先配置系统的骨干部分，以后根据需要再配置其他的部分。

2）数据库设计，根据系统设计阶段完成的数据流程图、数据字典等建立数据库（表结构、参照完整性、视图、存储过程等）。

3）程序设计与调试，这是系统实施的关键和重点。包括程序设计、程序调试、模块调试和系统调试等内容。

4）系统实施的准备工作，这部分的内容主要是编写系统使用手册、人员的组织与培训；依据代码的编制规则进行编码、录入系统初始数据、准备测试数据等工作。

5）系统的试运行与系统切换，这部分的工作主要是对系统的运行情况进行测试与评价，进行人工向机器操作的切换。

二、系统实施计划

系统实施首先要按照系统实施中各项任务的先后顺序、相互之间的联系制定实施计划。系统实施阶段的工作与前几个阶段的工作相比较，所涉及的人力和物力都要多得多。在这个阶段，整个系统的具体实施工作将逐步开展，大量的各类专业技术人员将陆续加入到各个项目的研制中来。由于任何一项工作的延误都会影响到整个系统实施的进度，因此，必须制定出周密的实施计划，确定检测的标准，同时在进度、经费和质量方面要加强管理和控制，以便各项工作能够有条不紊地协调进行，否则可能会造成成本大大超出预算、花费太多不必要的时间、系统性能不能达到预计水平、无法获得预期的效益等后果。系统实施计划主要应考虑以下几个方面的内容。

1. 工作量的估计

估计工作量是根据系统实施阶段各项工作的内容而定。工作量的估计目前尚无充分的理论依据，一般是由系统实施的组织者根据经验并参照同类系统的工作量加以估算，单位用“人年”来表示。

2. 实施进度安排

在弄清楚各项工作关系的基础上，安排好各项工作的先后顺序，并根据对工作量的估算和用户对完工时间的要求，定出各项工作的开工和完工时间，并由此作出系统实施中各项工作的时间进度计划。

3. 系统人员的配备和培训计划

在系统实施阶段需要的人员较多，包括计算机硬件、软件人员，系统操作人员，系统管理人员和日常维护人员等。因此，必须根据系统实施进度和工作量确定各种专业人员在各阶段的数量和比例，并按照不同层次的需要作出相应的培训计划。

三、系统实施中的问题

在系统实施过程中缺乏良好的管理时，可能会出现以下一些问题。

1. 在程序设计方面

1）在软件开发时低估了对时间和金钱的需求。

2）向程序员提供的说明书不完整。

3）花大量的时间在程序的撰写上，而没有足够的时间去考虑程序的逻辑。

4）程序员没有完全按结构化或面向对象的方法进行编码，以致别人很难查错和维护。

5）程序没有详细的说明文档。

6）计算机资源没有恰当地分配。

2. 在系统测试方面

1）低估了测试所需要花费的时间和金钱。

2）缺乏系统的测试计划。

3）用户在测试过程中的参与程度不足，以致无法提供充足的测试样本或无法全面检查测试结果。

4）实施人员没有做好测试的验收工作，管理人员也未验收。

3. 在系统转换方面

1）在转换阶段缺乏足够的时间和金钱，尤其是数据转换。

2）直到转换阶段才让所有用户参与，当系统建立完成后才开始培训用户。

3）由于成本的超支及时间的延误，在系统尚未完全准备好的时候便开始安装运行。

4）系统与用户文件不足。

5）绩效评估制度没有建立，没有评估标准，无法衡量系统满足要求的程度。

信息系统实施过程的各个方面并不都能很容易地进行全面规划与控制。然而，若能事先预料系统实施过程中可能产生的问题并运用恰当的策略，则可以提高系统实施成功的可能性。对于不同的问题，可以采取不同的项目管理技巧，还可以设计策略让用户在系统实施过程中扮演更适当的角色，收集需求与采用恰当的规划方法。

第二节　程序编制及系统调试

一、程序设计

程序设计就是依据系统阶段的成果，用计算机语言来实现系统的功能。编出的程序应具有如下特点。

1）程序正确，功能可靠。

2）操作简单，使用方便。

3）较好的容错性能。

4）足够快的响应速度。

5）安全可靠性好，维护方便。

6）有效地利用设备。

（一）程序设计的方法

结构化程序设计方法中，一般采取“模块化、结构化、自顶向下与逐步求精”的程序设计思想，即把一个大程序分解为具有层次结构的若干个模块，每层模块再分解为下一层子模块，如此自顶向下，逐步分解，就可以把复杂的大模块分解为许多功能单一的小模块。在这些小模块完成设计之后，再按其逻辑结构，层层向上组织起来，即可构建成大程序。而面向对象程序设计方法，是以对象和类为基本构件，以方法、消息和继承性为基本机制。其基本思想和手段是提高软件开发的抽象层次与软件的重用性，把程序设计的焦点集中在类和类层次结构的设计、实现和重用上。MIS的程序设计一般都是由多人共同开发完成，因此在编程过程中一定要做好任务安排计划，定义好接口问题。

（二）程序设计的标准

人们对程序设计的要求，随着计算机硬件技术及价格，以及程序开发工具功能的提高，系统环境等方面的变化而改变。从目前技术的发展来看，人们对程序设计的要求大致可有如下四个方面。

1. 可靠性

系统运行的可靠性是十分重要的，系统的可靠性在任何时候都是衡量系统质量的首要指标。可靠性可分解为两个方面的内容：一方面是程序或系统的安全可靠性。如数据存取、通信、操作权限的安全可靠性，这些工作一般都要在系统分析和设计时来严格定义。另一方面是程序运行的可靠性，这一点只能靠调试时的严格把关（特别是委托他人编程时）来保证编程工作的质量。

2. 规范性

规范性即系统的划分、系统文档书写的格式、变量的命名等都按统一规范，这样对于程序今后的阅读、修改和维护都是十分必要的。

3. 可读性

可读性即程序清晰，没有太多繁杂的技巧，能够使他人容易读懂。可读性对于大规模工程化地开发软件非常重要。因为程序的可读程序是今后维护和修改程序的基础，如果很难读懂，则无法修改，而无法修改的程序是没有生命力的程序。可读性好的程序中往往插有大量解释性语句，以对程序中的变量、功能、特殊处理细节等进行解释，为今后他人读该段程序提供方便。

4. 可维护性

一个程序在其运行期间，往往会逐步暴露出某些隐含的错误，需要及时排除。同时，用户也可能提出一些新的要求，这就需要对程序进行修改或扩充，使其进一步完善。此外，可能由于计算机软件与硬件的更新换代，应用程序也需要做相应的调整或移植。这些都属于程序维护任务。可维护性要求程序各部分相互独立，没有调用子程序以外的其他数据牵联。也就是说不会发生那种在维护时牵一发而动全身的连锁反应。一个规范性、可读性、结构划分都很好的程序模块，它的可维护性也是比较好的。

（三）程序设计步骤

1. 充分理解系统设计要求

首先要仔细地阅读系统设计说明书，充分理解系统设计所提出的任务、系统功能和目标，明确所编程序在系统中的所处的位置及与之相关的环境条件。

2. 熟悉编程的环境

在程序设计之前，首先要熟悉系统运行的环境，如操作系统、程序设计语言和数据库管理系统。

3. 细化程序处理过程

程序员在编程之前，还需要对程序模块的处理逻辑作进一步的详细描述，通常采用图形、表格、语言等工具进行描述。

4. 编程

在完成前三项工作的基础上，完成程序编码，并在计算机上实现。

5. 调试

程序编制完成后，要对程序进行调试，以发现其中的错误，并作出相应的修改。

（四）良好的编程风格

程序设计主要是根据系统设计阶段形成的功能模块结构图，由程序员用指定的程序设计语言进行编码。而良好的编程风格，是保证程序设计质量的一个非常重要的基础。效率是衡量程序质量的一个方面，即以最紧凑的结构、最好的技巧进行程序设计，形成短小精悍的高效率代码。随着硬件技术的飞速发展和软件系统的规模日益庞大，对程序设计的质量标准也应更新，因为程序员编写的程序已不再是单为自己看，为让计算机识别、执行，还要其他人能够修改。因此，程序设计除了要考虑其运行效率外，还要考虑程序的可读性，即程序能否为计算机或他人读懂。要使程序具有良好的可读性，应该做好以下几个方面工作。

1. 文档习惯

良好的文档是规范的开发流程中非常重要的环节，作为程序员，30％的工作时间用于写技术文档是很正常的，而作为高级程序员和系统分析员，这个比例还要高很多。缺乏文档，一个软件系统就缺乏生命力，在未来的查错、升级以及模块的复用时就都会遇到极大的麻烦。

2. 代码编写的规范化，标准化

代码的变量命名，代码内注释格式，甚至嵌套中行缩进的长度和函数间的空行数都有明确规定，良好的编写规范，不但有助于代码的移植和纠错，也有助于不同技术人员之间的协作。在规范化的开发流程中，编码工作在整个项目流程里所占时间比例最多不会超过 1/2，通常在 1/3，所谓磨刀不误砍柴工，设计过程完成得好，编码效率就会极大提高。编码时不同模块之间的进度协调和协作是最需要注意的，也许一个小模块的问题就可能影响了整体进度，让很多程序员因此被迫停下工作等待，这种问题在很多研发过程中都出现过。代码编写的规范化、标准化主要包括以下几方面。

1）源程序规范化。程序中标识的命名、注释、书写格式都应该标准化、规范化。标识的命名应见名知意，同时不应太长；程序的注释有序言性注释和功能性注释，前者通常位于程序的开头部分，表明程序的标题、功能、接口说明、设计考、复审者、有关日期等内容，后者用于描述程序中的重要语句或程序段的功能；程序的书写格式应具有层次性，可使用向右缩进格式来表达程序的层次结构，使程序一目了然。

2）数据声明规范化。无论是程序中的变量，还是常量，也不论是全局变量或是局部变量，声明时都应统一、规范，便于查找。

3）语句结构正确、清晰。一般一行只写一条语句，尽量简化语句结构。

3. 程序的复用性和模块化

程序的复用性和模块化就是在完成任务一个功能模块或函数的时候，程序员不能局限在完成当前任务的简单思路上，还要考试该模块是否可以脱离这个系统存在，是否可以通过简单的修改参数的方式在其他系统和应用环境下直接引用，这样就能极大程序地避免重复性的开发工作。

二、系统调试

编写出的程序会出现错误的原因很多，具体地说，主要有如下几点。

1）交流不够、交流上有误解或者根本不进行交流。在系统需求不清晰的情况下进行开发。

2）软件复杂性。图形用户界面（GUI），客户/服务器结构，分布式应用，数据通信，超大型关系型数据库以及庞大的系统规模，使得软件及系统的复杂性呈指数增长，没有现代软件开发经验的人很难理解它。

3）程序设计错误。像所有的人一样，程序员也会出错。

4）需求变化。需求变化的影响是多方面的，客户可能不了解需求变化带来的影

响，也可能知道但又不得不那么做。需求变化的后果可能是系统要重新设计，设计人员的日程需要重新安排，已经完成的工作可能要重做或者完全抛弃，对其他项目也可能产生影响，硬件需求可能要因此改变等。如果有许多小的需求改变或者一次大的变化，项目各部分之间可能会相互影响而导致更多问题的出现，需求改变带来的复杂性可能导致错误，还可能影响工程参与者的积极性。

5）时间压力。软件项目的日程表很难做到准确，很多时候需要预计和猜测。当最终期限迫近或关键时刻到来之际，错误也可能随之而至。

6）设计人员过于自负。结果只能是引入错误。

7）代码文档贫乏。缺乏文档或者文档不规范使得代码维护和修改的工作异常艰辛，其结果是带来许多错误。事实上，许多机构并不鼓励其程序员为代码编写文档，也不鼓励程序员将代码写得清晰和容易理解，相反他们认为少写文档可以更快地进行编码，无法理解的代码更易于工作的保密（写得艰难必定读得痛苦）。

8）开发工具。可视化工具、类库、编译器、脚本工具等，它们常常会将自身的错误带到应用软件中。就像我们所知道的，没有良好的工具作为基础，使用面向对象的技术只会使项目变得更复杂。

所有在程序编制完成以后要进行的调试工作，即程序调试。所谓程序调试，就是在计算机上用各种可能的数据和操作条件反复地对程序进行试验，用以查找错误的位置和原因，并改正错误。调试中发现错误越多，说明调试的收效越大，越成功。程序调试工作量约占系统实施工作量的40％～60％。因此，认真做好应用程序调试工作是非常重要的工作。

程序调试分为程序分调与联调两大步，程序分调包括单个程序（如输入程序、查询程序、报表程序等）的调试和模块调试。对单个程序进行语法检查和逻辑检查的工作一般由程序的编写人员自己完成；模块调试的目的是保证模块内部控制关系的正确和数据处理功能的正确，同时测试其运行效率。联合调试是对若干个程序或某一子系统的调试。它是在程序分调的基础上，对系统中程序之间的调用关系和数据传输关系进行的调试。如上层模块如何调用下层模块，在调用时传递的控制信息和数据是否正确，下层模块是否能正确接收上层模块传递的控制信息参数，是否能按要求完成相应的处理功能，下层模块出现问题时反馈信息如何影响上层模块等。联调包括分系统调试和系统总调试。只有全部分系统都调试通过之后，方可再转入系统总调试。联调的目的是发现系统中属于分系统相互关系方面的错误和缺陷。因此，分系统调试和系统总调的主要目标不是查找程序内部逻辑错误。

程序调试中最主要的工作是测试，测试的目的有两种，一种是为了尽可能多地找出程序软件错误，另一种是为了对系统的质量做出评价。在调试阶段，测试要以查找错误为主要目的，测试应该针对软件比较复杂的部分或是以前出错比较多的位置。

作为软件开发的重要环节，软件测试越来越受到人们的重视。随着软件开发规模的增大、复杂程度的增加，以寻找软件中的错误为目的的测试工作就显得更加困难。

因此，为了尽可能多地找出程序中的错误，生产出高质量的软件产品，加强对测试工作的组织和管理就显得尤为重要。

例如，在20世纪80年代初期，Microsoft公司的许多软件产品出现了“Bug”。如在1981年与IBM PC机一起推出的BASIC软件，用户在用“1”（或者其他数字）除以10时，就会出错。在FORTRAN软件中也存在破坏数据的“Bug”。由此激起了许多采用Microsoft操作系统的PC厂商的极大不满，而且很多个人用户也纷纷投诉。

Microsoft公司的经理们发觉很有必要引进更好的内部测试与质量控制方法。但是遭到很多程序设计师甚至一些高级经理的坚决反对，他们固执地认为在高校学生、秘书或者外界合作人士的协助下，开发人员可以自己测试产品。在1984年推出Mac机的Multiplan（电子表格软件）之前，Microsoft曾特地请Arthur Anderson咨询公司进行测试。但是外界公司一般没有能力执行全面的软件测试。结果，一个会导致严重数据损毁的“Bug”迫使Microsoft公司为它的两万多名用户免费提供更新版本，代价是每个版本10美元，可谓损失惨重。

痛定思痛后，Microsoft公司的经理们得出一个结论：如果再不成立独立的测试部门，软件产品就不可能达到更高的质量标准。IBM和其他有着成功的软件开发历史的公司便是效法的榜样。但Microsoft公司并不照搬IBM的经验，而是有选择地采用了一些看起来比较先进的方法，如独立的测试小组，自动测试以及为关键性的构件进行代码复查等。Microsoft公司的一位开发部门主管戴夫·穆尔回忆说：“我们清楚不能再让开发部门自己测试了。我们需要有一个单独的小组来设计测试方案，进行测试，并把测试信息反馈给开发部门。这是一个伟大的转折点。”

但是有了独立的测试小组后，并不等于万事大吉了。自从Microsoft公司在1984年与1986年之间扩大了测试小组后，开发人员开始“变懒”了。他们把代码扔在一边等着测试，忘了只有开发人员自己才能避免程序出错、防患于未来。此时，Microsoft公司历史上第二次大灾难降临了。原定于1986年7月发行的Mac机的Word 3.0，发布时间一再推迟到1987年2月。这套软件竟然有700多处错误，有的错误可以破坏数据甚至摧毁程序。这使Microsoft名声扫地，公司不得不为用户免费提供升级版本，费用超过了100万美元。

从系统的生存周期看，测试往往指对程序的测试，这样做的优点是被测对象明确，测试的可操作性相对较强。但是，由于测试的依据是规格说明书、设计文档和使用说明书，如果设计有错误，测试的质量就难以保证。即使测试后发现是设计的错误，这时，修改的代价是相当昂贵的。因此，较理想的做法应该是对系统的开发过程，按系统开发各阶段形成的结果，分别进行严格的审查。

当设计工作完成以后，就应该着手测试的准备工作了，一般来讲，由一位对整个系统设计熟悉的设计人员编写测试大纲，明确测试的内容和测试通过的准则，设计完整合理的测试用例，以便系统实现后进行全面测试。

（一）测试组织方式

在系统实现组将所开发的程序经验证后，提交测试组，由测试负责人组织测试，测试一般可按下列方式组织：

首先，测试人员要仔细阅读有关资料，包括规格说明、设计文档、使用说明书及测试大纲、测试内容及测试的通过准则，全面熟悉系统，编写测试计划，设计测试用例，作好测试前的准备工作。

为了保证测试的质量，将测试过程分成几个阶段，即代码会审、单元测试、集成测试和验收测试。

1. 代码会审

代码会审是由一组人通过阅读和讨论对程序进行静态分析的过程。会审小组由组长、2～3名程序设计和测试人员及程序员组成。会审小组在充分阅读待审程序文本、控制流程图及有关要求、规范等文件基础上，召开代码会审会，程序员逐句讲解程序的逻辑，并展开热烈的讨论甚至争议，以揭示错误的关键所在。实践表明，程序员在讲解过程中能发现许多自己原来没有发现的错误，而讨论和争议则进一步促使了问题的暴露。例如，对某个局部性小问题修改方法的讨论，可能发现与之有关系的模块的问题，甚至能涉及模块的功能说明、模块间接口和系统总结构的大问题，导致对需求的重定义、对系统重新设计，大大改善了软件的质量。

2. 单元测试

单元测试集中在检查软件设计的最小单位——模块上，通过测试发现该模块实现的功能与定义该模块的功能说明不符合的情况，以及编码的错误。由于模块规模小、功能单一、逻辑简单，测试人员有可能通过模块说明书和源程序，清楚地了解该模块的I/O条件和模块的逻辑结构，应采用结构测试（白盒法）的用例，尽可能达到彻底测试，然后辅之以功能测试（黑盒法）的用例，使之对任何合理和不合理的输入都能鉴别和响应。高可靠性的模块是组成可靠系统的坚实基础。

3. 集成测试

集成测试是将模块按照设计要求组装起来同时进行测试，主要目标是发现与接口有关的问题。如数据穿过接口时可能丢失；可能由于疏忽，一个模块对另一个模块造成有害影响；把子功能组合起来可能不会达到预期的主功能；个别看起来是可以接受的误差可能积累到不能接受的程度；全程数据结构可能有错误等。

4. 验收测试

验收测试的目的是向未来的用户表明系统能够像预定要求那样工作。经集成测试后，已经按照设计把所有的模块组装成一个完整的软件系统，接口错误也已经基本排除了，接着就应该进一步验证软件的有效性，这就是验收测试的任务，即软件的功能和性能是否与用户提出的需求相符。

经过上述的测试过程对软件进行测试后，软件基本满足开发的要求，测试宣告结束，经验收后，将软件提交用户。

（二）测试策略

在系统测试中，根据不同阶段测试的特点，分别制定不同的测试策略，采用白盒测试和黑盒测试的方法来进行测试。

1. 黑盒测试

黑盒测试也称功能测试或数据驱动测试，它是在已知产品所应具有的功能的条件下，通过测试来检测每个功能是否都能正常使用，在测试时，把程序看作一个不能打开的黑盆子，在完全不考虑程序内部结构和内部特性的情况下，测试者在程序接口进行测试，它只检查程序功能是否符合需求规格说明书的规定，程序是否能适当地接收输入数据并且产生正确的输出信息，还要保持外部信息（如数据库或文件）的完整性。黑盒测试方法主要有等价类划分、边值分析、因—果图、错误推测等，主要用于软件确认测试。“黑盒”法着眼于程序外部结构、不考虑内部逻辑结构、针对软件界面和软件功能进行测试。“黑盒”法是穷举输入测试，只有把所有可能的输入都作为测试情况使用，才能以这种方法查出程序中所有的错误。人们不仅要测试所有合法的输入，而且还要对那些不合法但是可能的输入进行测试。

2. 白盒测试

白盒测试也称结构测试或逻辑驱动测试，它在了解产品内部工作过程的前提下，通过测试来检测产品内部动作是否按照规格说明书的规定正常进行，按照程序内部的结构测试程序，检验程序中的每条通路是否都能按预定要求正确工作，而不关心它的功能，白盒测试的主要方法有逻辑驱动、基路测试等，主要用于软件验证。

“白盒”法全面了解程序内部逻辑结构、对所有逻辑路径进行测试。“白盒”法是穷举路径测试。在使用这一方案时，测试者必须检查程序的内部结构，从检查程序的逻辑着手，得出测试数据。贯穿程序的独立路径数有可能是天文数字，而且即使每条路径都测试了程序中仍然可能有错误。第一，穷举路径测试决不能查出程序违反了设计规范，即程序本身是个错误的程序。第二，穷举路径测试不可能查出程序中因遗漏路径而出错的情况。第三，穷举路径测试可能发现不了一些与数据相关的错误。

集成测试及其后的测试阶段，一般采用黑盒方法；单元测试的设计策略稍有不同。因为在为模块设计程序用例时，可以直接参考模块的源程序。所以单元测试的策略，总是把白盒法和黑盒法结合运用，具体做法有两种。

1）先仿照上述步骤用黑盒法提出一组基本的测试用例，然后用白盒法作验证。如果发现用黑盒法产生的测试用例未能满足所需的覆盖标准，就用白盒法增补新的测试用例来满足它们。覆盖的标准应该根据模块的具体情况确定。对可靠性要求较高的模块，通常要满足条件组合覆盖或路径覆盖标准。

2）先用白盒法分析模块的逻辑结构，提出一批测试用例，然后根据模块的功能用黑盒法进行补充。

三、Web信息系统测试方法

随着Internet和Intranet/Extranet的快速增长，Web已经对商业、工业、银行、财政、教育、政府和娱乐及人们的工作和生活产生了深远的影响。许多传统的信息和数据库系统正在被移植到互联网上。范围广泛的、复杂的分布式应用正在Web环境中出现。

在基于Web的信息系统开发中，如果缺乏严格的测试，在开发、发布、实施和维护Web的过程中，就可能会碰到一些严重的问题，系统失败的可能性很大。在Web工程过程中，基于Web的系统测试与传统的软件测试不同，它不但需要检查和验证系统是否按照设计的要求运行，而且还要测试系统在不同用户的浏览器端的显示是否合适。重要的是，还要从最终用户的角度进行安全性和可用性测试。

以下从功能、性能、可用性、客户端兼容性、安全性等方面介绍基于Web的信息系统测试方法。

（一）功能测试

1. 链接测试

链接测试可分为三个方面。首先，测试所有链接是否能正确链接到目的页面；其次，测试所链接的页面是否存在；最后，保证Web应用系统上没有孤立的页面，所谓孤立页面是指没有链接指向该页面，只有知道正确的URL地址才能访问。

链接测试可以自动进行，现在已经有许多工具可以采用。链接测试必须在集成测试阶段完成，也就是说，在整个Web应用系统的所有页面开发完成之后进行链接测试。

2. 表单测试

测试提交操作的完整性，以校验提交给服务器的信息的正确性。同时对表单的选择校对信息过滤等进行测试。

3. Cookies测试

测试的内容包括Cookies是否起作用，是否按预定的时间进行保存，刷新对Cookies有什么影响等。

4. 设计语言测试

Web设计语言版本的差异可能引起客户端或服务器端的严重问题，例如使用哪种版本的HTML等。当在分布式环境中开发时，这个问题就显得尤为重要。除了HT-ML的版本问题外，不同的脚本语言，例如Java、JavaScript、ActiveX、VBScript或Perl等也要进行验证。

5. 数据库测试

在使用了数据库的Web应用系统中，有可能发生两种与数据库操作有关的错误，数据一致性错误和输出错误。数据一致性错误主要是由于用户提交的表单信息不正确而造成的，而输出错误主要是由于网络速度或程序设计问题等引起的，针对这两种情况，可分别进行测试。

（二）性能测试

1. 连接速度测试

运用不同的上网方式，对连接速度进行测试

2. 负载测试

负载测试是为了测量Web系统在某一负载级别（如某个时刻同时访问Web系统的用户数量，或是在线处理的数据数量）上的性能，以保证Web系统在需求范围内能正常工作。负载测试应该安排在Web系统发布以后，在实际的网络环境中进行测试。

3. 压力测试

压力测试的目的是测试系统的限制和故障恢复能力，也就是测试Web应用系统会不会崩溃，在什么情况下会崩溃。黑客常常向系统发送错误的数据，直到Web应用系统崩溃，接着当系统重新启动时获得存取权。

压力测试的区域包括表单、登陆和其他信息传输页面等。

（三）可用性测试

1. 导航测试

导航测试主要测试用户导航功能的易用性、可用性。Web应用系统的页面层次一旦确定，就要着手测试用户导航功能，让最终用户参与这种测试，效果将更加明显。

2. 图形测试

图形测试的内容有以下三点：

1）要确保图形有明确的用途，图片或动画不要胡乱地堆在一起，以免浪费传输时间。Web应用系统的图片尺寸要尽量地小，并且要能清楚地说明某件事情，一般都链接到某个具体的页面。

2）验证所有页面字体的风格是否一致。

3）背景颜色应该与字体颜色和前景颜色相搭配。

图片的大小和质量也是一个很重要的因素，一般采用JPG或GIF格式压缩。

3. 内容测试

内容测试用来检验Web应用系统提供信息的正确性、准确性和相关性。

4. 整体界面测试

整体界面是指整个Web应用系统的页面结构设计，是给用户的一个整体印象。例如：当用户浏览Web应用系统时是否感到舒适，是否凭直觉就知道要找的信息在什么地方；整个Web应用系统的设计风格是否一致。

对整体界面的测试过程，其实是一个对最终用户进行调查的过程。一般Web应用系统采取在主页上链接调查问卷的形式，来得到最终用户的反馈信息。

所有的可用性测试，都需要有外部人员（与Web应用系统开发没有联系或联系很少的人员）的参与，最好是最终用户的参与。

(四）客户端兼容性测试

1. 平台测试

在Web系统发布之前，需要在各种操作系统下对Web系统进行兼容性测试。

2. 浏览器测试

浏览器是Web客户端最核心的构件，来自不同厂商的浏览器对Java、JavaScript、ActiveX、插件或不同的HTML规格有不同的支持。测试浏览器兼容性的一个方法是创建一个兼容性矩阵，在这个矩阵中测试不同厂商、不同版本的浏览器对某些构件和设置的适应性。

(五）安全性测试

Web应用系统的安全性测试主要有：

1）测试系统对输入有效和无效的用户名和密码的响应，要注意到是否对大小写敏感，对尝试登录次数的限制，是否可以不登陆而直接浏览某个页面等。

2）超时限制测试，也就是说，用户登录后在一定时间内（例如15分钟）没有点击任何页面，是否需要重新登陆才能正常使用。

3）测试操作信息是否写进了日志文件、是否可追踪。

4）测试加密是否正确，检查信息的完整性。

5）测试授权服务器端放置和编辑脚本的问题。

第三节　系统实施的准备工作

系统实施是非常复杂的系统工程，准备工作不充分，必然会带来麻烦，使系统的实施难以进行。系统实施的准备工作主要是编写系统使用手册、人员组织与培训等。

一、系统文档资料的准备

总体规划、系统分析、系统设计、系统实施、系统测试等各项工作完成以后，应有一套详细、完整的开发文档资料。这套资料不仅是开发人员工作的依据，也是用户运行系统、维护系统的依据，因此，在系统交付使用之前，应把这些资料准备好，形成规范的文件和系统一块交付用户使用。

（一）系统开发报告

1）系统分析报告。
2）系统设计报告。
3）系统实施报告。

（二）程序说明书

1）整个系统程序包的说明。
2）系统流程图和程序流程图。
3）程序清单。

（三）系统使用手册

1. 系统简介

1）运行环境（网络的拓扑结构，软件环境配置）。
2）应用系统介绍（总体功能结构图，性能特点等）。

2. 系统运行操作说明

1）进入与退出系统的方法。
2）系统功能调度与各功能模块的运行操作说明。
3）有关系统操作规程。
4）输入数据的收集和预处理说明。
5）输出报表的解释与使用说明。

3. 系统管理与维护的事项

1）系统管理与操作人员的责任与分工。

2）系统保密与安全管理的措施。

3）设备与程序系统维护指南。

4）数据备份与恢复的方法。

二、人员培训

管理信息系统是一个人机系统，为保证其正常运行，需要许多人参与这项工作，这些人习惯使用现有系统，他们熟悉或精通原来的工作形式，但缺乏有关新系统的知识。为了保证新系统的顺利使用，必须提前对有关人员进行培训，一般情况下需要对以下三类人员进行培训。

1. 事务管理人员

新系统能否顺利运行并获得预期目标，在很大程度上与这些第一线的事务管理人员有关。因此，应通过培训，让他们从心理上到行动上都接受新系统。

培训可以通过讲座、报告的形式，向事务管理人员说明新系统的目标、功能、系统的结构及运行过程，以及对企业组织机构、工作方式等产生的影响。培训时，必须做到通俗、具体，尽量不采用与实际业务领域无关的计算机术语。

2. 系统操作人员

系统操作员是管理信息系统的直接使用者，他们直接影响系统的正常运行。统计资料表明，管理信息系统在运行期间发生的故障有41％是由于使用不当造成的。

对系统操作员的培训应该提供比较充分的时间，除了学习必要的计算机硬件、软件知识，以及键盘指法、汉字输入等训练外，还必须向他们讲授新系统的工作原理、使用方法、简单出错的处理等知识。通常，在系统开发阶段就可以让系统操作员一起参加。例如：录入程序和数据，这样便于他们熟悉新系统的使用方法。

3. 系统维护人员

系统维护人员需要具有一定的计算机硬件、软件知识，并对新系统的原理和维护知识有较深刻的理解。在较大的企业或部门中，系统维护人员一般由计算机中心的专业技术人员担任。

三、数据准备

新系统真正运行之前，一项十分艰巨的工作是数据准备。如果老系统是一个手工系统，还往往要将手工处理的数据如账本、人事卡片、票据等信息，正确录入到计算机系统中。

由于系统运行所需要的数据可能是一年甚至几年的数据，录入这些数据需要花费大量的人力、财力和时间。因此，必须制定录入计划以便合理安排人力和录入进度，并检查录入质量，从而保证系统的正常运行。对于已有的计算机系统上的文件，则可以通过合并和更新的方法转入新系统。但若是从一个普通的数据文件转换到数据库系统中去，往往需要改组或重建文件，因而较为复杂且耗时。

四、系统初始化

信息系统从开发完成到投入应用必须经过一个初始化的过程。系统初始化包括对系统的运行环境和资源进行设置，系统运行和控制参数设定，数据加载以及调整系统与业务工作同步等内容。其中数据加载是工作量最大且时效性强的重要环节，因为大量的原始数据需要一次性输入系统，而且企业的生产、经营、管理业务活动还在不断产生新的信息和数据，如果不能在有限时间内将数据输入完毕并启用系统，则新的数据变化会造成系统中的数据失效。系统初始化中大量的数据加载工作是系统启动的先决条件，并且大多是由手工输入完成的，因此，要注意采取一定的查错和纠错手段来保证数据输入的正确性。

数据初始化环节是系统实施阶段的重要环节，初始化数据包括系统参数、静态数据、期初数据。系统参数和静态数据一般包括：物料资料、供应商资料、客户资料、计量单位及转换资料、会计科目表、会计期及制造期、物料成本及价格资料、各种处理码等。期初数据主要包括：库存结存（按仓库及货位、可用和不可用分开）、车间在制品（分在制量及在制值）、科目余额、应收余额（分已开票和待开票）、应付余额（分已开票和待开票）、未发货的销售订单、未到货的采购单等。数据初始化环节必须注意如下几个问题。

1）系统参数由系统主管负责，设置时必须慎重，应先形成文档，经审核后再输入到系统中，每次修改时，注意关联影响并做好更改记录。

2）静态数据的收集、整理是一项很繁琐的工作，工作量大，涉及面广。由于企业管理方式以及企业管理水平的差异，静态数据的完整性也存在着较大的差异。对于静态数据不完整的企业，企业必须对基础数据进行规范、确定企业数据编码标准；对于已有静态数据的企业（或在旧系统上已使用的）须按照新系统要求重新整理，并由部门进行整理。

3）期初数据处理时要考虑期初数据的截数点和时间差，如应收、应付的结账日期可能与库存的结账日期不同。录入时也要考虑好顺序。

4）数据初始化的过程中，必须安排好进度要求，并落实责任人。但在此过程中，经常会碰到因“特殊”情况而未能按计划执行的情况，此时必须及时组织会议，增加人力或加班以使计划不受影响。特别是期初数据的收集及录入工作，更不能拖延，否则期初会失去意义，因为企业的业务数据是动态的，如果期初录入拖期，系统只能采用补入期初至当前的发生数，拖期越长补的工作量就会越大，而且还会影响到月底工作的结束。

初始化成功的有效方法是保证计划按期执行，要保证计划按期执行必须制定好奖罚制度，发现不按时或数据不准确的情况，及时提出应变处理方法。

第四节　系统的试运行与系统的切换

系统通过调试后，接下来就是系统的试运行和新老系统的转换，这是系统调试和检测工作的延续，通过试运行，对系统的功能、质量进行检查、测试、分析和评价。这样可以保证系统最终使用时更安全、可靠、准确。

一、系统试运行

系统试运行阶段的主要工作是，对系统进行初始化、输入原始数据记录；记录系统运行的数据和状态；核对新老系统的输出结果；对系统的平均无故障时间、联机响应时间、数据吞吐量和处理速度、系统的使用率、操作的方便性与灵活性安全、保密性、功能的正确性、输出的准确性等性能指标进行测试与评价。

二、系统的转换

系统的转换指的是旧信息系统向新信息系统的转换过程，包括数据的转换、系统环境的转换、资料建档与移交。系统转换的方式有以下 4 种。

1. 直接转换

直接转换就是在原有系统停止运行的某一时刻，新系统立即投入运行，中间没有过渡阶段。用这种方式人力和资金最为节省，适用于新系统不太复杂或原有系统完全不能使用的情况。但新系统在转换之前必须经过严格的测试，同时，转换时应做好准备，以便在新系统不能达到预期目标时采取相应的应急措施。

2. 并行转换

新旧系统并行运行，经过一段时间考验，新系统才代替旧系统工作。这种方式耗费人力、物力和经费，一切业务处理均要设两套班子，但这种过渡方式可靠而平稳。如财会电算化系统的评审规定，该系统至少与手工系统并行运行三个月以上，并获得与手工系统一致的结果，方能通过鉴定并投入使用。采用并行转换的优点是风险小，在转换期间还可以同时比较新旧两个系统的性能。因此对于一些较大的管理信息系统，并行转换是一种常用的转换方式。但由于两个系统同时运行，因而消耗较大的人力和费用，需要事先进行周密计划并加强管理。并行运行的时间不宜太长，一般在两个月到一年之间。

3. 试运行转换

与并行转换类似，但新系统只作试验性运行，业务工作仍以旧系统为主。

4. 分阶段转换

分阶段转换是一种分期分批转换的方式，新系统按子系统或功能结构逐步替换旧系统，每次即可采用直接转换也可采用并行转换，视具体问题而定。一般比较大的系统均采用这种方式，它既保证系统过渡平稳，管理上也可行。但这种转换方式也有它的不足，由于接口复杂，会导致新系统和原系统之间的不匹配问题。

要使系统能够成功地从旧系统向新系统转换，必须进行良好的组织和计划。特别是在人力的组织上，要进行合理的调配。转换期间，开发人员和用户要密切配合。用户高层管理人员要给予支持，坚定信心。

案例分析

企业合同管理信息系统的实施

一、引言

合同管理是企业经营管理工作中的重要内容，加强企业合同管理，对保障企业合法权益，防范控制经营风险有着重要的意义。现代企业尤其是大型企业，都十分重视规范企业经营管理工作。当企业实施复杂的工程总承包项目，在项目投资巨大且工期紧张的情况下，加强合同管理，对促进建设项目的顺利进行、降低项目工程造价及提高企业效益方面有着更突出的现实意义。

在国外，从20世纪70年代初开始，随着工程项目管理理论研究和实际经验的积累，人们越来越重视对合同管理的研究。在发达国家，20世纪80年代前人们较多地从法律方面研究合同；在20世纪80年代，人们较多地研究合同事务管理（contract administration）；从20世纪80年代中期以后，人们开始更多地从项目管理的角度研究合同管理问题。近十几年来，合同管理已成为工程项目管理的一个重要的分支领域和研究的热点。它将项目管理的理论研究和实际应用推向新阶段。

合同管理作为企业管理中的重要一环，对合同数据的准确性、数据传输的安全性和业务处理的规范性有很高的要求。也正因如此，合同管理工作中繁琐的业务流程限制了管理人员工作效率的提高。另外，如何有效地利用庞大的合同历史数据，为合同管理人员提供必要的决策支持也成为一项新的课题。

二、合同管理信息系统概述

天津水泥工业设计研究院有限公司（下称水泥院）合同管理信息系统从2006年4月开始进行需求调研并实施，审计部、财务部、信息中心、采购部、工程管理部、设计管理部、海外事业部、市场部以及下属各公司人员参与了调研活动。在此次实施合同管理系统之前，财务部已实现总账方面的信息化，本次信息化的内容是“合同管理”和“应收、应付”模块，实现合同管理与财务核算的一体化。

1. 合同管理的组织结构

合同管理的组织结构如图 6.1 所示。

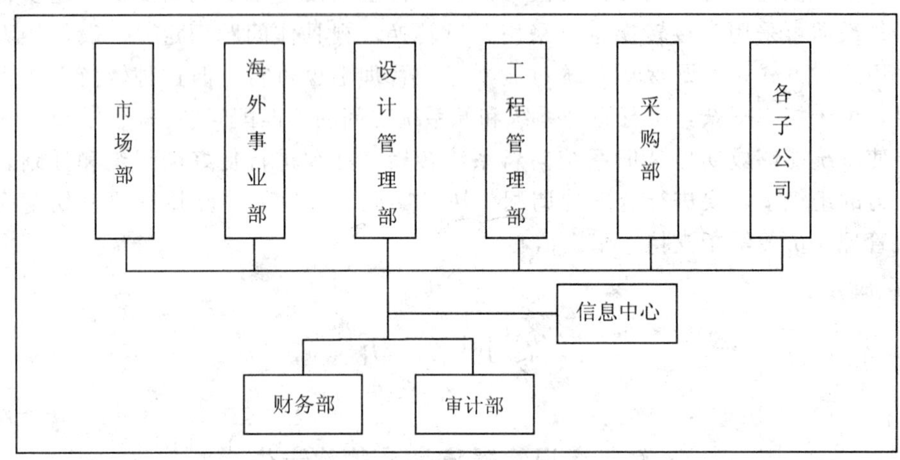

图 6.1 组织结构

2. 企业需求分析

(1) 规范管理的需要

水泥院业务比较广泛，涉及合同类型有总包合同、设备销售合同、设计合同、安装分包合同、土建包合同、设备采购分包合同、服务合同等。不同类型的合同管理起来又有不同的特点，实施合同管理信息系统之前，下属公司及部门大多通过 excel 表格来进行合同的管理，数据难以实现共享，不便于合同的动态管理与监督。随着水泥院业务的发展，传统的手工合同管理模式已经越来越不符合企业发展的要求，如何对合同实行规范化的管理，成为企业信息化首先要解决的问题。

(2) 财务管理的需要

由于合同数据分散在各个部门，共享性差，业务部门与财务部门对不上账的情况时有发生，不便于财务数据的汇总分析。而合同的执行状况直接反映了公司的资金运行状况，对于正确有效的财务分析预测也是一个必不可少的前提。

(3) 项目管理的需要

合同管理是项目管理的核心内容，项目的管理归根结底还是对合同执行进度的控制与管理。合同管理作为工程项目管理的一个重要的组成部分，它必须融合于整个工程项目管理中。要实现工程项目的目标，必须对全部项目、项目实施的全过程和各个环节、项目的所有工程活动实施有效的合同管理。

（4）国际工程管理的需要

合同管理是工程管理的重要内容，规模较大的工程承包项目合同的执行要一两年甚至更长时间才能完成，如果多个合同同时执行，这么多的合同一起管理势必需要占用管理人员很多的时间和精力，当出现合同管理人员调整的时候，合同的交接工作也是一个很大的问题，这就需要一种更为高效便捷的方法来管理工程合同，并且这种方法能使新的管理人员及时掌握和了解，避免交接工作带来的问题。同时，实行合同管理也有助于提高公司的工程管理质量，增强我们在国际水泥工程行业的竞争力，为迎接国际化大趋势中更为严峻的挑战做好准备。

（5）合同安全管理的需要

合同的第一管理者往往掌握着合同的全部资料，管理上存在依赖性，这种现象有可能导致合同管理的中断，生产经营存在一定的隐患，企业数据安全性面临一定的风险，如果能利用信息化手段集中管理所有合同，并按照管理人员的职权范围赋予不同的权限，对合同实行多层次的垂直化管理，加强对服务器的安全管理和对管理人员的安全教育，就会大大提高合同管理的安全性，确保企业经营稳定安全运行。

三、合同管理信息系统的实施

水泥院合同管理信息系统的实施主要经历了需求调研、系统培训、系统实施几个阶段。

1. 需求调研

调研工作主要针对设计管理部、工程管理部和各公司展开，我们通过调研工作集合了各部门不同的意见和需求。

实际工作中的不同部门合同管理有自己的特点，例如工程管理合同和设计管理合同，合同的执行是按照项目的执行阶段来确认合同执行进度的，而不同的项目区分阶段的标准可能不同，有的可能把几个阶段合并，或者把一个阶段划分成多个阶段，阶段划分的不一致给合同管理标的的划分带来一定的困难。该系统是通过把可能出现的不同的阶段看成合同标的，然后确定合同的标的时进行选择来实现的；对于设备公司，大型的设备制造合同是按照设备制造进度来催要进度款，在该系统中是按照制造阶段折算成百分比来确定应收款项的。

2. 系统培训

在实施的过程中，我们对系统参与人员作了大量培训工作，让其了解合同管理的各个概念和流程。培训主要采用集中讲座培训和单独的培训指导相结合的方式来进行，确保每一个参与项目的人员都能独立进行合同的录入、查询以及对报表进行分析等操作。

集中培训主要是讲授合同管理系统总体流程及业务操作流程，图 6.2 为合同管理总体流程介绍，图 6.3 为合同管理系统业务操作流程。

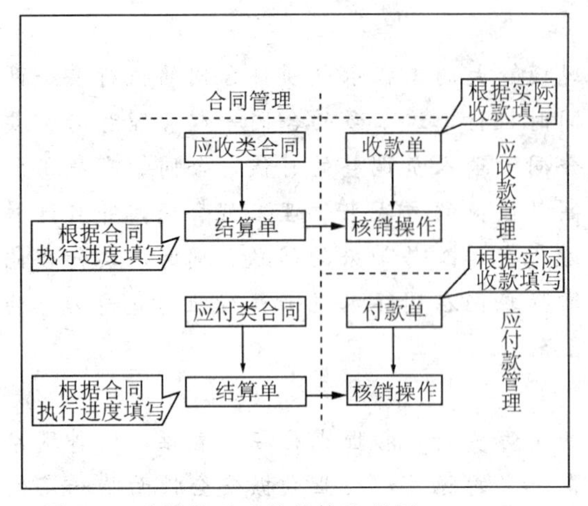

图 6.2 合同管理系统总体流程图

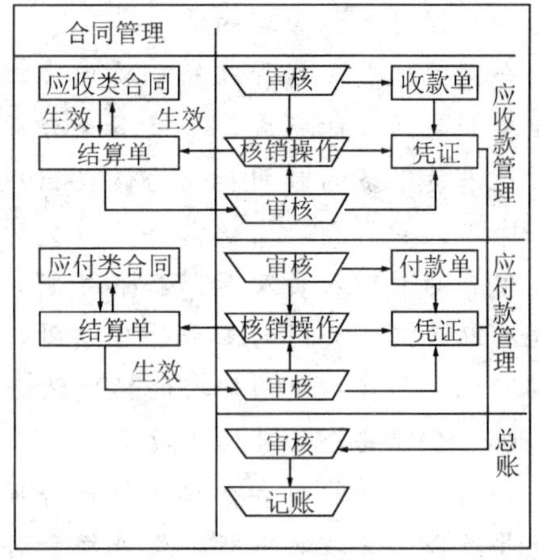

图 6.3 合同管理系统业务操作流程

3. 系统实施

系统实施包括对系统进行基础设置及合同的录入、合同结算单的录入、收/付单的录入及核销处理、合同查询和统计报表等几个部分。

(1) 基础设置及合同的录入

基础设置主要包括对基础档案及合同基本信息进行录入与维护，基础档案包括机构人员、客商信息、存货、财务及结算方式等，这些信息都是在录入合同的时候需要的。

合同的录入包括对签订的合同进行适当分类，不同的部门负责录入不同类型的合同，同一个部门将不同的合同进行分类。总承包合同的签订、执行情况如图 6.4 所示，录入分类情况如图 6.5 所示。

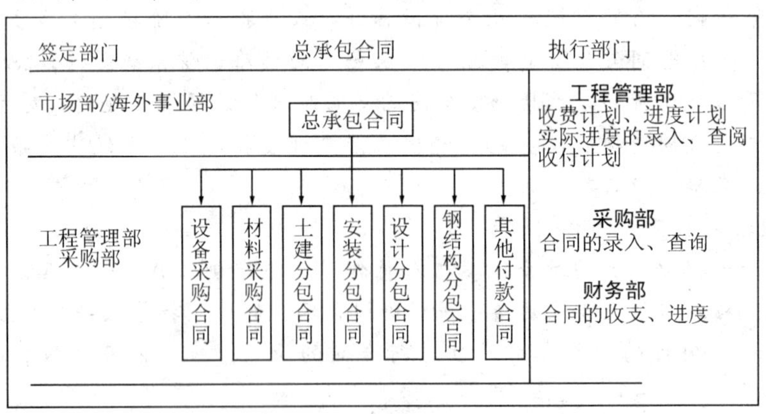

图 6.4 总承包合同签订、执行情况

单个合同的录入主要包括以下几个方面：合同概要的录入，包括合同编码、合同名称、合同类型、对方单位、签订日期、结束日期、合同金额及双方负责人等一些关

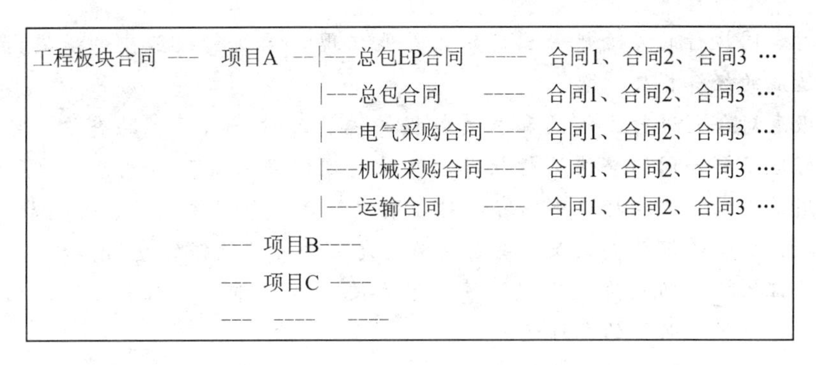

图 6.5　总承包合同录入分类情况

于合同的基本信息；收款计划，设置收款计划的地方；合同标的，设置合同标的、数量、金额及税率、折扣率和合同执行金额等；合同条款，详细列出合同涉及的设计、法律条款，需要详细阅读纸质合同；大事记，记述合同执行期间发生的里程碑标志的大事，便于管理人员了解合同进展情况；附件，可以附上有关合同的扫描文件及涉及的合同附属文件，便于查阅。

合同概要部分录入的合同信息越全面越便于以后的合同查阅和管理。收款计划则体现了合同管理的进度控制思想，根据合同的执行进度设置相应的收款计划，在执行过程中还可以变更。

正因为合同管理在财务管理、工程管理中具有重要作用，所以要确保合同录入数据的准确性，它直接关系到统计数据的正确与否，合同数据录入是一项需要细心、耐心的很重要的工作，要想真正实现合同的管理与控制，准确无误地录入合同是首要的一步。公司各部门、各公司的合同录入人员在录入合同的时候要和管理人员做好充分的沟通，实际上录入过程就是对具体合同详细深入了解的过程。

(2) 合同结算单的录入

合同结算单就是合同生效后，合同执行到一定进度，由合同管理人员录入的一张收/付款凭证，实际合同结算单可以理解为应收/付进度款。合同录入人员和业务人员充分沟通后录入合同结算单，然后和财务的收款单/付款单进行核销确认已收/付和应收/付。

(3) 收/付款单的录入及核销处理

财务部门根据实际收付款情况进行收/付款单据的录入和审核，然后由业务部门将合同计算单与收/付款单据进行核销处理。核销完成后合同管理人员在具体的合同中就能看到该合同总额、应收款、已收款的数量，及时了解和控制施工、设备制造的进度。

(4) 合同查询和统计报表

在合同录入核对无误并生效后管理人员可以按照管理权限对自己管理范围内的合同进行查阅。查阅的过程也是对合同执行状况进行管理和控制的过程，通过设置好的权限，合同管理人员可以监控到每一个负责范围之内合同的执行阶段、收付款情况，可以及时对合同执行的风险性做出评价，并能发现合同执行过程中的疏漏，避免由于管理不当造成的经济损失。

合同报表对合同进行了汇总和相关数据的统计，对合同报表的查询，可以帮助管理人员更好地了解合同的整体运行状况，及时发现问题对管理者的经营决策起到一定的指导作用。查询主要包括以下内容：对合同执行表、合同变更表、合同履行跟踪表、合同收付款分析表的汇总查询及一些自定义的复杂的统计数据的查询。

经过验证的报表功能为财务部门带来了方便，财务部门可以直接从这里获取企业经营数据，避免了不必要的繁琐运算。

四、合同管理系统实施后的评价

合同管理信息系统的实施结束了水泥院在合同管理方面各自一套标准的局面，实现了合同规范化的动态管理与监督，避免了财务和业务部门数据不一致的问题。为更好更快地实现项目管理和国际工程管理奠定了基础。从各部门公司的使用情况来看，主要有以下几个方面的益处。

1. 经济效益

由于实现了合同的高效规范化管理，从部门或子公司合同管理人员、部门或子公司领导到总公司考核部门、总公司领导都可以通过合同管理信息系统合同进行分级管理、垂直化控制管理，避免了可能存在的管理漏洞带来的损失。

由于打破了各部门各公司各自为政的合同管理局面，实现了数据的共享，避免了财务部门与业务部门收/付款数据不一致的情况，直接避免了由于部门协调问题给企业带来损失的可能。

由于提高了工程项目的管理效率，提高了管理质量，降低了管理成本，间接为公司创造了效益。

2. 用户满意度

随着合同管理信息系统实施的深入，合同管理人员逐渐了解了系统对管理带来的帮助，开始从整个企业而不是单个部门来考虑管理问题，由开始的不理解转为对合同管理软件的理解与支持，转变了管理思想，通过大家的积极参与，经过项目组成员的认真工作，系统得到了大家的认可。

3. 社会效益

合同管理信息系统实施以来，我院的管理水平逐步提高，适应了国际工程管理的需要，不仅提高了国内市场的竞争能力，同时也提高了在国际市场的竞争能力。

五、结论

先进管理方法的运用首先需要管理人员提高自身的计算机操作水平和管理水平，信息化中出现的问题需要业务部门、技术部门共同想出解决问题的思路，这是管理思想方面的变革，是优秀的管理思想和不断通过实践完善的过程，这需要优秀的管理人员的参与和实践的检验，然而管理思想是不断变化的，新的形式、新的团队都需要新的管理方法，所以信息化不可能是一蹴而就的，也不可能是一劳永逸的。

在系统实施的过程中也遇到了一些问题，有的管理人员满足于excel表格管理合同的方式给单个部门带来的便捷，却不能从企业的角度来思考问题，这需要管理人员管理思想的提高；有的管理人员对合同管理的安全性重视不够，大多是因为对合同管理不够重视，对合同管理的意义没有更深刻地理解，除了技术上加强系统权限管理之外，对合同管理人员加强信息安全方面的培训，思想上增强管理人员的安全意识更为重要。

另外，合同管理系统在实施的过程中还遇到一些技术方面的问题，比如说对系统的稳定性依赖过强，还需要技术人员进一步开发和完善，尽管还有许多地方需要改进，但合同管理的基本目标已经达到，合同管理信息化已初具雏形，相信通过不断的优化完善，合同管理信息系统会在工程建设中发挥越来越重要的作用。

（资料来源：史明强，企业合同管理信息系统的实施，水泥技术，2008.1）

思考题

1. 该系统实施的成功经验有哪些？
2. 该系统实施中的问题有哪些，应如何解决？

本章思考题

1. 系统实施工作的主要任务是什么？各项工作存在什么关系？
2. 对程序设计有哪些要求？
3. 系统的调试包括哪几个步骤？每个步骤要解决的问题是什么？
4. 数据录入工作的内容是什么？如何保证数据录入的正确性？
5. 系统初始化的内容是哪些？
6. 为什么要进行系统文档资料的准备？系统文档资料包括哪些？
7. 怎样才能建立良好的编程风格？
8. 简述系统测试的过程。
9. 得到测试用例的基本方法有几种，如何应用这些测试方法？
10. 如何进行基于Web的信息系统测试？
11. 系统转换有哪些方式？这些方式各有什么优缺点。

第七章　系统的管理与维护

学习目的与要求

本章重点讲解信息系统的组织与管理、安全性与内容控制、系统评价和系统维护的内容。通过本章的学习，掌握信息系统组织与管理的内容，系统安全性与内部控制的概念和方法、系统评价的指标体系和系统维护的主要内容。

阅读材料

Oracle的计算机黑客指纹检查设备

过去防范黑客进入公司数据库的方法是采用复杂的身份编号和口令。尽管这些方法曾有些效果，但许多公司还是遭受到了黑客袭击。

Oracle是一家为大中型公司提供复杂数据库管理系统的大型数据库公司。为进一步防范黑客，Oracle向顾客提供Indentix的小型设备以侦察可能的黑客。

Indentix制造一个手掌大的设备，售价是500美元。这种设备让Oracle的顾客在用户访问存储在Oracle DBMS中的数据前检查他们的指纹。这个小设备能记录和检查用户的指纹。如果没有匹配的指纹，用户就会被拒绝访问。尽管没有一个保护系统是完全有效的，但Indentix的设备能极大地提高对数据库的保护。

指纹检查口令是生物鉴定的方法，是否能访问系统是根据这个人是谁而不是根据他知道什么，以前采用的口令和身份编号就是必须知道相关信息才能访问。实验性的生物鉴定包括扫描眼球和检查人的体味。

请问：为什么数据库管理系统的访问控制如此重要？没有充分的控制，公司数据库会发生什么情况？这种安全措施有什么缺点吗？

（资料来源：管理信息系统精品课程，芜湖职业技术学院，http：//www1. whptu. ah. cn/mis/article. asp？article_id＝680）

第一节　系统的组织与管理

一、信息系统的管理问题

进入管理信息系统的运行和维护阶段后，要确定专门的管理机构来负责系统的日常运行管理、系统文档规范管理、系统的安全与保密、信息系统的长远发展建设和信息的开发与利用，为管理与决策服务。在信息管理机构中要设置不同的岗位、同时合理配置人员。

二、信息管理部门和 CIO

（一）信息管理部门

要充分重视系统的运行管理，成立相应的运行组织管理机构。如信息中心或运行管理部门，该部门必须由一名高级管理人员来全面负责组织信息管理工作，信息系统内部的组织可采用集中与分散相结合的管理机制，主要的或共享资源应集中管理。而分布在其他部门的资源由有关部门分散管理。按照信息处理过程的特点，要建立管理信息系统的岗位责任制，要明确每个岗位的职责范围，切实做到事事有人管、人人有专责，办事有准则，工作有检查。建立岗位责任制，有利于信息管理工作规范化、程序化，有利于落实责任，提高工作效率、工作质量和业务水平。

信息系统建设的过程中，各单位可以按照新的工作流程和内部制度的要求，重新划分工作岗位，保证系统的安全性与保密性。例如电算化后的工作岗位可分为基本会计岗位和电算化会计岗位。基本会计岗位可分为会计主管、出纳、会计档案管理等；电算会计岗位是指直接操作、管理、维护信息系统的工作岗位，具体可分为：电算主管、软件操作、审核记帐、电算维护、电算审查、数据分析、软件开发等。

（二）人员与分工

1. CIO

到目前为止还没有严格的 CIO（chief information officer）定义，美国《CIO》杂志对 CIO 的定义是：CIO 是负责一个公司信息技术和系统所有领域的高级官员。他们通过指导对信息技术的利用来支持公司实际目标。他们具备技术和业务过程两方面的知识，常常是将技术调配战略与业务战略紧密结合在一起的最佳人选。

CIO 在企业中的战略地位是和信息资源的战略地位紧密联系在一起的，可以说 CIO 是为企业长远的战略发展而设立的职位。CIO 是维持现代企业正常运作的基本要素，在企业之中应该处于战略决策层，参与企业的战略制定、日常决策。CIO 对企业的战略意义包括：

1）CIO 是企业决策层的信息来源。现今社会，企业的决策能力取决于对信息的掌握能力。CIO 应该了解企业决策需要哪些方面的信息，并从运作机制上保证企业决策者能够及时地获取这些信息。

2）CIO 是企业应用现代管理思想的保障。现代企业普遍采用 ERP、商务智能系统等先进的信息系统来辅助进行管理决策。CIO 在企业中的职责之一就是要保证这样一套系统正常、有效地运行。

3）CIO是组织运作的精神中枢。如果把一个企业比喻成一个人体的话，信息系统在企业中就相当于神经系统，而CIO就是神经系统的总控单元，就是大脑中控制神经传输机制的部分。由于他的存在才可以有效协调各部门信息的共享。

4）CIO是组织学习、创新机制的重要组成部分。现代组织学习和技术创新都离不开信息技术，产品的信息含量与日俱增。因而CIO必须参加到企业技术创新的过程中，为组织创新提供信息上的保证。同时CIO也应该是总经理会议的成员，直接参与公司所有的高层管理与决策活动。

2. CIO的作用

1）CIO是信息化的鼓动者。要以满腔热情宣传和贯彻企业信息化战略，提高企业全体职工对信息化的认知度和理解力。信息化事业要“以人为本”，最终要求全员参与，才能成功。不能满足于“IT部门热，非IT部门冷”的状况，也不能停留在“领导层明白，基层人员不了解”的阶段。提高公司职员对信息化的认识程序，是信息主管的首要职责。

2）CIO是组织机构信息化战略的制定者。当信息化与组织机构自身业务发展紧密结合，并成为其发展战略的组成部分时，制订信息化战略立即成为十分重要的一项任务。信息主管的作用就在于根据组织机构业务发展的全局需要，制订正确而符合实际的信息化发展战略。实践证明，信息主管的这种贡献和作用往往是不可替代的，不是一般信息技术部门职能做到的。

3）CIO是重大信息化项目的组织者。如前所述，企业的重大信息化工程项目往往规模大，投资多，涉及面广，关键成功要素多元化。有时项目的规划和方案都是好的，方向也是对的，却因为缺乏科学的组织实施和严格的项目管理而陷入泥潭，最后以失败而告终，其损失不言而喻。一个懂得项目管理知识又善于领导实施团队的信息主管，对于重大项目的成功也是不可缺位的。

4）CIO是信息系统正常可靠运行的保障者。经验表明，重要信息系统的建设是一个过程，不可能毕其功于一役。对系统日常运行维护的管理，对信息资源的不断积累和对系统潜力的挖掘，对信息网络及信息安全的制度化审计以及根据业务发展和技术发展的要求，实现技术升级或采用新技术，都需要为之付出持续不懈的努力，才能使信息系统具有生命力，成为增强组织机构竞争力的原动力之一。

3. CIO的职责

1）CIO应全面负责组织内的信息资源的规划、开发、利用与管理。最大限度地发挥信息的作用，实现信息的增值，进而促进组织的竞争力，确保一个组织在迅速变化的网络时代能够立于不败之地。

企业的生存空间取决于它的资源整合能力，创业者投资获得厂房、设备、生产技术、员工等资源，为社会创造财富，获得发展空间。对于企业来说，信息资源包括企业内部的生产资料、人员资料，以及各种用来表达企业状态的资料。企业外部的信息资源同样丰富，对企业的各种决策意义同样重要，比如市场信息、客户信息、行业发展信息等。CIO的职责就是充分调动和配置所有的信息因素，尽一切可能扩大信息在增强组织竞争优势中的无可替代的作用，制定企业技术规划及协调实施；做好IT项目规划，不但要确保项目的运行，而且还要保证投资有效；不但要负责企业内部的IT应用，而且还要负责外部资源的有效运用及协调好企业与客户、供应商等利益相关的关系；做好培训工作等。

2）CIO要懂得公司所有的业务及其发展策略，包括每一个业务流程，如产、供、销各个环节及财务核算等。只有懂得这些，才能够协调和调动本部门IT资源及其他部门资源，调动业务人员。作为CIO，首先应考虑软件中的管理思想能不能满足现有的业务需求，同时还要非常了解和关注企业的IT战略。CIO必须明确公司的发展战略，以便能采用信息手段处理公司业务，增强核心竞争力。

3）CIO还要懂得如何处理和协调本部门与领导及其他各部门间的关系。CIO的工作需要得到CEO的理解和支持，也需要业务人员的共同协作和支持。所以，作为CIO必须向高层领导阐述自己的观点，让他加深对信息化和ERP项目的理解，从而推动项目的顺利进行。CIO有责任去导入先进理念、先进思想，同时要站在领导的角度，阐述其重要性。CIO要将先进思想导入采购、销售、财务等部门，让他们懂得方法之后，运用到业务流程中去，再组织IT部门去实践。所以CIO与业务部门的关系更大程度上是一种协作关系。

4）CIO必须能够对企业的信息资源进行很好的规划、设计以及管理，实现业务机制的平衡过渡。信息化实际上是对资源的重新整合、重新管理。如果CIO做不到这一点，企业的信息资源就很难调动起来，CIO也就根本不可能从战略的高度去规划企业的信息资源。CIO的决策要把握企业目前需要和理想目标之间的差距，要能看到发展的前景，同时要把握现在应如何一步步走向未来。把握一个项目，就是要改进业务流程，而不是再造，对企业的影响要越小越好（能不改的就不改，必须改的才改），必须保证业务的平稳过渡，同时，要选择一个扩展性强的系统。CIO要通过企业资源的持续优化配制，保证企业的持续发展能力。信息化的根本目的，就是如何发展业务，CIO决策要考虑信息化的投入和产出，从长远的角度考虑投入产出比，提高企业信息资源的价值。

5）CIO必须能够维护企业信息化环境。企业的信息化战略以及信息化的规划，落到实处是一个个的具体事项。小的事情包括购买一台电脑、为用户排除故障；大的事情包括开发一个应用系统、购买实施ERP项目。这些都是CIO责任，因此，CIO需要管理一个团队来保证企业的信息化设备或信息管理系统的正常运行，也要保证有新的信息化系统与企业的发展相配合。维护信息化环境更广义地描述出CIO的职责，实际上是为企业的发展提供全方位的信息化服务，帮助企业在信息化的环境下顺利地完成作业，提升工作效率。

4. 系统开发人员

为进行系统开发一般要设置项目组，项目开发组应包括项目负责人、系统分析员、系统设计员、程序员和测试人员等。

项目负责人，对整个项目开发负责，对整个项目有控制和决策权。大型项目的负责人应有丰富的项目管理经验和数据库设计经验，对实际的业务有较全面和深入的理解。

系统分析员（简称分析员）的主要任务就是分析、设计和实现信息系统。在大多数公司中，分析员还要承担其他更大范围内的、与系统有关的任务，例如可行性研究、定期系统检查、硬件的评价和选择、计算效率估计等。系统设计人员帮助系统分析人员进行模块设计；程序员按照模块设计进行编程；测试人员直接受项目负责人领导，为整个项目的质量把关。由于信息系统软件的功能越来越复杂，信息系统开发的分工越来越细，专业化程度越来越高，企业独自开发系统的情况越来越少，企业一般把系统开发工作委托给专业的开发机构。同时由于商业化信息系统软件通用性、适应性的提高，多数企业直接购买商品化软件。一般企业不设专门的系统开发人员。

5. 系统运行管理人员

运行组织中包括系统管理人员、系统维护人员、系统操作人员及资料管理人员。系统管理人员负责系统的全面技术管理。如初始化、环境维护、资源分配、权限控制；系统维护人员（硬件和软件维护人员）给系统提供硬件和软件的技术支持，他们必须拥有丰富坚实的技术知识，快速分析问题的能力以及很强的交流能力，当计算机软硬件出现问题或者网络不通畅时，他们必须在尽可能短的时间里分析并解决问题，以保证系统的正常运行。系统操作人员负责数据的输入编辑、审核等工作；资料管理人员，负责系统的数据的备份、系统档案的管理。

第二节　系统安全性与内部控制

随着信息技术的发展，信息系统在运行操作、管理控制、经营管理计划、战略决策等社会经济活动各个层面的应用范围不断扩大，发挥着越来越大的作用。信息系统中处理和存储的既有日常业务处理信息、技术经济信息，也有涉及企业或政府高层计划、决策信息，其中相当部分极为重要并有保密要求。社会信息化的趋势，导致了社会的各个方面对信息系统的依赖性越来越强。信息系统的任何破坏或故障，都将对用户以至整个社会产生巨大的影响。信息系统的脆弱性表现得越来越明显，信息系统的安全日显重要。

一、信息系统的安全性

信息系统的安全性是指为了防范意外或人为地破坏信息系统的运行，或非法使用信息资源，而对信息系统采取的安全保护措施。与信息系统安全性相关的因素主要有以下七种。

1）自然及不可抗拒因素。指地震、火灾、水灾、风暴以及社会暴力或战争等，这些因素将直接地危害信息系统实体的安全。

2）硬件及物理因素。指系统硬件及环境的安全可靠，包括机房设施、计算机主体、存储系统、辅助设备、数据通讯设施以及信息存储介质的安全性。

3）电磁波因素。计算机系统及其控制的信息和数据传输通道，在工作过程中都会产生电磁波辐射，在一定地理范围内用无线电接收机很容易检测并接收到，这就有可能造成信息通过电磁辐射而泄漏。另外，空间电磁波也可能对系统产生电磁干扰，影响系统正常运行。

4）软件因素。软件的非法删改、复制与窃取将使系统的软件受到损失，并可能造成泄密。计算机网络病毒也是以软件为手段侵人系统进行破坏的。

5）数据因素。指数据信息在存储和传递过程中的安全性，数据信息是计算机犯罪的主攻目标，是必须加以安全和保密的重点。

6）人为及管理因素。涉及工作人员的素质、责任心以及严密的行政管理制度和法律法规，以防范人为的主动因素直接对系统安全所造成的威胁。

7）其他因素。指系统安全一旦出现问题，能将损失降到最小，把产生的影响限制在许可的范围内，保证迅速有效地恢复系统运行的一切因素。

二、信息系统的内部控制

面对系统安全的脆弱性，除了在系统设计上增加安全服务功能，完善系统的安全保密措施外，还必须花大力气加强系统的安全管理，因为诸多的不安全因素恰恰反映在组织管理和人员录用等方面，而这又是信息安全所必须考虑的基本问题，所以应引起重视。

（一）安全策略

安全策略是指在一个特定的环境里，为保证提供一定级别的安全保护所必须遵守的规则。安全策略包括三个重要组成部分。

1）法律。安全的基石是社会法律、法规与手段，它们用于建立一套安全管理标准和方法。即通过建立与信息安全相关的法律、法规，使有不法企图的人慑于法律，不敢轻举妄动。

2）技术。先进的安全技术是信息安全的根本保障，用户对自身面临的威胁进行风险评估，决定其需要的安全服务种类。选择相应的安全机制，然后集成先进的安全技术。

3）管理。建立相应的信息安全管理办法，加强内部管理，建立审计和跟踪体系，提高整体信息安全意识。

（二）内部控制原则

信息系统的内部控制主要基于三个原则。

1. 多人负责原则

每一项与安全有关的活动，都必须有两人或多人在场。这些人应由系统主管领导指派，忠诚可靠，能胜任此项工作；他们应该签署工作情况记录以证明安全工作已得到保障。以下各项是与安全有关的活动。

1）访问控制权限的发放与回收。

2）信息处理系统使用的媒介的发放与回收。

3）处理保密信息。

4）硬件和软件的维护。

5）系统软件的设计、实现和修改。

6）重要程序和数据的删除和销毁等。

2. 任期有限原则

一般地讲，任何人都最好不要长期担任与安全有关的职务，以免使他认为这个职务是专有的或永久性的。为遵循任期有限原则，工作人员应不定期地循环任职，强制实行休假制度，并规定对工作人员进行轮流培训，以使任期有限制度切实可行。

3. 职责分离原则

在信息处理系统工作的人员不要打听、了解或参与职责以外的任何与安全有关的事情，除非系统主管领导批准。出于对安全的考虑，下面每组内的两项信息处理工作应当分开。

1）计算机操作与计算机编程。

2）机密资料的接收和传送。

3）安全管理和系统管理。

4）应用程序和系统程序的编制。

5）访问权限的管理与其他工作。

6）计算机操作与信息处理系统使用媒介的保管等。

（三）内部控制的实现

信息系统的安全管理部门应根据管理原则和数据的保密性，制订相应的管理制度或采用相应的规范。具体工作如下。

1）根据工作的重要程度，确定该系统的安全等级。

2）根据确定的安全等级，确定安全管理的范围。

3）制订相应的机房出入管理制度。对于安全等级要求较高的系统，要实行分区控制，限制工作人员出入与己无关的区域。出入管理可采用证件识别或安装自动识别登记系统等手段，对人员进行识别、登记管理。

4）制订严格的操作规程。操作规程要根据职责分离和多人负责的原则，各负其责，不能超越自己的管辖范围。

5）制订完备的系统维护制度。对系统进行维护时，应采取数据保护措施，如数据备份等。维护时要首先经主管部门批准，并有安全管理人员在场，故障的原因、维护内容和维护前后的情况要详细记录。

6）制订应急措施。要制订系统在紧急情况下，如何尽快恢复的应急措施，使损失减至最小。建立人员雇用和解聘制度，对工作调动和离职人员要及时调整相应的授权。

（四）系统运行的规章制度与操作规范

系统运行管理必须制定有关的规章制度以保证系统的安全、正常运行。例如，在2002年3月，春兰集团以高票当选为中国企业信息化优秀企业，它在全面推进企业信息化方面的成功经验是，明确了各单位“一把手”是本单位信息化建设的第一责任人，成立集团信息处来专职负责企业信息化相关标准的制定与落实，指定研究院负责集团主干网和集团共享信息系统的开发与实施。春兰集团通过制定信息管理规范、网络管理规范、系统管理规范、接口规范、网络安全规范、IT支持规范等IT应用标准与规范，以保证信息系统的正常运行，同时也保证了企业信息安全。

新系统建成后，企业工作流程和内部控制的重点发生了变化，比如建立会计信息系统后，会计人员只需输入凭证，登记各类账簿和编制报表等各类工作由计算机完成。因此，控制的重点放在输入这一环节上，会计人员可以从繁重的重复性工作中解脱出来，参与企业的经营管理和决策。信息管理系统能有效地实现物流、资金流和信息流的同步，原手工流程应随之做出相应调整，原来大量的核对控制工作应做相应简化，但对操作规程、业务规范等要求要提高标准。信息系统通常由多个相互关联的功能模块组成，每个模块处理特定的信息，各功能模块间通过信息传递相互联系，完成日常的核算和管理工作。如果流程上的一个节点出现问题，就会影响其他工作的顺利进行，这就要求各岗位间要加强协作。

新信息系统建立后，业务人员必须改变原来手工方式下形成的工作习惯，以适应新系统的要求，计算机的使用把业务人员从繁重的手工计算中解脱出来，使他们有更多的时间和精力参与企业的经营管理和决策，相应地要求他们具有信息综合分析与利用的能力，这就要求业务人员要有更高的素质。如在档案管理方面，计算机信息系统与手工系统的形式和内容都有非常大的区别，提出了更高的安全保密要求。根据《中华人民共和国计算机信息系统安全保护条例》规定“计算机信息系统的使用单位应当建立健全安全管理制度，负责本单位计算机信息系统的安全保护工作。”不同的行业部门也对实施计算机信息管理系统的企业制定有关的规范。例如财政部制定的《会计电算化工作规范》指出：“开展会计电算化的单位应根据工作需要，建立健全包括会计电算化岗位责任制、会计电算化操作管理制度、计算机软硬件管理制度和数据管理制度、电算化会计档案管理制度的会计电算化内部管理制度。”实践证明，良好的管理制度和操作规范，是信息系统实施成功的基础。

管理制度和操作规范包括以下几方面。

1）计算机管理信息系统的组织管理制度，主要有机构的设置原则，制定岗位责任制。

2）计算机管理信息系统管理制度，主要有机房管理制度、系统安全保密制度、档案管理制度。

3）系统操作管理制度，主要包括系统运行操作规程、系统定期维护制度、用户使用规范、系统修改规程、系统运行日志的填写规定等。

各种规章制度制定后必须实施和检查，并进行教育和督促，没有执行制度的自觉性和有效的监督体系，要发挥管理信息系统的作用是不现实的。

第三节　系统的评价

一、系统评价的意义

一个花费大量资金、人力和物力建立起来的新系统，其性能和效果如何，是否达到了预期的目的，这是用户和开发人员双方都很关心的问题。因此，有必要对系统进行评价，一方面能对系统的当前状态有明确的认识，另一方面也能为今后系统的发展和提高作准备。对新系统做全面评价应在新系统运行一段时间以后进行，以避免片面性，通常由开发人员和用户共同进行。系统评价的主要依据是系统日常运行记录和现场实际检测数据，系统评价包括评价内容、评价指标、评价方法。

二、系统评价的内容

系统评价的内容包括对系统技术性能的评价、对系统经济效益的评价、对系统管理水平的评价。

1. 系统技术性能的评价

对系统进行性能评价，主要评价内容如下：目标评价要针对系统开发所设定的目标逐项检查，是否达到了预期目标，实现的程度如何；功能评价是根据用户所提出的功能要求，在实际的运行环境中，检查系统功能的完成情况，评价用户对功能的满意程度和系统中各项功能的实际效果；性能评价的目的是评价系统的稳定性、可靠性、安全性、容错能力、响应时间、存储效率等；运行方式评价的目的是评价系统中各种资源，包括硬件、软件、人和信息的利用率。

系统性能是评价系统效率和衡量一个系统先进性的重要标志，性能评价是系统评价的主要部分。系统性能评价可从如下方面进行。

1）系统的完整性：是指系统设计的合理性，具备的功能及其特点，系统是否达到了设计任务的要求等。

2）系统的可靠性：指系统运行的可靠程度。系统能否无故障正常地工作，当出现异常或故障时，采取哪些防止系统破坏的方法和措施。例如：当用户把错误数据输入时，系统将如何反应，对非法窃取或更改数据的防范能力如何，对错误操作反应如何等。除此之外，还包括系统的有效性及维护的难易程度的评价。

3）系统的效率：与旧系统相比，减轻了多少重复的繁琐劳动和手工的计算量、抄写量，工作效率提高了多少。这可通过系统的处理速度，或者单位时间内处理的业务量来衡量。

4）系统的工作质量：系统提供数据的精确度，输出结果的易读性，使用是否方便，系统响应时间是否能满足设计要求，终端输入输出时间、数据传输时间及计算机处理时间等是否合理，各有关设备的选择是否能满足响应时间的要求等。

5）系统的灵活性：系统的环境是不断变化的，系统本身也需要不断修改和完善。扩充能力与修改的难易程度如何，是系统灵活力的体现。

6）系统的通用性：信息系统能否被十分容易地移植到其他应用场合。

7）系统的实用性：评价对系统工作人员的要求及系统使用、操作的难易程度。

8）系统文档的完备性：指与系统有关的文档资料的完整性、规范性与有效性。

2. 经济效益评价

在经济上的评价内容主要是系统效益，包括直接的与间接的两个方面。直接经济效益指的是使企业收入增加和成本下降的收益，其评价的内容有以下几部分。

1）系统的投资额。

2）系统运行费用。

3）系统运行所带来的新增效益。

4）投资回收期。

间接的经济效益指的是系统对提高企业科学管理水平，增强企业竞争力以及提高管理人员素质等带来的收益。这些收益虽然不会为企业带来直接的经济收入，但却是企业的宝贵财富，其潜在的经济效益是巨大的。间接的评价内容有以下几部分。

1）企业形象的改观，员工素质的提高。

2）企业的体制与组织机构的改革，管理流程的优化。

3）企业各部门间、人员间协作精神的加强。

3. 系统管理水平的评价

系统管理水平的评价是指对系统的认识水平和管理工作的检查，评价内容包括以下几部分。

1）领导和各级管理人员对系统的认识水平。

2）使用者对系统的态度。

3）管理机构是否健全。

4）规章制度的建立和执行情况。

5）外部环境对系统的评价。

系统评价是对系统开发工作的评定与总结，同时也为系统的维护和更新提供依据。因此，无论对于开发人员还是用户来说都是很有意义的工作，必须认真把它做好。要特别指出的是，目前我国对信息系统的评价有重计算机技术轻信息的倾向，计算机、通信网络等固然重要，但它们毕竟是工具，是信息系统的一个组成部分，信息系统的评价依据应该主要是信息开发和利用的深度，是对企业的生存与发展所起的作用。

三、系统评价的指标

系统评价的指标是进行系统评价、新旧系统对比分析的依据。目前大部分的系统评价还处于非结构化的阶段，只能就部分评价内容列出可度量的指标，不少内容还只能用定性方法作出叙述性的评价。系统评价的两种主要指标如下。

1. 系统性能指标

性能评价的主要指标包括：

1）系统平均无故障时间。

2）联机响应时间、吞吐量和处理速度。

3）系统的利用率。

4）操作的方便性、灵活性。

5）安全、保密性。

6）功能的正确性、输出的准确性。

7）系统的可扩充性。

2. 经济效益指标

经济效益指标可分成两大类，有关的指标如下。

1）系统投资额。主要包括系统硬件及软件的购置、安装，应用系统的开发或购置所投入的资金。另外，企业内部投入的人力、材料等也应计入。在精确计算时还应考虑资金的时间价值。

2）系统运行费用。包括材料费用、系统折旧、维护费用、电费、人员费用等。材料费用包括打印用纸、油墨、磁盘或磁带等。考虑到信息技术的发展速度，在计算机折旧时，折旧年限一般取5～8年。

3）系统收益。主要反映在成本降低、库存减少、流动资金周转加快与占用额减少、销售利润增加及人力的减少等方面。由于引起企业效益增减的因素众多，且相互关系错综复杂，系统收益很难作精确计要。一般可采用年生产经营费用节约额表示。

年生产经营费用节约额是一个概括性的货币指标。使用信息系统后的年生产经营费用节约额U可用下式计算：

$$U=\sum C_i-C_a+E(\sum K_i-K_a)+U_n$$

式中：C_i——运用计算机后节约的经营费用；

C_a——运用计算机后增加的经营费用；

E——投资效果系数；

K_i——运用信息系统后节约的投资；

K_a——建立信息系统要求的投资；

U_n——本部门以外其他部门所获得的年度节约额。

一般应力争在$U>0$的条件下发展计算机信息系统。只有当$U>0$时发展信息系统才是合理的。

投资回收期：所谓投资回收期是指在多长时间内累积的效益值可以等于初始投资。回收期越短，系统经济效益越好。经简化后不考虑贴现率的投资回收期可用下式计算：

$$T=t-I/(B+C)$$

式中：T——投资回收期，单位：年；

t——资金投入至开始产生效益所需的时间，单位：年；

I——投资额，单位：万元；

B——系统运行后每年新增收益，单位：万元/年；

C——系统运行中每年所花费的开销，单位：万元/年。

间接经济效益是通过改进组织结构及运行方式，提高企业科学管理水平，增加企业竞争力以及提高管理人员素质等途径，使企业成本降低、利润增加而逐渐地间接地获得的效益。其特点是成因复杂，难于计算，一般只能定性分析。与间接经济效益有关的指标包括以下几方面。

1）在推动组织为适应环境而进行组织结构、管理制度与管理模式等的变革中所起的作用，这种作用是其他方法无法替代的。

2）改善企业形象，提高在客户心目中的信任度，在企业组织内部提高全体员工的自信心与自豪感，增强组织的行业竞争力。

3）树立不断学习、不断创新的企业文化环境，全面提高员工的素质。

4）加强组织内部各职能部门之间的联系与信息共享，树立团队协作精神，增强企业的凝聚力。

5）对企业的规章制度、工作规范、定额与标准、计量与代码等的基础管理产生很大的促进作用，为其他管理工作提供有利条件。

6）提高企业对市场的适应能力。由于用计算机可提供辅助决策方案，因此，当市场情况变化时，企业可及时进行相应决策以便适应市场。例如，物资管理系统投入使用后，明显地提高了库存记录的准确性和及时性，减少了库存量，从而减少了物资的积压浪费，同时也能保证生产用料的供应，避免因原料短缺而使生产停顿，最终提高了生产力。生产管理系统的建立可以更合理地安排人力物力，及时掌握生产进度和产品质量，从而提高生产率和生产管理水平。

四、系统评价的方法

通过上面的内容可以看出，信息系统的评价指标有定性与定量两种，因此系统评价工作难度较大。目前一般都采用多指标评价体系的方法，其具体步骤如下。

1）根据系统的目标与功能要求提出若干评价指标，形成评价信息系统的多指标评价体系。

2）组织专家对整个评价指标体系作出分析与评审。确定单项指标的权重，权重的确定要能反映出系统目标与功能的要求。

3）进行单项评价，确定系统在各个评价指标上的优劣程度的取值。对于定性的效果可以利用效果表来估算。

4）进行单项评价指标的综合，得出某一大类指标的价值。

5）进行大类指标的综合，依次进行，直到得出系统的总价值。

由此可以看出，多指标评价体系的方法是一种综合评价方法，即将评价对象在系统各项指标上的特征进行综合处理。从整体优化的观点出发，全面地衡量一个信息系统的利弊得失。

第四节　系统维护

系统维护是指系统投入使用后，对系统进行各种修改和运行维护，包括硬件、软件、代码、文档等维护。

一、硬件维护、软件维护与数据维护

1. 硬件维护

硬件维护的目的是尽量减少硬件的故障率，当故障发生时系统能在尽可能短的时间内恢复工作。为此，使用单位在配置硬件时，要选购高质量的硬件设备，配备过硬的维护人员，同时还要建立完善的管理制度。硬件维护的任务有以下几部分。

1）实施对系统硬件设备的日常检查和维护，作好检查记录，以保证系统的正常运行。

2）在系统发生故障时，及时进行故障分析，排除故障，恢复系统运行；硬件维护工作中，小故障一般由本单位的维护人员负责，较大的故障应及时与硬件供应商联系解决。

3）在设备更新、扩充、修复后，由系统管理员与维护人员共同研究决定，并由系统维护人员负责安装和调试，直至系统运行正常。

4）在系统环境发生变化时，随时做好适应性的维护工作。

5）在硬件维护工作中，较大的维护工作一般是由销售厂家进行的，使用单位一般只进行一些小的维护工作，硬件维护工作可由网络管理员担任。

2. 软件维护

软件维护是信息系统系统维护的重要工作，包括操作维护和程序维护两个方面。

操作维护属于日常维护工作，在日常使用过程中发现的问题，如不及时解决，将影响到企业正常的工作。由于操作不当引起的故障，系统维护人员应尽量设法解决。如果是软件功能的漏洞，应及时求助于软件供应商或企业中的开发人员。

对于自行开发软件的单位，程序维护主要包括正确性维护、适应性维护、完善性维护。正确性维护是指诊断和改正错误的过程，软件测试不可能将所有潜在的错误都查找出来，设计再好的测试用例也难免存在遗漏。运行中必然会发现软件错误，需要维护人员进行调试并改正错误；适应性维护是指当业务流程发生变化时，为了适应新的形势而进行的软件修改活动；完善性维护是指为了满足用户增加功能或改进已有功能的需求而进行的软件修改活动。软件维护还可以分为操作性维护与程序维护两种，操作性维护主要是利用软件的各种自定义功能来修改软件，以适应工作的变化，操作性维护实质上是一种适应性维护。程序维护主要是指需要修改程序的各项维护工作。

对于使用商品化软件的单位，维护工作通常是由销售厂家负责，单位负责操作维护，用户单位可不配备专职维护员，而由指定的系统操作员兼任。对于自行开发软件的单位一般应配备专职的系统维护员，系统维护员负责系统的硬件设备和软件的维护工作，及时排除故障，确保系统的正常运行，负责日常的各类代码、标准规范、数据及源程序的改正性维护、适应性维护工作，有时还负责完善性维护。

3. 数据维护

数据维护主要包括数据的定期备份、数据恢复以及由于数据格式、精度等发生变化而引起的数据内容、结构等调整的修改。

系统维护根据其目的可分为日常维护与适应性维护，日常维护是固定时间固定形势地重复进行的有关数据与硬件的维护，以及突发事件的处理等。

在数据或信息方面，需日常加以维护的工作有备份、存档、整理及初始化等。大部分的日常维护应该由专门的软件来处理，但处理功能的选择与控制一般还是由使用人员或专业人员来完成。在硬件方面，日常维护主要有各种设备的保养与安全管理、简易故障的诊断与排除、易耗品的更换与安装等。硬件的维护应由专人负责。

信息系统运行中的突发事件一般是由于操作不当、计算机病毒、突然停电等引起的。当发生突发事件时，轻则影响系统功能的运行，重则破坏数据，甚至导致整个系统的瘫痪。突发事件应由企业信息管理机构的专业人员处理，有时要原系统开发人员或软硬件供应商来解决。对发生的现象、造成的损失、事件原因及解决的方法等必须作详细的记录。

由于企业的环境处于不断变化之中，企业为适应环境，为求生存与发展，也必然要作相应的变革，作为支持企业实现战略目标的企业信息系统也要不断改进与提高。另一方面，一个信息系统不可避免地会存在一些缺陷与错误，它们会在运行过程中逐渐暴露出来，为使系统能正常运行，所暴露出的问题必须及时地予以解决。为适应环境的变化及克服本身存在的不足对系统作调整、修改与扩充即为系统的适应性维护。

实践证明，系统维护与系统运行始终并存，系统维护所付出的代价往往要超过系统开发的代价，系统维护的好坏将显著地影响系统的运行质量、系统的适应性及系统的生命期。我国许多企业的信息系统开发好后，不能很好地投入运行或难以维持运行，在很大程度上就是重开发轻维护所造成的。

系统的适应性维护是一项长期的有计划的工作，并以系统运行情况记录与日常维护记录为基础，其内容如下。

1）系统发展规划的研究、制定与调整。

2）系统缺陷的记录、分析与解决方案的设计。

3）系统结构的调整、更新与扩充。

4）系统功能的增设、修改。

5）系统数据结构的调整与扩充。

6）各工作站点应用系统的功能重组。

7）系统硬件的维修、更新与添置。

8）系统维护的记录及维护手册的修订等。

系统维护工作是技术性强的管理工作。系统投入运行后，企业必须建立相应的组织，确定进行维护工作所应遵循的原则和规范化的过程，并建立一套适用于具体系统维护过程的文档及管理措施，以及进行复审的标准。信息系统投入运行后，企业应设系统维护管理员，专门负责整个系统维护的管理工作；针对每个子系统或功能模块，应配备相应的系统管理人员，他们的任务是熟悉并仔细研究所负责部分系统的功能实现过程，甚至对程序细节都有清楚的了解，以便于完成具体维护工作。系统变更与维护的要求常常来自于系统的局部功能，而这种维护要求对整个系统来说是否合理，应该满足到何种程度，还应从全局的观点进行权衡。因此，为了从全局上协调和审定维护工作的内容，每个维护要求都必须通过一个维护控制部门的审查批准后，才能予以实施。维护控制部门应该由业务管理部门和系统管理部门共同组成，以便于从业务功能和技术两个角度实现控制维护内容的合理性和可行性。

信息系统的维护不仅是系统的正常运行所必需的，也是使系统始终能适应系统环境，支持并推动企业战略目标实现的重要保证。系统适应性维护应由企业信息管理机构领导负责，指定专人落实。系统维护人员应职责明确，保持人员的稳定性，对每个子系统或模块应至少安排两个人共同维护，避免对特定人的过分依赖。在系统未暴露出问题时，就应着重于热悉掌握系统的有关文档，了解功能的实现过程，一旦提出维护要求，立即高效优质地实施维护。为强调该项工作的重要性，在工作条件的配备上及工作业绩的评定上应与系统的开发同等看待。

二、信息系统的档案管理

阅读材料

实习生追踪系统

每年夏季，菲利浦农产品供应公司都雇佣一些来自各个大学的实习生在其会计、市场信息系统和人事部门工作。路易斯·米勒是人事部主管，她要求其职员开发数据库系统来跟踪这些实习生。系统将产生这些实习生的报告，包括他们的责任、资格和评价。路意斯希望系统能按职责和专业产生总结报告。她的职员戴维·茨克林学过微软的 Access，并能够在夏季结束时完成这套实习生的追踪系统。然后，戴维离开了公司到学校读研究生。几个月后，路易斯让她的一个秘书使用这套系统生成上个夏季实习生的报告。秘书找到了程序和数据磁盘但却不会应用。令人奇怪的是，戴维竟没有留下任何文档。没人能找到系统设计计划和实施阶段用到的样本输出或逻辑关系副本。最后，路易斯只好又雇佣一个程序员来编制报表。

请问：采用什么方法和步骤能够杜绝此类事情的发生？

（资料来源：管理信息系统精品课程，芜湖职业技术学院，http：//www1. whptu. ah. cn/mis/article. asp? article_id=679）

计算机信息系统的档案主要包括打印输出的各种账簿、报表、凭证；存储数据和程序的磁盘及其他存贮介质；系统开发过程中产生的各种文档以及系统维护资料。

计算机信息系统的档案是企业档案的重要组成部分。信息系统档案是各项经济活动的历史记录，也是检查各种责任事故的依据。只有信息系统档案保存良好，才能了解单位经营管理过程中的各种弊端、差错、不足，才能保证前后期信息的相互利用；只有各种开发及用户文档保存良好，才能保证系统操作的正确性、可持续性和系统的可维护性。

在信息系统中，各种开发文档是其中的重要内容。对计算机信息系统来说，其维护工作有以下特点。

1）理解别人精心设计的程序通常非常困难，而且软件文档越缺乏、越不符合规范，理解越困难。

2）当要求对系统进行维护时，不能依赖系统开发人员。由于维护阶段持续的时间很长，当需要修改系统时，往往原来写程序的人已经不在该单位了。

3）计算机信息系统是一个非常庞大的系统，即使是其中的一个子系统也是非常复杂的，而且还兼容了业务技术与计算机两方面的专业知识，了解与维护系统非常困难。

如上所述维护的特点决定了，没有保存完整的系统开发文档，系统的维护将非常困难，甚至不可能，如果出现这样的情况，将可能导致系统长期停止运转，严重影响业务工作的连续性。

当系统程序、数据出现故障时，往往需要利用备份的程序与数据进行恢复；当系统需要处理以往数据或机内没有的数据时，也需要将备份的数据输入到机内；系统的维护也需要各种开发文档。因此，良好的档案管理是保证系统内数据信息安全完整的关键环节。

让管理人员从繁杂的事务性工作中解脱出来，充分利用计算机的优势，及时为管理人员提供各种管理决策信息，是信息系统管理的最高目标。只有保存完整的数据，才能利用各个时期的数据，进行对比分析、趋势分析、决策分析等。所以说良好的档案管理是企业信息得以充分利用，更好地为管理服务的保证。

（一）计算机信息系统档案管理的任务

计算机信息系统档案管理的任务如下。

1. 监督、保证按要求生成各种档案

按要求生成各种档案是档案管理的基本任务。一般说来，各种开发文档应由开发人员编制，应监督开发人员提供完整、符合要求的文档；各种报表与凭证应按要求打印输出；各种数据应定期备份，重要的数据应强制备份；计算机源程序应有多个备份。

2. 保证各种档案的安全与保密

企业各种信息是加强管理，处理各方面关系的重要依据，绝不允许随意泄露、破坏和遗失。各种信息资料的丢失与破坏都会影响到信息的安全与保密；各种开发文档及程序的丢失与破坏都会危及运行的系统，从而危及到系统中信息的安全与完整。所以，各种档案的安全与保密是与系统信息的安全密切相关的，我们应加强档案管理，保证各种档案的安全与保密。

3. 保证各种档案得到合理、有效的利用

档案中的信息资料是了解企业经营情况、进行分析决策的依据；各种开发文档是系统维护的保障；各种信息资料及系统程序是系统出现故障时恢复系统，使系统连续运行的保证。

（二）计算机信息系统档案管理制度

档案管理一般是通过制定与实施档案管理制度来实现的。档案管理制度一般包括以下内容。

1）存档的手续。主要是指审批手续，比如打印输出的账表，必须有相关主管、系统管理员的签章才能存档保管。

2）各种安全保证措施。比如备份软盘应贴上写保护标签，存放在安全、洁净、防潮的场所。

3）档案管理员的职责与权限。

4）档案的分类管理办法。

5）档案使用的各种审批手续。比如调用源程序应由有关人员审批，并应记录下调用人员的姓名、调用内容、归还日期等。

6）各类文档的保存期限及销毁手续。

7）档案的保密规定。比如任何伪造、非法涂改、变更、故意毁坏数据文件、记录、存储介质等的行为都应有相应的处理办法。

三、日常管理工作

信息系统运行管理的任务是保证系统正常运行完成预定任务，保证系统内各类资源信息的安全与完整。要进行系统运行管理首先要明确系统的目标，信息系统是为组织管理服务的，因此，信息系统的目标是与组织管理的目标相互联系，根据组织各层次上管理目标的性质，制定信息系统的相应工作目标。目标管理能大大加快信息系统的反应速度，为高层管理的决策提供及时、准确的信息。其次，要有对信息系统的数据采集与统计渠道的管理、计量手段与计量方法的管理、基础数据标准化管理等。不仅如此，还要对系统运行的结果进行分析和预测，得出能够反映组织业务活动发展趋势的信息，提高管理者的决策能力。

计算机信息系统的运行管理主要是日常管理工作，日常管理工作的内容包括，系统运行情况的记录与系统操作管理和系统的软硬件维护。日常管理工作是系统正常、安全、有效运行的关键。如果一个单位的操作管理制度不健全，工作实施不得力，都会给各种非法舞弊行为以可乘之机；如果操作不正确会造成系统内的数据破坏或丢失，影响系统的正常运行；如果各种数据不能及时备份，则有可能在系统发生故障时，使得系统不能恢复正常运行；如果各种差错不能及时记录下来，则有可能使系统在错误状态下运行，输出不正确、不真实的信息。

日常管理工作一方面要保证系统的安全、正常运行，另一方面要确定无关人员不得操作系统、操作人员必须在一定权限内操作。所以在日常管理中，主要是加强网络中心的管理、上机操作的管理和软硬件维护的管理等。网络中心是企业网内通外达的控制枢纽，所以各种环境应达到相应要求，如机房的卫生要求、防水要求、温度、湿度要求等，给网络设备创造一个良好的运行环境，保证网络系统的安全运行；还要防止各种非法人员进入，保护网络设备、主机内的程序与数据的安全。一般说来，为便于管理，网络中心在企业中应地理位置独立。只有网络管理人员、系统维护人员和主管有权进入网络中心。操作管理是指对网络设备、计算机及软件系统操作运行的管理，主要通过建立和完善各项操作管理制度来实现。操作管理的任务是按照信息系统的运行要求，按规定启动应用服务，输入数据，执行各子模块的运行操作，输出各类信息，做好系统内有关数据的备份及系统发生故障时的恢复工作，确保计算机系统的安全、有效、正常运行。操作管理要明确操作使用人员的职责、操作权限及操作程序。为了明确责任以及作为维修时的参考，必须对系统的操作及其运行情况（特别是非正常情况）进行记录。对系统运行情况的记录应事先制定尽可能详尽的制度，具体工作主要由使用人员完成。无论是自动记录还是由人工记录的系统运行情况，都应作为基本的系统文档长期保管，以备查用。

案例分析

如何保护商业秘密

×公司是一家中外合资的信息咨询公司，主要从事为其他企业提供信息服务的业务。对该公司来说，客户是最重要的，因此该公司花费了大量的时间、人力和资金开发了客户关系管理系统建立了客户信息数据库。陈先生是该公司的客户服务总监，负责与公司重要客户的联系、反馈、跟踪等工作。

一天，公司总经理偶然听说陈先生自己创办了一家公司，接着又收到了陈先生的辞职报告，并且他也不再来公司上班。这引起了总经理的警觉，于是总经理打开了陈先生用过的计算机，发现里面的文件都被删除了。通过文件恢复程序恢复了被删除的文件，总经理发现陈先生在过去的几个月里，一直在盗窃公司收集的关于生产、市场方面的文件资料，并以另一个信息服务公司的名义，将此信息提供给多个重要客户。经查证，陈先生确实成立了自己的信息服务公司，并亲自担任公司的董事长。

×公司立刻向当地的公安局经济侦察处报案。公安局经过调查，获得了大量证据。其中在陈先生住处查获的光盘中发现了大量×公司的信息技术资料、客户数据以及业务管理文件。陈先生把这些信息资料以自己公司的名义，分别提供给原×公司的客户并获利。

最终，陈先生因侵犯他人商业秘密被法院认定有罪，并受到了应有的惩罚。

（资料来源：姜灵敏．2009 管理信息系统．北京：人民邮电出版社）

思考题

（1）从信息安全的角度考虑，你认为该公司在系统安全管理上存在哪些漏洞？

（2）对X公司来说，应该如何预防和杜绝此类案件的发生？
（3）从该案中可以吸取哪些教训？

本章思考题

1. 系统运行的组织管理有哪些主要内容？
2. 档案管理的任务与意义是什么？
3. 系统维护的类型有哪些？
4. 如何实施系统的安全管理？
5. 为什么要建立系统运行的规章制度？
6. 系统运行的规章制度包括哪些内容？
7. 系统评价的内容是什么？
8. 系统评价的指标有哪些？

第八章　管理信息系统的应用实践

学习目的与要求

本章要求学生理解企业面临的各种威胁和可采用的战略，懂得信息系统对企业所具有的战略意义，懂得如何用信息系统来实现企业的战略，理解电子商务、决策支持系统、企业资源计划、供应链及客户关系管理系统以及办公自动化等系统在企业中的应用及在企业中的作用。

阅读材料

海尔集团的电子商务运作

海尔集团创立于1984年，现已发展成为大型国际化企业集团。国家经贸委主办的《中国经贸导刊》2002年第五期刊发了国内“2001年自营出口1000万美元以上生产企业名单”，在690家1000万美元以上生产企业名单中，海尔集团名列第五位。

欧洲著名市场信息调研机构IFR出具的2001年度市场调研报告显示，海尔已被作为进入欧洲市场的世界名牌与惠而浦、博世、西门子、米勒、LG、三星等一起收入报告中，并且在同一类别同等规格产品的价格中，海尔与惠而浦等世界名牌不相上下。IFR机构每年做一次市场调研报告，在欧洲具有很高的权威性。海尔品牌的入选充分说明海尔在欧洲的市场地位已被欧洲权威机构所认可。

一、电子商务发展促进海尔集团国际化

1. 开展电子商务是海尔国际化发展的需要

海尔集团从1999年4月就开始了三个方向的转移：一是管理方向的转移（从直线职能组织结构向流程业务再造的市场链转移）；二是市场方向的转移（从国内市场转向国际市场）；三是产业的转移（从制造业向服务业转移）。这些都为海尔开展电子商务奠定了必要的基础。

进军电子商务是海尔国际化战略的必由之路。国际化是海尔目前一个重要发展战略。而电子商务是全球经济一体化的产物，海尔集团必须要进行电子商务。

新经济时代，海尔的五个字母“HALER”被赋予新的含义：

H：Haier and Higher，代表海尔越来越高发展口号；

A：@网络家电代表海尔未来的产品趋势；

I：Internet and Intranet 代表海尔信息化发展的网络基础；

E：www.ehaier.com（Haier e-business）代表海尔电子商务平台；

R：haier的世界名牌的注册商标。

2. 流程再造是实施电子商务的前提

海尔已经实现了网络化管理、网络化营销、网络化服务和网络化采购，并依靠海尔品牌影响力和已有的市场配送和服务网络，为电子商务奠定了坚实的基础；在管理转移方面，把传统的金字塔式的管理体制扳倒，建立了以市场为目标的新的流程，企业的主要目标是由过去的利润最大化转向以顾客为中心，以市场为中心，每个人由过去“对上级负责”转变为“对市场负责”。海尔集团还成立了物流、商流、资金流三个流的部门，物流本部下设采购、配送、储运三个事业部，使得采购、生产支持、物资配送从战略上一体化。

3. 海尔电子商务应用加快供应链响应速度

(1) 企业与用户/分销商：信息加速增值

用户只要点击www.haier.com，海尔在瞬间就能提供一个E+T>T的惊喜——E代表电子手段，T代表传统业务，E+T>T就表示传统业务优势加上电子技术手段大于传统业务，强于传统业务。

与用户保持零距离，快速满足用户的个性化需求，其有效手段就是做有鲜明个性和特点的企业网站。电子商务时代如何在强手如林的竞争对手中胜出，关键一点就是如何能快速满足用户的个性化需求，能够提供比别人更好的满足用户需求的产品，例如用户提出要三角形的冰箱，海尔能不能提供？这就是消费的个性化需求。因此一方面要求海尔的电子商务网站必须满足个性化需求；另一方面，个性化需求要求整个企业的生产能力、布局、组织结构全都要适应它。生产必须是柔性的，整个生产的技术、布局，工艺设计以及准备结构都要能够围绕个性化转，有了这一条，再有了电子商务基本要素——配送网络和品牌，加起来才可能将电子商务做好。海尔集团实施电子商务以“一名两网”的传统优势为基础：名是名牌，品牌的知名度和顾客的忠诚度是海尔的显著优势；两网是指海尔的销售网络和支付网络，海尔遍布全球的销售、配送、服务网络以及与银行之间的支付网络，是解决电子商务的两个难题的答案。海尔拥有的营销系统十分完备，在全国大城市有40多个电话服务中心，1万多个营销网点，并延伸到6万多个村庄，这就是海尔可以在全国范围实现配送的原因。

(2) 企业与供应商：协同商务以达双赢

海尔搭建的B2B平台是一个面对供应商的采购平台，以降低采购成本、优化分供方为目标；未来几年内，利用海尔自身的品牌优势和采购价格优势，该平台还将成为一个为所有采购商和供应商服务的公用的平台，成为物料的采购和分销中心。通过该平台可与供应商管理者建立协同合作的关系，在B2B平台上实现网上招标、投标、供应商自我维护、订单状态跟踪等业务过程，把海尔与供应商紧密联系在一起。这样可以降低采购成本和缩短采购周期，提高采购业务的效率和效果，减少不必要的人工联络及传递误差，仅分供方成本降低的收益就达8%～12%。目前，海尔一年的采购费用是100多亿元，采用网上采购后，采购价格会大幅下降。采购是物流活动中重要的一环，海尔为推进物流重组，将集团的采购活动全部集中，规模化经营，全球化采购。海尔集团每个月平均要接到6000多个销售订单，为此需采购15万余种物料。而海尔通过整合、优化供应资源，使供应商由原来的2336家优化至978家，其中国际供应商的比例却上升了20%，形成了面向全球的采购网络。配送事业部承担降低库存成本并对制造系统进行物流保障的重要作用。企业内部的配送管理实施JIT管理，增加批次，减少批量，以库存速度提升库存水平。同时对各企业内部的运输资源进行整合重组，按照物流一体化的策略构建储运事业部，统一协调及控制运输业务，为零距离销售提供物流配送的保障。商流通过整合资源降低费用提高效益；资金流则保证了资金的流转顺畅。

(3) 企业内部信息化：准确、高效、低成本

同步信息流程和模块化设计都为海尔降低成本做出了贡献。前者是基础，后者是海尔的“个性化”特色。

二、海尔电子商务应用成效

电子商务给海尔带来两方面好处：一是加强对客户的深度服务，获得进一步的增值；二是可以降低成本。例如可以根据客户提出的要求为客户选择和定制合适的个性化家电，这在生产系统没有按照电子商务要求进行柔性改造的情况下几乎是不可想像的；至于降低服务成本，只要知道用户联系卡信息就可以清楚地查到用户所使用的产品信息，而不用再询问用户，这将赢得用户的好感并减少人力成本。数据通过互联网共享则可以降低通信费用（海尔以前通过传真方式接收专卖店销售记录，其他公司也没有更好的解决办法）。

2000年3月海尔集团电子商务有限公司成立。2000年4月18日，海尔电子商务系统（包括B2B和B2C）试运行。2000年6月18日，海尔电子商务系统正式运行，并取得以下成果：截至2000年12月31日，累计B2C销售额达到608万元，累计B2B采购额达到77.8亿元。截至2001年10月15日，累计B2C销售额达到1628万元，累计B2B采购额达到228亿元，保持着强劲的增长。

（资料来源：神州数码erp，http://www.digiwin.com.cn/news/13_9240.html，2009.12）

第一节　信息系统与企业战略

一、信息系统的战略意义

在Internet出现前，管理信息系统已经形成了一套比较完整的理论体系和方法体系。管理信息系统包括两个层面的含义：一是管理信息系统理论，如信息系统的基本理论、开发的方法、实施的步骤等，已经形成了一门成熟而严谨的学科，并且仍然在

指导企业信息化的实践。二是企业管理信息系统的应用方案，囊括了企业管理信息领域的各个方面。目前，管理信息系统（MIS）的建设已稳步迈入全面发展阶段，各种事务管理系统、办公室自动化（OA）系统、决策支持系统（DSS）、集成制造系统（CIMS）等相继开发成功，得到推广，使企业管理不断向规范化、标准化、现代化迈进，极大地推动了企业的发展，产生出巨大的经济效益和社会效益。进入20世纪90年代以后，随着IT技术特别是Internet的产生和发展，触发了企业组织架构、工作流程的重组以及整个企业管理思想的变革。以商品、资本、人才、技术、管理和信息六大要素在全球范围内加速流通为主要标志的经济全球化浪潮，正在有力地推动全球化市场竞争与合作，企业竞争模式发生了深刻的变化。一方面，企业竞争由企业与企业之间的单体竞争已经转向供应链与供应链之间，或者是联盟与联盟之间的群体竞争。竞争的焦点是如何提高供应链创新能力和核心竞争力；如何将协同商务、相互信任和双赢机制这种商业运作模式落到实处；以及如何建立基于信息网络平台的供应链管理系统，从而对全球范围的各种资源实行优化配置，实现公司利润和价值的最大化。另一方面，企业竞争由生产能力的竞争已经转向生产能力乘以流通能力的竞争。竞争核心是研究与如何提高流通能力相关的企业经营发展战略、人力资本、公司并购、产品研发、市场营销、供应链管理、企业资源计划和信息化建设等。否则一个企业的生产能力再大，产品再多，也不可能很快地使这些产品进入流通领域，转换成商品进入消费者手中。企业战略是企业为了追求持续的发展，运用其擅长的资源，在激烈的竞争中拥有竞争优势。企业信息系统促使其逐渐成为提高企业价值和发展潜力、提高企业核心竞争能力的有效手段和途径。在信息时代，企业必须做好企业信息系统战略规划，使系统获得持续的生命力，以提高企业的整体竞争力。企业的信息系统战略规划，显然不是简单地选择什么软件、买什么机器、与哪个供货商合作的问题，而是通过信息系统建设，通过信息化的力量，达到变革企业机制、创新企业管理、改善企业业务模式的目的。

通过信息系统战略规划，综合考虑信息系统实施中的各种因素（包括当前企业生产经营需要解决的需求、制约企业发展的瓶颈问题、企业未来的发展方向、企业现有的信息技术基础、企业的人员素质、信息技术的发展趋势），对整个企业的信息化工作制订一个全面的规划、建立一个可逐步发展和系统进化的信息系统框架，并给出正确的实施途径来保证企业信息系统工作顺利、高效、低成本地进行，为企业的生产经营提供有效的支持。

二、企业面临的威胁和可采取的战略

（一）企业面临的威胁

企业信息化在中国的推广与应用已经历了20多年风风雨雨的历程，我国目前已有成千上万家用户使用它来管理自己的企业。首先，它作为一种先进的管理思想和工具已得到了人们的普遍共识，一些企业也很快就获得了应有的回报，虽然由于某些原因使得在一些企业的应用不尽人意，但是从主流上来说企业信息化在中国的发展加速了我国企业管理现代化的进程，使得越来越多的企业认识到只有实现企业管理信息化、现代化，企业才有活力和竞争实力，并渴望采用这种先进的管理工具。在这种条件下，企业在宏观、微观上都面临着信息化发展环境的巨大冲击。

1. 宏观方面

1）企业管理思想的发展变化。经过20年的改革开放，中国企业发展的宏观环境和管理模式都发生了根本性的改变。企业管理在经历了计划经济时期的“生产管理”时代，计划经济与市场经济相结合时期的“混合管理”时代后，从20世纪90年代末进入全面市场经济时期的“新管理”时代。

新管理时代的特点是面向市场、基于现代企业制度，是中国模式、系统化、电脑化、国际化和普遍化管理的时代。新管理时代的中国企业管理以建立竞争优势，提高企业竞争力为核心。要提高企业的竞争力就必须整合企业经营，全面强化企业管理，形成企业持久发展的“内功”。越来越多的质优企业舍得在管理系统上投资的举动，足以说明这一趋势。在市场竞争日益激烈，用户需求不断趋向多样化，在企业间关联程度越来越密切的今天，要求企业行动必须快捷、灵敏，在管理的思想观念、方式方法上不断创新。人力已经很难完全达到要求，必须借助当代信息科技的最新成果，优化和加强企业的运营和管理。

从20世纪90年代中后期开始，为了确立竞争优势，各国企业更加关注进入市场的时间、产品的质量、服务的水平和运营成本的降低，并且为适应市场全球化要求，组织结构和投资结构也趋向于分布式和扁平化。企业家们意识到，企业不仅需要合理规划和运用自身各项资源，还需将经营环境的各方面，如客户、供应商、分销商和代理网络、各地制造工厂和库存等经营资源紧密结合起来，形成供应链，并准确及时地反映各方的动态信息，监控经营成本和资金流向，提高企业对市场反应的灵活性和财务效率。与此相对应，一方面企业开始重组组织结构和管理模式，即所谓业务流程重组（BPR）；另一方面重视利用先进信息技术的促进作用，在制造业资源计划（manufacturing resources planning，MRPⅡ）的基础上，实施ERP系统，以求更有效地支持新的供应链和战略决策。

2）Internet对企业信息化管理的推动。在计算机时代实现企业信息化最完备的方式是将信息系统建立在企业局域网之上，而网络时代的企业信息化，不仅要有完备的企业局域网即内联网，而且还要同互联网互连互通，把企业信息化建立在Intranet＋Internet环境之上，这并不是一种物理网络的简单的对外延伸，更重要的是企业信息化的技术基础条件发生了根本性的变化。

计算机时代的企业信息化最大的效能是实现企业内部信息资源的共享和实现以生产为中心的管理信息系统。而网络时代的企业信息化，在实现上述效能的同时还要实现企业内外部信息资源的共享与互动，并且要最大限度地挖掘企业内外部信息资源的利用效能；要实现以客户（市场）为中心，把生产要素供应、企业内部生产、企业产品销售三大环节纳入到统一的管理信息系统来实行协同化管理。

计算机时代的企业信息化最突出的特点是用计算机代替手工操作，它常常是根据各个部门（如仓库的库存管理、财务管理等）管理的需要建立系统，部门之间缺乏联系，因而可能出现“信息孤岛”现象。而网络时代的信息化则要实现企业内部各种管理系统的集成，把企业内外部的信息资源按照统一的规划和统一的技术标准集成了一个开放式的网络平台上，消除“信息孤岛”对企业信息化发展的障碍，实现企业管理业务流程的重组。

计算机时代的企业信息化带来的最直接的效果是管理效率的提高，而网络化时代的企业信息化则带来企业管理理念、管理方式的创新与变革。

3）企业面临越来越动态化的市场竞争环境和全球一体化的经济环境，产品生命周期越来越短，需要处理来源于企业外部和内部大量业务的信息数据，企业管理必须将战略计划同企业计划相连接，并进行有效的模拟自动处理，这就要求系统能运用公司中各部门、各地区的集成信息，以及决策层的知识和智慧来为公司的发展、经营等作出及时而准确的决策，提高生产率和工作效率，使公司获得利润最大化。为此，企业管理的重点逐渐从业务层次的管理转向战略决策型的管理。例如，SAP 公司为了满足全球化企业这种新的需求，推出了企业管理驾驶舱的新观念和新功能，可使企业在进行集体化经营过程中实现集团决策支持，使集团企业决策面向高层次、战略性、大范围的决策管理，它容许企业在最复杂的、动态的环境中进行控制，并使企业的信息流更加畅通，实现管理层次上的交流，使决策者将其注意力集中到影响公司业务的关键要点上，通过从 SAP 的业务数据仓库（BW）和企业控制—执行信息系统（EC-EIS）中查看和提取公司的交易和业务经营信息和资料，如财务指标、市场环境与竞争对手的情况，公司内部的业务过程和公司员工的状况，战略性项目的状况等，并利用这些信息作为制定公司战略、战术决策的辅助参考资料，并付诸行动，再将该行动转化为利润。

4）从企业内部的供应链发展为全行业和跨行业的供应链。当企业面临全球化的大市场竞争环境时，任何一个企业都不可能在所有业务上都成为佼佼者，如果全部业务都由自己来承担，它必然面对所有相关领域的竞争对手。因此，只有联合该行业中其他上下游企业，建立一条业务关系紧密、经济利益相连的供应链实现优势互补，才能适应社会化大生产的竞争环境，共同增强市场竞争实力，因此，供应链的概念就由狭义的企业内部业务流程扩展为广义的全行业供应链及跨行业的供应链。这种供应链或是由物料获取并加工成中间件或成品，再将成品送到消费者手中的一些企业和部门的供应链所构成的网络，或是由市场、加工、组装环节与流通环节建立一个相关业务间的动态企业联盟（又称虚拟公司，它是指为完成向市场提供商品或服务等任务而由多个企业相互联合所形成的一种合作组织形式，通过信息技术把这些企业连成一个网络）

来进行跨地区、跨行业经营，以更有效地向市场提供商品和服务，完成原来单个企业不能承担的市场功能。这样，企业的管理范围亦相应地由企业的内部拓展到整个行业的原材料供应、生产加工、配送环节、流通环节以及最终消费者。

在整个行业中建立一个环环相扣的供应链，使多个企业能在一个整体的信息化管理下实现协作经营和协调运作。把这些企业的分散计划纳入整个供应链的计划中，从而大大增强了该供应链在大市场环境中的整体优势，同时也使每个企业之间以最小的个别成本和转换成本来获得成本优势。例如，在供应链统一的计划下，上下游企业可最大限度地减少库存，使所有上游企业的产品能够准确、及时地到达下游企业，这样既加快了供应链上的物流速度，又减少了各企业的库存量和资金占用。通过这种整体供应链管理的优化作用，来到达整个价值链的增值。

这种在整个行业中上下游的管理能够更有效地实现企业之间的供应链管理，以此实现其业务跨行业、跨地区甚至是跨国的经营，对大市场的需求作出快速的响应。在它的作用下，供应链上的产品可实现及时生产、及时交付、及时配送、及时地送达最终消费者手中，以最大限度地为产品市场提供完整的产品组合，缩短产品生产和流通的周期，使产品生产环节进一步向流通环节靠拢，缩短供给市场与需求市场的距离，既减少了各企业的库存量和资金占用，还可及时地获得最终消费市场的需求信息使整个供应链均能紧跟市场的变化。通过这种供应链信息化管理的优化作用，达到整个价值链的增值。

2. 微观方面

首先是企业功能的深度上，增加了质量控制、运输、分销、售后服务与维护、市场开发、人事管理、实验室/配方管理、项目管理、融资投资管理、获利分析、经营风险管理等功能，这些功能都需要集成在企业的供应链中，和其他功能子系统一起把企业所有的制造场所、营销系统、财务系统紧密结合在一起，以实现全球范围内的多工厂、多地点的跨国经营运作；它还使企业面临着实现“多品种小批量生产”和“大批量生产”两种情况或多种情况并存的混合型生产方式，出现企业多角化经营的需求；它的财务系统也不断地面临着收到来自所有业务过程、分析系统和交叉功能子系统的触发信息，去监控整个业务过程，快速作出决策；此外，它还面临着决策分析要求，诸如决策、产品、融资投资、风险、企业合并、收购等。在企业级的范畴，企业正需要有对质量控制、适应变化、客户满意度、效绩等关键问题的实时分析能力需要。这样，企业就超越了以物料需求为核心的生产经营管理范畴，能够更有效地安排自己的产、供、销，人、财、物，实现以客户为中心的经营战略。

其次是在管理的广度方面，打破了原来只局限在传统企业的格局，并把企业的触角伸向各种管理方向，如金融、高科技、通信等，从而使其应用范围大大地扩展，并逐渐形成了针对于某种管理方向的解决方案。不论一个解决方案的功能多么齐全，都无法覆盖各种特殊需求，即除了较为通用的需求，如采购、库存、计划、生产、质检、人事、财务等之外，还有一些与众不同的特殊需求，例如石油天然气行业中的勘探与开采、土地使用与租赁、石油/天然气在运输途中其体积随温度、压力等因素变化而变化的测量、换算以及损益值的计算等；电力行业中的输配电、系统切换后的现场处理、电表的抄费计价；零售业中的补货、变价、促销等，这些都需要特殊的功能来解决和管理，从而需要有一套针对该行业的解决方案。为此，著名的德国 ERP 供应商 SAP 公司除了传统的制造业解决方案外，还与各个行业的应用专家一道开发并推出了商业与零售业、金融业、邮电与通信业、高科技产业、能源、公共事业、工程与建筑业等共 18 个行业的解决方案，它是以公用的财务（包括应收、应付、总帐、合并、资产管理、成本管理、财务分析、资金管理、获利分析、投资/融资管理等）、人事（包括薪资、差旅、工时、招聘、培训、发展计划、人事成本等）、后勤（包括订单、采购、库存、生产、质量控制、运输、分销等）等功能为核心，加入每一行业特殊的需求而成。有了行业的解决方案，就可满足不同行业业务的特殊需求，为企业提高管理水平提供了更为广阔的空间。

第三是在财务功能上，企业面临着逐渐从"账务"型管理向"理财"型管理发展。企业要想使自己在市场上立于不败之地，就必须在求生存的同时寻求更大的发展，而在发展过程中又必须有足够的资金来运作。目前我国的企业普遍存在生产经营资金不足、资金调度盲目性大的问题，如何提高资金的使用效率，有计划地调度生产经营资金，实现企业财富的最大化，保持企业以收抵支及偿还到期债务的能力、破产风险，使企业能够长期、稳定地生存下去，为企业发展和扩充筹集必要的资金，有效地使用资金以实现利润或企业价值的最大化已成为企业的当务之急。

（二）可采取的战略——协同电子商务

1. 电子商务是网络时代企业信息化的最高实现

电子商务是网络化的产物，是网络技术给企业信息化带来的又一次重大的创新。

从企业信息化的发展程度来看，电子商务是网络时代企业信息化的最终目标。通过企业信息化的建设，使企业的内部生产管理过程与外部的市场经营过程构成一个完整的信息化管理过程，为企业的全部生产经营活动构建一个完整的虚拟环境，市场经济要求以需求为导向组织生产。企业生产、经营的管理思想，通过电子商务为导向的内外部信息资源互动的企业信息化系统来实现。这就是电子商务而引发的企业信息化。

从企业信息化的运行方式来看，电子商务是网络时代企业信息化的最终结果。在计算机时代，企业信息化的运行结果是提高企业内部的管理效率，着眼点放在内部管理的信息化要求上。而到了网络时代，企业信息化的运行结果不仅是管理效率的提高，或者说，管理效率提高已不是最终结果，最终结果是实现电子商务，是把企业对销售产品、实现利润、扩大市场、发展客户等方面的要求通过电子商务得到实现和扩大。

因而，企业信息化的各个环节的运行，是围绕着电子商务来进行的。

从企业信息化的技术架构来看，电子商务的技术实现方式与企业信息化技术架构是统一的。企业信息化应用系统都可以采用先进的B/S技术来架构，支持开放的平台，这就是基于Web环境上来实现企业信息化系统的集成。

从企业信息管理系统的集成方式来看，电子商务完成了对各项管理系统之间网状系统的组织与集成。

2. 协同电子商务的引入

我们把协同电子商务定义为基于Web环境以电子商务为导向的企业信息化集成系统。

基于Web环境是要求企业信息化充分利用Internet/Intranet技术，形成浏览器/服务器（B/S）结构，发挥浏览器的优越性，将浏览器作为管理软件与外部环境进行数据交换的主要接口之一，以保证企业信息化的各种管理系统在统一的平台环境中集成、运行。

在协同电子商务的环境下，企业可以借助Internet和数据库技术，全面规划ERP、SCM、CRM、DSS、CIMS、EB等企业信息化解决方案，各个模块之间既相对独立又密切联系，从而构成了一个有机的整体。

3. 协同电子商务系统的总体架构

协同电子商务系统从总体上规划，它应当包含五个层次的架构，如图8.1所示。

第一层，企业信息化网络应用平台。这是企业信息化的技术基础构架，它的目的是建一个能够运行企业信息化全部系统功能的统一的网络平台环境。

第二层，企业内部管理系统。这个层次承担着企业内部各环节信息管理职能，它要求内部系统构成一个互连互通互动，协同配套的业务流程。

第三层，企业外部管理系统。这个层次承担着企业外部各方面信息管理职能，它要求外部管理系统也构成一个互连互通互动，协同配套的业务流程，同时内外部的业务流程是协同化的，外部管理系统的后台和内部管理系统是连贯的。

第四层，企业门户网站。这是企业信息化系统在Internet上的门户，企业与是客户沟通联系的通道也是企业内部信息资源互动的通道。

第五层，客户终端。这个层次不包含在企业信息化建设之内，但它却是企业信息化建设规划中必须充分考虑的一个因素，也是构成企业信息化完整体系的一个因素，它表示企业信息化是一个开放的系统。

在实施企业信息化项目时，必须统筹规划，合理安排，确保各模块之间高度统一。

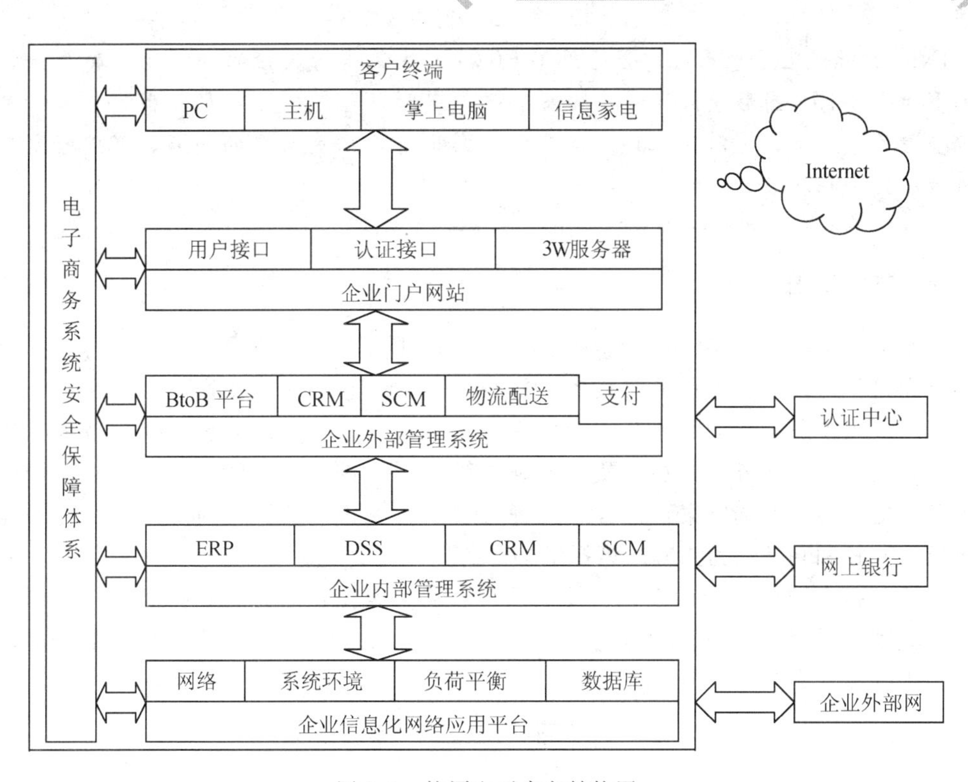

图 8.1 协同电子商务结构图

注释：由 E—B 包括网上营销、网上交易、物流配送、电子支付等功能构成协同电子商务的前端服务系统。由 ERP、CRM、SCM、DSS 等构成协同电子商务的内部管理系统。由 CRM、SCM 等构成协同电子商务的内外部协调系统。

第二节 决策支持系统与经理信息系统

阅读材料

百事可乐公司：基于 WEB 的 DSS

百事可乐公司和世界第二大保险公司——Sedgwick James 公司开发了一个风险管理决策支持系统，以帮助百事可乐降低由意外事故、失窃及其他原因引起的损失。Sedgwick 每周都将美国各大保险公司最新意外事故索赔数据下载到 DSS 数据库中，该数据库安装在百事可乐公司内部网的 IBMRS/6000 服务器上。然后，管理人员和分析师可以通过装有 INDORM 风险管理系统的台式 PC 机或远程膝上式计算机访问该数据库。RS/6000 服务器和本地 PC 机均通过 Information Builders 公司的中间件来为使用不同软硬件配置的百事可乐管理人员和业务分析师提供透明的数据访问。

INFORM风险管理系统综合运用了FOCUS决策支持建模的分析能力和Windows下的FOCUS/EIS图形分析能力。结果，百事可乐公司各层管理人员和业务分析师都可以查看关键趋势，可以获取详细的背景信息，可以识别潜在的问题，可以指定实现风险最小化和利润最大化的计划。

（资料来源：詹姆斯·奥布莱恩、乔治·马拉卡斯，管理信息系统（第七版），人民邮电出版社，2007）

一、决策支持系统

决策支持系统（decision supporting system，DSS）是以管理科学、运筹学、控制论和行为科学为基础，以计算机技术、仿真技术和信息技术为手段，针对半结构化的决策问题，支持决策活动的具有智能作用的人机系统。该系统能够为决策者提供决策所需的数据、信息和背景材料，帮助明确决策目标和进行问题的识别，建立或修改决策模型，提供各种备选方案，并且对各种方案进行评价和优选，通过人机交互功能进行分析、比较和判断，为正确决策提供必要的支持。

DSS的概念结构由会话系统、控制系统、运行及操作系统、数据库系统、模型库系统、规则库系统和用户共同构成。最简单和实用的三库DSS逻辑结构（数据库、模型库、规则库）如图8.2所示。

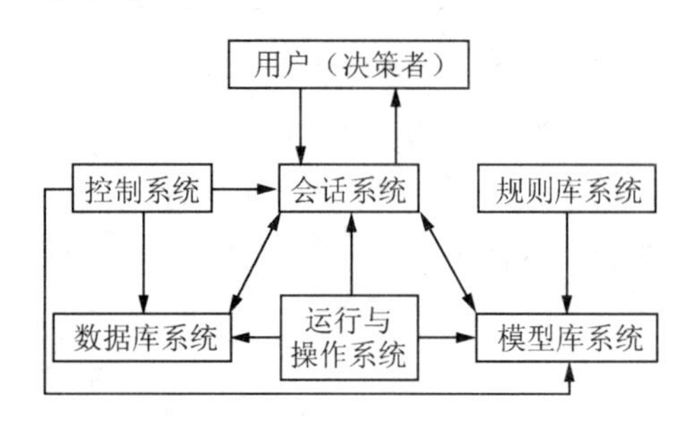

图8.2　DSS三库逻辑结构图

DSS运行过程可以简单描述为：用户通过会话系统输入要解决的决策问题，会话系统把输入的问题信息传递给问题处理系统，然后问题处理系统开始收集数据信息，并根据知识机中已有的知识，来判断和识别问题。如果出现问题，系统通过会话系统与用户进行交互对话，直到问题明确；然后系统开始搜寻问题解决的模型，通过计算推理得出方案可行性的分析结果，最终将决策信息提供给用户。

DSS的技术构成如下。

1）接口部分：即输入输出的界面，是人机进行交互的窗口。

2）模型管理部分：系统根据用户提出的问题调出系统中已有的基本模型，模型管理部分应当具有存储、动态建模的功能。目前模型管理的实现是通过模型库系统来完成的。

3）知识管理部分：集中管理决策问题领域的知识（规则和事实），包括知识的获

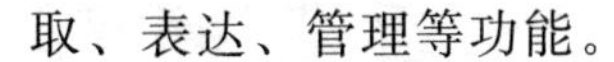

取、表达、管理等功能。

4）数据库部分：管理和存储与决策问题领域有关的数据。

5）推理部分：识别并解答用户提出的问题，分为确定性推理和不确定性推理两大类。

6）分析比较部分：对方案、模型和运行结果进行综合分析比较，得出用户最满意的方案。

7）问题处理部分：根据交互式会话识别用户提出的问题，构造出求解问题的模型和方案，并匹配算法、变量和数据等，运行求解系统。

8）控制部分：连接协调系统各个部分，规定和控制各部分的运行程序，维护和保护系统。此外技术构成还包括咨询部分、模拟部分、优化部分等。

DSS的主要特点有如下几方面。

1）系统的使用面向决策者，在运用DSS的过程中，参与者都是决策者。

2）系统解决的问题是针对半结构化的决策问题，模型和方法的使用是确定的，但是决策者对问题的理解存在差异，系统的使用有特定的环境，问题的条件也不确定和唯一，这使得决策结果具有不确定性。

3）系统强调的是支持的概念，帮助加强决策者作出科学决策的能力。

4）系统的驱动力来自模型和用户，人是系统运行的发动者，模型是系统完成各环节转换的核心。

5）系统运行强调交互式的处理方式，一个问题的决策要经过反复的、大量的、经常的人机对话，人的因素如偏好、主观判断、能力、经验、价值观等对系统的决策结果有重要的影响。

决策支持系统的发展现正向智能化、群体和行为导向等方面发展。

1）智能化DSS。20世纪80年代知识工程（KE）、人工智能（AI）和专家系统（ES）的兴起，为处理不确定性领域的问题提供了技术保证，使DSS朝着智能化方向前进了一步，形成了今天DSS的结构，确定了DSS在技术领域要研究的问题。

2）群体DSS。群体决策比个体决策更合理，更科学，但是由于群体成员之间存在价值观念等方面的差异，也带来了一些新的问题。从技术上讲，个体DSS是GDSS的基础，但要增加一个接口操作环境，支持群体成员更好的相互作用。

3）行为导向DSS。前面介绍的各种DSS的宗旨，都是千方百计地利用各种信息处理技术迎合决策者的需求，扩大他们的决策能力，属于业务导向（business oriented）型的DSS。所谓行为导向（behavior oriented）的DSS是从一个全新的角度即行为科学角度来研究对决策者过程的技术，其主要研究对象是人，而不是以计算机为基础的信息处理系统，主要是利用对决策行为的引导末支持决策，而不仅仅用信息支持决策。这将会为人类最终解决决策问题开辟一条道路，但其研究范围和技术手段已超出今天的信息系统的范围。

二、经理信息系统

经理信息系统（exective information system，EIS）是20世纪80年代中期出现的面向企业高层领导，能支持领导管理工作，为他们提高效率和改善有效性的信息系统。国内有时也将EIS称为高层主管信息系统等。

第三节　企业资源计划系统

当今时代，在全球竞争激烈的大市场中，无论是流程式还是离散式的制造业，无论是单件生产、多品种小批量生产、少品种重复生产还是标准产品大量生产的制造业，其内部管理都可能遇到以下一些问题：如企业可能拥有卓越的销售人员推销产品，但是生产线上的工人却没有办法如期交货，车间管理人员则抱怨说采购部门没有及时供应他们所需要的原料。实际上，采购部门的效率过高，仓库里囤积的某些材料10年都用不完，仓库库位饱和，资金周转很慢；许多公司要用6～13个星期的时间，才能计算出所需要的物料量，所以订货周期只能为6～13个星期；订货单和采购单上的日期和缺料单上的日期都不相同，没有一个是确定的；财务部门不信赖仓库部门的数据，不以它来计算制造成本……不能否认，以上这些情况正是我们大多数企业目前所面临的一个严峻的问题，然而，针对这一现象，我们又能有什么有效的办法来解决它呢？事实上，在中国的企业界还没有完全意识到这一问题的严重性的时候，国外的企业资源计划系统（enterprise resource planning，ERP）/制造资源计划（manufacturing resource planning，MRPⅡ）的软件厂商早已悄然地走进了中国市场，并随着时间的推移，ERP开始逐渐被中国的企业界、理论界所认识。

到了现在，只要我们随手翻翻有关管理、信息技术方面的报纸杂志，就会有大量的、各式各样的MRPⅡ/ERP广告和相关报道跃然纸上。就在人们还在为到底什么是ERP而感到困惑的时候，新的电子商务时代的ERP、iERP等概念又不断地迎面扑来。

ERP无论是在中国，还是在全世界都掀起了一场关于管理思想和管理技术的革命。更值得注意的是，在MPRⅡ还没有被中国的企业界人士所完全认可之前，它却已经在短短的几年时间内一跃发展成为现今的电子商务时代下的ERP。可见，这一新的管理方法和管理手段正在以一种人们无法想象的速度在中国的企业中应用和发展起来了，它无疑给正在市场经济大潮中奋力搏击的众多企业注入了新的血液。因此，为了我们更好地掌握和使用这一新的管理工具，很有必要先对MRP与ERP有一个清楚的认识。

一、MRP 与 ERP 理论

（一）MRP 的基本原理

按需求的来源不同，企业内部的物料可分为独立需求和相关需求两种类型。独立需求是指需求量和需求时间由企业外部的需求来决定，例如，客户订购的产品、科研试制需要的样品、售后维修需要的备品备件等；相关需求是指根据物料之间的结构组成关系由独立需求的物料所产生的需求，例如，半成品、零部件、原材料等的需求。

MRP 的基本任务是：从最终产品的生产计划（独立需求）导出相关物料（原材料、零部件等）的需求量和需求时间（相关需求）；根据物料的需求时间和生产（订货）周期来确定其开始生产（订货）的时间。

MRP 的基本内容是编制零件的生产计划和采购计划。然而，要正确编制零件计划，首先必须落实产品的出产进度计划，用 MRPⅡ的术语就是主生产计划（Master Production Schedule，MPS），这是 MRP 展开的依据。MRP 还需要知道产品的零件结构，即物料清单（bill of material，BOM），才能把主生产计划展开成零件计划；同时，必须知道库存数量才能准确计算出零件的采购数量。因此，基本 MRP 的依据是：主生产计划（MPS）、物料清单（BOM）、库存信息。

（二）MRP 基本构成

1. 主生产计划

主生产计划（master production schedule，MPS）是确定每一具体的最终产品在每一具体时间段内生产数量的计划。这里的最终产品是指对于企业来说最终完成、要出厂的完成品，它要具体到产品的品种、型号。这里的具体时间段，通常是以周为单位，在有些情况下，也可以是日、旬、月。主生产计划详细规定生产什么产品、什么时段应该产出多少产品，它是独立需求计划。主生产计划根据客户合同和市场预测，把经营计划或生产大纲中的产品需求具体化，使之成为展开物料需求计划的主要依据，起到了从综合计划向具体计划过渡的作用。

2. 产品结构与物料清单

MRP 系统要正确计算出物料需求的时间和数量，特别是相关需求物料的数量和时间，首先要使系统了解企业所制造的产品结构和所有要使用到的物料。产品结构列出构成成品或装配件的所有部件、组件、零件等的组成、装配关系和数量要求。

为了便于计算机识别，必须把产品结构图转换成规范的数据格式，这种用规范的数据格式来描述产品结构的文件就是物料清单（bill of Material，BOM）。它必须说明组件（部件）中各种物料需求的数量和相互之间的组成结构关系。

3. 库存信息

库存信息是保存企业所有产品、零部件、在制品、原材料等存在状态的数据库。在 MRP 系统中，将产品、零部件、在制品、原材料甚至工装工具等统称为“物料”或“项目”。为便于计算机识别，必须对物料进行编码。物料编码是 MRP 系统识别物料的唯一标识。

1）现有库存量。指在企业仓库中实际存放的物料的可用库存数量。

2）计划收到量（在途量）。指根据正在执行中的采购订单或生产订单，在未来某个时段物料将要入库或将要完成的数量。

3）已分配量。指尚保存在仓库中但已被分配掉的物料数量。

4）提前期。指执行某项任务由开始到完成所消耗的时间。

5）订购（生产）批量。在某个时段内向供应商订购或要求生产部门生产某种物料的数量。

6）安全库存量。为了预防需求或供应方面的不可预测的波动，在仓库中应保持最低库存数量作为安全库存量。

根据以上的各个数值，可以计算出某项物料的净需求量：

净需求量＝毛需求量＋已分配量－计划收到量－现有库存量

计算出来的物料需求的日期有可能因设备和工时的不足而没有能力生产，或者因原料的不足而无法生产。同时，它也缺乏根据计划实施情况的反馈信息对计划进行调整的功能。闭环 MRP 系统除了物料需求计划外，还将生产能力需求计划、车间作业计划和采购作业计划也全部纳入 MRP，形成一个封闭的系统。

4. 能力需求计划

1）资源需求计划与能力需求计划（capacity requirement planning，CRP）。在闭环 MRP 系统中，把关键工作中心的负荷平衡称为资源需求计划，或称为粗能力计划，它的计划对象为独立需求件，主要面向主生产计划；把全部工作中心的负荷平衡称为能力需求计划，或称为详细能力计划，而它的计划对象为相关需求件，主要面向车间。由于 MRP 和 MPS 之间存在内在的联系，所以资源需求计划与能力需求计划之间也是一脉相承的，而后者正是在前者的基础上进行计算的。

2）能力需求计划的依据。①工作中心：它是各种生产或加工能力单元和成本计算单元的统称。对工作中心，都统一用工时来量化其能力的大小；②工作日历：是用于编制计划的特殊形式的日历，它是由普通日历除去每周双休日、假日、停工和其他不生产的日子，并将日期表示为顺序形式而形成的；③工艺路线：是一种反映制造某项“物料”加工方法及加工次序的文件。它说明加工和装配的工序顺序，每道工序使用的工作中心，各项时间定额，外协工序的时间和费用等；④由 MRP 输出的零部件作业计划。

3）能力需求计划的计算逻辑。闭环 MRP 的基本目标是满足客户和市场的需求，因此在编制计划时，总是先不考虑能力约束而优先保证计划需求，然后再进行能力计划。经过多次反复运算，调整核实，才转入下一个阶段。能力需求计划的运算过程就是把物料需求计划定单换算成能力需求数量，生成能力需求报表。当然，在计划时段中也有可能出现能力需求超负荷或低负荷的情况。闭环 MRP 能力计划通常是通过报表的形式（直方图是常用工具）向计划人员报告之，但是并不进行能力负荷的自动平衡，这个工作由计划人员人工完成。

4）现场作业控制。各工作中心能力与负荷需求基本平衡后，接下来就要具体地组织生产活动，使各种资源既能合理利用又能按期完成各项订单任务，并将生产活动进行的状况及时反馈到系统中，以便根据实际情况进行调整与控制，这就是现场作业控制。它的工作内容一般包括以下四个方面：①车间定单下达，即核实 MRP 生成的计划订单，并转换为下达订单；②作业排序，指从工作中心的角度控制加工工件的作业顺序或作业优先级；③投入产出控制，是一种监控作业流（正在作业的车间定单）通过工作中心的技术方法。利用投入/产出报告，可以分析生产中存在的问题，采取相应的措施；④作业信息反馈，它主要是跟踪作业订单在制造过程中的运动，收集各种资源消耗的实际数据，更新库存余额并完成 MRP 的闭环。

（三）MRPⅡ

闭环 MRP 系统能使生产活动方面的各种管理子系统得到统一。但这还不够，因为在企业的管理中，生产管理只是一个方面，它所涉及的仅仅是物流，而与物流密切相关的还有资金流。这在许多企业中资金流是由财会人员另行管理的，这就造成了数据的重复录入与存储，甚至造成数据不一致。

于是，在 20 世纪 80 年代，人们把生产、财务、销售、工程技术、采购等各个子系统集成为一个一体化的系统，并称为制造资源计划（manufacturing resource planning）系统，英文缩写还是 MRP，为了区别物流需求计划（亦缩写为 MRP）而记为 MRPⅡ。

1. MRPⅡ的原理与逻辑

MRPⅡ的基本思想就是把企业作为一个有机整体，从整体最优的角度出发，通过运用科学方法对企业各种制造资源和产、供、销、财各个环节进行有效的计划、组织和控制，使之得以协调发展，并充分地发挥作用。

2. MRPⅡ管理模式的特点

MRPⅡ的特点可以从以下几个方面来说明，每一项特点都含有管理模式的变革和人员素质或行为变革两方面，这些特点是相辅相成的。

1）计划的一贯性与可行性。MRPⅡ是一种计划主导型管理模式，计划层次从宏观到微观、从战略到技术、由粗到细逐层优化，但始终保证与企业经营战略目标一致。它把通常的三级计划管理统一起来，计划编制工作集中在厂级职能部门，车间班组只能执行计划、调度和反馈信息。计划下达前反复验证和平衡生产能力，并根据反馈信息及时调整，处理好供需矛盾，保证计划的一贯性、有效性和可执行性。

2）管理的系统性。MRPⅡ是一项系统工程，它把企业所有与生产经营直接相关部门的工作联结成一个整体，各部门都从系统整体出发做好本职工作，每个员工都知道自己的工作质量同其他职能的关系，条块分割、各行其是的局面被团队精神所取代。

3）数据共享性。MRPⅡ是一种制造企业管理信息系统，企业各部门都依据同一数据信息源进行管理，任何一种数据变动都能及时地反映给所有部门，做到数据共享。在统一的数据库支持下，按照规范化的处理程序进行管理和决策。改变了过去那种信息不通、情况不明、盲目决策、相互矛盾的现象。

4）动态应变性。MRPⅡ是一个闭环系统，它要求跟踪、控制瞬息万变的实际情况，管理人员可随时根据企业内外环境条件的变化迅速作出响应，及时调整决策，保证生产正常进行。借助 MRP Ⅱ，管理人员可以及时掌握各种动态信息，保持较短的生产周期，因而有较强的应变能力。

5）模拟预见性。MRPⅡ具有模拟功能。它可以解决“如果怎样……将会怎样”类型的假设问题，可以预见在相当长的计划期内可能发生的问题，事先采取措施消除隐患，而不是等问题已经发生了再花几倍的精力去处理。这将使管理人员从忙碌的事务堆里解脱出来，致力于实质性的分析研究，提供多个可行方案供领导决策。

6）物流、资金流的统一。MRPⅡ包含了成本会计和财务功能，可以由生产活动直接产生财务数据，把实物形态的物料流动直接转换为价值形态的资金流动，保证生产和财务数据一致。财务部门及时得到资金信息用于控制成本，通过资金流动状况反映物料和经营情况，随时分析企业的经济效益，参与决策，指导和控制经营和生产活动。

以上几个方面的特点表明，MRPⅡ是一个比较完整的生产经营管理计划体系，是实现制造业企业整体效益的有效管理模式。

（四）ERP 系统

企业资源计划系统（enterprise resource planning，ERP），是指建立在信息技术基础上，以系统化的管理思想，为企业决策层及员工提供决策运行手段的管理平台。ERP 系统集信息技术与先进的管理思想于一身，成为现代企业的运行模式，反映时代对企业合理调配资源，最大化地创造社会财富的要求，成为企业在信息时代生存、发展的基石。

进一步地，可以从管理思想、软件产品、管理系统三个层次给出 ERP 的定义。

1）ERP 是在 MRPⅡ基础上进一步发展而成的面向供应链（supply chain）的管理思想。

2）ERP 是综合应用了客户机/服务器体系、关系数据库结构、面向对象技术、图

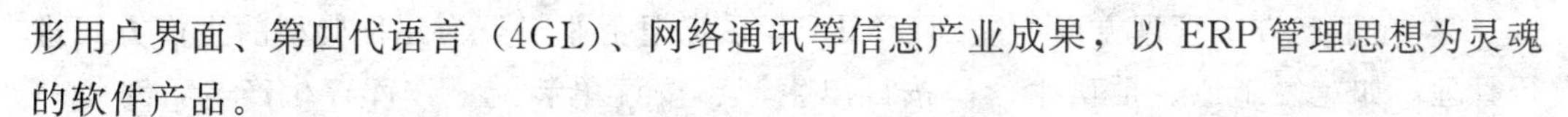

形用户界面、第四代语言（4GL）、网络通讯等信息产业成果，以ERP管理思想为灵魂的软件产品。

3）ERP是整合了企业管理理念、业务流程、基础数据、人力物力、计算机硬件和软件于一体的企业资源管理系统。

1. ERP系统的管理思想

ERP的核心管理思想就是实现对整个供应链的有效管理，主要体现在以下三个方面。

1）体现对整个供应链资源进行管理的思想。现代企业的竞争已经不是单一企业与单一企业间的竞争，而是一个企业供应链与另一个企业的供应链之间的竞争，即企业不但要依靠自己的资源，还必须把经营过程中的有关各方如供应商、制造工厂、分销网络、客户等纳入一个紧密的供应链中，才能在市场上获得竞争优势。ERP系统正是适应了这一市场竞争的需要，实现了对整个企业供应链的管理。

2）体现精益生产、同步工程和敏捷制造的思想。ERP系统支持都混合型生产方式的管理，其管理思想表现在两各方面：其一是“精益生产（lean production，LP）”的思想，即企业把客户、销售代理商、供应商、协作单位纳入生产体系，同他们建立起利益共享的合作伙伴关系，进而组成一个企业的供应链；其二是“敏捷制造（agile manufacturing）”的思想。当市场上出现新的机会，而企业的基本合作伙伴不能满足新产品开发生产的要求时，企业组织一个由特定的供应商和销售渠道组成的短期或一次性供应链，形成“虚拟工厂”，把供应和协作单位看成是企业的一个组成部分，运用“同步工程（SE）”，组织生产，用最短的时间将新产品打入市场，时刻保持产品的高质量、多样化和灵活性，这即是“敏捷制造”的核心思想。

3）体现事先计划与事中控制的思想。ERP系统中的计划体系主要包括：主生产计划、物流需求计划、能力计划、采购计划、销售执行计划、利润计划、财务预算和人力资源计划等，而且这些计划功能与价值控制功能已完全集成到整个供应链系统中。另一方面，ERP系统通过定义与事务处理（transaction）相关的会计核算科目与核算方式，在事务处理发生的同时自动生成会计核算记录，保证了资金流与物流的同步记录和数据的一致性。从而实现了根据财务资金现状，可以追溯资金的来龙去脉，并进一步追溯所发生的相关业务活动，便于实现事中控制和实时做出决策。

2. ERP同MRPⅡ的主要区别

1）在资源管理范围方面的差别。MRPⅡ主要侧重对企业内部人、财、物等资源的管理，ERP系统在MRPⅡ的基础上扩展了管理范围，它把客户需求和企业内部的制造活动、以及供应商的制造资源整合在一起，形成一个完整的供应链并对供应链上所有环节如订单、采购、库存、计划、生产制造、质量控制、运输、分销、服务与维护、财务管理、人事管理、实验室管理、项目管理、配方管理等进行有效管理。

2）在生产方式管理方面的差别。MRPⅡ系统把企业归类为几种典型的生产方式进行管理，如重复制造、批量生产、按订单生产、按订单装配、按库存生产等，对每一种类型都有一套管理标准。而在20世纪80年代末至90年代初期，为了紧跟市场的变化，多品种、小批量生产以及看板式生产等成为企业主要采用的生产方式，由单一的生产方式向混合型生产方式发展，ERP则能很好地支持和管理混合型制造环境，满足了企业的这种多角化经营需求。

3）在管理功能方面的差别。ERP除了MRPⅡ系统的制造、分销、财务管理功能外，还增加了支持整个供应链上物料流通体系中供、产、需各个环节之间的运输管理和仓库管理；支持生产保障体系的质量管理、实验室管理、设备维修和备品备件管理；支持对工作流（业务处理流程）的管理。

4）在事务处理控制方面的差别。MRPⅡ是通过计划的及时滚动来控制整个生产过程，它的实时性较差，一般只能实现事中控制。而ERP系统支持在线分析处理OLAP（Online Analytical Processing）、售后服务即质量反馈，强调企业的事前控制能力，它可以将设计、制造、销售、运输等通过集成来并行地进行各种相关的作业，为企业提供了对质量、适应变化、客户满意、绩效等关键问题的实时分析能力。

此外，在MRPⅡ中，财务系统只是一个信息的归纳总结者，它的功能是将供、产、销环节中的数量信息转变为价值信息，是物流的价值反映。而ERP系统则将财务计划和价值控制功能集成到了整个供应链上。

5）在跨国（或地区）经营事务处理方面的差别。现在企业的发展，使得企业内部各个组织单元之间、企业与外部的业务单元之间的协调变得越来越频繁和越来越重要，ERP系统应用完整的组织架构，从而可以支持跨国经营中的多国家地区、多工厂、多语种、多币制应用需求。

6）在计算机信息处理技术方面的差别。随着IT技术的飞速发展，网络通信技术的应用，使得ERP系统能对整个供应链信息进行集成管理。ERP系统采用客户/服务器（C/S）体系结构和分布式数据处理技术，支持Internet/Intranet/Extranet、电子商务（E-business、E-commerce）、电子数据交换（EDI）。此外，还能实现在不同平台上的互操作。

二、ERP的二次开发平台与开发能力

对于从软件公司外购的ERP系统，还可能需要进行二次开发工作。虽然外购的ERP系统提供了很多模块供各种不同需求的用户来选择，但它毕竟不是专门为企业设计的，各个企业有其不同历史背景和现实情况，因此二次开发工作也是企业应用ERP的关键。

（一）用户化和二次开发

1）用户化，一般把不涉及程序改动的系统设置修改称为用户化，如修改报表格

式。软件如果有报表生成功能，或采用第四代语言，则任何业务人员，不需要有很多计算机知识就可以自行设置。当然，还需经项目实施小组的批准。

2）二次开发，通常把改动程序的工作称为二次开发。要增加或修改软件的功能，可能需要 ERP 系统提供支持二次开发的工具，甚至需要提供软件的源程序，这些都要支付额外的费用，而且并不是每个 ERP 供应商都愿意提供源代码。此类问题一定要在签订合同前考虑到。

二次开发的工作是在软件功能模拟运行的基础上进行的，一般工作量比较大，需要一定的时间，会延误项目实施进程，这个因素应该在制定项目实施计划时包括进去。

改动软件后还可能会影响以后的软件版本升级。有些 ERP 软件商提供免费或收费很低的系统升级。如果不升级，新版本的长处无法应用；如果升级，则面临着重新进行二次开发的可能。因为 ERP 软件供应商在进行新版本的 ERP 系统开发时，可能根本不会考虑某个特定的用户在旧版本上所作的二次开发。

因此，在进行二次开发前，要做认真的分析对比。究竟是修改软件，还是改革现行管理程序；还是两者都作一些修改。对修改的必要性、效果和代价要进行评估。

经过分析和权衡，应尽量不进行二次开发。如果必须进行二次开发，则应尽量使得二次开发出的功能模块独立于原来的 ERP 系统。这样，当 ERP 系统版本更新时，二次开发出来的模块无需修改或者只需较少的修改就可以应用于高版本的 ERP 系统。

（二）ERP 二次开发的必要性与可能性

ERP 系统的客户化和二次开发在整个实施过程中处于承上启下的位置。任何 ERP 软件，不论是国产的还是进口的，都或多或少需要进行用户化的工作，有时还要进行二次开发。因为对于国外 ERP 软件供应商的产品来说，确实存在国情、厂情不同的问题。中国企业与国外企业相比，主要有以下四个方面的不同：

1. 生产规模、生产类型不同

在我国，大而全的国有大中型企业是国家经济的支柱。工厂规模大，生产类型复杂，产品中有 70％～80％是自制件，既加工制造又装配，管理幅度大，难度也大。而国外基本是一些专业化分工较细的中小型企业，一些大的公司也以装配为主，自制件很少。相比之下，管理的幅度和难度不如中国企业。

2. 人员素质相差较大

国内、国外企业管理人员和生产工人的素质差距较大。这与多年的计划经济体制和国民教育水平有关，不可能在短期内缩小这个差距。

3. 企业的管理机制与管理基础不同

国外企业采用现代企业制度，产权明晰，管理科学、规范。我国企业管理机制和管理基础随着现代企业管理制度的建立，将会逐步提高，但目前差距还不小。

4．企业的外部环境不同

我国各类企业管理水平不一，交通、通信状况也不尽人意。企业生产所需的外购、外协件几乎不可能按企业的需求及时供应，供货合同中的供货日期不可能精确，也无法得到保证。

对于国内的ERP软件供应商来说，即使他们的软件是在对国情有深入了解的前提下开发的，软件系统功能再全、适应性再强，当面对不同企业千差万别的具体情况和不同企业千变万化的特殊需求时，也不可能做到“以不变应万变”。

再者，企业所处的环境是不断变化的：企业的产品种类、产品所处生命周期的阶段、企业的计划模式、分销模式都不断在变化，企业不断地进行业务流程的再造，企业的规模不断地缩小或扩展，等等。总之，企业的变化是绝对的。因而，客观上要求ERP具备适应各种变化的能力。如果ERP系统不能进行方便的用户化和二次开发，那么，企业引进ERP系统之日，就是套上束缚自身发展的枷锁之时。

因此，ERP软件厂商在软件的开发时，都尽可能使ERP软件具备良好的支持用户化和二次开发的功能。ERP系统的用户化和二次开发，是ERP软件把从企业外部的软件厂商提供的一种产品，转变为企业内部的管理信息系统的桥梁和纽带。

（三）二次开发环节

要实施和应用好ERP软件，一些必要的二次开发是不可避免的，但必须把握好开发过程和开发量，从不同的实施阶段、开发的难度、对改进流程的效果等方面来考虑二次开发的必要性，并做好控制。下面是ERP系统二次开发的一些注意事项。

1）二次开发的原则是只改格式，不改数据定义。如涉及到要增改字段时，尽量使用系统已有的备用字段，灵活使用系统的备用字段，以不改动数据库结构为基本原则。所以这也要求在选型时应充分了解软件的内涵。

2）开发的时间应该控制好，尽量不要在并行运行前就进行二次开发，实践证明这种二次开发多数是失败的，很容易导致二次开发没完没了，甚至将ERP系统改得面目全非，但结果ERP系统还是没能实施成功。因为这时期的开发需求多数是因为对ERP系统功能还没有充分的了解或者不愿意改变传统的习惯而产生的。

3）尽量劝服业务部门使用并适应ERP系统原有的功能跟踪数据，使用ERP系统提供的报表作为企业内部的传递表格。这是企业业务部门改进现状最基本的方法，如果连这点都做不到，要改进企业流程就更难了。

4）二次开发的另一个基本原则是能对实施起到积极的推进作用的改动才做，有时一个报表、一个字段用途的改变可能直接影响到该部分功能是否能实际使用，在这种情况下，仍需做二次开发，目的是为了方便操作，减少业务人员的工作量，甚至是起到理顺管理环节的效果。

（四）ERP 系统改进

随着 ERP 应用的不断深入，不断挖掘 ERP 系统功能，灵活应用 ERP 系统功能以满足企业不断挖掘潜在效益的需要是项目核心组的一项重要工作。ERP 系统的改进过程是不断体现 ERP 应用效果的过程，在这个环节主要是进一步完善制度管理，按制度执行，并确定考核指标，做到奖罚分明。

实施 ERP 是一项繁重的工作，没有任何捷径，从选型到实施各阶段任何一个环节都应该控制好，否则很难成功。再次强调的是 ERP 能否成功关键在于企业自身，特别是决策者。

三、ERP 系统选择的案例分析

（一）案例：用 ERP 吃上“慢鱼”——普瑞尔实施 ERP

深圳普瑞尔技术有限公司（现更名为深圳普联技术有限公司），自 1996 年第一块 TP-Link 双口 10M 网卡投产问世，至今可年产网络通信产品 800 万件。经过几年的奋斗，深圳普瑞尔技术有限公司已成长为一家专业从事网络与通信设备研发、制造和行销的高新技术企业。产品线也由原来单一的集线器、网卡、调制解调器向交换机、路由器、XDSL 等多维产品拓展，并陆续推出千兆网络产品、XDSL 及无线等高端产品。据赛迪顾问市场调研数据统计，截至 2001 年底，TP-Link 网卡和集线器的市场排名保持在第一位，市场占有率分别高达 49.3%和 41.4%；TP-Link 交换机的市场排名已经跃居第三位。

1. “快鱼”没能吃上“慢鱼”

就是这样一家高新技术企业，在进入 2000 年之后，随着整体网络市场环境的变化，在经营方面一向顺手的 TP-LINK 也遇到了一些困难。网络产品市场的价格战，使得 TP-LINK 在产品制造方面的利润不断受到压缩，市场经营方面的压力也日渐增加。

在 IT 行业中，新产品层出不穷，价格的快速下降趋势越来越明显，“快鱼吃慢鱼”是行业的规则，在整个产品中芯片的价格占到了 50%以上的比重。因此在 1999 年底，普瑞尔的领导和芯片供应商洽谈了一个相当有竞争力的价格，拟大批量采购，并且准备组织市场促销活动，欲以抢占市场份额来打击竞争对手。但是，他们却发现了一个问题，在库成品、在线半成品、材料在库和在途的总量巨大，足足还够销售 1 个半月的。面对这样的情况，普瑞尔的领导感到十分尴尬，面对良好的价格优势不能快速实施，而且使企业的潜在利益遭到了极大的损失，这样不仅使供应商的信心受到影响，而且对竞争对手的冲击、对市场份额的追逐……无疑都失去了一次很好的机会。

面对价格战这把“双刃剑”，TP-LINK 该如何行动？深圳普瑞尔并没有盲目地扩大生产，加入恶性价格战中，而是从自身内部寻找原因和解决之道。

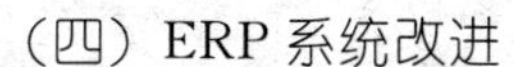

2. 找准突破口

普瑞尔公司在几年内的快速发展，同时还表现在人员、资金、物料、设备等的急剧扩充。然而，这也正是普瑞尔在管理方面的薄弱环节。

库存不清且不能及时掌握。网络产品虽然不像机械产品那样庞大，可是它的物料品种较多。据统计，普瑞尔当时的物料品种足有三四千种，手账、卡账和实物三账合一的手工操作方式，决定了仓管员不能及时提供准确的数字，对仓库实际业务不能有效地进行跟踪和控制。也就是说，手工操作的再细致、认真，也难以做到数据的准确无误，做到万无一失；即使能够做到，付出的代价也会是相当大的，尤其是在时间上，难以确保生产流程的需要。

物料齐套率低，库存居高不下。由于网络产品市场变化迅速，备品备料计划往往也是多变的，产品的升级换代更快，价格也是随机应变。这些客观因素，使得仓库管理人员不得不以加大库存总量的方式来尽可能地适应市场需求。但是，由于库存账务处理效率低、反应和数据分析速度慢，导致投产机型的物料齐套率低，同时库存物料的数量居高不下。在2000年初期，平均占用资金2500万左右最高时达3300万元，材料周转天数达32天，而且计划和采购部门人员经常是为了料品的筹备疲于奔命，而效果却不甚理想，以至车间生产停工待料的现象时有发生。

不能及时提供成本计算所需的信息。由于采购、仓库、销售和生产部门自成体系，物料数据无法共享，涉及成本计算的一些项目，如料、工、费等各部门还要重新录入，不能及时提供成本计算所需的信息，无法及时计算出每个品种的成本，时常会出现延误谈判最佳时机的现象。

信息“孤岛”造成数据不能充分整合和共享。在实施ERP以前，普瑞尔的信息系统是几个业务信息部门各自为政、重复投资、重复建设而成的；所开发系统的运行平台也是多种多样，数据多重输入，口径不一；跨部门的业务流程往往是被分段运行，在接口处形成了“瓶颈”。最明显的就是对于齐套分析，采用的是人工方式在Excel中处理，致使源数据不完整、不精确，处理起来十分繁琐，甚至有的数据不能自动生成，或生成的数据共享性不够，同时由于代用料和贴片料的统计数据不完善而导致齐套性差。

这些问题无疑使得普瑞尔在对“人流、资金流和物流”的管理中很难实现完美的统一，也无法让企业领导及时、准确地了解和掌握到各个部门的运营情况，更无法及时、准确地得到第一手财务业务资料。为此，普瑞尔的决策者充分地意识到，对财务、销售、生产、物流等的数据统计、分析和运用是提升管理之道，并希望通过建立一套ERP系统来解决这些管理问题。

3. 六大理由选择ERP

由于市场上ERP软件供应商众多，良莠不齐，加上ERP实施的成功率不高，所以

深圳普瑞尔对 ERP 项目的选型格外重视。他们专门成立了 ERP 项目选型小组，并由总经理赵建军亲自任组长。ERP 项目小组通过对国内几十家 ERP 软件供应商进行了初步筛选，最后确定了十多家厂商进行重点考察，主要包括软件功能、可扩展性、公司的实施能力、客户使用 ERP 情况等。最终，普瑞尔选中了珠海宏桥高科技有限公司自主开发的 ERP 制造业管理系统。

考察 ERP 软件应考虑如下六个方面。

1）要有良好的稳定性和扩充性。由于公司业务的不断发展，新的业务不断扩展，企业各方面的需求和配置将不断扩充，管理软件系统平台必须具有较好的稳定性和开放性，能适应企业未来发展对管理要求不断提高的需要。

2）要可进行流程自定义。由于每一家公司的管理有不同的要求和侧重点，只有最适合公司业务的管理软件才能发挥有效的作用，针对本公司的特点设计和定义的流程才是最有效的，这样才能满足不同业务流程及管理规范的要求。

3）要具有电子行业特性，在 IT 行业中存在大量的、频繁的材料替代问题（有多种形式，比如：通用替代、单向替代、时间或批量的条件替代、基准料替代等），工程变更的处理，随之而来的计划需求异动和套料发放的实施、订单交付的预测分析等，管理软件系统必须能够妥善解决这些棘手的问题。

4）要易于维护。由于管理软件系统在事实上将成为公司的数据信息平台，公司必须具备维护和开发的能力，否则系统发生问题的时候损失是难以弥补的，因此，管理软件应具有结构化的程序及充分的技术支持。

5）要能提供开发工具，随着不断提升的管理要求，公司会不断提出开发新的功能和新的表单的要求，必须使系统维护和开发人员能够轻松掌握系统的开发工具，要求管理软件提供的工具易学、使用方便。

6）要有良好的信誉和稳定性。由于市场上软件供应商繁多，参差不齐，软件公司的专业经营历史和现有客户评价是重要的评判指标，应从软件供应商的长期经营战略、现有经营状况及专业市场评价方面着手了解，专业的软件供应商应能跟踪技术的发展和客户的需求，提供对软件的版本更新和维护服务工作，从而使管理软件系统的使用者能够享受到最好的系统服务。

4. 数据为先

普瑞尔提出了明确的需求和目标来进行慎重的软件选型，为 ERP 系统实施打下了良好的基础，然而这相对于 ERP 系统的复杂程度还远远不够。普瑞尔为此还做了大量的准备工作，以期为信息化建设铺平道路。首先解决的是员工的畏难情绪。众所周知，ERP 系统实施周期长，过程复杂，需要企业各方面大力支持和配合。这就要求许多员工在做好本职工作的同时还要协助项目实施小组完成基础数据收集和录入等工作；此外员工的计算机应用水平不一，加之对系统操作不熟悉，畏难和抵触情绪难免滋生。为了 ERP 项目的顺利实施，普瑞尔把员工教育培训列为首要工作，并划分三个步骤：

第一步帮助各级员工正确理解 ERP 的理念和作用；第二步强化系统原理培训，要求员工根据软件的原理和做法，具体应用到实际工作中去；第三步实际应用操作培训，让各级员工熟知系统的操作和使用。经过以上三个阶段的培训，ERP 在普瑞尔已深入人心。

ERP 的成功运行依靠是“三分技术、七分管理和十二分数据”，由此可见数据，尤其是基础数据的在 ERP 系统中的重要性，由于普瑞尔内外部均采用计算机管理，这样对数据的及时性和准确性提出了更高的要求。一个重要的数据出现错误，就可能在系统内成倍地复制错误。为保证数据的真实与可靠，在企业主要领导为首的 ERP 项目领导小组发挥了重要作用。普瑞尔从基础数据处理入手，联合技术、供应、库存管理和财务人员进行了艰苦的数据整理，制定了详细的编码规则，并对系统中现有的数据进行整理，使基础数据收集整理工作能够高效率地进行。

除此之外，为确保 ERP 项目的顺利实施，普瑞尔成立了以企业主要领导、管理咨询顾问和技术专家为首的三级项目实施组织体系，即 ERP 项目领导小组、项目实施小组和各子系统实施小组。在三级项目小组层层把关，监督控制下，普瑞尔 ERP 项目得以有条不紊地进行着。

5. ERP 项目实施不是交钥匙工程

企业管理的改善是一个循序渐进的过程，企业信息化也不是一劳永逸，而是一个逐渐完善和发展的过程。“授人鱼不如授人以渔”，宏桥科技在实施过程中，不但帮助企业应用和实施 ERP 系统，而且传授给系统维护人员和项目管理人员有关 ERP 系统内部逻辑、数据库结构知识，以及如何应用开发工具进行二次开发和系统升级。

随着企业的发展，新产品不断研发投产，新材料的不断增加和使用，原有的一套已经用了 5 年的物料编码体系已不能满足企业的需要，2002 年，普瑞尔公司下决心要改变物料编码体系，众所周知，物料编码贯穿整个 ERP 系统，从产品结构 BOM 单，到采购、库存、生产、销售整个环节，是整个 ERP 的核心，更改物料编码体系是一个复杂的系统工程。但是困难没有把普瑞尔人吓倒，在咨询了宏桥公司的系统专家后，制定了详细的升级计划，首先进行软件二次开发调整，然后公司上下进行模拟切换，2002 年 7 月 1 日，新编码体系一次切换成功，并没有出现大的混乱，而且整个过程完全依靠普瑞尔自己的项目管理和开发能力，很多 ERP 专家都认为是奇迹。

6. 数字说话

普瑞尔在 ERP 项目中，从基础着手，认真录入了有关基本数据，并且完成了系统初始化工作，系统于 2001 年 2 月正式上线运行。经过两年多的运行，普瑞尔的 ERP 项目达到了预期的目标。从普瑞尔统计的数据来看，2000 年产生总值 3 亿元，库存金额 3000 多万元，库存资金周转周期为 36 天。到 2002 年，年生产总值达到 6 亿元，库存金额缩减到 1000 多万元，其是原材料库存金额 500 多万元，库存资金周转周期仅有 8

天。与此同时，深圳普瑞尔的产品齐套率提高了30%，在线库存降低了35%。

与实施ERP前相比，有效降低了库存。在正常情况下，降低库存资金20%左右，而深圳普瑞尔平均材料占用资金仅在500万～700万元之间，半成品占用在400万～600万元之间，整体资金占用降低了50%以上，材料和半成品总的周转天数有效控制在18天之内。与此同时，有效的成本核算和成本控制，加快了数据分析和处理能力，降低了产品成本并增强了竞争力；减少物料耗费，明确了所需物料及准确核算其数量。各种计划也能够下达准确合理，构成了良好的物料管理，提高了企业运营效率。（本案例选自赛迪网，赵毅2003年8月26日发表）

案例问题：试分析普瑞尔ERP实施成功的关键是什么？

（二）案例：速达E2 Pro系统

速达E2 Pro是速达软件技术（广州）有限公司3年来基于26万多用户的需求，在美国Intuit公司16名专家指导下，融合国外ERP、CRM的先进管理模式并结合中国国情而开发的企业级管理软件。

速达E2 Pro以提高企业的工作效率和经济效益为目标，提供了信息一体化的多部门应用模式和综合型职能管理方案。该系统以“企业管理信息化、资源平衡化、利润最大化”为核心，提供了实用而丰富的管理功能，具有高度的信息综合利用效能，使企业产、供、销、存、人、财、物、决策等各个部门可以资源共享、信息共享，支持对企业的经营管理活动进行分析、预测、决策，进而达到对企业经营活动过程的全程监督和控制。

速达E2 Pro面向现代企业管理需求，突破单一应用局限，集采购、存货、生产、销售、财务、固定资产、人事工资、经营分析、财务分析等功能于一体，全面引发企业科学管理，界面友好、功能强大而操作简便，该系统适合于大多数中小型工业企业和商品流通企业产、供、销、人、财、物等经营管理上的全面核算管理，彻底改变了企业信息重复、管理混乱现状，能帮助企业实现基础数据及业务、财务信息统一共享，集成管理企业信息，从而实现了业务、财务、决策一体化，物流、资金流、信息流统一化的科学而高效率的经营管理方案，帮助企业提升经营管理和财务管理的效率，使企业经营取得管理信息化、资源平衡化、成本最低化、利润最大化的效果。

1. 系统组成

速达E2 Pro（网络版）共包括四个组成部分。

1）速达E2 Pro服务器程序，是速达E2企业引擎网络版服务器的运行和支持系统。

2）速达E2 Pro账号维护程序，是实现新建账号、账号维护、权限设置、启用账号、系统日志等功能的主要系统。

3）速达 E2 Pro，是进行进、销、存等业务操作的主要系统。包括采购系统、销售系统、存货系统、生产管理、期末处理、客户关系、经营分析等主要功能系统。

4）速达财务企业版。速达 E2 Pro 系统与速达财务企业版实现了无缝联结，具体包括集成账务、出纳管理、固定资产、工资核算、财务分析等子系统。

2. 基本功能

E2 Pro 业务系统的基本功能如下。

1）采购系统。提供了采购询价单管理、采购订单管理、收货管理、估价入库、现款采购、赊购业务、发票审核、供应商管理、采购付款、采购费用分摊、采购退货、进出仓管理、业务查找等采购业务流程的管理功能，可以帮助企业实现设置仓储限量，供应商及应付款动态控制，从而降低采购成本，合理安排付款。

2）销售系统。提供了销售报价单、销售订单管理、现款销售、赊销销售、分期收款发出商品、委托代销业务、往来核算开票、发票审核、客户管理、销售收款、销售退货、发出商品退货、委托代销退货、进出仓管理、业务查找等一整套销售业务流程，提供了客户信用额度、信用期限、售价级别和销售积分等多种控制功能，可以达到降低销售风险、减少应收呆死帐的目的，还可以实现业务员销售业绩、销售指标完成情况的考核功能。

3）存货系统。进行货品的盘点、调价、组装、拆卸、调拨，其他入库、出库、进仓及出仓等管理，提供 ABC 法库存控制、仓储货位管理、报警以及同地和异地仓库货品之间的调拨功能。另外，系统还提供仓库盘点及存货调价的功能。

4）生产管理系统。提供制定产品多级物料清单和生产计划的功能，根据生产计划及物料清单可以自动生成相应的生产任务单，并据此产生用料计划、领料单，待产品生产完毕填制完工产品验收单办理产品的入库，还可以分多次或合并办理出入仓业务及退料手续，处理副产品及返修业务流程。

5）委外加工。委外加工也属生产管理的一种，委外加工物资业务即是将材料或产品发往加工单位进行再加工，为加工企业支付加工费用，增加加工产品成本，加工完成返回后，企业进行销售或再生产的一种生产经营形式。

E2 Pro 提供一个单独系统模块，主要处理两种形式的委外加工业务：一种原材料（或产成品）加工成一种原材料（或产成品）、多种原材料、半成品加工成一种原材料或产成品。

6）客户关系系统。主要目的是为了使用户能够随时掌握供应商和客户的情况，以便保持良好的往来关系，增进彼此的友情和信誉。可以按客户信用额度提供长期应收账款提示功能及账龄分析功能并及时与客户对账；还可以对企业销售前景进行预测、分析，以利于制定企业长期发展的战略决策。

7）闭环的 MRP 运算。系统会根据销售订单产生相应的生产订单，由生产任务下

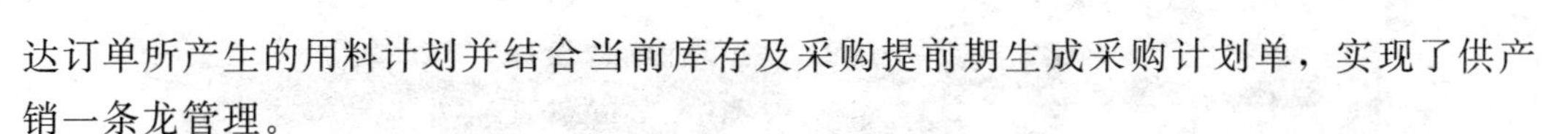

达订单所产生的用料计划并结合当前库存及采购提前期生成采购计划单，实现了供产销一条龙管理。

8）客户信息中心。系统除提供大量丰富的报表信息外，还提供了七大信息中心，这七大信息中心是：客户信息中心、客户明细信息中心、供应商信息中心、供应商明细信息中心、货品信息中心、货品明细信息中心、公司信息中心。此软件将企业发生的进销存业务所取得的数据高度整合汇集在这七大信息中心，使用户能够快捷而又简便地查找所需的相关业务和报表信息。

9）经营分析系统。提供了从供应商、客户的分析，采购、销售的结构分析，应收、应付的账龄分析，生产、仓储的比较分析，到材料、产品的计划分析等等，每一个部分都有大量的分析报表及直观的图形分析，可以使用户随时了解企业的动态资料，而且这些报表还可以根据用户的需要自由定制，以满足用户不同的分析要求。

10）集成账务系统和出纳管理系统。为用户提供了强大的凭证处理、账簿管理功能，可以实现对个人往来款的管理，并且按照部门和项目进行费用核算。出纳员可以对支票进行从购买、领用到核销的管理以及银行对账、现金银行管理等功能，帮助企业进行全面财务核算与管理。

11）固定资产系统。可以核算固定资产的增加、减少、变动。提供卡片式管理方式，能够根据现行的折旧方法自动计算及分摊折旧，并可以形成各种常见的固定资产核算报表，以便满足用户的核算要求。

12）人事工资系统。可以进行员工个人信息资料的管理。工资核算功能可以实现个人所得税的自动计算、计件工资的计算、银行代发、分钱清单等功能。工资费用的分配和计提三费的计算及分配可自动进行，并可以自动生成会计凭证，根据人事工资的资料即可形成各种报表，进行人事档案、工资发放及汇总、结构分析。

财务分析系统集合了多种分析方法对财务、往来单位、人事工资、资金管理、固定资产等进行分析，提供了各种常见的分析表格，使企业的管理者能从不同角度来分析评价财务状况和经营成果，实时了解和监控企业营运情况，便于及时调整有关的计划指标。

13）业务导航图。速达 E2 Pro 为用户提供了可视化程度高、界面简洁友好、操作方便的业务导航图。该导航图结合企业经营管理的实际需要，将涉及企业人、财、物的业务过程进行科学地划分和组合，提供了采购、销售、存货、生产、财务、期末处理、客户关系等业务界面，每一界面还可以选择多种进入方式，如导航条、功能图标、下拉菜单等，而且用户可以对导航条细目的显示内容和颜色根据个人喜好进行自定义，如图 8.3 所示。

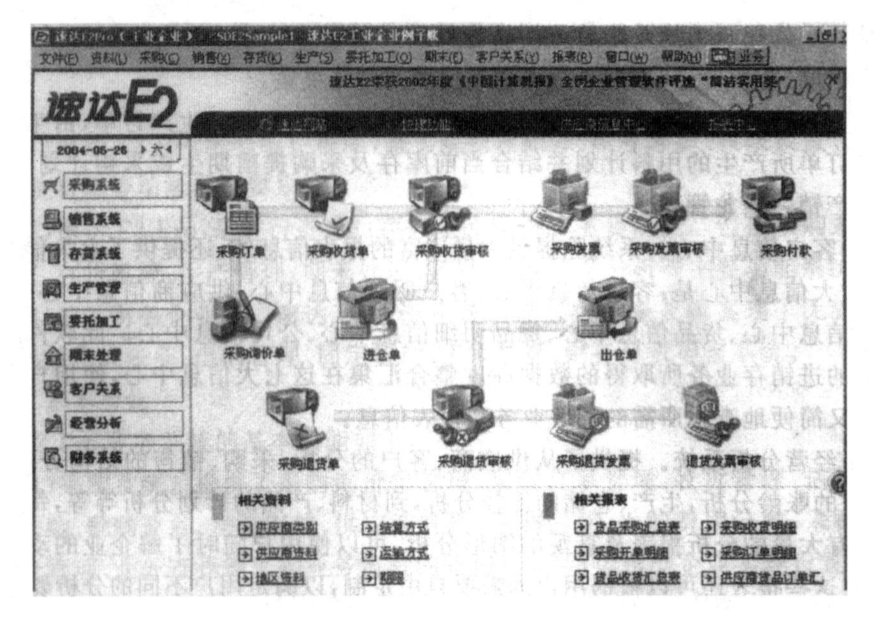

图 8.3　E2 Pro用户可视化业务导航图

第四节　企业供应链与客户关系管理系统

一、企业供应链

1. 企业内部供应链

供应链管理是当前国际企业管理的重要内容，也是我国企业管理的发展方向。最初它起源于ERP（企业资源规划），是基于企业内部范围的管理。它将企业内部经营所有的业务单元，如订单、采购、库存、计划、生产、质量、运输、市场、销售、服务等以及相应的财务活动、人事管理均纳入一条供应链内进行统筹管理。当时企业重视的是物流和企业内部资源的管理，即如何更快更好地生产出产品并推向市场，这是一种“推式”的供应链管理，管理的出发点是从原材料推到成品、市场，一直推至客户端；随着市场竞争的加剧，生产出的产品必须要转化成利润，企业才能得以生存和发展，为了赢得客户、赢得市场，企业管理进入了以客户及客户满意度为中心的管理，因而企业的供应链运营规则随即由推式转变为以客户需求为原动力的“拉式”供应链管理。这种供应链管理将企业各个业务环节的信息化孤岛连接在一起，使得各种业务信息能够实现集成和共享。

2. 产业供应链或动态联盟供应链

随着全球经济的一体化，人们发现在全球化大市场竞争环境下任何一个企业都不

可能在所有业务上成为最杰出者，必须联合行业中其他上下游企业，建立一条经济利益相连、业务关系紧密的行业供应链实现优势互补，充分利用一切可利用的资源来适应社会化大生产的竞争环境，共同增强市场竞争实力。因此，企业内部供应链管理就要延伸和发展为面向全行业的产业链管理，管理的资源从企业内部扩展到了外部。

首先，在整个行业中建立一个环环相扣的供应链，使多个企业能在一个整体的管理下实现协作经营和协调运作。把这些企业的分散计划纳入整个供应链的计划中，实现资源和信息共享，从而大大增强了该供应链在大市场环境中的整体优势，同时也使每个企业均可实现以最小的个别成本和转换成本来获得成本优势。例如，在供应链统一的计划下，上下游企业可最大限度地减少库存，使所有上游企业的产品能够准确、及时地到达下游企业，这样既加快了供应链上的物流速度，又减少了各企业的库存量和资金占用，还可及时地获得最终消费市场的需求信息使整个供应链能紧跟市场的变化。在21世纪，市场竞争将会演变成为这种供应链之间的竞争。

其次，在市场、加工/组装、制造环节与流通环节之间，建立一个业务相关的动态企业联盟（或虚拟公司）。它是指为完成向市场提供商品或服务等任务而由多个企业相互联合所形成的一种合作组织形式，通过信息技术把这些企业连成一个网络，以便更有效地向市场提供商品和服务来完成单个企业不能承担的市场功能。这不仅使每一个企业保持了自己的个体优势，也扩大了其资源利用的范围，使每个企业可以享用联盟中的其他资源。例如配送环节是连接生产制造与流通领域的桥梁，起到重要的纽带作用，以它为核心可使供需连接更为紧密。在市场经济发达国家，为了加速产品流通，往往是以一个配送中心为核心，上与生产加工领域相连，下与批发商、零售商、连锁超市相接，建立一个企业联盟，把它们均纳入自己的供应链来进行管理，起到承上启下的作用来最有效地规划和调用整体资源，以此实现其业务跨行业、跨地区甚至是跨国的经营，对大市场的需求作出快速的响应。在它的作用下，供应链上的产品可实现及时生产、及时交付、及时配送、及时地交到最终消费者手中，快速实现资本循环和价值链增值。

这种广义供应链管理拆除了企业的围墙，将各个企业独立的信息化孤岛连接在一起，建立起一种跨企业的协作，以此来追求和分享市场机会，通过Internet电子商务把过去分离的业务过程集成起来，覆盖了从供应商到客户的全部过程。包括原材料供应商、外协加工和组装、生产制造、销售分销与运输、批发商、零售商、仓储和客户服务等，实现了从生产领域到流通领域一步到位的全业务过程。

3. 全球网络供应链

Internet、交互式Web应用以及电子商务的出现，将彻底改变现存的商业方式，也将改变现有供应链的结构，传统意义的经销商将消失，其功能将被全球网络电子商务所取代。传统多层的供应链将转变为基于Internet的开放式的全球网络供应链。

在网络上的企业都具有两重身分，既是客户同时又是供应商，它不仅上网交易，它更重要的是构成供应链的一个元素。在这种新的商业环境下，所有的企业都将面临更为严峻的挑战，它们必须在提高客户服务水平的同时努力降低运营成本；必须在提高市场反应速度的同时给客户以更多的选择。同时，Internet 和电子商务也将使供应商与客户的关系发生重大的改变，其关系将不再仅仅局限于产品的销售，更多的将是以服务的方式满足客户的需求。越来越多的客户不仅以购买产品的方式来实现其需求，而是更看重未来应用的规划与实施，系统的运行维护等，本质上讲他们需要的是某种效用或能力，而不是产品本身，这将极大地改变供应商与客户的关系。企业必须更加细致、深入地了解每一个客户的特殊要求，才能巩固其与客户的关系，这是一种长期的有偿服务，而不是产品时代的一次或多次性的购买。

在全球网络供应链中，企业的形态和边界将产生根本性改变，整个供应链的协同运作将取代传统的电子订单，供应商与客户间在信息交流层次的沟通与协调将是一种交互式、透明的协同工作。一些新型的、有益于供应链运作的代理服务商将替代传统的经销商，并向用户提供新兴业务，如交易代理、信息检索服务等。这种全球网络供应链将广泛和彻底地影响并改变所有企业的经营运作方式。

二、企业供应链管理

以前是企业与企业之间的竞争，以后将是供应链与供应链之间的竞争。

1. 供应链管理的基本内容

世纪之交，所有的企业都将面临更严峻的挑战——它们必须在提高服务水平的同时降低成本，必须在提高市场反应速度的同时给客户以更多的选择。总之，客户拥有了越来越大的权力。

供应链从客户开始，到客户结束。对客户实际需求的绝对重视是供应链发展的原则和目标。根据 LaLonde 教授的分析，1960 年至 1975 年是典型的“推式”时代，从原材料推到成品，直至客户一端。从 1975 年到 1990 年企业开始集成自身内部的资源，企业的运营规则也从推式转变为以客户需求为源动力的“拉式”。进入 20 世纪 90 年代，工业化的普及使生产率和产品质量不再能决定竞争的绝对优势；供应链管理逐渐受到重视，它跨越了企业的围墙，建立的是一种跨企业的协作，以追求和分享市场机会。因此供应链管理覆盖了从供应商的供应商到客户的客户的全部过程，包括外购、制造、分销、库存管理、运输、仓储、客户服务等。随着涉及的资源和环节的增加，对供应链的管理就变得十分复杂，信息技术是监控所有环节的重要条件之一。

在计算机行业，客户可能有成千上万种硬件和软件配置需求，这些需求必须得到满足。如果计算机企业不愿意储备大量预先配置好的库存产品，就必须建立快速的供应链计划和管理体系。一个企业内部也可以形成一个供应链，如 3M 公司内就有超过 30 家的独立运营单位形成一条供应链。在更多的时候，供应链在到达最终用户前需要跨越多个企业。

供应链联盟SCC提出的供应链参考模型SCOR为供应链管理提供了基础；在供应链管理方面处于领先地位的I2公司则定义了供应链计划中的五项基本活动：采购、制造、运输、存储和销售，如表8.1所示。

表8.1　供应链计划

活动	近期计划	远期计划
采购	应该从供应商购买什么规格和质量的原材料，何时到货	谁应该成为策略供应商？应该与几个供应商建立特殊的关系还是与多数供应商合作
制造	为了更好地利用企业资源，应该如何安排生产？是否应该安排换班	为了在全球范围内向客户提供快速反应，应该在哪里建设工厂？它们应该生产所有产品还是只生产特定产品
运输	如何安排车辆才能取得最佳的运输路线	应该如何建立全球的运输网络？是否应该将此项业务外包
存储	如何制定订单履行计划	如何设计营销网络？如何存储物品
销售	按照什么顺序履行对客户的承诺？优先销售对我们最有价值的物品吗	一个计划期间的销售预测如何？如果进行特别的促销活动，生产和分销网络能够应付销售高峰吗

今天的ERP系统提供的计划和决策支持功能十分有限；ERP所擅长的是管理性的事务处理，如成本核算、订单处理，同时对已经发生的事情进行统计和分析；ERP可以处理客户订单，但对于订单的获利性以及如何最好地向客户交付产品和服务则仅能提供有限的信息，它所做的主要是事务处理。而供应链计划系统SCP能够随着发展和变化不断修正和强化计划的内容，直至计划执行的最后时刻。因此SCP是对ERP的补充，它提供进一步的智能决策支持信息。SCP覆盖已有的应用系统如后勤管理、财务管理等，并从中提取信息，加工而成关于整个供应链的知识，使得企业能够评估供应链中的各个环节、事件和客户需求变化对企业的影响。

2. 实施供应链管理的原则

根据Mercer管理顾问公司的报告，有近一半接受调查的公司经理将供应链管理作为公司的十项大事之首。调查还发现，供应链管理能够提高投资回报率、缩短订单履行时间、降低成本。Andersen咨询公司提出了供应链管理的七项原则。

1）根据客户所需的服务特性来划分客户群。传统意义上的市场划分原则是基于企业自己的状况如行业、产品、分销渠道等，然后对同一区域的客户提供相同水平的服务；供应链管理则强调根据客户的状况和需求，决定服务方式和水平。

2）根据客户需求和企业可获利情况，设计企业的后勤网络。例如，一家造纸公司发现两个客户群存在截然不同的服务需求：大型印刷企业允许较长的提前期，而小型的地方印刷企业则要求在24小时内供货，于是它建立的是三个大型分销中心和46个紧缺物品快速反应中心。

3）倾听市场的需求信息。销售和营运计划必须监测整个供应链，以及时发现需求变化的早期警报，并据此安排和调整计划。

4）时间延迟。由于市场需求的剧烈波动，因此距离客户接受最终产品和服务的时间越早，需求预测就越不准确，而企业还不得不维持较大的中间库存。例如一家洗涤用品企业在实施大批量客户化生产的时候，先在企业内将产品加工结束，然后在零售店才完成最终的包装。

5）与供应商建立双赢的合作策略。迫使供应商相互压价，固然可以使企业在价格上收益；但相互协作则可以降低整个供应链的成本。

6）在整个供应链领域建立信息系统。信息系统首先应该处理日常事务和电子商务；然后支持多层次的决策信息，如需求计划和资源规划；最后应该根据大部分来自企业之外的信息进行前瞻性的策略分析。

7）建立整个供应链的绩效考核准则，而不仅仅是局部的个别企业的孤立标准，供应链的最终验收标准是客户的满意程度。

3. 实施供应链管理的步骤

Kearney 咨询公司强调在实施供应链管理时，首先应该制定可行的实施计划，这项工作可以分为四个步骤：

1）将企业的业务目标同现有能力及业绩进行比较，首先发现现有供应链的显著弱点，经过改善，迅速提高企业的竞争力。

2）同关键客户和供应商一起探讨、评估全球化、新技术和竞争局势，建立供应链的远景目标。

3）制定从现实过渡到供应链理想目标的行动计划，同时评估企业实现这种过渡的现实条件。

4）根据优先级安排上述计划，并且承诺相应的资源。根据实施计划，首先定义长期的供应链结构，使企业在包含了客户和供应商的供应链中，处于正确的位置；然后重组和优化企业内部和外部的产品、信息和资金流；最后在供应链的重要领域如库存、运输等环节提高质量和生产率。实施供应链管理需要耗费大量的时间和财力，在美国，也只有不足 50%的企业在实施供应链管理。Kearney 咨询公司指出，供应链可以耗费整个公司高达 25%的运营成本，而对于一个利润率仅为 3%～4%的企业而言，哪怕降低 5%的供应链耗费，也足以使企业的利润翻番。

供应链管理是当前国际企业管理的重要方向，也是国内企业富有潜力的应用领域。通过业务重组和优化提高供应链的效率，能降低成本，提高企业的竞争能力。

4. 供应链管理在我国的发展

在计划经济和短缺经济条件下，企业拼命争技术改造、抢项目、扩建厂房、更新设备，导致制造能力大量过剩，而销售和供应能力则很弱，是典型的“腰鼓型”呆滞式企业。目前许多管理咨询和软件公司将注意力集中在“腰鼓型”企业的制造问题上。

这虽然是 ERP 最擅长的内容，但也是我国企业包袱最沉重、问题最多的部分，因此造成了国内 ERP 应用的许多失败案例。笔者认为，与其延缓制造环节衰落，不如首先扶持供应链的增长。供应链管理是我国大部分企业最薄弱的环节（也是管理咨询的新增长点），市场的无情竞争将使越来越多的企业家认识到这一点。如果供应链问题解决得好，甚至可以改善一个行业的竞争能力。

在市场经济下企业为了应付持续变化的竞争条件，必须具备敏捷的反应能力；实现这一点的重要前提是加强销售环节和供应管理，以便与客户和供应商建立动态紧密的联系，至于制造能力的改善则应该尽量协调利用社会资源，这时的企业应该是“哑铃型”。

国际著名的 ERP 公司，如 I2，Oracle，SAP，Baan 等，都提供了供应链的专业化解决方案。Oracle 公司在其供应链的解决方案中还加入了先进的商业智能化系统（Business Intelligence System），以便更好地体现其供应链管理的思想和决策支持的功能。

三、客户关系管理

客户关系管理是企业前台的应用系统，它为企业提供全方位的管理视角，赋予企业更完善的客户交流能力，最大化的客户收益率。一个性能良好的客户关系管理方案，不仅可以使企业的销售人员节省大量的时间、销售更多的产品，更可使企业更好地保持竞争优势。

客户是企业最重要的资源。企业对客户行为的反应能力直接决定着企业业务的成败。CRM（客户关系管理）系统可以帮助企业更快地适应市场的变化。

CRM 应用系统的产生和发展，与市场和销售的发展是分不开的。工业革命带来了大规模的生产方式，使生产者成为市场的引导者，消费者满足于在大规模生产出的各类产品中进行选择和消费。随着生产技术和信息技术的不断发展，由生产者主导的大规模生产和消费的方式，正逐渐让位于由消费者引领的注重个性化的生产和消费方式。客户的消费方式由被动接受变为主动选择，客户有了更多对产品和服务进行选择和比较的机会与权利，客户成了真正的上帝。

市场竞争最直接的表现就是企业争夺客户的竞争。为满足客户要求，实现对多渠道销售与服务的集成，企业需要一套完整的客户关系管理系统。

（一）客户关系管理的定义

作为解决方案（Solution）的客户关系管理，它集合了当今最新的信息技术，例如，Internet 和电子商务、多媒体技术、数据仓库和数据挖掘、专家系统和人工智能、呼叫中心等。作为一个应用软件的客户关系管理，凝聚了市场营销的管理思想。市场营销、销售管理、客户关怀、服务和支持构成了 CRM 软件的基石。

CRM 的功能可以归纳为三个方面：对销售、营销和客户服务三部分业务流程的信息化；与客户进行沟通所需要的手段（如电话、传真、网络、E-mail 等）的集成和自动化处理；对上面两部分功能所积累的信息进行的加工处理，产生客户智能，为企业的战略战术的决策作支持。

在传统的管理思想以及现行的财务制度中，只将房、设备、现金、股票、债券等作为资产。随着科技的发展，开始把技术、人才等知识产权视为企业的资产。对技术以及人才加以百般重视。然而，这种划分资产的思想，是一种闭环式的，而不是开放式的。无论是传统的固定资产和流动资产论，还是新出现的人才和技术资产论，都是企业能够得以实现价值的部分条件，而不是完全条件，其缺少的部分就是产品实现其价值的最后阶段，同时也是最重要的阶段，在这个阶段的主导者就是客户。

（二）CRM 系统的构成

CRM 系统的核心是客户数据的管理。利用客户数据库，企业可以记录在整个市场与销售过程中与客户发生的各种活动，跟踪各类活动的状态，建立各类数据的统计模型，以用于后期的分析和决策支持。CRM 系统一般应具备市场管理、销售管理、销售支持与服务、竞争对象记录与分析等功能。

1. 市场管理

1）现有客户数据的分析。识别每一个具体客户，按照共同属性对客户进行分类，并对已分类的客户群体进行分析。

2）提供个性化的市场信息。在对现有客户数据的分析基础上，挖掘最有潜力的客户，并对不同客户群体制定有针对性的市场宣传与促销策略，提供个性化的服务。

3）提供销售预测功能。在对市场、客户群体和历史数据进行分析的基础上，预测产品和服务的需求状况。

2. 销售管理

1）提供有效、快速而安全的交易方式。一般的 CRM 系统均会提供电话销售和网上销售等多种销售形式，并在每一种销售形式中考虑实时的订单价格、确认数量和交易安全等方面的问题。

2）提供订单与合同的管理。提供包括订单和合同的建立、更改和查询等功能，可以根据客户、产品等多种形式进行搜索。

3）提供实时的、针对订单与合同的 ATP（available to promise）检查方式。

4）提供 cross selling、up selling 等多种产品销售建议。

5）提供可由客户选择与配置的强调个性化的产品，并据此得出产品价格的动态计算能力。

6）提供处理不同付款方式的能力。

7）提供风险控制和信用检查的功能。

3. 销售支持与服务

1）呼叫中心服务（call center service）。

2）订单与合同的处理状态及执行情况跟踪。

3）实时的发票处理。

4）提供产品的保修与维修处理。记录客户的维修或保修请求，执行维修和保修过程，记录该过程中所发生的服务费用和备品备件服务，并在维修服务完成后，开出服务发票。

5）记录产品的索赔及退货情况。

4. 竞争对象分析

1）记录主要竞争对手。该功能对竞争者的基本情况加以记录，包括其公司背景、目前发展状况、主要的竞争领域和竞争策略等内容。

2）记录主要竞争产品。记录其他企业所提供的同类产品、近似产品和可替代产品的主要用途、性能及价格等内容。

（三）实施 CRM 的目的

CRM 系统的实施在一定程度上改变了企业对市场以及客户的看法。企业不但要重视新客户的发展，更要注重对原有客户的保持和潜力挖掘。通过对客户交往的全面记录与分析，不断加深对客户需要的认识，开发现有客户存在的购买潜力，达到进一步提高销售额、增加利润率的目标。应用 CRM 系统则可以对上述目标的实现起到推进作用。CRM 系统有助于以下几方面。

1. 提高销售额

企业利用 CRM 系统提供的多渠道的客户信息，确切了解客户的需求，增加销售的成功机会，进而提高销售收入。

2. 增加利润率

由于对客户有更多的了解，业务人员能够有效地抓住客户的兴趣点，进行个性化的销售，避免盲目地以价格让利取得交易成功，从而提高销售利润。

3. 提高客户满意程度

CRM 系统提供给客户多种形式的沟通渠道，同时又确保各类沟通方式中数据的一致性与连贯性，利用这些数据，销售部门可以对客户要求作出迅速而正确的反应，让用户在对购买产品满意的同时，也认可并愿意保持与企业的有效沟通关系。

4. 降低市场销售成本

由于对客户进行了具体识别和群组分类，并对其特性进行分析，使市场推广和销售策略的制定与执行避免了盲目性，节省时间和资金，达到降低成本的目的。

（四）客户关系管理系统的实施

1. 客户关系系统实施的准备工作

1）高层领导的支持。
2）适当调整组织结构，进行业务运作流程的重组。
3）极大地重视人的因素。

2. CRM 实施中的几个关键要素

1）战略制定。
2）市场定位。
3）业务流程。
4）技术选型。
5）组织机构。

3. CRM 的实施过程

1）成立 CRM 选型和实施小组，结合企业的 IT 规划，制定 CRM 规划。
2）进行 CRM 方案的选型。
3）配置硬件和软件系统。
4）系统分析和流程重组方案确认。
5）系统测试和培训。
6）实施。

第五节　办公自动化系统

一、办公自动化系统的定义与特点

（一）定义

办公自动化（office automation，OA）系统在企业应用和发展定位上主要以“办公自动化”为核心，包括了公文审批、办公管理功能。其特点是以企业在行政办公上审批、批阅文件为线索，实现符合企业行政要求的审批结构体系的功能，达到“审批自动化”的目的，从而节省纸质文件传递在时间和人力成本上的浪费，提高审批的工作效率。

（二）特点

1．以强大的审批工作流为核心

从OA系统的技术开发平台发展过程来看，主要是运用了流转技术，实现对文件实体在网络上的传递，并通过定义接收者的先后顺序，实现审批流转路径的定制功能。结合企业在行政组织架构上的要求，在流程定制中融入组织结构、人员、组别、角色、岗位等特征，实现灵活强大的定制结构体系的功能，以满足企业在公文审批方面的要求。

2．专注于办公事务处理，与业务结合性不强

由于OA系统发展起步较早，因此在其定位上专注在企业办公综合事务处理，如文件管理、车辆管理、办公用品管理、会议管理、档案管理等。ERP产品强调的是先进的管理思想，为企业提供强大的业务解决方案的能力，与企业的业务管理结合性非常强，这也是ERP产品核心理念和价值所在。因此相比之下，OA产品所体现出来的价值表现并不在于“业务解决能力”上，而是对企业办公事务的处理，与业务的结合性不强。

3．实施范围较为广泛，要控制得当

随着企业信息化建设的发展，信息系统实现业务管理方面的能力要求越来越受到重视，不少企业在实施OA系统的同时提出了很多具有企业业务特色的功能要求。而这些功能要求往往已经超越了传统的OA系统的范畴，造成了对OA系统在实施范围控制上的一个“模糊边界”。因此，如果不控制好这个范围的界定，极可能造成项目的风险和失控。在对这个范围的控制上，总结出以下几点应该考虑的因素。

1）投入的成本效益比。只有那些对企业真正起到效益的功能才值得投入成本去实现，否则只会带来时间和成本的浪费，而获益不大。

2）用户使用范围。在考虑到一个功能是否值得开发的时候，也要考虑到用户群对象，如果只是个别用户在使用的功能，而这些业务又非关键业务的话，可以考虑先不列入开发范围。

3）使用的频度。对于一个使用频度很低的功能要求，尽管可以实现，但是考虑到最终的使用只是一年几次或者一年一次的，也没有必要纳在实施范围内。

4）是否可以利用其他现有的软件或者系统解决。部分用户的功能其实可以利用一些现有的软件和系统的功能解决，这样也没必要重新开发一个新的功能。

通过上述几个因素的统一考虑，确定出一个合适的“度”，围绕着这个“适度”一步一步实现，才能合理控制成本和发挥OA系统的最大效益。

4．二次开发量较大

由于会出现对原有OA产品的二次开发要求，开发量需要根据提出的功能要求复

杂程度而定。这个过程中也会牵涉到对所选择的OA产品技术架构上的问题，如果这个核心架构不能满足企业业务上的灵活要求，那么就意味着全新开发的可能性。

二、办公自动化系统在企业应用中的作用

（一）企业对OA系统应用的要求

不管是OA产品还是ERP产品，都将成为企业可利用的一个信息资源，其目标都是满足企业各种应用。因此，基于企业对信息资源整合利用的要求出发，也结合各种信息产品各自的特点和优势分析，对OA系统的应用也提出了不少新要求，这都将成为OA系统在企业应用中的契机。

1. 利用工作流特点，可以弥补业务系统在业务流转方面的缺陷

ERP产品在工作流方面实现的是一种符合业务管理规则的“业务逻辑流”，而非企业行政上的审批工作流。而ERP产品在企业中运用时，也始终摆脱不了企业在这种层级审批结构上的要求和束缚，因此OA系统正好是弥补ERP系统在这方面上的“缺陷”，可以灵活定制出符合中国企业特色的审批结构体系，满足企业的要求，这样就确立了OA系统在企业工作流审批中的核心地位和优势，也巩固了OA系统在企业信息化建设中的地位。

2. 由传统的行政公文审批向“业务流转平台”转移，强调的是业务流程而非行政审批流程

随着企业业务的发展，管理体制的改革，层级结构的简化，不少企业对自身的审批结构要求进行反思，提出了“业务流程改造”的要求。这种变革在给ERP产品的应用带来更深层次发展的同时，也对OA系统带来了机遇。“如何结合企业业务流程的变革，利用OA系统灵活的审批技术优势，实现OA系统向业务流转平台发展”将成为企业深化OA系统应用中值得思考的一个问题。

3. OA系统成为大量原始业务数据的可靠来源

基于企业对OA系统流转技术的应用，大量的业务数据（实体）在OA系统中的产生。OA系统将成为各种业务系统一个可靠数据来源。

4. 企业信息高度共享和一致性的要求，提出OA系统与其他业务系统集成的需求

企业信息化建设的一个指导原则和目标就是要实现业务数据的高度共享和数据一致性、准确性。因此在企业各种应用系统之间，包括了OA与ERP之间，信息整合和集成的要求已经在不少企业应用案例中出现。这种现象的出现给不少OA产品的厂商提出了严峻的考验。“如何改造系统技术架构体系，提供灵活的集成开发工具和技术，满足企业在应用集成方面的要求”成为OA系统突破原有的功能局限，开拓另一新领

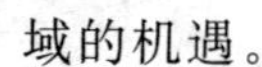

域的机遇。

（二）OA 系统扩展应用

OA 系统在未来企业应用中的定位：作为企业业务流转的核心平台，从业务数据的源头开始，有效控制业务流向，并通过成熟的集成技术，为其他业务管理系统提供可靠的业务数据，成为企业内部信息系统的强大基石。OA 系统的作用如下。

1. 主要作用

1）以强大工作流技术为核心，为企业提供业务流转核心平台，充分发挥工作流的优势。

2）通过为各业务流转提供支持，为各业务系统提供可靠的数据源。

3）为企业信息系统的集成提供技术支持和平台。

2. 扩展应用

1）融入企业信息门户、知识管理、电子商务的理念和技术，拓展 OA 系统的理念和应用水平。

2）结合不同行业对文档应用的特点和要求，强化 OA 系统在文档管理方面的功能，成为一个综合性的文档管理和专业档案管理系统。

（三）OA 系统与 ERP 系统集成案例

广州地铁是广州市地铁建设的总建设单位，肩负着庞大的建设任务，地铁公司与众多的承包单位之间存在着很大量的承包建设支付业务关系，在地铁公司内部称之为“计量支付”，也就是地铁建设承包商按月将各自的工程量上报地铁公司，由地铁公司建设部门进行“工程量”的计算和审核后，按照合同的规定，由财务部门对承包商按月、按季进行支付。

在这个业务过程中，广州地铁利用 OA 系统强大的工作流审批优势，实现从承包商申请支付开始，到公司内部各层人员进行“工程量”的审核的过程。在这个过程中，OA 系统与 ERP 系统的两个主要模块进行了功能整合和集成。首先，从承包商申请支付开始，OA 系统通过承包商的编号从 ERP 系统的合同模块中读取相关的承包商信息和关键合同信息，如承包商名称、合同名称、合同行、合同价格、开支类型、任务号等，同时 OA 系统会进行数据的校验；其次，在内部人员审批的过程中，OA 系统实时从 ERP 合同模块中读取相关合同累计支付的数据形成支付汇总信息，为支付审批提供依据；再次，审批完成后，会由 OA 系统实现把审批后的合同行的量以及支付的相关金额数据写入 ERP 合同模块的已支付数和 AP 模块形成发票，实现验工计价的全过程。

第六节 电子商务

一、电子商务的商业模式

(一)电子商务的产生

电子商务这个概念并非新兴之物。早在1839年，当电报刚开始出现的时候，人们就开始了讨论用电子手段从事商务。当贸易开始以莫尔斯码点和线的形式在电线中传递的时候，就标志着用电子手段运行商务的新纪元。世界上电子商务的研究始于20世纪70年代末。其中EDI商务始于70年代中期，80年代末期以Internet技术和电子数据交换技术（electronic data interchange，EDI）为代表的全球网络技术迅猛发展，为人们从事各种经济和管理活动提供了极大的便利。借助于Internet和EDI技术的各种应用系统纷纷诞生了，比如：基于银行业务的自动银行系统；基于商贸往来资金汇兑业务的电子资金汇兑系统，以及基于电子数据交换技术的商业电子数据交换系统。这都为电子商务的发展奠定了物质基础。

在1997年亚太经合组织非正式首脑会议（APEC）上，美国总统克林顿提出了一个议案，敦促世界各国共同促进电子商业的发展，这个议案已经引起全球首脑的关注。IBM、HP、SUN等国际著名的信息技术厂商宣布1998年为电子商务年。他们在产品技术引领市场的同时，更认定电子商务是一个前所未有的大市场，纷纷向世界各地投资，积极投入到各地的电子商务建设上去。有识之士指出，在电子商务问题上，落后就可能会丢失机会。

在发达国家，电子商务的发展非常迅速，通过Internet进行交易已成为潮流。基于电子商务的商品交易系统方案、金融电子化方案和信息安全方案等，已形成了多种新产业，给信息技术带来许多新的机会，并逐渐成为国际信息技术市场竞争的焦点。

尽管每个国家具体情况不同，但基于对世界经济发展的预测，各国政府都很重视电子商务，并都相应做出了一系列促进电子商务发展的政策文件，要把它引导上快速发展之路。1998年10月，在加拿大渥太华，世界经济合作发展组织召开电子商务专题讨论会，共同商讨促进全球电子商务发展策略。会议推出了《全球电子商务行动计划》，在实现全球电子商务的共同行动方面迈出了重要的一步。

1998年11月，在马来西亚吉隆坡举行的亚太经合组织第六次领导人非正式会议上，电子商务的发展也被列入正式讨论议题中。这一切都表示了各国政府对电子商务发展的关注，也表明Internet带来的电子商务时代真正来临。

(二)电子商务的定义

电子商务由于其自身的种种特点已广泛地引起了注意。但是目前对电子商务还没

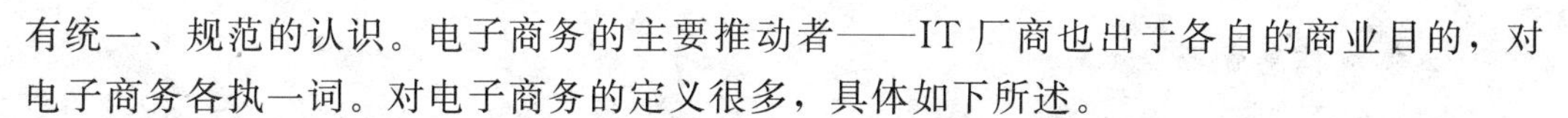

有统一、规范的认识。电子商务的主要推动者——IT厂商也出于各自的商业目的，对电子商务各执一词。对电子商务的定义很多，具体如下所述。

1）加拿大电子商务协会给电子商务的定义是：电子商务是通过数字形式进行的商品和服务的买卖以及资金的转帐，它还包括公司间和公司内利用E-mail、EDI、文件传输、传真、电视会议、远程计算机联网所能实现的全部功能（如市场营销、金融结算、销售及商务谈判）。

2）美国政府在其“全球电子商务纲要”中，比较笼统地指出电子商务是指通过Internet进行的各项商务活动，包括：广告、交易、支付、服务等活动。

3）IBM公司的电子商务（E-Business）概念包括三个部分：企业内部网（Internet）、企业外部网（Extranet）、电子商务（E-commerce），它所强调的是在网络计算机环境下的商业化应用，不仅仅是硬件和软件的结合，也不仅仅是我们通常意义下的强调交易的狭义的电子商务，而是把买方、卖方、厂商及其合作伙伴在因特网（Internet）、企业内部网（Intranet）和企业外部网（Extranet）结合起来的应用。它同时强调这三部分是有层次的：只有先建立良好Intranet。建立好比较完善的标准和各种信息基础设施才能顺利扩展到Extranet，最后扩展到E-commerce。

4）有的专家从过程角度出发定义电子商务为“在计算机与通信网络基础上，利用电子工具实现商业交换和行政作业的全过程”。

5）有的专家从应用角度认为“电子商务从本质上讲是一组电子工具在商务过程中的应用，这些工具包括：电子数据交换（EDI）、电子邮件（E-mail）、电子公告系统（BBS）、条码（Barcode）、图像处理、智能卡等。而应用的前提和基础是完善的现代通信网络和人们的思想意识的提高以及管理体制的转变。

综合上述定义，可以这样说：从宏观讲，电子商务是计算机网络的第二次革命，是在通过电子手段建立一个新的经济秩序。它不仅涉及电子技术和商业交易本身，而且涉及到诸如金融、税务、教育等社会其他层面。从微观角度说，电子商务是指各种具有商业活动能力的实体（生产企业、商贸企业、金融机构、政府机构、个人消费者等）利用网络和先进的数字化传媒技术进行的各项商业贸易活动。这里要强调的是两点：一是活动要有商业背景，二是网络化和数字化。

具体地讲，电子商务的内涵可以认为是信息内容、集成信息资源，商务贸易、协作交流。

1. 信息内容

以前的商务系统中为满足特定用户需要会构建特定的输入输出方式，这样商务系统中的信息很难为更多的人所使用。而现在，通过通用的测览器界面，解决了输入输出的问题。

信息内容不光是影视界创造出来的，当然娱乐永远是Internet应用的一个重要方面。这里，真正的信息内容是由核心商务系统产生出来的。

2. 集成信息资源

企业数据包括客户数据库、库存记录、银行账号、安全密码等最有价值的信息，这些宝贵的信息财富支撑着一个企业的运作。将这些信息与自己的网络站点集成起来，就可以把成百上千的雇员和商业伙伴连接起来，并由此引来了成千上万的客户。如果把企业的事务处理系统与网络集成起来，客户不仅可以从企业数据库中创览当前的产品信息，还可以实时地购买和支付。目前世界上的许多公司正在把他们丰富的后台资源与Web进行集成，直接投入商业应用，从而扩大全球的商业合作伙伴和客户。如卡特彼拉（Caterpillar）拖拉机制造公司每天要通过邮件和传真回复20000次的零部件图纸的索询，现在该公司已把零部件数据库与Web集成，这样供应商和分销商可直接通过浏览访问这些图纸数据。由此可知，Internet已经成为具有巨大商业应用潜力的最先进的交互媒体。

3. 商务贸易

商务贸易并不仅仅是在线购物，还应该为各公司间建立起营销网络服务。电子商务的一个发展方向是网上在线交易，这是一种全新的方式。1997年，Web上出现的网络书店亚马逊（Amazon）一夜之间它成为全世界最大的书店，能提供110万种英文图书。

现在商业贸易的新模式每天都在不断涌现。美国航空公司对未能售出的空座位进行拍卖，人们在Web上投标订座，结果使飞机空座率直线下降。另一个例子是E-Schwab公司，该公司提供电子贸易服务已有13年的历史，但他们在Web上进行贸易只有1年的时间，然而这一年内，他们的新客户比他们前13年来的客户总数还要多。

4. 协作交流

人人都能参与的新闻组讨论是重要的Web交流方式，但对于商务贸易来说，有限范围内的若干人能以一种非常安全、保密的方式通过Internet进行交流更有意义。

电子化的商业贸易现在已经蓬勃发展起来，而电子商务最强有力的特点就是协作交流。IBM的Java Beau正是为通过Internet进行全球协作的产品。Web首次允许我们走出自己的世界，与世界上任何人进行交流协作，向大家展示我们自己的想法，同时也面对更多的竞争。网络时代的竞争不仅可能来自你从未听说过的地方，还可能来自从未预料到的行业领域。

（三）电子商务的商业模式

电子商务可以按照不同的标准划分为不同的类型，按实质内容和交易对象来分，电子商务主要有三类：商业企业对消费者的模式（business to consumer，B to C），商业企业对商业企业的模式（business to business，B to B），商业企业对政府的模式（business to government，B to G）及消费者对消费者的电子商务模式（consumer to

consumer，C to C)。

1. B to C 模式

商业企业对消费者的电子商务（B to C）是指企业以互联网为主要服务提供手段，实现公众消费和提供服务，并保证与其相关的付款方式也实现电子化的电子商务运营模式。

1）无形产品的电子商务 B to C 模式。无形产品和服务的电子商务主要有四种：网上订阅模式、付费浏览模式、广告支持模式和网上赠予模式。

2）实物商品的电子商务 B to C 模式。这种模式是指产品或服务是在互联网上成交的，而实际产品和劳务的交付仍然要通过物流配送方式，不能够通过电脑的信息载体来实现。

2. B to B 模式

商业企业对商业企业的电子商务（B to B）是指商业企业（公司）使用互联网或各种商务网络向供应商订货或付款，特别是通过增值网络上运行的电子数据交换（EDI）进行的电子商务模式。

1）综合式的 B to B。综合式网站指这样一些网站的集合：它们为买卖双方创建起一个信息和交易的平台，买者和卖者可以在此分享信息、发布广告、竞拍投标、进行交易。之所以称这些网站为“综合式网站”，是因为它们涵盖了不同的行业和领域，服务于不同行业的从业者。B to B 综合式网站的两个代表分别是 VerticalNet. com 和 TradeOut. com，典型例子还有国内的阿里巴巴全球贸易信息网（chinese. alibaba. com）。综合式的 B to B 模式追求的是“全”，这一模式能够获得收益的机会很多，而且潜在的用户群落也比较大，所以它能够迅速地获得收益。但是其风险主要体现在用户群是不稳定的，被模仿的风险也很大。

2）垂直型的 B to B。垂直网站也可以将买方和卖方集合在一个市场中进行交易。之所以称之为“垂直”网站，是因为这些网站的专业性很强，它们将自己定位在一个特定的专业领域内，如 IT、化学、钢铁或农业。垂直网站将特定产业的上下游厂商聚集一起，让各阶层的厂商都能很容易地找到物料供应商或买主。

垂直型 B to B 模式追求的是“专”。垂直网站吸引的是客户，这批客户是这些网站最有价值的财富，是真正的潜在商家，这种市场一旦形成，就具有极大的竞争优势。所以垂直网站更有聚集性、定向性，它较喜欢招纳团体会员，易于建立起忠实的用户群体，吸引着固定的回头客。结果是垂直网站形成了一个集约化市场，它拥有真正有效的客户。

3. B to G 模式

商业机构对政府的电子商务（B to G）主要包括：政府机构通过互联网进行工程的招投标和政府采购；政府利用电子商务方式实施对企业行政事务的管理，例如发布管理条例以及企业与政府之间各种手续的报批;政府利用电子商务方式发放进出口许可证,为企业通过网络办理交税、报关、出口退税、商检等业务。

4. C to C 模式

消费者对消费者的电子商务(C to C)的特点是消费者与消费者讨价还价进行交易。实践中进行较多的是网上个人拍卖。如易趣个人物品竞标网(www.eachnet.com)是中国第一个真正的网上个人物品竞标站。易趣网提供一个虚拟的交易场所,就像一个大市场,每一个人都可以在这个市场上开出自己的“网上商店”,不用事先交付保证金,凭借独有的信用度评价系统,借助所有用户的监督力量来营造一个相对安全的交易环境,使买卖双方都能找到可以信任的交易伙伴。在易趣网上可以交易许多物品,大到计算机和彩电,小到邮票和电话卡。每个人都可以 24 小时自由地卖出、买入各种物品,无须支付中间人费用。

二、电子商务环境下的竞争方式

信息科技和网络技术高速发展和经济日益全球化。社会经济已经走出一国的范畴,无论是在宏观层次上还是在企业的微观层次上都要融入世界经济的大潮,实现资源配置、产品生产和市场的国际化。在这种环境下,以商品、资本、人才、技术、管理和信息六大要素在全球范围内加速流通为主要标志的经济全球化浪潮,正在有力地推动全球化的市场竞争与合作,企业竞争模式正在发生深刻的变化。变化的主要趋势如下。

1)市场竞争将愈加激烈,为了应付瞬息万变的市场需求,企业的竞争战略已转到以提高市场反应速度为中心的竞争战略上来。为此,一个能够实现企业反应敏捷性和技术、人员、生产及管理等多种组织柔性的分布式网络化企业——“虚拟企业”的概念应运而生。它的特点是在企业功能上的不完整性、组织结构上的非永久性和地域上的分散性的前提下,通过信息集成和管理,发挥资源的总体效益,增强企业的竞争力。

2)由企业与企业之间的单体竞争已经转向供应链与供应链之间,或者是联盟与联盟之间的群体竞争。竞争的焦点是如何提高供应链创新能力和核心竞争力;如何将协同商务、相互信任和双赢机制这种商业运作模式落到实处;以及如何建立基于信息网络平台的供应链管理系统,从而对全球范围的各种资源实行优化配置,实现公司利润和价值的最大化。

3)由 20 世纪初的“大鱼吃小鱼、小鱼吃虾米”的竞争已经转向 21 世纪的“大鱼吃大鱼、活鱼吃活鱼”的竞争。竞争的形式是并购,竞争的结果是迅速提高这些公司的产业集中度和国际市场竞争力,进而迅速改变全球化市场竞争与合作的格局。例如:法国于齐诺尔钢铁公司通过全球化的并购,组建了年产钢 4600 万吨(约占世界钢产量的 4.7%)的世界最大的阿赛洛钢铁公司,一举超过日本新日铁公司和韩国浦项钢铁公司。

4)由生产能力的竞争已经转向生产能力乘以流通能力的竞争。核心是研究与如何

提高流通能力相关的企业经营发展战略、人力资本、公司并购、产品研发、市场营销、供应链管理、企业资源计划和信息化建设等。否则一个企业的生产能力再大，产品再多，也不可能很快的使这些产品进入流通领域，转换成商品进入消费者手中。

5）由货币资本投资的竞争已经转向人力资本获取的竞争。企业与企业的竞争、供应链与供应链的竞争，乃至国家与国家的竞争，固然需要货币资本投资，但归根结底货币资本也是靠人的智慧来创造获取的。因此，人力就是资本的概念已逐渐被社会各方面所充分认识，并由此改变资本市场结构。需要说明的是，人力资本中的人才应是真正为企业创造价值的经理人和科技人员。

6）由国内、局部和不完整的竞争已经转向国际化的、全方位的竞争。能否走出国门，走向世界，参与国际大循环，与世界级企业竞争，这是世界各国企业的努力方向，也是衡量这些企业竞争力之关键要素。因此，要适应这种竞争趋势，企业必须积极推进全球化战略，实行更大范围的并购和资源优化配置，做强做大。

7）由大规模生产方式的竞争已经转向大规模定制生产方式的竞争。实质上是强调了以市场需求为导向，基于按单设计、按单制造和按预测生产这三种方式的一种新的大规模柔性生产方式，从而最大限度地降低产品成本、提高规模效益。

三、电子商务系统开发

应该说我国大多数企业在这场随着信息化技术的普及而发生的变革中，虽没有像世界领先企业那样走在前面，但仍在变革之中，已体会到了信息技术对企业的经营管理调整所起的巨大的推动作用，已认识到建立电子商务系统，对企业来说是一项必须要面对的工作。

（一）电子商务系统的建立策略

企业建立电子商务系统和做其他任何项目一样，需要有计划循序渐进地进行，如果不加思考、毫无计划地进行实施，如只在自己的网站上做一个简单的主页或把自己喜欢的一些文本和图片放在网上，或干脆很长时间没有更新，这样只会毁掉自己的网站，还不如不做。电子商务系统的可行性分析是电子商务系统开发的前期工作，经过调查分析后再决定是否进行正式的系统开发。电子商务应用的可行性分析包括企业目标和战略分析、内部环境分析、外部环境分析和成本—效益分析四个方面。下面将对企业建立电子商务系统的前期的可行性分析进行探讨。

1. 企业目标和战略

首先必须了解企业的目标和战略，因为它们是一个企业的电子商务应用的基础和支持的目标。在目前知识经济时代，有效的信息交流是追求利益最大化时非常重要的手段，建立企业自己的网站是目前有效的方法之一。不同的网站有不同的追求和目的，会获得不一样的收益，企业不能只简单地把建立网站作为目标，企业是以盈利为目标的经济组织，首先考虑的是企业和个人长期的生存、发展和盈利问题。不同的企业存在着巨大的差异，并不是所有的企业都适合全面发展网上电子商务，或者说并不是所有的企业都要采用相同的建立电子商务网站的方法。行业、规模与市场地位都有可能影响企业的决策。

2. 内部和外部环境分析

通过分析企业的内部环境确定企业电子商务应用的优势和劣势，分析企业外部环境来确定实施电子商务对于企业来说将获得何种机遇，以及面临何种挑战，正所谓知己知彼。

内部环境包括：企业高层领导对技术的态度；信息技术目前在企业中利用的深度和广度；过去利用新技术的经验；电子商务应用所需企业雇员的特征（受教育程度、技术程度、对新技术的接受能力等）；可从内部获得的必要的技术和技能。

外部环境包括：同行业中电子商务的应用情况，以及竞争对手对于电子商务的应用情况；可从外部获得的必要的技术和技能；电子商务应用的外部用户（当前的和潜在的客户、供应商）的特征（受教育程度、技术程度、连入 Internet 的情况）。

真正建立电子商务系统，起决定条件的不是技术问题，目前的计算机和信息技术的完美结合及快速的发展，已基本或完全能达到企业建立电子商务的要求，因此企业中对电子商务的认识及周边的环境，在影响着企业是否建立电子商务的决策。比如即使领导有了开拓意识，但可能无法保证公司内部人人都能接受，因为电子商务不是单纯建立网站就万事大吉了，而需要从生产管理、销售、采购、人力资源分配、服务和协作等各方面去适应和革新，很可能就威胁到了企业的传统或者部分人的利益，而且如果执行这项计划的人员欠缺在组织实施所需的能力和技巧，冲突也是不可避免的。

3. 成本与效益分析

成本分析包括估算网络连接费用、硬件费、软件费、人工费。效益分析包括估算成本的节省、销售额的增加、客户满意度的增加、市场份额的增加等，只有当成本与效益之比小于1时，这一条才满足要求。

在实际运行中，建立一个仅具有发布信息功能的网站和建立一个能够进行在线交易的商务系统的费用相差极大，如建立一个基于虚拟主机服务的小型网站需花费1万～3万元，而建立一个大型的复杂网站需花费10万元到1000万元不等，（这些将在下节讨论）。在经费有限的情况下，选择适合自身经济条件的电子商务模式。但是，和传统的营销费用比起来，通过网站进行营销还是相对廉价的。

如果经过分析，电子商务应用条件成熟，就可制定个时间表，进行进一步的开发，否则还要等待时机。Internet 世界发展极快，在实施的过程中也要不断地调整我们的策略，在最大程度上避免走弯路，建立一个成功的电子商务系统。

（二）企业内部网的建设

一个完整的电子商务系统应该是企业内部网与Internet的集成，因此，电子商务系统的设计包括内部网的设计和Web站点的设计。IBM公司推出的电子商务概念曾强调：企业内部网、企业外部网、电子商务在网络计算环境下的商业化应用，是把买方、卖方、厂商及其合作伙伴在Internet、企业内部网和企业外部网结合起来的应用；而只有先建立良好的企业内部网，建立好比较完善的标准和各种信息基础设施，才能顺利扩展到企业外部网，最后扩展到电子商务（E-commerce）。有些企业虽没有建立内部网，但也仍希望有一个对外发布消息的Internet网站，实现某些简单的电子商务功能，那么它只涉及Web站点的设计，是较容易实现的。有三种体系结构可以供企业选择。

1. 单个局域网（LAN）＋Internet技术

企业内部的单个局域网（LAN）加上利用Internet技术构成的企业内部网（Intranet），适合于企业内部各单位的地理位置相对集中的企业。

2. 多个局域网＋公用电话交换网＋Internet技术

以企业内部的多个局域网通过公用电话交换网（PSTN）等广域网协议连接而成的广域网，再利用Internet技术构成的企业内部网（Intranet），适合于企业内部各单位的地理位置比较分散，而且内部已经构造好了自己的广域应用网的企业。

3. 多个局域网＋Internet技术

以企业内部的多个局域网直接利用其虚拟专用网技术构成的企业，适合于内部各局域网还未连接起来或还未完全连接起来的单位。

（三）电子商务系统的实现

电子商务的实现过程主要包括初步建设阶段，主要包括申请域名、建立服务器、建立一个基本的网站，具有发布信息的功能；提高阶段，主要进行网站的管理，使之具有丰富的交互功能，扩大网站的应用范围，满足全球化和业务多样化的要求；最后是更新阶段，即对上述各阶段的运行成果进行评估并进一步的改进。

1. 域名注册和申请

在我们了解了域名的相关知识和其重要性之后，就要为自己的网站注册一个域名了，在注册域名的过程中，要确定是申请中国域名还国际顶级域名，是中文域名还是英文域名，是以个人名义来申请还是以公司（有法人资格）名义来申请，申请的过程是有所不同的。

1）中国域名的注册。在我国，注册中国域名即以.CN结尾的域名有两种办法，一是通过中国因特网络信息中心（CNNIC）来注册域名，另一种是通过CNNIC域名注册申请授权代理单位（一般为ISP）如域名星空网站来进行域名注册。

要注意的是，域名注册申请人必须是依法登记并且能够独立承担民事责任的法人单位，个人不能申请注册中国域名。对于个人来说，注册域名有两种选择，一是注册国际域名，国际域名是允许个人注册的；二是选择某些ISP所提供的非独立域名，如name.126.net.cn等。

下面介绍通过中国因特网络信息中心（CNNIC）注册域名的注意事项、方法和步骤。在我国，CERNET网络中心接受.EDU.CN下的三级域名的注册申请，CNNIN接受其余39个二级域名下的三级域名注册申请。

进行域名注册应提交如下几种资料：①域名注册申请表；②本单位介绍信；③承办人身份证复印件；④本单位依法登记文件的复印件，企业应提交营业执照复印件；如果申请人是其他组织则应该提交相应主管部门批准其成立的文件复印件。如果是通过代理来办理注册，还要提交代理委托书、代理单位介绍信和承办人身份复印件。

下面通过www.cnnic.net.cn网站来进行域名注册，步骤如下。

步骤1：在浏览器的地址栏中输入CNNIC的网站www.cnnic.net.cn。

步骤2：单击“域名注册服务”链接，在此页面中有许多链接，可以帮助我们更顺利地进行注册，有必要先了解它们。

步骤3：认真阅读“域名注册申请政策及步骤说明”及“CNNIC域名注册申请表填写说明及示例”链接，域名注册申请表的每一项都有详细的解释和示例，而且是最新的内容。认真阅读这些内容，就可以帮助申请者准确地填出域名注册申请表的每一项，因此，这一步是必不可少的。

步骤4：对域名注册申请表的内容都理解清楚之后，就可以在线填写了。回到“注册服务”界面，单击“域名联机注册”链接。把所有内容都按照要求填完后，单击最下面的submit；（提交）按钮就完成了联机注册过程。

步骤5：联机注册完成后，并不意味着域名注册的工作就完成了，事实上，申请者还要许多事情要做。按照CNNIC的规定，在收到申请表后的30日内将暂时为申请单位保留域名。申请人必须在随后的30日内送达域名注册所需的全部正式申请材料。若CNNIC在30日内未收到域名注册所需的全部正式申请材料，则该次申请自动失效，保留的域名将被取消。

因此，申请者需要尽快提交正式的域名申请材料。对于正式的域名申请材料，有如下几项要求：①最好采用打印填写（若手工填写，应该用钢笔填写，要求书写工整、不得涂改）；②不能用传真纸填写；③应该如实填写各项内容，域名管理联系人项应填申请单位的负责人或该单位有关人员，不得填写其他单位的人员，除了辅域名服务器和查询号可以不填之外，其余各项均必须填写，否则CNNIC将不能受理这类域名注册申请（具体填法请见CNNIC的WWW服务器上域名注册申请表填写范例）；④在填写域名注册申请表时，要求域名申请单位与盖章单位要一致，同时，域名注册申请表上的申请单位名称、盖章单位名称与营业执照复印件或主管部门批准成立文件复印件上的名称也必须一致；⑤域名注册申请表，应由单位负责人签字，并加盖单位公章；⑥正式的域名申请材料只能通过邮寄或面交的方式提交给 CNNIC。

步骤 6：CNNIC 在收到域名注册申请材料后 10 个工作日内，将把域名注册的处理情况通过电子邮件通知域名管理联系人、技术联系人、承办人、缴费联系人。如果申请人没有收到电子邮件，也可以通过查阅 CNNIC 的 WWW 服务器来了解域名注册处理情况。申请人应该根据 CNNIC 的电子邮件通知来确定下一步的处理。若 CNNIC 的电子邮件通知要求补交材料或修正申请，则申请人应该在规定的时间内补交材料或修正申请；如果电子邮件通知已经完成域名注册，并开始域名运行的，则申请人应当在规定的日期内向 CNNIC 缴纳域名的首年年度运行管理费。CNNIC 在收到域名首年年度运行管理费后，向用户发放《域名注册证》。

经过上述 6 个步骤，域名就注册成功了。

域名注册完成后，申请者就可以使用自己的域名建立网上的宣传站点。需要注意的是，每年要为域名付费人民币 300 元整，付款方式与注册时的付款方式应一致。另外，域名一经注册不能买卖。需要修改域名注册信息时（域名本身不得修改），要提交盖有单位公章的域名申请表给 CNNIC，域名登记申请表上要注明修改项。

2）中文域名的注册。中文域名是含有中文文字的域名，是我国域名体系的重要组成部分。为积极推进中文网络信息资源的开发，促进网络应用普及加快中文域名的应用，经批准，中国互联网络信息中心（CNNIC）已于 2000 年初开通中文域名试验系统并提供注册服务。中文域名注册体系结构分为三层，即注册管理机构、注册服务机构和注册代理机构。注册管理机构负责运行和管理域名系统，维护域名中央数据库；注册服务机构负责受理域名注册申请并完成注册；注册代理机构在注册服务机构授权范围内接受域名注册申请。经信息产业部批准，中国互联网络信息中心为我国中文域名注册管理机构。

CNNIC 将不再直接受理用户提交的中文域名注册申请，而由 CNNIC 正式认证和授权的 9 家注册代理机构受理用户的注册申请。目的是在中文域名注册服务中引入竞争机制，以便提高注册服务质量，更好地为广大用户务。

CNNIC 此次更新的中文域名试验系统是两岸四地技术人员合作的共同智慧结晶。兼容、开放、互通、符合国际技术标准是 CNNIC 的域名系统的几个重要特点。

中文顶级域名包括 CN 和纯中文两种类型。中文顶级域名下可以直接申请二级域名。

中文域名包含汉字的同时，并可以含字母（A～Z，a～z，大小写等价）、数字（0～9）或连接符（—）。各级中文域名之间用实点（.）连接，各级中文域名长度不得超过 20 个字符。

3）国际顶级域名的注册。注册国际顶级域名，对申请者没有条件限制，无论企业和个人。

InterNIC 是 Internet 国际域名注册数据库的权威管理机构，现由 Network Solution

及 AT&T 管理，Network Solution 公司管理注册服务并提供教育服务以增强用户对 Internet 的理解，AT&T 负责提供 Internet 的白皮书和目录，资金来源于每年的域名注册费。

InterNIC 的网站地址为 www. internic. net，由于 InterNIC 是由 Network Solution 公司来管理注册服务的，因此当用户在 InterNIC 网站上停留超过 10 秒钟，该界面自动转到 Network Solution 公司的主页（www. networksolution. com）。该公司负责 COM、NET、和 ORG 三类顶级域名的注册服务工作。在这里，可以查询国际域名的注册情况。

如果申请者希望把自己的网站推广到全世界，那么选择一个国际顶级域名是非常正确的。和注册中国域名一样，申请者既可以通过中国因特网络信息中心（CNNIC）来自己注册域名，又可以通过国际域名注册申请授权代理单位（一般为 ISP）来进行。域名注册只是将申请者定义的域名加注到域名体系的数据库中，占住一个“位置”，如果申请者现在还没有服务器，仍然可以先申请一个希望拥有的域名。

4）建站的两个合理选择。建立网站费用差别很大，要根据企业的时间限制、设备资源、特殊需求以及投资预算。对要建立电子商务系统的企业而言，首先要选择合适的 ISP（Internet service provider，Internet 服务商）以及如何接入 Internet，考虑服务器的问题，是自己购买服务器还是选择虚拟主机服务。

① 选择合适的 ISP 及接入方式。ISP 服务商是指为企业用户和个人用户提供 Internet 网络服务的信息服务商。他们的主要业务是提供 Internet 接入服务、提供外包资源、Internet 上的服务器托管等，同时还应为用户提供技术培训和技术支持等。

我国提供因特网服务的机构（即 ISP）分为两类：一类是官方性质的 ISP 服务，如中国公用信息网（CHINANET）和国家教育与科研网络（CERNET），只面向学校科研机构及其下属单位提供服务；另一类则是新兴商业机构，它们能为用户提供全方位的服务，对较大区域的联网可以提供专线、拨号上网及用户培训等服务，即真正意义上的 ISP，如东方网景、上海热线、吉通、讯业、瀛海威等。这类 ISP 拥有自己的特色信息源，建设投资大，覆盖面广，是未来因特网建设的主要力量。

需要说明的是，无论你采用什么形式进入 Internet，一般用户都会或多或少使用到 ISP 提供的服务，最好的情况就是选择一个能同时满足所有要求的 ISP。

② 服务器的选择。选择虚拟主机服务还是自己购买服务器呢？首先分析一下虚拟主机服务和建立自有服务器的差异。

虚拟主机：虚拟主机是使用特殊的软、硬件技术把一台计算机主机分成一台台“虚拟”的主机，每一台虚拟主机都具有独立的域名和 IP 地址（或共享的 IP 地址），以及完整的因特网服务器功能。虚拟主机之间完全独立，在外界看来，每一台虚拟主机与一台独立的主机完全一样，用户可以利用它来建立完全属于自己的 WWW、FTP 和 E-mail 服务器。

选择付费在虚拟主机上发布网站是件比较容易的事情，而构建自有服务器则要求

在性能较高的计算机上安装专用软件以及建立一条直接的Internet连接，这将花费大量的时间和金钱。而且维护服务器也是一个值得考虑的重要因素。24小时的Internet访问就意味着24小时的维护。即使出售服务器系统的商家经常承诺“免费维护”，也必须要对系统可能的瘫痪做充足的准备，要有专人维护。

拥有自有服务器也有很多好处。首先由自己控制，可以在上面放置任何想放的东西，如出色的软件、对不友好的访问者进行封锁、发布各种文档、构造专用的数据库、出租Web空间以赚取额外收入、管理自己公司的内联网等。表8.2是两种选择的利弊分析。

表8.2 利弊分析

	有利因素	不利因素
虚拟主机	廉价，无需服务器维护，能快速实现上网，获得额外服务，无需系统维护	可能需支付潜在的额外费用，主机由ISP控制不安全，依赖于维护服务，有时必须应付不友好的主机
自有服务器	易于经常实现新技术，对内容完全控制，可用作内联网，对网站安全性有更大的控制，有自己的系统管理员，能出租Web空间	费用昂贵，需要全天候的系统管理员，要负责管理服务器，安全性挑战，需要更多职员

目前还有一种ISP提供的服务受到了企业的欢迎。服务器托管即租用ISP机架位置，建立企业Web服务系统。企业将自己的主机放置在ISP机房内，由ISP分配IP地址，提供必要的维护工作，由企业自己进行主机内部的系统维护及数据的更新。这种方式不计通信量，不计硬盘容量，不计访问次数，也不需申请专用经费以及搭建复杂的网络环境，因此也就节省了大量的初期投资及日常维护费用。服务器托管方式的每月资费标准相对固定，因此便于信息发布单位控制支出。这种方式特别适用于有大量数据需要通过因特网进行传递，以及大量信息需要发布的单位。

选择服务器时应该着眼于未来，只要注册了自己的域名，即使决定使用虚拟主机服务，建立网站后，也可以随时改变想法建立自有服务器，但对于中小型企业，还是推荐选择虚拟主机服务。

2. 站点建设费用比较

网站的建设和运作费用主要包括以下几个方面。

1）域名费用。注册域名之后，每年需要交纳一定的费用以维护该域名的使用权，不同层次的域名收费也不同。

2）线路接入费用和合法地址费用。不同ISP、不同接入方式和速率下的费率有差别，速率越高，月租费也越昂贵。IP地址一般和线路一起申请，也需要交纳一定的费用。具体费率请询问本地ISP服务商。

3）服务器硬件设备。如果是租赁专线网站，还需要路由器、调制解调器、防火墙等接入设备及配套软件，采用主机托管或虚拟主机则可以免去这一部分的接入费用。

4）托管费用。如果进行主机托管或租用虚拟主机，那么可能要支付托管费或主机空间租用费。托管费一般按主机在托管机房所占大小来计算，空间租用费则按所占硬盘空间大小（以 MB 为单位）来计算。很多情况下，主机托管或虚拟主机的维护费用包括了接入费用，因此就不需要再支付接入费用了。

5）系统软件费用。包括操作系统、Web 服务器软件、数据库软件等。

6）开发费用。软硬件平台塔建好之后，必须考虑具体的 Web 页面设计、编程和数据库开发以及后期的平台维护费用。网站的开发维护可以委托给专业的网站制作商，费用可以一并算清。一定要认识到网站的维护是个长期的过程，其中可能要有许多的人力及物力支持。

7）网站的市场和经营费用。包括为各种形式的宣传活动所支付的费用、为内容的授权转载而付出的费用以及其他网站经营过程中所付出的额外费用等。

建立一个大型的网站可能会花上百万元甚至几千万元不等，由于计算机产品更新换代很快，新设备、新技术层出不穷，而费用波动又很大，因此进行精确的费用预算是比较困难的。另外，在预算时我们留有余地，因为在具体建设中可能会出现一些出人意料的费用。下面是“申网易联”的有关服务供参考。

1）域名申请和服务器设置费。国际域名申请 www.yourname.com（或 .net，.org）独立 IP 地址 700 元/年；国内域名申请 www.yourname.com.cn（或 .net.cn，.org.cn），独立 IP 地址 100 元/每年；

2）虚拟主机的相关资料。100MB 硬盘空间，独立 IP 地址 9 元/月（年付 100 元）；500MB 硬盘空间，独立 IP 地址 45 元/月（年付 500 元）；100MB 硬盘空间，独立 IP 地址 90 元/月（年付 1000 元）。

3）主页制作和图片服务。平均每页 150 元（不含特殊创意费用），首页制作费用根据情况定价，图片和动画每幅 30～100 元不等。

4）其他单项服务收费参考。IP 解析费 300 元/年；自动搜索引擎登记（400 个）500 元；详细的访问统计报告 300 元/年；集团电子邮件服务器（50 个）2000 元/年；单位主机托管：价格面议等。

还有许多关于服务器配置等相关信息，只要我们登陆申网易联 www.021online.com，就可看到更详细的资料及说明。其实，我们除了要进行费用比较外，还可以和这些 ISP 的客户进行联系，如发电子邮件，询问对所得到的服务是否满意，同时还直接向 ISP 供应商提出自己关心的问题，观察 ISP 服务商的友好态度和帮助程度等，这些都有助于我们选择。

四、电子商务案例分析

本书选取了一些有针对性的，成功的电子商务应用案例，有面对消费者（B to C）的 DELL 计算机公司；有在面对企业的（B to B）应用中取得成功的中国商品交易市场网站；有 C to C 商业模式典型网站淘宝网，还有 IBM 关于电子商务的解决方案等。这

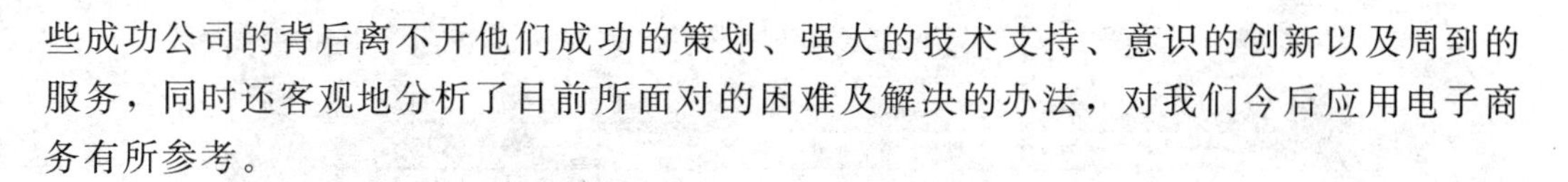

些成功公司的背后离不开他们成功的策划、强大的技术支持、意识的创新以及周到的服务，同时还客观地分析了目前所面对的困难及解决的办法，对我们今后应用电子商务有所参考。

（一）面对消费者的零售网站

戴尔计算机公司的网络直销。

1）概况。戴尔计算机公司是世界上最成功的采用网络直销方式的计算机公司。该公司于 1984 年由企业家迈克尔·戴尔创立，他是目前 IT 业内任期最长的首席执行官。他的经营理念非常简单：按照客户要求制造计算机，并向客户直接发货，使戴尔公司能够更有效和明确地了解客户需求，继而迅速地作出回应。如图 8.4和图 8.5 所示分别为戴尔计算机公司的英文和中文主页。

图 8.4　戴尔计算机公司主页面（英文）

正是这种大胆的直接与客户接触的网络营销观念，使得戴尔公司成为 20 世纪 90 年代最成功的公司之一。这种革命性的举措和独到的先见之明已经使戴尔公司成为全球领先的计算机系统直销商，跃身业内主要制造商之列。戴尔公司的网址每周被客户访问的次数超过 80 万次，戴尔公司因此平均每天获得的收入超过 4000 万美元。而 1997 年，这一数字只有 100 万美元。今天，在美国，戴尔公司是商业用户、政府部门、教育机构和消费者市场名列第一的主要个人计算机供应商。在亚太地区，该公司的业务覆盖了中国、澳大利亚、印度、印度尼西亚、韩国、马来西亚、新西兰、新加坡、菲律宾、泰国及亚太地区的其它国家和地区。在全球，该公司在 34 个国家拥有 36 500

图 8.5　戴尔计算机公司主页面（中文）

名员工。1999 年戴尔公司在《财富》杂志美国 500 强企业中名列第 56 位，在《财富》杂志全球 500 强企业中名列第 210 位，并在《财富》杂志美国最受敬仰的企业中名列第 3 位。1999 年戴尔公司实现营业额 252.65 亿美元，比 1998 年的 182.43 亿美元增长 38％，净收入达 18.6 亿美元，成为全球名列第二、增长最快的计算机公司。

戴尔公司透过首创的革命性“直线订购模式”，与大型跨国企业、政府部门、教育机构、中小型企业以及个人消费者建立直接联系。公司的管理者认为，戴尔公司的网站带来了巨大的商机，并且将会在整个业务中占有越来越重要的地位，在今后的几年中，预计公司 50％的业务将在网上完成。为了应付这样一个巨大的商业技术上和商业上的挑战，戴尔公司一直在进行广泛的市场调研，以便使因特网这一销售渠道更加完善。

2000 年 4 月 3 日，戴尔计算机公司董事长兼首席执行官迈克尔·戴尔先生来到清华大学发表题为“戴尔与网络时代”的演讲。迈克尔·戴尔在演讲中，简要阐述了戴尔公司在电子商务领域的成功经验、网络时代的特征和中国所具有的巨大潜力和优势。他认为，戴尔公司目前的全球市场增长率是 44％，而在中国的业务去年的增长速度却达到了 250％，速度非常惊人。谈到戴尔公司制胜的法宝，迈克尔·戴尔认为，直接和用户打交道，提供更好的服务和产品，提高效率，最终建立更低的成本架构是至关重要的。互联网是戴尔公司实现以上目标的理想方式。利用这种新型的方式，戴尔公司很好地消除了不必要的中间环节和传统经济体制中的内耗，并能够始终保持与客户的密切联系。戴尔先生说：“我个人对网络和信息技术充满了热情，这是我取得成功的基

础。我们不仅要掌握基本的技能，同时还要敢于思考如何改进现有的网络，如何促进信息时代的发展，如何发展电子商务并从这种经济模式上获益。信息技术的应用可以极大地提高我们的工作效率，使大家能够畅通地交流，并迅速发挥出各自的能力。"

2）网站建设。戴尔公司的网络业务小组的一个主要目标，就是创建一个在访问量增加时可以很容易伸缩容量的站点。戴尔公司采用了分布式方案，使用CISCO的分布式控制器在各个服务器之间平衡负载。这些服务器的内容彼此镜像，在网站访问量急剧上升时，戴尔公司可以在一个小时内增加需要的硬件容量，以满足技术服务高速运转的要求。这个方案同时保证客户可以以最少的等候时间尽快得到他们正在查找的数据，例如价格和样品信息。

戴尔公司的因特网业务经理Lora Zarbock说："戴尔公司网站的访问量很容易受外界的影响。比如，当《今日美国》（USA Today）发表一篇关于戴尔公司的文章时，站点的访问量会增长几乎3倍。我们需要很快地适应额外访问量的能力。我们的分布式环境意味着我们可以在一个小时以内完成这一切。我们所要做的仅仅是在一个新的服务器上创建最新信息的镜像，把这个服务器加入网络，然后告诉分布式系统新增的服务器。"

戴尔公司的大部分前端服务器存放的是HTML格式的静态页面。前端服务器将客户的需求导人不同的应用服务器以处理不同的任务，其中包括戴尔公司的Premier页面（SM）服务。这种页面是专门为公司客户的销售而设计的，上面包括订购信息、订购历史、已经被公司客户认可的系统配置，甚至账户信息。戴尔公司Premier页面向几千家公司提供服务，为其中的每一个公司提供单独的网址。Premier页面帮助戴尔公司为公司客户提供更好的服务，减少了公司电话中心的负担，并帮助公司将其市场扩展到全世界。大约30%的Premier页面是为海外客户服务的。

为了处理数据库业务，戴尔公司采用Microsoft SQL Server作为数据库引擎。SQL Server具有处理不断产生的大量数据的能力，并且它的应用开发环境使用起来非常简单，这使得戴尔公司可以大大减少数据库管理人员，从而节约费用。

对于网站内容管理和部署，戴尔公司认为，这是一个网站生存的关键。除了产品的介绍，必须重视有关新闻和公司状态的报道。在戴尔公司的网站上，可以很方便地找到近三年来戴尔公司的各项活动，如图8.6所示。

3）销售服务。戴尔公司为消费者设计了完善的服务功能。戴尔公司的消费者可以自已配备计算机，选择合理的价格，然后购买。一旦客户提交了定单，他们可以登录到网站并且查到他们的定单状态。这些状态信息从戴尔公司的订单维护系统和分销商那里提取到，然后通过因特网信息服务器反馈给客户。那些不喜欢经常检查他们订单状态的客户可以使用订单查看窗口（Order Watch），输入一个订单号和一个E-mail地址。一旦订购的货物发出，系统就会自动地给客户发送一个电子邮件通知。

戴尔公司使用数据分析功能来处理日志文件和关于站点使用情况的报告。戴尔公司现在正在研究如何最好地使用分析后得到的数据，以将其和访问者的个人爱好结合

图 8.6 戴尔公司网站的新闻办公室

起来，不但知道客户最喜欢访问哪些页面，而且能知道原因。有了这些信息，销售人员就能更好地就客户情况作出报告，这对于公司向客户提供他们需要的产品和服务以及创建更有效的网站大有裨益。

4) 技术服务。戴尔公司成功的最大关键在于它对顾客需求的快速反应和根据客户对PC机的新需求相应地调整发展策略。从每天与约200000个客户的直接接洽中，戴尔公司掌握了客户需要的第一手资料。戴尔公司提供广泛的增值服务，包括安装支持和系统管理，并在技术转换方面为客户提供指导服务，如图8.7所示。戴尔公司灵活地使用它的PowerEdge硬件和微软产品来处理客户的信息请求、购买请求和发货请求，进行站点内容的开发和发布。在前端，分布着许多戴尔公司的部门级的PowerEdae服务器。它们负责管理整个网站。

与此同时，戴尔公司与客户在技术开发上建立了一对一的直接关系，为客户带来更多好处。直线订购模式使戴尔公司能够提供给客户最佳的技术方案：系统配置强大而丰富，性能表现绝对是物超所值。同时，该模式也使戴尔公司能以更富竞争力的价格推出最新的相关技术。戴尔公司设计、开发、生产、营销、维修和支持一系列从笔记本电脑到工作站的个人计算机系统，每一个系统都是根据客户的个别要求量身定制的。

戴尔公司认为，把技术服务和售后服务搬到网上，不但缩短了与客户的关系，还能收集客户信息，降低销售成本。为此，戴尔公司主要做了三方面的工作：第一，通过网站提供产品的信息和知识，方便客户获取所需的资料，特别是技术资料；第二，

图 8.7　戴尔公司技术支持主页

设立在线客户反馈，方便客户及时寻求帮助；第三，编制客户邮件列表，方便客户了解产品的最新动态和注意问题。

今天，戴尔公司利用因特网进一步推广其直线订购模式，再次处于业内领先地位。以戴尔 PowerEdge 服务器运作的 www. Dell. com 网站包括在 80 个国家的站点，目前每季度有超过 3500 万人次浏览。在这个站点上，客户可以评估多种配置，即时获取报价，得到技术支持，订购计算机。

（二）面对企业的商务网站（B to B）

商务部（MOFCOM）是目前我国面对企业为服务对象的电子商务站点，由于承办人的背景，它发展迅速、服务面宽、信息容量大，是我国企业产品对外展示的窗口，是“政府引导，企业上网”的大型电子商务网站。

1. MOFCOM（中国商务部）的中国商品网概况

我国商务部的政府网络站点简称为 MOFCOM。中国商品网网站网址 http：//ccn. mofcom. gov. cn，如图 8. 8 所示。

MOFCOM 网站设立政府政策、商业服务和新闻报道三大部分。政府政策和新闻报道提供第一手的外经贸政府信息、完备的外经贸法律法规和国内外贸易的最新动向。商业节点设有公司集萃、贸易机会、进出口商会、中国商品网、技术贸易、工程项目、劳务合作等栏目，主要服务于企业的贸易活动。

利用现代化信息网络技术，依托国际互联网，全方位在网上展示“中国制造”的产品。众多中国企业，特别是中小企业积极地参与到这一网上大型电子商务实践中来，

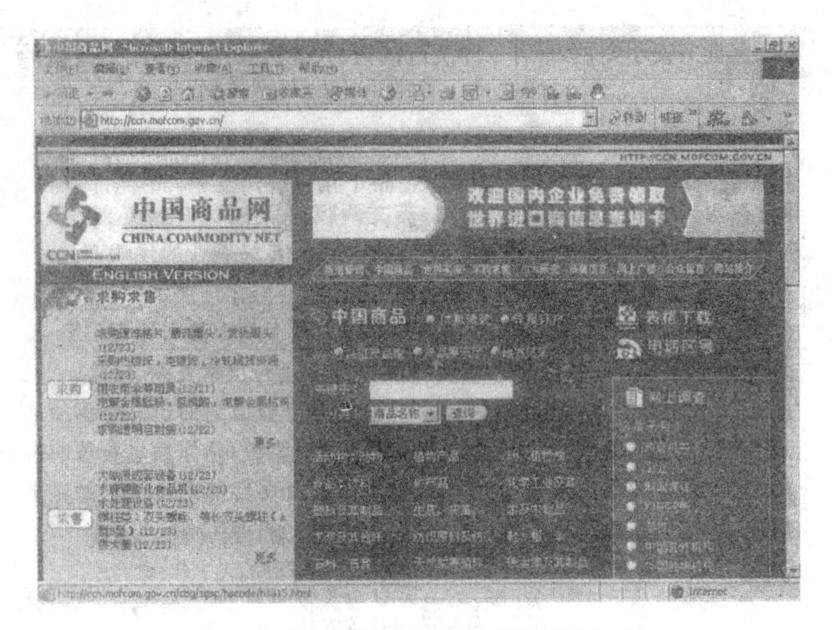

图 8.8　MOFCOM 网站的中国商品网主页

将自己的产品通过网络向世界展示。企业通过中国商品网不仅扩大了宣传，拓宽了贸易渠道，而且通过中国商品网与国外的商家达成贸易成交。网上中国商品网开办一年多来，超过 70%的上网企业与外商达成了贸易意向，20%以上的企业实现了出口成交。

电子商务作为一种新型的交易手段和商业运作模式，它的发展不仅取决于计算机、网络等技术的发展和成熟，更重要的是取决于政府营造的一种推动电子商务发展的环境。中国商品网就是“政府引导，企业上网”的大型电子商务实践。目前中国正大力调整出口商品结构，加大高附加值、深加工商品的比重。网上中国商品网的运行，为高附加值商品开辟了市场空间，青岛海尔、无锡小天鹅、广东格兰仕、厦门厦新、江苏维维、贵州茅台等知名企业已将自己的产品展示在这一网上虚拟市场。网上市场给企业提供的迅速而客观的市场反馈，有助于企业适应国际市场的需要，改善产品质量，调整产品结构。中国商品交易市场已成为中国出口商品结构调整的最生动的晴雨表。

2. 设计思想

在因特网上，网页是宣传企业的产品、文化、品牌和形象的重要工具，因而，网页设计的好坏关系到企业能否顺利地开展网上商务活动。对网上交易中心来说，网页的设计就更具有现实意义。中国商品网的网负有简体中文、繁体中文和英文三个版本，网页有统一的规划和设计，简便直观，通俗易懂，操作简便，有利于企业管理人员方便地浏览和操作。

首页内容中的信息查询区，有最完善的信息查询方式，包括公司信息查询、商品关键词查询和商品分类查询。上网者可以选择不同的信息查询方法，方便地找到自己希望了解的公司和产品；产品注册及导航频道都给来访问者带来了方便快速的查找和浏览。中国商品网把商品按行业分为22个大类：办公用品、工业用品、建筑装饰、日用百货、出版物、娱乐、动物、农业、电子产品、化学工业、能源矿产、体育用品、工艺品、安全、服装、纺织丝绸、医药保健、交通运输、珠宝钟表、房地产、玩具、食品。大类下设小类，客户可以方便地按类别一层一层地往下寻找想要购买的商品。

3. 经营特色

中国商品网网站租用因特网美国主干T3专线，设立专用服务器，建立国际主网址，同时在国内建立镜像网址，发布中、英文两版产品主页和中、英文两版公司黄页，方便海外客户调阅。该网站汇集了中国大量信誉良好企业的优质商品，以单个具体的商品为信息单位，结合网页文字和图片，形象地向客户展示中英文商品信息及辅助信息。全部商品信息按行业合理分类，提供强大的中英文搜索引擎，用户可以通过多种关键字（词）直接对整个中国商品数据库进行搜索查询、接洽。

中国商品网加强信息内容和服务，给企业提供有价值的商机。中国商品网设立专门人员对每天在“采购需求单”注册的询函进行监控，确保信息资源的有效传递。目前，网站的维护队伍已多达40人，使其有能力在目前已经将网站做得近乎完美的情况下，继续拓展更高的层次。

中国商品网提供下列服务。

1）免费域名注册。用户可以在中国商品网中免费注册一个域名，设立一个永久的“摊位”。

2）免费网页链接。中国商品网中的产品主页可免费链接企业的网址和主页。

3）买卖商情公告版。免费发布用户买卖商情及供求经济合作信息。

4）采购需求单。用户留下需求信息，网站可以为用户随时提供最新商业机会。

5）产品注册。

6）商品检索。

7）公司检索。

通过上述服务，中国商品网使许多国内企业接触到了世界各地的客户的机会，同时通过因特网向国外宣传了国内的企业及其主要产品，开拓了海外市场，帮助企业建立了真正的进出口通道。

面对众多的同类商业站点的激烈竞争，为了不使企业的出口商品仅限于简单的网上“商品摆放”，中国商品网推出了网上贸易桥梁——商家“采购需求单”，真正使买卖商家的贸易信息在网络上“流动”起来。通过采购需求单，对于没有查询到满意商品的海外买家，他们只需在中国商品网一次性注册，发布其具体商品需求信息，服务器将会把信息按照相关商品类别，自动发送至相关上网企业的电子信箱中。中国商品网每天通过采购需求单这一网络桥梁，将权威的全球贸易商机以“推”的方式及时传递给网上企业，增强了网上企业与海外买家的进一步沟通，使他们实时感受其产品在国际市场的需求动态，亲自把握国际市场的脉搏，及时根据市场调整产品结构，增强其产品的国际竞争力。

(三) 淘宝——C to C 商业模式的先锋

据业内人士分析，鉴于我国目前的网民结构，以及国内目前存在一些物流、资金流通两难的情况，网上拍卖是电子商务在国内最有可能成功的一种方式。虽然电子商务在企业间有着多方面的应用，但对于普通百姓个人来说，网上竞价交易或许是当今技术较为成熟、开展较为广泛的一种商务模式，正如金融家们所说，“网络与拍卖是天作之合”。人类历史上最古老的 C to C 商业模式由于互联网的出现将大放光彩，它对社会财富增长的贡献将超过以往任何一次商业创新。淘宝的成功证明了这一点。

1. 淘宝概况

淘宝拍卖网（http：//www.taobao.com）是一个集个人竞价、集体议价、标价求购和拍卖在线四种交易方式于一体的专业电子商务平台，主要提供买卖信息、在线交易和信用保障在内的一系列解决方案。图 8.9 所示是淘宝拍卖网的因特网主页。

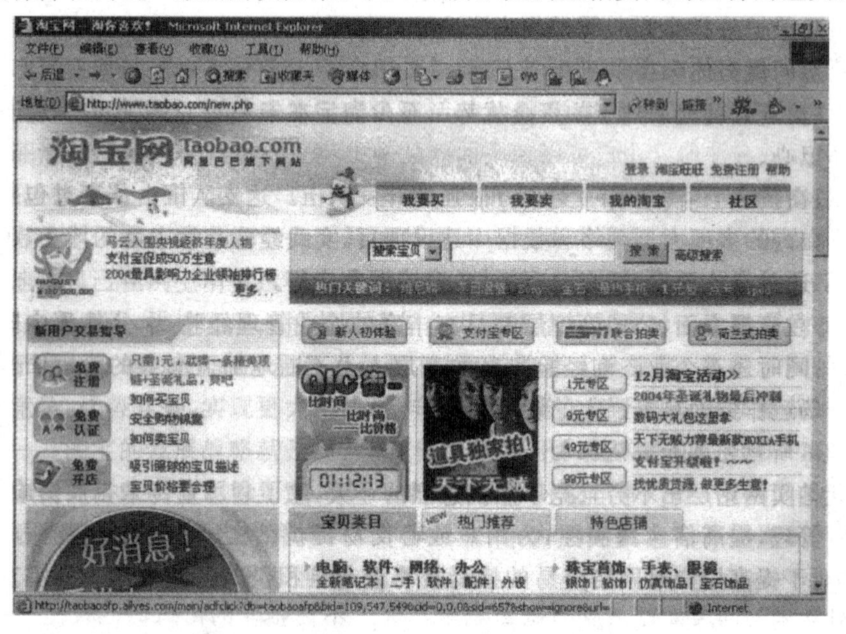

图 8.9 淘宝拍卖网的主页

淘宝拍卖网提出了四种网上拍卖模式：“个人竞价”、“集体议价”、“标价求购”和“拍卖在线”。“个人竞价”类似于传统的二手市场，利用网络这个巨大空间，使数以百万计的人群参与其中，买卖物品。由于购买人群庞大而形成大范围的讨价还价，有利于寻找性能价格比最合适的特定商品。“集体议价”充分体现“人多力量大，大家一起

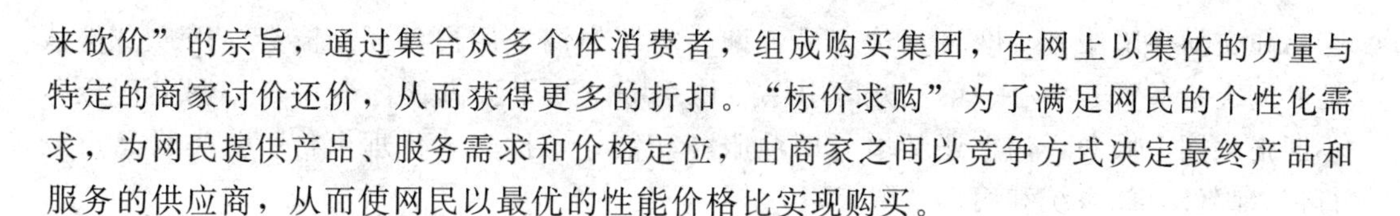

来砍价”的宗旨，通过集合众多个体消费者，组成购买集团，在网上以集体的力量与特定的商家讨价还价，从而获得更多的折扣。“标价求购”为了满足网民的个性化需求，为网民提供产品、服务需求和价格定位，由商家之间以竞争方式决定最终产品和服务的供应商，从而使网民以最优的性能价格比实现购买。

2. 经营特点

以拍卖为核心是淘宝最大的特点。作为一个交易平台，淘宝不参与任何交易过程，买与卖都出于交易双方的自愿，淘宝仅通过平台提供信息及交易场所。这种竞价交易的特色是价格浮动。与传统商家固定定价、愿者购买的方式不同，价格浮动可以使买卖双方在竞价过程中实现合理调配，达到最佳成交价格，令买卖双方都实惠，充分体现了消费者权益。

特别要提到的是“集体竞价”电子商务模式。美国最新流行的主流电子商务模式之——“集体议价”模式引入国内，既使淘宝作为一个以竞价交易为核心的电子商务模式更加完善，也填补了国内电子商务模式的重大空白。“集体竞价”充分利用了互联网的特性，将零散的消费者联合起来，形成类似集团采购的庞大定单，从而与供应商讨价还价，争取最优惠的折扣。

3. 优势

淘宝的优势体现在以下几个方面。

(1) 投资方确立了淘宝的资金优势。至少淘宝在未来的1～2年内不会有资金匮乏的担心。

(2) 在技术上，淘宝有一支实力很强的开发队伍。这支队伍由从事过包括中央电视台在内的多项大型网络和数据库建设项目、实践经验非常丰富的博士、硕士组成，他们通过自主开发，拥有自有版权，直接面向应用。

(3) 在管理方面，公司管理层都具有丰富的企业管理经验，十分熟悉中国的市场运作，同时还有企业咨询经验丰富的高层人士不断地加盟淘宝的管理团队。淘宝在市场运作方面具有强大的管理优势。

4. 不断地完善和规范机制

在拍卖网站层出不穷且竞争愈演愈烈的今天，除了利用宣传来拓展影响外，着眼用户管理，提高信息真实性，为用户放心交易提供踏实服务将产生更深刻的效应，这对于提高用户对网络交易的接受度将会起到积极的促进作用。淘宝对此进行了多方面的有借鉴意义的探索。

1) 客户服务。从淘宝的发展阶段来看，它已经经历了技术成型期、用户聚集期和交易成长期等三个阶段。下一步淘宝的工作内容将包括：完善服务，扩展业务，规范管理，为用户提供更多更便利的服务。淘宝已经完成和即将推出的服务包括：自动邮件通知系统、物品图文介绍系统、个人交易信用评价系统、网上信息沟通空间、代理交易和交易保障服务、网络竞价交易咨询、定期的淘宝用户见面交流会、用户身份认证、淘宝物品寄卖中心、第三方信用保障体系等。为了更方便注册用户“网上淘金”，不断强化网上服务，淘宝还新增了四项服务功能——优先式代理出价、分类物品市场行情、邮件订阅系统和用户“聊天室”。

2）物品配送。淘宝将办成一家非常专业的第三方电子商务物流配送公司，服务我国电子商务，突破物流配送瓶颈。在这之前不久，淘宝已与物流公司签约达成战略合作伙伴关系，物流公司将为淘宝用户提供门到门的物品速递服务。淘宝这项重要措施不仅为用户个人之间的实际交易提供了便利，也通过第三方机构介入的方式提高了交易的安全性。

安全方面的问题一直是电子商务发展中最大的障碍。调查结果表明，目前中国的购物者最关心的是网上交易的安全可靠性。由于我国目前尚缺乏电子商务发展的良好环境与保障机制，如相应的技术标准、专门的政策法规、电子支付系统、互联互通的信息基础设施等，非授权访问、冒充合法用户、破坏数据的完整性、病毒、线路窃听等都给电子商务带来了威胁。解决安全上的问题，一方面要靠加强技术上的防范与安全措施，另一方面则依赖于建立规范的电子商务法律框架。

3）用户认证。为加强用户管理，规范交易行为，提高网站信誉度，淘宝开展了一次全面身份认证活动，对已经注册的5万多用户进行了一次全面身份认证工作。这次活动旨在通过用户身份确认和信用等级评定来帮助买卖双方提高信任程度，减少网上乱投标现象。为保证并促进认证活动的顺利进行，淘宝推出了800电话上门认证活动。

4）法律咨询。淘宝还在“3·15”来临之际开通网上律师信箱，为淘宝注册用户提供有关电子商务和在线竞价交易的各项专业法律咨询服务，用户可以非常方便快捷地将自己在网上消费过程中遇到的问题进行交流与咨询。

5）广泛合作，推进发展。拍卖网站各自为政的经营方式对于发展尚处初期的中国电子商务市场以及身处“注意力危机”时代的普通大众来说，都是不利的。如何超越竞争，优势互补，实现更大的协同与整合，是摆在电子商务商家面前的紧迫课题之一。淘宝的发展战略就是要“与各种机构展开广泛和密切的合作”，在其发展过程中我们可以明显地看到这一点。淘宝的合作对象非常广泛，包括网易、东方网景等站点；联想、金山、当代商城、TCL等企业；东方国际拍卖行等拍卖机构。并且，淘宝在合作方式上更是积极探索，勇于创新。

6）强势启动区域市场。为强势启动全国区域网络市场，淘宝举行了全国巡展活动。相继在北京、广州、上海等全国12个大中城市进行。淘宝2004年年初在全国设立了各地区办事处，这在全国都是数量最多和规模最大的。作为地方办事处覆盖最广的拍卖网，淘宝旨在以此推动服务的本地化进程，并通过与众多企业的合作，将更全面、更快速、更有效的服务尽快提供给用户。

但是基于互联网的各种交易行为，尤其是个体消费者之间的相互交易（C to C）则具有典型的地域化特征。比如，淘宝网上的地域性交易比例高达80%左右，因此淘宝

一直在酝酿推行地区化服务策略。淘宝的地区办事处和“百站”合作计划经过一段时间的运作，已在各地区取得了良好的效果，积累了一定的资源。

五、IBM电子商务解决方案

本节从专业公司的角度出发，介绍IBM公司电子商务的解决方案。提供这种服务的国外公司有IBM、Lotus、HP，国内的公司有长城、东大阿尔派等。

（一）IBM EOS电子订单系统

IBM EOS电子订单系统能帮客户建立高效、准确的电子订单系统，让每一笔生意自己送上门来。当此电子商务革命席卷全球之际，消除人力操作的烦琐与疏漏，全面革新企业订单系统，已是当务之急。

IBM EOS电子订单系统，充分利用网络和众多电子商务尖端技术，即使所有员工都足不出户，企业一样能更快更多地接受订单，使工作效率有质的飞跃。

IBM EOS电子订单系统，使客户能随时进入系统订货；每种产品的规格、图片、价格应有尽有，让客户一目了然，轻松找到中意的产品；客户选购的产品能够通过即时运算，立刻生成报价清单，极大地缩短了订货时间。

根据订货类别、采购数量，EOS能为客户归纳出不同的客户群，极大地方便了企业的报价和管理。从传统的人力运转到现在的EOS，企业不仅在完成订单的时效性和准确性上，得到前所未有的突破，更在客户服务方面达到一个全新高度。IBM EOS电子订单系统正帮助成千上万的企业，利用电子商务在竞争中脱颖而出。

（二）Net. Commerce

IBM Net. Commerce是一个集成的解决方案，包括Domino GO Webserver、商城服务器、定制站点的组件和关系数据库DB2。它提供一个从编目和店面创建到支付处理和与后端系统集成的全面电子商务功能。其版本分为IBM Net. Commerce START和IBM Net. Commerce PRO系统。两个系统均包括IBM Net. Commerce版本2的所有功能。IBM Net. Commerce解决方案有助于扩展客户现有的因特网服务。有助于客户将其基本电子贸易服务快速投放市场，通过系统附带的高级选项，可随时扩展或加强服务。

适用于Microsoft Windows NT、IBM AIX以及Sun Solaris平台的IBM Net. Commerce是一种集成的软件包，可为那些希望在互联网上销售其商品与服务的商业企业建立并运行经济有效、低维护成本的电子贸易服务。它支持在互联网上开展商业活动所需的全部基本功能，诸如：可浏览、可搜索的商店与产品目录，购物“手推车”，购物者登记与地址簿，销售税与运输费计算，实时信用卡认证，订单提交与通知，电子邮件广播与客户支持等。

与其他电子贸易平台不同的是，Net. Commerce的功能、工具与文档，面向运行可支持多个客户的虚拟主机型服务，而不仅仅是运行单一的电子商务站点。Net. Commerce 直接面向客户的主要需要，诸如低管理成本、自定制功能、可伸缩性、可靠性、灵活性与可扩展性。同时，它还可以满足客户对低成本、低风险、简单、安全、易于使用的解决方案的需求。

（三）IBM Easy Merchant 网际商城解决方案

IBM Easy Merchant 网际商城解决方案，以 BM Net. Commerce 系统为基础，运用了一系列全球领先的电子商务技术，使其在安全性、易用性、时效性方面，都有卓越表现。它能够帮助客户快速建成电子商城，充分利用网络这个全球一体、全天候运行的巨大市场，赢得遍布全球的千万新用户。

IBM Easy Merchant 解决方案，使每位消费者点击、购买的商品，都能被即时统计，令企业不但能以较低成本，把经营范围全面扩大；更能随时把握用户购物意向，找出刺激消费的对策，创造更多销售利润。

此外，IBM 还特别根据中国国情，为 Easy Merchant 解决方案开发了多种行之有效的付款方式，并设立了专门的技术小组，为 Easy Merchant 解决方案的用户，提供长久、全面的服务。

成功案例有是香港第一个网上电子商场 Aeon World，它采用 IBM 最新的商务软件— Net. Commerce 及安全稳定的 RS/6000 服务器，并结合后台专门处理客户信息的 AS/400e 系统。Aeon 的特约商家不但可以全天接受订单，及时抓住广大消费群，而且大幅度提高客户满意度，降低经营成本。

（四）IBM commerce Point 安全电子交易整体解决方案

软件环境：OS/390、AIX、Windows NT、IBM Net. Commerce、Commerce POINT Wallet、Commerce POINT Gateway、IBM Registry for SET。

硬件环境：IBM S/390、IBM RS/6000、IBM Netfinity 服务器。

功能：畅销排行榜、个人风格页面、订单管理、商品查询、购物快讯、商品优惠设定、访问人数统计、商品点数管理、动态广告、产品促销、组件通告、客户问卷调查。

1. Commerce POINT eTill

这是 Internet 上的收款机，提供安全收取客户货款的功能，其弹性结构确保新付款方式出现时，用户仍可跟上时代。特点：安全符合电子安全交易协议，可自定义，以符合交易需求，可运行于各种商业服务器上，也可单独运行，允许多个商家使用同一 eTill，或单一商家使用多个 eTill 维护交易信息，提供详细报表，支持 ODBC 或 JDBC。

2. Commerce POINT Wallet

这是一个浏览器插件，为信用卡处理器提供协议转换，并安排交易途径；为客户提供信用卡的储存及购物所需的证明。特点：图形界面易于使用，提供 Wallet 程序管理多个信用卡及凭证，针对信用卡与凭证的存取，提供 PIN 保护，保留购物记录，支持与 SET 服务器连接，允许发卡者自定义 Wallet 图形，以区分不同品牌。

3. Commerce POINT Gateway

这是采用 SET 标准的付款处理应用程序，为商家及客户提供信用卡保护。特点：由 Internet 上取得商业的交易资料，执行信息转换及行程转换，支持 SET 的信息及程序，提供信息管理、凭证管理，提供密码功能，可连接到目前结算/授权信用卡网络的网关上。

4. Registry for SET

它为信用卡持有人、厂商及受单银行提供凭证管理的基本环境，允许银行对其信用卡持有人发出凭证；取款机构对其商家发出证明，在 SET 结构内建立身份确认。特点：由全球信息网产生、发送及管理 SET 凭证，提供商品、商家、信用卡持有人及支付网关的凭证，提供一个弹性的注册程序。

（五）IBM VsualAge E-business 应用程序系统解决方案

软件环境：Windows NT、VisualAge E-business 工具集、包括 VisualAge for Java、Net Object Fusion、Lotusbean Machine、Lotus Go Web Server、Sun Microsystems Java Servlet Development Kit、Internet InterORB Protocol Enabler for Java（JIE）以及 UDB。

硬件环境：PC、Pentium 166MH 以上、64MB 内存、2GB 硬盘空间。

功能及特点：这是第一个提供了多种功能，并具备可伸缩性的工具集，能帮助用户轻松快速地建立和管理各类站点，如图形多媒体站点和真正的安全的电子商务站点。

Net Object Fusion 是最先进的 Web 站点设计工具，将建立和发布站点的主要步骤整合起来，使建立及管理站点都轻而易举。

Lotusbean Machine 可以给网站增加多媒体特效，且无须重写程序。

VisualAge for Java 可用于建立 Java 的应用程序、小程序，还能将 Java 客户端，与已有的服务器端连接。JoinMailingList 和 ViewMailingList 中数据库访问的部分，是通过现有的 JavaBeans 创建的，无需重写 JDBC 的程序。Lotus Go Web Server 用于将程序发布到网络上。

（六）E-Trade 通用电子交易解决方案

E-Trade 是一套适用于企业对企业的电子交易解决方案，包括多种信息查询方式、虚拟采购蓝图、合同谈判、合同签订以及合同监督过程。

软件环境：IBM Net. Commerce、IBM DB2 UDB

硬件环境：高端——IBM RS/6000（AIX）服务器；低端——IBMNetfinity（NT）服务器。

功能及特点：强大的数据存储和处理能力，尤其适用于处理多媒体数据；采用浏览器结构，商务覆盖全世界；支持企业信息查询、商品信息查询、货架导购式查询等多种查询方式。

另有多种经营方式模块，如租赁经营方式模块等，将按用户需求相继推出。

中国商品交易中心（CCEC）已成功实施了本解决方案。

案例分析

三菱汽车销售公司：实施客户关系管理系统

直到20世纪90年代后期，美国三菱汽车销售公司关注的还只是汽车，从公司对零售客户的服务方法中，就可以看到这一点。该公司有18部以上的免费客户服务电话，其中有关于财务的、销售和维修的等，客户要通过这些电话，自己找到所需要的信息。“我们的方法支离破碎，很明显，我们没有做到以客户为焦点。”公司副总裁兼总经理雷格说。

三菱决定改变这一状况。1999年春天，公司的执行官们决定建立呼叫中心，为客户提供“统一的声音，统一的倾听方式”，公司的CIO托尼说，这只是一个开始，公司将通过客户关系管理创新不断提高客户服务水平，公司的多个部门及18个供应商最终也将参与到这一工作中来。

现在，三菱有了一个呼叫中心，并由一个外部服务提供商处理大部分的基本呼叫。每个呼叫的处理成本大约下降了三分之二，仅这一项节约就可以支持系统运行18个月，公司负责客户关系的主任唐奈森说。该系统节约了代理时间，减少了不确定性，提高了处理能力，工作人员的数量没变，但处理的业务量却比以前增加了38%。与此同时，该公司的客户满意率上升了8个百分点。

三菱呼叫中心项目团队由销售部门、营销部门、财务部门和IT部门的员工构成，这些部门提供了项目所需要的资源。在项目的初始阶段，团队就制定了一些项目原则。首先，他们决定选择最易实施的CRM软件组件，而不是集成的CRM套件，虽然这些套件好像可以将三菱的需求集中体现在一个确定的产品中。团队的这一选择要求他们要不断努力使18个供应商向一个方向前进。

团队成员还决定慢慢实现转变过程，只有当所有员工都在使用上一个已经实施的组件时，才增加新技术。这种发放使呼叫中心代理觉得很舒服，他们可以随着时间的

推移逐渐接受新技术。为稳妥起见，在组件方法中，所有产品必须通过3S测试——它简单吗？它令人满意吗？它了升级吗？“对这三个问题，如果我们不能都回答是的话，我们就不会采用该产品”，三菱的广告业务主管斯塔尔说。

1999年6月，三菱开始认真实施这一转变过程。当时，公司决定将客户呼叫的大部门基础工作外包给Siebel公司。不到两个月，三菱就整合了18个免费客户服务电话及其背后的多个呼叫中心，实施了Siebel系统公司的呼叫中心软件。第二年，公司又将一个新的客户中心数据库整合到了系统中，这是公司在全国范围内实现客户中心战略的一个组成部分。该客户数据库成为了呼叫中心的动力源泉，但不幸的是数据库中包含脏数据，这已成为项目的主要障碍。为清除和更新这些脏数据，项目停止运转了数月。

2001年初，三菱安装了Avaya公司的数字电话交换机，实现了灵活的、基于技能的呼叫路由。客户拨打一个免费服务电话号码后，交换机会根据客户的菜单选择实现呼叫路由。大约有一半的客户能通过交互式语音应答机获取需要的信息，无需人的参与。该语音应答机就可以回答相当复杂的问题。客户简单的呼叫被送往Siebel，而剩下的复杂呼叫被送往具有适当技能的呼叫中心代理。2001年3月，系统进行了升级，采用了图形化用户界面，将11个屏幕的有价值的客户信息放在了呼叫中心代理的一个屏幕上。Siebel公司的Smart Scripts工作流软件还为呼叫代理提供了决策树脚本和自动客户联络功能。

2001年5月，三菱的管理人员开始监听外包的服务电话。使用Avaya公司的IP代理软件，他们可以看到代理的屏幕。6月，公司开始使用Blue Pumpkin软件公司的劳动力管理软件，每个小时预测一次呼叫中心的业务覆盖范围。接着，三菱又用NICE系统公司的NiceLog软件来记录代理的声音和屏幕活动，以保证质量和加强培训。

除了客户满意外，呼叫中心对员工也有益处：他们可以获得更好的职业发展，获得更高的薪金收入。以前，不同的呼叫中心处理不同的业务，如账户问题、车辆问题、凭证问题和零售查询问题等。现在，彼此间的壁垒被打破了，代理们可以学习多个领域的新技能，显著提高了呼叫中心的灵活性。劳动力管理软件可以帮助落后者安排培训时间，拥有多种技能的代理可以挣更多的钱。2000年，呼叫中心的人员流失比例是7%，而通常这一比例都是超过20%的。

奥尼尔说，公司的执行官们会定期监听服务电话，了解客户关心的问题，并采取相应的行动。“这些信息使我们可以尽早做出行营销决策，工作比我原先想象的更快、更有效，”奥尼尔说，“这是一项巨大的回报。”

（资料来源：http：//blog. sina. com. cn/s/blog_3c609a3601000em5. html）

思考题

1. 三菱的CRM系统包括哪些关键的应用组件？每一个组件的业务目标是什么？
2. 像三菱这样的CRM系统可以为企业和客户带来哪些好处？
3. 你是否赞同三菱公司获取和安装CRM系统的方法？为什么？

本章思考题

1. 什么是信息系统的战略意义?
2. 什么是战略信息系统与经理信息系统?
3. 什么是 ERP?
4. 试分析企业为什么要选择 ERP 系统?
5. 试分析普瑞尔 ERP 实施成功的关键是什么?
6. 什么是企业供应链?
7. 实施供应链管理的原则和步骤是什么?
8. 阐述客户关系管理的定义?
9. CRM 系统的构成有哪些?
10. OA 系统的定义与特点是什么?
11. 简述电子商务的商业模式有哪些?

第九章　管理信息系统开发实例——工资系统开发

学习目的与要求

本章以某公司工资系统经过简化后的设计为例，简要说明系统开发各主要阶段的内容。通过本章的学习，掌握在系统开发实践中，如何进行资料收集、系统分析及系统设计工作。

第一节　资料收集

一、组织结构

某公司生产粉末涂料，职员 145 名，其组织机构如图 9.1 所示。

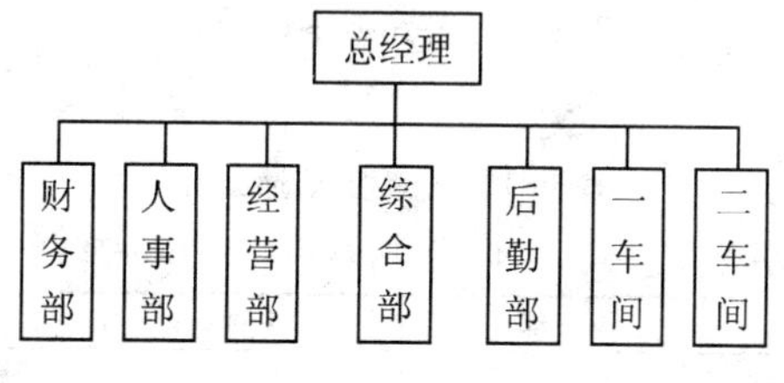

图 9.1　组织结构

二、业务流程

其业务流程如图 9.2 所示。

三、相关数据资料

此公司的工资发放流程如下，月末，核算员根据人事部的“人事变动通知单（见表 9.1 所示）”、“工资变动通知单（见表 9.2 所示）”及“上月工资表”编制“工资表”初表；核算员根据各部、车间考勤员上报的“出勤表（见表 9.3 所示）”及后勤部的“扣款通知单（表 9.4 所示）”计算工资，然后将制好的工资表（见表 9.5 所示）送主管会计审核；然后，核算员根据已审核工资表汇总工资，并编制工资汇总表（见表 9.6 所示），出纳到银行提款然后发放工资。

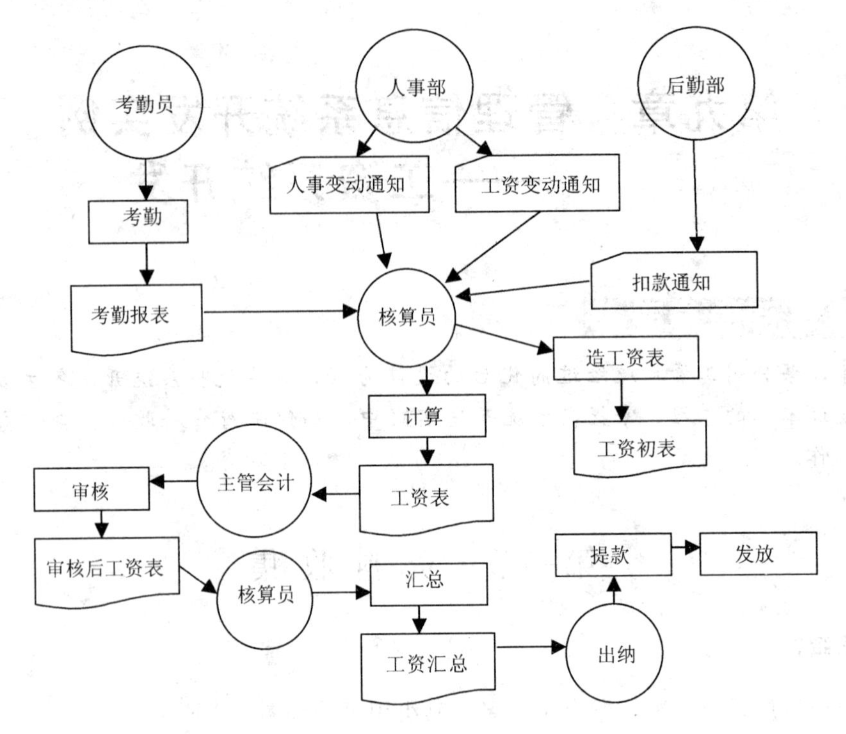

图 9.2　公司业务流程图

表 9.1　人事变动通知单

年　　月　　日

姓名	调出部门	调入部门	工种	基本工资	补贴

表 9.2　工资变动通知单

年　　月　　日

姓名	部门	工种	基本工资	补贴	

表 9.3　出勤表

年　　月

姓名	部门	出勤天数

表 9.4　扣款通知单

年　　月　　日

姓名	部门	房租	水费	电费	

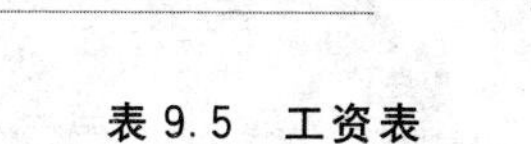

表 9.5　工资表

部门：　　　　　　　　　　　　　　　　　年　　月　　日

姓名	基本工资	补贴	奖金	出勤	应发工资	所得税	上月扣零	房租	水费	电费	实发工资	扣零

表 9.6　工资汇总表

年　　月　　日

部门	基本工资	补贴	奖金	出勤	应发工资	所得税	上月扣零	房租	水费	电费	实发工资	扣零
合计												

四、数据处理

1）个人所得税的计算方法如表 9.7 所示。

表 9.7　个人所得税计税表（部分）

级数	应发工资（应纳税所得额）	税率（%）	速算扣除数
1	＜＝500　部分	5	0
2	＞500～＜＝2000　部分	10	25
3	＞2000～＜＝5000　部分	15	125
4	＞5000～＜＝20000 部分	20	375

应纳税＝（应纳税所得额－800）×适用税率－速算扣除数

2）工资计算公式

应发工资＝基本工资 ＋补贴 ＋奖金

应纳税＝(应发工资－800)×适用税率－速算扣除数

实发工资＝应发工资＋上月扣零－所得税－房租－水费－电费(取整)

扣零＝应发工资＋上月扣零 －所得税－房租－水费－电费 －实发工资

五、用户对系统的需求

1）对部门编码进行维护（部门库追加、修改、删除）。

2）对人员编码进行维护（人员库追加、修改、删除）。

3）对工资数据进行维护。

4）系统自动计算奖金、税金、应发工资、实发工资。

5）系统工资自动扣零处理至元。

6）系统对实发工资进行面值分解，以便从银行提款发放工资。

7）按人员查询工资数据

8）按部门查询部门工资

9）按部门汇总工资数据

10）工资分配（管理费用，销售费用，生产成本）

第二节　系统分析

一、数据处理分析

此工资系统的数据处理过程如图 9.3 所示。

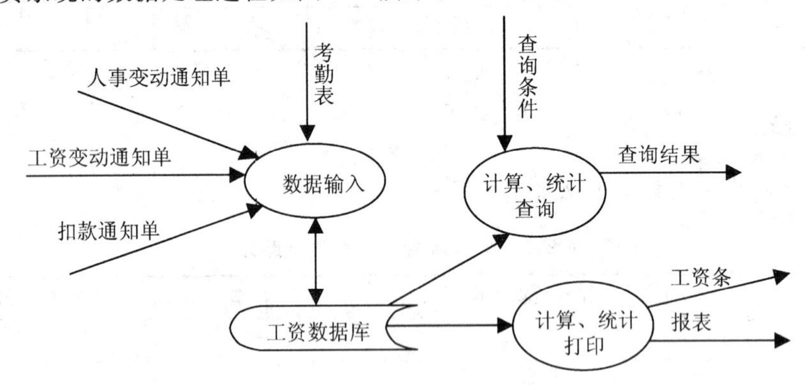

图 9.3　工资系统数据处理进程图

二、数据字典

根据调查的资料分析，设计的数据字典如表 9.8 所示。

表 9.8　数据字典

项目	类型	最大值	小数位	来源	说　明
部门编码	C	4		输入	
部门名称	C	20		输入	
职员编码	C	6		输入	
职员姓名	C	10		输入	
工种	C	10		输入	
基本工资	N	4000	0	输入	
补贴	N	600	2	输入	
电费	N	500	2	输入	

续表

项目	类型	最大值	小数位	来源	说　　明
房费	N	300	2	输入	
水费	N	200	2	输入	
出勤天数	N	31	0	输入	
上月扣零	N	0.99	2	计算	
奖金	N	10000	2	输入	
所得税	N		2	计算	（应发工资－800）×适用税率－速算扣除数
应发工资	N		2	计算	基本工资 ＋补贴 ＋奖金
实发工资			0	计算	应发工资＋上月扣零－所得税－房租－水费－电费（取整）
本月扣零		0.99	2	计算	应发工资＋上月扣零－所得税－房租－水费－电费－实发工资

第三节　系统设计

一、系统功能结构设计

此工资系统的系统功能如图 9.4 所示。

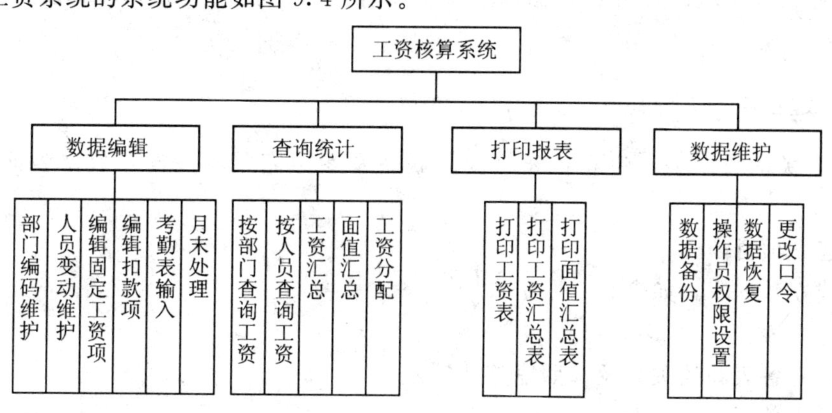

图 9.4　系统功能结构

二、系统流程设计

此工资系统的处理流程如图 9.5 所示。

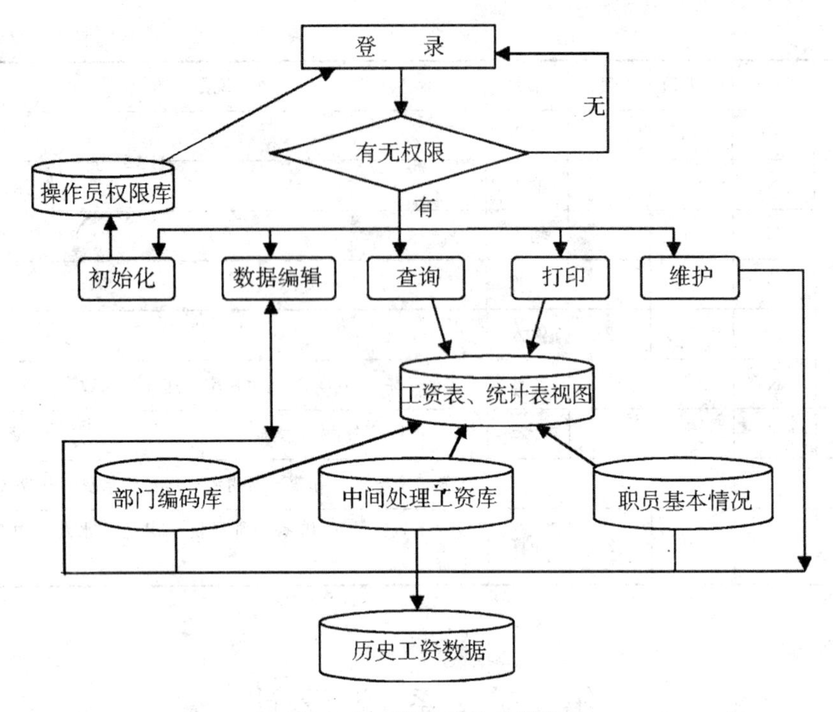

图 9.5　工资系统处理流程

三、数据库设计

数据库设计阶段的任务：根据以上工资系统资料，设计该工资系统数据库，其步骤如下。

（一）建立表

建立有关的数据表，建立各表之间的联系及参照完整性，输入数据验证完整性，其步骤如下。

1）建立项目。

2）建立数据库，如表 9.9 所示。

3）建立表。

4）建立各表间的关系及参照完整性。

5）输入数据。

6）进行相关操作，验证数据完整性。

表 9.9　数据库设置

表名	字段	标题	类型	长度	小数位	说明	主索引	一般索引
deart，emt	dp_id	部门编码	C	4			√	
	dp_name	部门名称	C	20				
emloyer	e_id	职员编码	C	6			√	
	e_name	职员姓名	C	10				
	dp_id	部门编码	C	4		职员所在部门		√
	e_ty	工种	C	10				
cs	e_id	职员编码	C	6			√	
	bs	基本工资	N	7	2			
	bs	补贴	N	7	2			
detain	e_id	职员编码	C	6				
	ef	电费	N	6	2			
	hf	房租	N	6	2			
	wf	水费	N	6	2			
onduty	e_id	职员编码	C				√	
	outduty	出勤	N	2	0			
fee	e_id	职员编码	C				√	
	fee	上月扣零	N	4	2			
login	userid	操作员编码	C	6			√	
	password	口令	C	20				

（二）视图设计

建立工资表、工资汇总、工资面值分解、工资分配的 SQL 查询视图（如表 9.10 所示）。

表 9.10　查询视图

视图名	数据源	选用列	列的表达式	排序	分组
奖金	Onduty	e_id			
		奖金	Onduty. outduty * 30		
基本工资	CS	bs			
		ba			
	employer	e_id			
		e_name			
		dp_id			
		e_ty			
	detain	ef			
		hf			
		wf			
	连接	类型	字段	条件	值
		RIGHT OUTER	Cs. e_id	=	Employer. e_id
		LEFT OUTER	Employer. e_id	=	Detain. e_id

续表

视图名	数据源	选用列	列的表达式	排序	分组
应发工资	基本工资	e_id			
		e_name			
		dp_id			
		e_ty			
		bs			
		ba			
		ef			
		hf			
		wf			
	奖金	奖金			
	表达式	应发工资	基本工资．bs＋基本工资．ba＋奖金．奖金		
	连接	类型	字段	条件	值
		RIGHT OUTER	基本工资．e_id	＝	奖金．e_id
所得税	应发工资	e_id			
		e_name			
		dp_id			
		e_ty			
		bs			
		ba			
		ef			
		hf			
		wf			
		奖金			
		应发工资			
	FEE	FEE	FEEIIF（ISNULL（Fee. fee)，0，Fee. fee)		
	表达式	所得税	见后面		
	连接	类型	字段	条件	值
		LEFT OUTER	应发工资．e_id	＝	Fee. e_id

建立步骤如下。

1）建立工资表 SQL 查询视图。

2）建立工资汇总 SQL 查询视图。

3）建立工资面值分解 SQL 查询视图。

4）建立工资分配的 SQL 查询视图。

其中所得税视图的 SQL 语句如下。

```
SELECT 应发工资.e_id,应发工资.dp_id,应发工资.e_name,应发工资.e_ty
应发工资.bs,应发工资.ba,应发工资. 奖金,应发工资. 应发工资,;
```

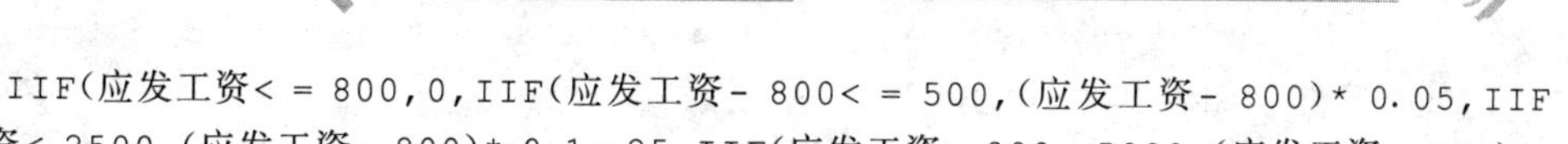

```
    IIF(应发工资< = 800,0,IIF(应发工资- 800< = 500,(应发工资- 800)* 0.05,IIF
(应发工资< 2500,(应发工资- 800)* 0.1- 25,IIF(应发工资- 800< 5000,(应发工资- 800)*
0.15- 125,(应发工资- 800)* 0.25- 375))))AS 所得税
    IIF(ISNULL(Fee.fee),0,Fee.fee)AS fee,应发工资.hf,应发工资.ef,;
    应发工资.wf;
    FROM  salary! 应发工资 LEFT OUTER JOIN salary! fee ;
    ON  应发工资.e_id= Fee.e_id
```

（三）窗体设计

建立主窗体、部门、人员基本情况、工资固定项目、扣款项、考勤等表单的设计。

1. 建立主窗体

设置主窗体的属性及方法程序，如表 9.11 所示。

表 9.11　主窗体的属性

属性/方法程序	值/程序	说　明
caption	工资管理系统	标题
PICTURE	337. TIF	背景图案
show window	2	作为顶层表单
windowstate	2	使窗体最大化
name	main	窗体名称
windowtype	0	无模式
activate event	read even	
init event	DO mainmenu.mpr WITH THIS	运行主控菜单
load event	public musername,muserid musername= ' muserid= ' set talk off set delete on open data salary DO FORM Login TO thisform.cuserid if empty(alltrim(thisform.cuserid)) 　　retu .f. endi	运行登录表单

queryunload event	if 1= messagebox('确认退出系统吗? ',1,'提示')
	　　thisform.release
	else
	　　nodefaul
	endif
		确认退出系统

release	clea even clos data	

添加控件，如表 9.12 所示。

表 9.12　主窗体控件

子控件 名称	子控件 类	属性/方法程序	值/程序	说　明
lb	label	caption	工资管理系统	标题
		backstyle	0	背景模式
		forecolor	128，64，0	前景色
		fontname	华文彩云	字体
		fontsize	72	字号
		init event	this. top=150 this. width=0	确定初试使位置
timer1	time	interval	1	设置时间间隔
		timer event	thisform. lb. width= thisform. lb. width+ 2 if thisform. lb. width> = 580 this. interval= 0 endif	控制 lb 的运动

Lb 控件是主窗体中显示的系统标题，timer1 用于以字幕方式显示 lb 的内容。

2. 设计登录表单

登录表单如图 9.6 所示。

图 9.6　登录表单

设置表单的属性如表 9.13 所示。

表 9.13　登录表单的属性

属性/方法程序	值/程序	说　明
caption	输入口令	窗体标题
border style	2	窗体边线类型
maxbutton	. f.	设最大化按钮不可用
minbutton	. f.	设最小化按钮不可用
name	login	表单名
windowtype	1	窗体类型
cuser		添加属性，存放用户名
load event	THIS. Autocenter= . T.	自动居中
unload event	RETURN THIS. cUser	返回操作者名

在登录表单中添加如表 9.14 所示的控件，并设置相关的属性：

表 9.14　登录表单的控件及属性设置

<table>
<tr><th colspan="2">子控件</th><th rowspan="2">属性
方法程序</th><th rowspan="2">值/程序</th></tr>
<tr><th>名称</th><th>类</th></tr>
<tr><td>txtusername</td><td>textbox</td><td>name</td><td>txtusername</td></tr>
<tr><td rowspan="2">txtpassword</td><td rowspan="2">textbox</td><td>passwordchar</td><td>*</td></tr>
<tr><td>kepress event</td><td>LPARAMETERS nKeyCode,nShiftAltCtrl
IF nKeyCode= 13 && Enter
　NODEFAULT
　THISFORM.cmdOK.Click
ENDIF</td></tr>
<tr><td rowspan="2">cmdok</td><td rowspan="2">commandbut-
ton</td><td>caption</td><td>确认</td></tr>
<tr><td>click event</td><td>LOCATE FOR UPPER(login.userid)= ;
UPPER(ALLTRIM(THISFORM.txtUserName.Value))
IF FOUND()AND ALLT(password)= = ;
ALLT(THISFORM.txtPassword.Value)
THISFORM.cUser= ALLTRIM(login.userid)
THISFORM.Release
ELSE
# DEFINE MISMATCH_LOC"没有;
该职员或口令错误!!! . 请重新输入....."
WAIT WINDOW MISMATCH_LOC TIMEOUT 1.5
THISFORM.txtUserName.Value= ""
THISFORM.txtPassword.Value= ""
THISFORM.txtUserName.SetFocus
ENDIF</td></tr>
<tr><td rowspan="2">cmdcancel</td><td rowspan="2">commandbut-
ton</td><td>caption</td><td>取消</td></tr>
<tr><td>click event</td><td>THISFORM.cUser= ""
THISFORM.Release</td></tr>
</table>

3. 设置主控菜单

根据系统功能结构设计系统的主控菜单。

1）菜单栏设计。在项目管理器的其他页面里的菜单一项，点击“新建”再选择“菜单”，进入菜单设计器。输入菜单栏名称，前四项的结果选择“子菜单”，“退出系统”一栏的结果中选择“命令”，如图 9.7 所示。

2）子菜单项的设计。选择要设计的菜单栏，点击“编辑”按钮，输入该菜单栏的子菜单项，在各个子菜单项的“结果”选项中选择“命令”，点击“编辑”按钮，输入命令的内容，如对“数据编辑”栏的子菜单项的设置，如图 9.8 所示。

用同样的方法设计其他菜单栏的子菜单。

3）设置菜单的属性。在 VFP 主窗体菜单中选择“常规选项…”，将菜单设置为顶层菜单，如图 9.9 所示。

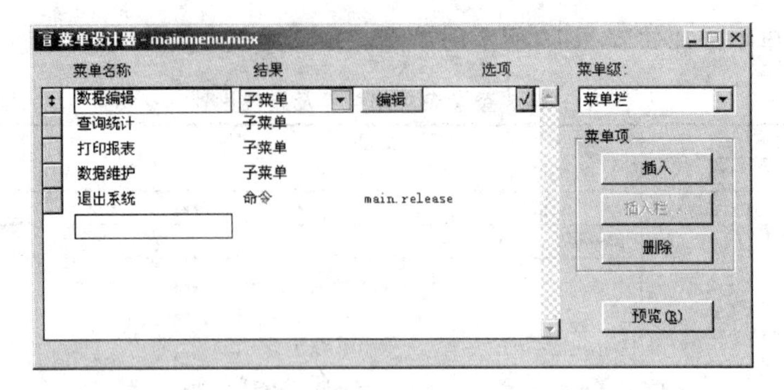

图 9.7 菜单栏设计

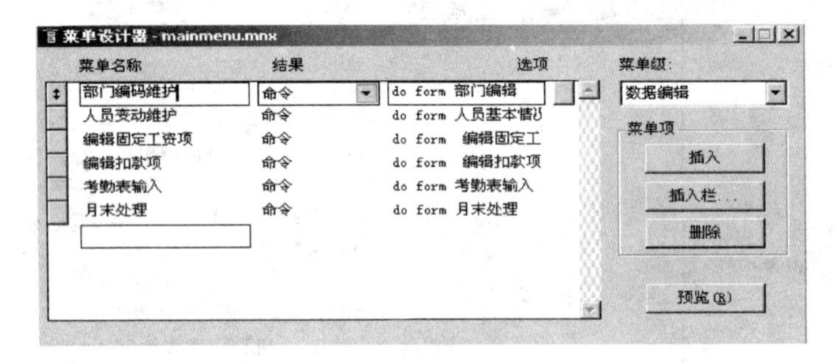

图 9.8 子菜单栏设计

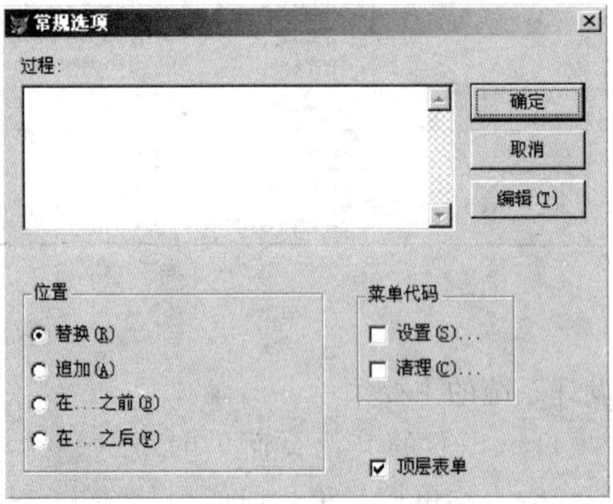

图 9.9 菜单栏设计

4）设置菜单项的命令行。为了对操作者的权限进行限制，设置以下程序，检查用户是否有操作权限，如果有就执行该操作，如果没有，则不能执行该操作。

程序名称：auth. prg

```
para username,oname
select * from salary! op where userid= username and o_name= oname in-
to curs intmp
```

```
if_tally< >0
use in intmp
do form &oname
else
use in intmp
=messagebo("你没有该操作的权限!!!")
endif
```

5）生成菜单。先保存菜单，取名为 mianmenu，然后点击 VFP 主窗体菜单中“菜单”项下的“生成”选项，则生成扩展名为 .mpr 的菜单程序。

主控表单运行界面如图 9.10 所示。

图 9.10　主控表单运行界面

4. 建立部门编码维护表单

部门编码表是工资核算系统的辅助数据表，可以使用表单向导设置该表单。这里使用自定义的方式设计该表单，以数据记录控件设计为主要内容。如图 9.11所示。

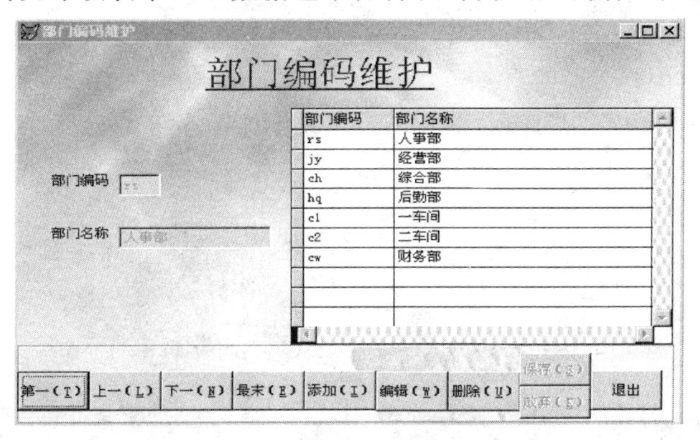

图 9.11　部门编码维护表单

1）设置自定义数据表单类。在项目管理器“类”选项中选择“新建”，出现新建类对话框如图 9.12 所示。

新建类
类名(N)：myform　确定
派生于(B)：Form　取消
来源于：
存储于(S)：h:\工资系统\myclass.vcx

图 9.12　新建类对话框

在类名框中输入 myform，在派生出的下拉组合框中选择“form”，输入类的存储目录及文件名。

在类设计器中，给 myform 添加新的属性，各属性值见表 9.15 所示。

表 9.15　myform 类的属必性值

属性	默认值	说　明
Ad	.f.	添加记录状态
Ed	.f.	编辑记录状态
Dt	.f.	顶部记录状态
De	.f.	底部记录状态

添加方法 dref，用以来控制表单中的数据记录控件的可用性，dref 的内容如下。

```
    if eof().and.bof()
    this.dt=.t.
    this.de=.t.
else
    local ernb
    ernb= recn()
    go top
    if eof()
      this.dt=.t.
      this.de=.t.
    else
      go ernb
      do case
      case bof()
        this.dt=.t.
```

```
   go top
  this.de= eof()
  case eof()
  this.de= .t.
  go bott
  this.dt= bof()
  othe
  skip- 1
  if bof()
     go top
     this.dt= .t.
     skip
     if eof()
      go bott
      this.de= .t.
   else
      skip- 1
      this.de= .f.
   endi
else
  skip
  this.dt= .f.
endi
skip 1
if eof()
   go bott
   this.de= .t.
   skip- 1
   if bof()
     go top
     this.dt= .t.
   else
    skip
    this.dt= .f.
  endi
else
    skip- 1
    this.de= .f.
  endi
```

```
        endc
      endi
endi
thisform.refresh()
```

新建基于“commandgrop”类的自定义类“commg”，设置“commg”的 button-count 属性为 10。分别设置 commg 中的命令按钮的 click 和 refresh 方法，如图 9.13 所示。各属性值见表 9.16 所示。

图 9.13　按钮类设计

表 9.16　command button 的 Click 和 refresh 方法

名称	属性	内　容	说　明
Command1	Click	go top thisform.dref()	移动指针到第一记录
	refresh	this.enabled=! (thisform.dt or thisform.ed .or.thisform.ad)	
Command2	Click	skip- 1 if bof() 　go top endi thisform.dref()	向上移动指针
	refresh	this.enabled=! (thisform.dt or thisform.ed .or. thisform.ad)	
Command3	click	skip if bof() 　go bott endi thisform.dref()	向下移动指针
	refresh	this.enabled=! (thisform.dt or thisform.ed .or. thisform.ad)	
Command4	click	go bott thisform.dref()	移动指针到最末记录
	refresh	this.enabled=! (thisform.dt or thisform.ed .or. thisform.ad)	
Command5	click	begin tran thisform.ad= .t. go bott appe blan thisform.refresh()添加记录	添加记录
	refresh	this.enabled= (! thisform.ed).and.(! thisform.ad)	
Command6	click	begin tran thisform.ed= .t. thisform.refresh()	编辑记录
	refresh	this.enabled=! ((thisform.de.and.thisform.dt).or.thisform.ed.or.thisform.ad)	

续表

名称	属性	内　　容	说　　明
Command7	click	Dele if cursorg('buffering')> 1 　= tableu(.t.) endi	删除记录
	refresh	this.enabled= ! ((thisform.de.and.thisform.dt).or.thisform.ed.or.thisform.ad)	
Command8	click	thisform.ad= .f. thisform.ed= .f. if cursorg('buffering')> 1 　= tableu(.t.) endi end tran thisform.refresh()	确认修改
	refresh	this.enabled= (thisform.ed).or.(thisform.ad)	
Command9	click	local deler deler= thisform.ad thisform.ad= .f. thisform.ed= .f. rollb if deler= .t. 　go bott endi thisform.dref thisform.refresh()	取消修改
	refresh	this.enabled= (thisform.ed).or.(thisform.ad)	
Command10	click	thisform.release()	退出
	refresh	this.enabled=! (thisform.ed.and.thisform.ad)	

修改 myform 类，添加 commg 类，如图 9.14 所示。

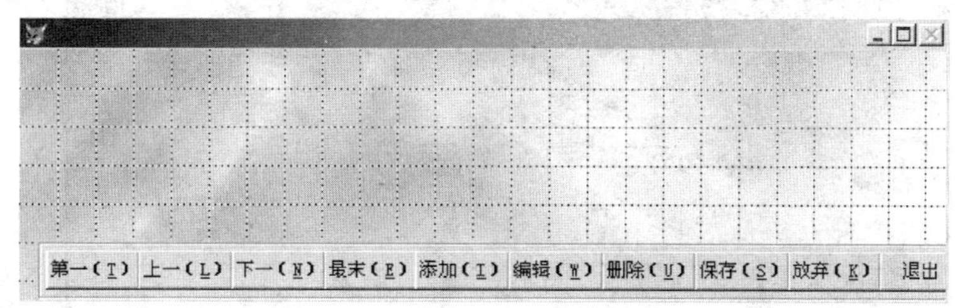

图 9.14　myform 类

2）创建部门编码维护表单。点击“工具栏”菜单的“选项”，设置选项中的表单选项页，设置表单的模板类为 myform。

在项目管理器的表单栏中点击“新建”，选新建表单。设置数据环境为“department”。将数据环境设计器中的 department 表拖至表单中，再分别把数据环境中的 department 表的“dp_id”和“dp_name”两字段拖至表单中，在表单中添加标签，设置字体和布局。

5. 设计人员变动维护表单

在项目管理器的表单栏中点击“新建”，选新建表单。设置数据环境为“employer”。将数据环境设计器中的eployer表中的字段拖至表单中。所在部门的数据控件用组合框，组合框的设置如下。

```
Controlsource=employer.dp_id
BoundTo= .T.
Rowsource= select dp _ name, dp _ id from salary! department into cursor tmp
RowsoucreType=3
```

将表单refresh方法设为：

```
thisform.setall('enabled',thisform.ed.or.thisform.ad,"textbox")
thisform.setall('enabled',thisform.ed.or.thisform.ad,"combobox")
```

人员变动维护表单运行结果如图9.15所示。

6. 设计出勤表编辑表单

出勤表编辑表单用于输入、编辑出勤表。在项目管理器的表单栏中点击“新建”，新建一个表单。设置数据环境为“onduty”。将数据环境设计器中的onduty表拖至表单中。这时表单中添加一表格，设置该表格的属性。

```
Name=grdOnduty
Rowsource=onduty
Columncount=4
DeleteMark= .f.
```

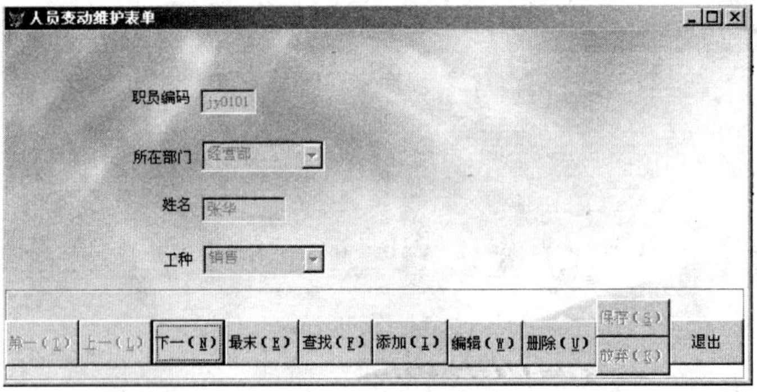

图9.15 人员变动维护表单

在表格中，column1，column2，column3的Controlsource＝onduty.e_id，给column2，column3添加子控件Combo，名称为Combo1，并且对column2，column3的做以下设置。

```
CurrentControl=Combo1
```

```
Readonly=.t.
Sparse=.f.
```

设置 column2 的 Combol 的属性。

```
Boundcolumn=2
DisplayCount=1
RowSource= select e_name,e_id from salary! employer into curs ict
RowsoucreType=3
BorderStyle=0
SpecialEffect=1
Style=0
```

设置 column3 的 Combol 的属性。

```
Boundcolumn=2
DisplayCount=1
RowSource= SELECT department.dp_name, employer.e_id FROM salary!
department LEFT OUTER JOIN salary! employer ON Department.dp_id=Employ-
er.dp_id into curs tmp
RowsoucreType=3
BorderStyle=0
SpecialEffect=1
Style=2
```

出勤表编辑表单运行结果如图 9.16 所示。

编制出勤表

编制出勤表

职员编码	姓名	部门	出勤天数
jy0101	张华	经营部	24
rs0101	王和	人事部	25
ch0101	从明	综合部	25
hq0101	李敢	后勤部	26
c10101	王杨	一车间	25
c10102	李杰	一车间	25
c20101	丁一	二车间	25

第一(T)　上一(L)　下一(N)　最末(E)　添加(I)　编辑(W)　删除(U)　保存(S)　放弃(K)　退出

图 9.16　出勤表编制表单

7. 建立扣款项目编辑表单

扣款项目编制表单用于输入、编辑扣款项目。在项目管理器的表单栏中点击“新建”，选新建表单。设置数据环境为“detain”。将数据环境设计器中的 detain 表拖至表单中。这时表单添加一表格。设置该表格的属性。

```
Name=grdOnduty
Rowsource=detain
Columncount=6
DeleteMark= .f.
```

在表格中，columnl，column2，column3 的 Controlsource=detain. e _ id，给 column2，column3 添加子控件 Combo，名称为 Combol，并且对 column2，column3 的做以下设置。

```
CurrentControl=Combol
Readonly= .t.
Sparse= .f.
```

设置 column2 的 Combol 的属性。

```
Boundcolumn=2
DisplayCount=1
RowSource= select e_name,e_id from salary! employer into curs ict
RowsoucreType=3
BorderStyle=0
SpecialEffect=1
Style=0
```

设置 column3 的 Combol 的属性。

```
Boundcolumn=2
DisplayCount=1
RowSource = SELECT department.dp _name, employer.e _id FROM salary! department LEFT OUTER JOIN salary! employer ON Department.dp _id= Employer.dp_id into curs tmp
RowsoucreType=3
BorderStyle=0
SpecialEffect=1
Style=2
Column4 的 Controlsource=detain.wf
Cplumn5 的 Controlsource=detain.ef
Column6 的 Controlsource=detain.hf
```

扣款项目编制表单运行结果如图 9.17 所示。

8. 工资固定项目维护表单

工资固定项目维护表单用于编辑工资固定项目。在项目管理器的表单栏中点击“新建”，选新建表单。设置数据环境为“cs”。将数据环境设计器中的 cs 表拖至表单中。这时表单添加一表格。设置该表格的属性。

图 9.17　扣款项目编制表单

```
Name=grdOnduty
Rowsource=cs
Columncount=5
DeleteMark= .f.
```

在表格中，column1，column2，column3 的 Controlsource＝cs. e_id，给 column2，column3 添加子控件 Combo，名称为 Combo1，并且对 column2，column3做以下设置。

```
CurrentControl=Combo1
Readonly= .t.
Sparse= .f.
```

设置 column2 的 Combo1 的属性。

```
Boundcolumn=2
DisplayCount=1
RowSource=select e_name,e_id from salary! employer into curs ict
RowsoucreType=3
BorderStyle=0
SpecialEffect=1
Style=0
```

设置 column3 的 Combo1 的属性。

```
Boundcolumn=2
DisplayCount=1
RowSource = SELECT department.dp _name, employer.e _id FROM salary! department LEFT OUTER JOIN salary! employer ON Department.dp _id = Employer.dp_id into curs tmp
RowsoucreType=3
BorderStyle=0
```

```
SpecialEffect=1
Style=2
Column4 的 Controlsource=cs.bs
Column5 的 Controlsource=cs.ba
```

工资固定项目维护表单运行结果如图 9.18 所示。

工资固定项目维护表单

职员编码	姓名	部门	基本工资	补贴

第一(T) 上一(L) 下一(N) 最末(E) 添加(I) 编辑(W) 删除(U) 保存(S) 放弃(G) 退出

图 9.18　工资固定项目维护表单

1）设计工资查询表单。数据源的确定，如图 9.19 所示。

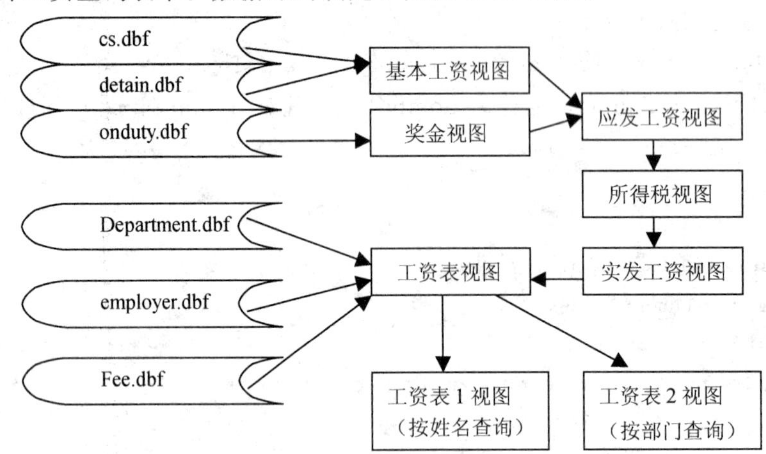

图 9.19　数据源的确定

工资表视图运行结果如图 9.20 所示。

工资表

职员编码	部门编码	职员名称	基本工资	补贴	奖金	应发工资	所得税	上月扣零	房费	电费	水费
jy0101	jy	张华	1001.00	110.60	720	1831.60	78.160	0.00	0.00	0.00	0.00
rs0101	rs	王和	1123.00	110.07	750	1983.07	93.307	0.00	0.00	0.00	0.00
ch0101	ch	从明	1140.00	100.80	750	1990.80	94.080	0.00	0.00	0.00	0.00
hq0101	hq	李敢	1510.10	120.90	780	2411.00	136.100	0.45	0.00	0.00	0.00
c10101	c1	王杨	1210.10	141.11	750	2101.21	105.121	0.00	0.10	1.00	1.00
c10102	c1	李杰	2230.00	140.50	750	3120.50	223.075	0.00	0.10	1.00	1.00
c20101	c2	丁一	2200.00	150.50	750	3100.50	220.075	0.00	0.00	0.00	0.00
c20201	c2	刘宾	2400.00	150.06	750	3300.06	250.009	0.00	0.00	0.00	0.00

图 9.20　工资表视图

2）设计按姓名查询工资的表单。新建表单，设置表单的数据源为工资表 1 视图，在表单设计器中打开数据环境设计器，拖动数据源到表单上，这时在表单中添加了显示工资表数据的表格，命名为“gridl”。将数据源工资表 1 的 NoDataOnLoad 属性设为 .T.，表示在表单载入时视图不加载数据。在表单中添加一标签，标题为“输入查询姓名:”，再添加一文本框 name，将其属性设为“t1”；添加一命令按钮，标题属性为“查询”。

设置命令按钮的 click 方法的程序为

```
local cname
cname=thisform.t1.value
=requery("工资表 1")
if_tally=0
=messageb(“没有该职员的信息!!!”)
endif
thisform.grid1.refresh()
```

为了控制表格能够随表单的大小而调整本身的大小，设置表格的 init 事件和表单的 resize 事件的过程为：

```
this.grid1.top=0
this.grid1.left=0
this.grid1.width=thisform.width
this.grid1.height=thisform.height- 40
```

按姓名查询工资表单的运行结果如图 9.21 所示。

图 9.21 按姓名查询工资的表单

9. 设计按部门查询工资的表单

将按姓名查询工资的表单中的数据源改为视图“工资表 2”，修改表单中标签的标题为“输入查询部门代码:”即可，运行结果如图 9.22 所示。

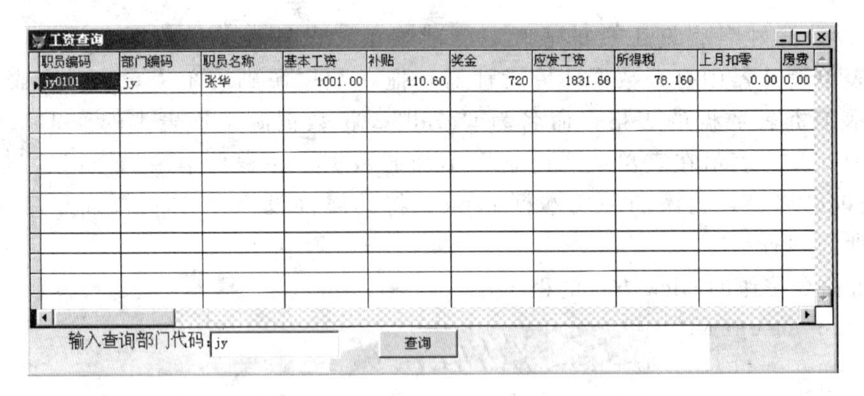

图 9.22　按部门查询工资的表单

10. 设计显示工资汇总情况的表单

1）数据源。工资汇总流程如图 9.23 所示。

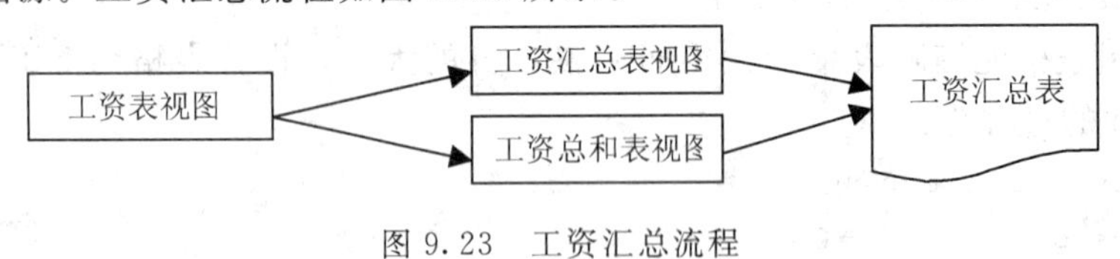

图 9.23　工资汇总流程

工资汇总表视图的 SQL 语句如下。

```
SELECT 工资表.dp_id AS 部门,SUM(工资表.bs)AS 基本工资,;
       SUM(工资表.ba)AS 补贴,SUM(工资表. 奖金)AS 奖金,;
       SUM(工资表. 应发工资)AS 应发工资,SUM(工资表. 所得税)AS 所得税,;
       SUM(工资表.fee)AS 上月扣零,SUM(工资表.hf)AS 房费,;
       SUM(工资表.ef)AS 电费,SUM(工资表.wf)AS 水费,;
       SUM(工资表. 实发工资)AS 实发工资,SUM(工资表. 本月扣零)AS 本月扣零;
FROM salary! 工资表;
GROUP BY 工资表.dp_id
```

工资总和表视图的 SQL 语句如下。

```
SELECT"总计"AS 部门,SUM(工资表.bs)AS 基本工资,;
       SUM(工资表.ba)AS 补贴,SUM(工资表. 奖金)AS 奖金,;
       SUM(工资表. 应发工资)AS 应发工资,SUM(工资表. 所得税)AS 所得税,;
       SUM(工资表.fee)AS 上月扣零,SUM(工资表.hf)AS 房费,;
       SUM(工资表.ef)AS 电费,SUM(工资表.wf)AS 水费,;
       SUM(工资表. 实发工资)AS 实发工资,SUM(工资表. 本月扣零)AS 本月扣零;
FROM salary! 工资表
```

2）设计表单。添加表单，标题为“工资汇总”，设置数据环境 BeforeOpenTables 事件的过程为

```
select 工资汇总.* from salary! 工资汇总 union (select 工资总和.* from salary! 工资总和)into cursor tmp
```

在表单中添加表格属性 name 设为“grid1”，为了控制表格能够随表单的大小而调整本身的大小，设置表格的 init 事件和表单的 resize 事件的过程为

```
this.grid1.top =0
this.grid1.left=0
this.grid1.width=thisform.width
this.height=thisform.height
```

设置表格的 init 事件的过程为。

```
this.top =0
this.left=0
this.width=thisform.width
this.height=thisform.height
this.setall("dynamicbackcolor",;
"iif(recn()=recc(),rgb(128,128,128),rgb(255,255,255))","column")&& 动态设置白和绿记录。
```

设置表格的 destroy 事件的过程为。

```
use in tmp && 关闭临时表
```

工资汇总表单运行结果如图 9.24 所示。

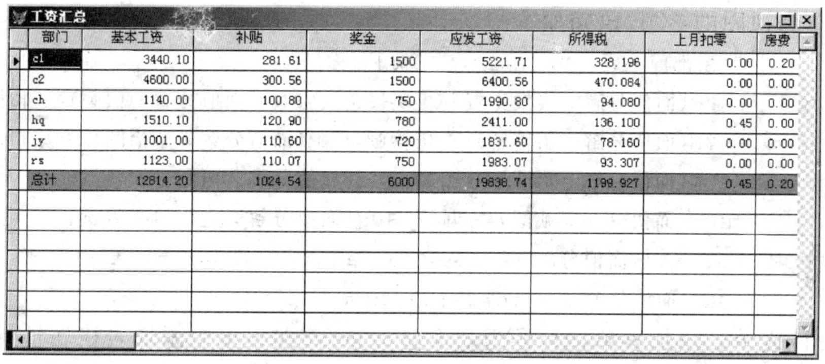

工资汇总

部门	基本工资	补贴	奖金	应发工资	所得税	上月扣零	房费
c1	3440.10	281.61	1500	5221.71	328.196	0.00	0.20
c2	4600.00	300.56	1500	6400.56	470.084	0.00	0.00
ch	1140.00	100.80	750	1990.80	94.080	0.00	0.00
hq	1510.10	120.90	780	2411.00	136.100	0.45	0.00
jy	1001.00	110.60	720	1831.60	78.160	0.00	0.00
rs	1123.00	110.07	750	1983.07	93.307	0.00	0.00
总计	12814.20	1024.54	6000	19838.74	1199.927	0.45	0.20

图 9.24 工资汇总表单

11. 设计显示工资面值汇总情况的表单

1）数据源。工资面值汇总情况的数据来源如图 9.25 所示。

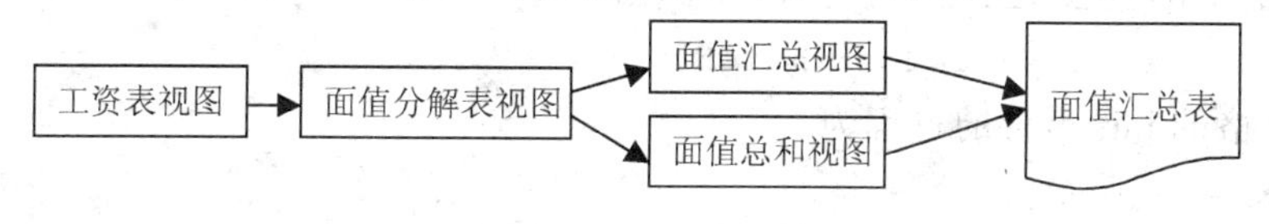

图 9.25 工资面值汇总流程

面值分解表视图的SQL语句如下。

```
SELECT 工资表.e_id,工资表.dp_id,工资表.实发工资,;
          INT(工资表.实发工资/100)AS 佰圆,;
            INT(MOD(工资表.实发工资,100)/50)AS 伍拾圆,;
            INT(MOD(工资表.实发工资,50)/20)AS 贰拾圆,;
            INT(MOD(MOD(工资表.实发工资,50),20)/10)AS 拾圆,;
            INT(MOD(工资表.实发工资,10)/5)AS 伍圆,;
            INT(MOD(工资表.实发工资,5)/2)AS 贰圆,;
            MOD(工资表.实发工资,2)AS 壹圆;
FROM salary! 工资表
```

面值汇总视图的SQL语句如下。

```
SELECT 面值分解.dp_id AS 部门编码,Department.dp_name AS 部门名称,;
        SUM(面值分解.实发工资)AS 实发工资,SUM(面值分解.佰圆)AS 佰圆,;
        SUM(面值分解.伍拾圆)AS 伍拾圆,SUM(面值分解.贰拾圆)AS 贰拾圆,;
        SUM(面值分解.拾圆)AS 拾圆,SUM(面值分解.伍圆)AS 伍圆,;
        SUM(面值分解.贰圆)AS 贰圆,SUM(面值分解.壹圆)AS 壹圆;
FROM  salary! 面值分解 INNER JOIN salary! department ;
        ON  面值分解.dp_id=Department.dp_id;
GROUP BY 面值分解.dp_id
```

面值总和视图的SQL语句如下。

```
SELECT"总计"AS 部门编码,SPACE(20)AS 部门名称,;
        SUM(面值分解.实发工资)AS 实发工资,SUM(面值分解.佰圆)AS 佰圆,;
        SUM(面值分解.伍拾圆)AS 伍拾圆,SUM(面值分解.贰拾圆)AS 贰拾圆,;
        SUM(面值分解.拾圆)AS 拾圆,SUM(面值分解.伍圆)AS 伍圆,;
        SUM(面值分解.贰圆)AS 贰圆,SUM(面值分解.壹圆)AS 壹圆;
    FROM  salary! 面值分解 INNER JOIN salary! department ;
        ON  面值分解.dp_id=Department.dp_id
```

2）设计表单。添加表单，标题为“面值汇总”，在表单中添加表格属性name设为“grid1”，为了控制表格能够随表单的大小而调整本身的大小，设置表格的init事件和表单的resize事件的过程为：

```
this.grid1.top =0
this.grid1.left=0
this.grid1.width=thisform.width
this.height=thisform.height
```

设置表格的init事件的过程为

```
this.top =0
this.left=0
this.width=thisform.width
```

```
    this.height=thisform.height
    this.setall("dynamicbackcolor",;
    "iif(recn()=recc(),rgb(128,128,128),rgb(255,255,255))","column")&&
```
动态设置白和绿记录。

设置表格的 destroy 事件的过程为

```
        use in tmp && 关闭临时表
```

设置表格的 RcordSourceType = 4，Recordsource = “select 面值汇总 . * from salary! 面值汇总 union select 面值总和 . * from salary! 面值总和 into cursor tmp”

工资面值汇总表单运行结果如图 9.26 所示。

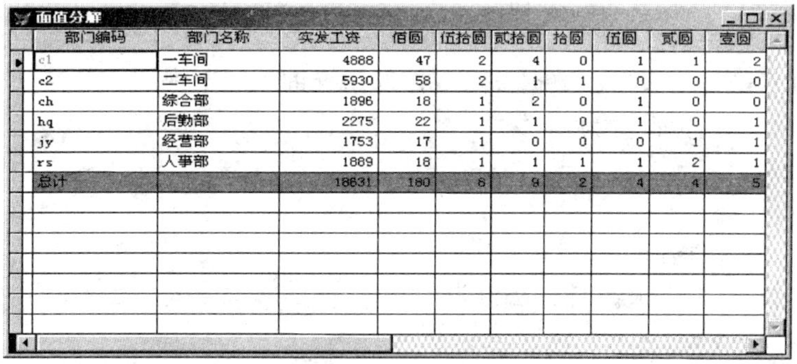

面值分解

部门编码	部门名称	实发工资	佰圆	伍拾圆	贰拾圆	拾圆	伍圆	贰圆	壹圆
c1	一车间	4888	47	2	4	0	1	1	2
c2	二车间	5930	58	2	1	1	0	0	0
ch	综合部	1896	18	1	2	0	1	0	0
hq	后勤部	2275	22	1	1	0	1	0	1
jy	经营部	1753	17	1	0	0	0	1	1
rs	人事部	1889	18	1	1	1	1	2	1
总计		18631	180	6	9	2	4	4	5

图 9.26 工资面值汇总表单

12. 设计工资发放报表

工资发放报表可以“按部门查询工资”视图作为报表的数据源，同时采用“部门代码”作为分组项。报表设计时要注意项目标题与项目数据之间要对齐，如图 9.27所示。

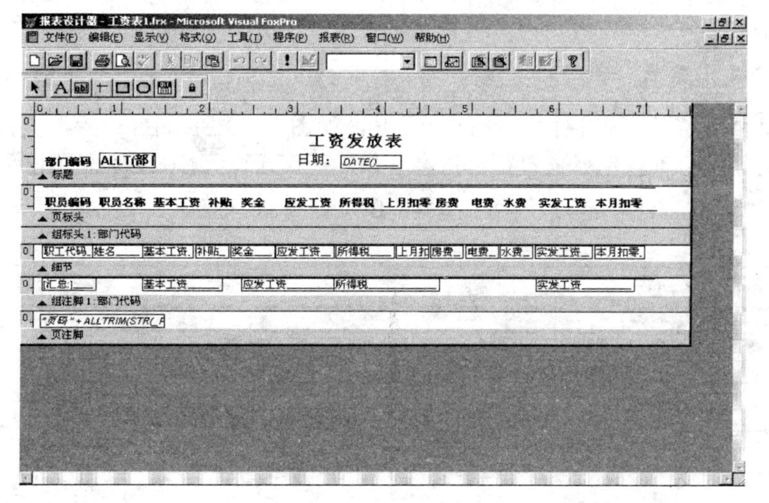

图 9.27 设计报表

13. 设计打印对话表单

运行结果如图 9.28 所示。

打印工资表
请输入部门名称：
打印
退出

图 9.28　打印对话表单

打印工资表的对话表单的数据源为“按部门查询工资”视图。

其中组合框的属性设置为：

```
    RowSource = SELECT department.dp _ name, employer.e _ id FROM
salary! department
    RowsoucreType=3
```

打印命令按钮的 click 事件方法设为

```
local cname
cname=thisform.combo1.value
if empty(alltrim(cname))
   =messagebox("请输入要打印的部门!")
else
=requery("按部门查询工资")
report form 工资表 1 PREVIEW in wind main
endif
```

14. 工资发汇总表

1）通过“工资汇总”视图设计打印报表，如图 9.29 所示。

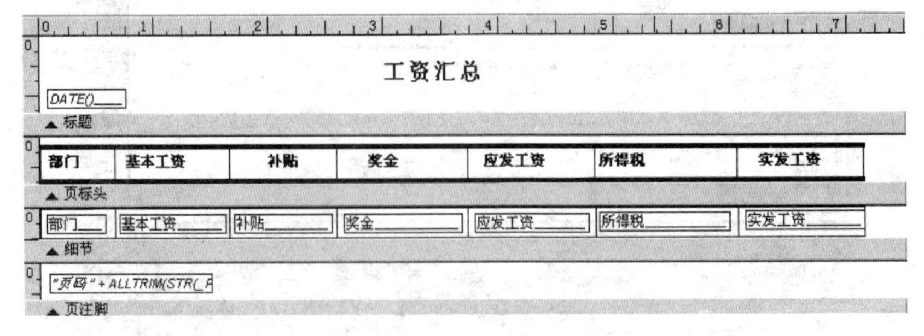

图 9.29　设计打印报表

2）设计打印对话表单，运行结果如图 9.30 所示。

图 9.30　打印工资汇总对话表单

表单的数据源为“工资汇总”视图。打印命令按钮的 click 事件方法设为

```
report form 工资汇总 PREVIEW in wind main
```

15. 打印面值汇总表

设计方式参照“打印工资汇总表”。

16. 设计权限设置表单

权限设置表单是用于设置操作员及其权限，本表单的设计使用了 Microsoft TreeView Active 控件。

1）添加两个表。MENU 表中设置 1 字段“MENUNAME”存放系统所有菜单项名称；OP 表中设置 2 字段，userid 保存操作者姓名，o _ name 保存相应操作者的权限。

2）添加 Active 控件。在 VFP 主菜单“工具”—“选项”—“控件”—“Active 控件”选项中选择“Microsoft TreeView Control 6.0”

3）设计表单。在项目管理器的表单栏中点击“新建”，新建一个表单。设置数据环境为“login”和“op”。在表单中添加方法“addimage”，设置该方法的过程为

```
o=THISFORM.oleTree
o.imagelist=THISFORM.oleimage.OBJECT
o.Nodes(1).IMAGE='root'
FOR imagelist=1 TO o.Nodes.COUNT
  IF o.Nodes(imagelist).children> 0
    o.Nodes(imagelist).IMAGE='close'
    o.Nodes(imagelist).expandedimage='open'
  ELSE
    o.Nodes(imagelist).IMAGE='leaf'
  ENDI
ENDF
```

在表单中添加 Microsoft TreeView Active 控件，设置该控件的 init 事件的方法为

```
* 用表中的值填充 TreeView 控件。
* ...............................................................
```

```
o=THISFORM.oleTree.Nodes
o.Clear
SELECT login
SCAN
       o.add(,1,ALLTRIM(userid),ALLTRIM(userid),0)
ends
select op
scan
       o.add(ALLTRIM(userid),4,,ALLTRIM(o_name),0)
ends
this.nodes(1).expanded= .t.
* 为节点添加图标
THISFORM.AddImage
```

在表单中添加 ole 控件，nema＝oleimage；添加列表框 list1 和 list2，list1 用于显示可作为操作员的职员名单。List2 用于显示菜单项。设置 List1 的如下属性。

```
Rowsource=SELECT Employer.e_name FROM salary! employer WHERE ;
Employer.e_name NOT IN (select userid from salary! login) into curs itmp
RowsourceType=3
```

设置 List2 的如下属性。

```
Rowsource=SELECT menuname FROM salary! menu into curs itmp2
RowsourceType=3
```

添加命令按钮 Command4、Command5、Command6、Command7。

Command4 用于删除人员及操作权限，其 Click 事件设置如下。

```
o=THISFORM.oleTree
local oname,omenu
IF ! ISNULL(o.SelectedItem)
       if isnull(o.SelectedItem.parent)
       oname= o.SelectedItem.text
       delete from login where userid= oname
       delete from op where userid= oname
       else
       oname=o.SelectedItem.parent.text
       omenu=o.SelectedItem.text
       delete from op where userid= oname and o_name= omenu
       endif
    o.init()
ENDIF
```

Command5 用于添加操作人员，其 Click 事件设置如下。

```
o= THISFORM.oleTree
    o.Nodes.Add(,4,,thisform.list1.value,0)
THISFORM.AddImage
inser into login (userid)values (thisform.list1.value)
thisform.list1.requery()
thisform.list1.refresh
```

Command6 用于添加操作人员，其 Click 事件设置如下。

```
Thisform.release
```

Command7 用于添加操作人员，其 Click 事件设置如下。

```
local oname,omenu
o=THISFORM.oleTree
loNodes=THISFORM.oleTree.Nodes
if empty(thisform.list2.value)
  = messageb("请选择操作权限")
else
FOR i=1 TO loNodes.Count
  IF loNodes.Item(i).selected
    if isnull(loNodes.Item(i).parent)
      if isnull(loNodes.Item(i).text)
        =messageb("请添加或确定人员!!!")
      else
        oname=loNodes.Item(i).text
        omenu=thisform.list2.value
        select* from op where userid=oname and o_name=omenu into curs ftmp
        if _tally= 0
        o.Nodes.Add(loNodes.Item(i).text,4 ,thisform.list2.value,0);
        inser into op (userid,o_name)values (oname,omenu)
        THISFORM.AddImage
        else
        =messageb("已有该权限!!!")
        endi
      endi
    else
      oname=loNodes.Item(i).parent.text
      omenu=thisform.list2.value
      select *  from op where userid=oname and o_name=omenu into curs ftmp
      if _tally=0
      o.Nodes.Add(loNodes.Item(i).parent.text,4;
thisform.list2.value,0)
```

```
          inser into op (userid,o_name)values (oname,omenu)
          THISFORM.AddImage
        else
          =messageb("已有该权限!!!")
        endif
      endif
      if used("ftmp")
        use in ftmp
      endi
    ENDIF
  ENDFOR
  Endif
```

设置操作员权限表单运行结果如图 9.31 所示。

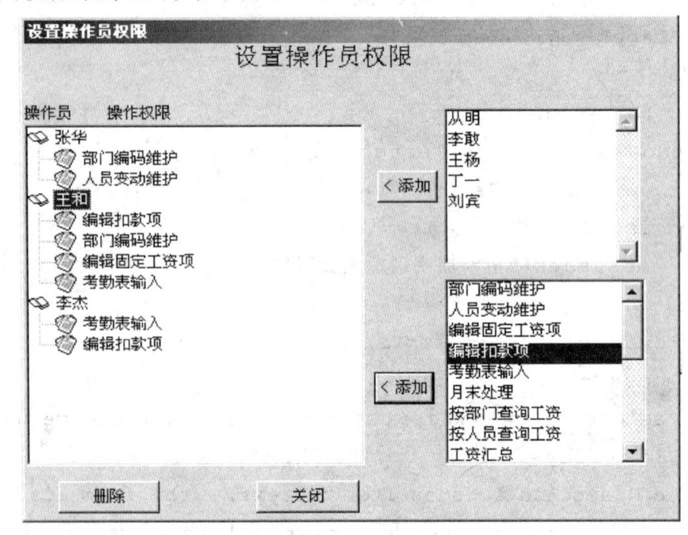

图 9.31 设置经限表单

17. 设计密码更改表单

密码更改表单用于更改、设置操作员的密码。

在项目管理器的表单栏中点击“新建”，新建一个表单。添加相应的控件如图 9.32 所示。

“确认”的 Click 设置如下。

```
if THISFORM.text1.Value< > THISFORM.text2.Value
      =messageb("密码输入不一致,请重新输入")
      THISFORM.text1.Value=""
      THISFORM.text2.Value=""
```

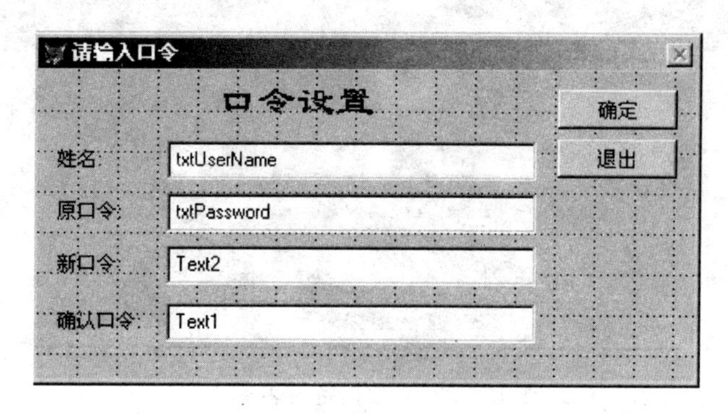

图 9.32 密码更改表单

```
      retu
  endif
  LOCATE FOR UPPER(login.userid)=UPPER(ALLTRIM(THISFORM.txtUserName.Value))
  IF FOUND()AND ALLTRIM(password)==ALLTRIM(THISFORM.txtPassword.Value)
     repl password with ALLTRIM(THISFORM.text1.Value)
     THISFORM.Release
  ELSE
     # DEFINE MISMATCH_LOC"没有该职员或原口令错误!!! . 请重新输入....."
     WAIT WINDOW MISMATCH_LOC TIMEOUT 1.5
     THISFORM.txtUserName.Value= ""
     THISFORM.txtPassword.Value= ""
     THISFORM.text1.Value= ""
     THISFORM.text2.Value= ""
     THISFORM.txtUserName.SetFocus
  ENDIF
```

18. 设计数据备份表单

数据备份表单用于将数据备份到指定的目录。在项目管理器的表单栏中点击“新建”，选新建表单。运行结果如图 9.33 所示。

其中“确定”按钮的 click 事件的方法为

```
  local paths
  paths= alltr(thisform.text1.value)
  if empty(alltr(thisform.text1.value))
     =messageb("没有指定目标路径!!!")
  else
     copy file main.dbf to &paths.main.dbf
     copy file employer.dbf to &paths.employer.dbf
     copy file cs.dbf to &paths.cs.dbf
```

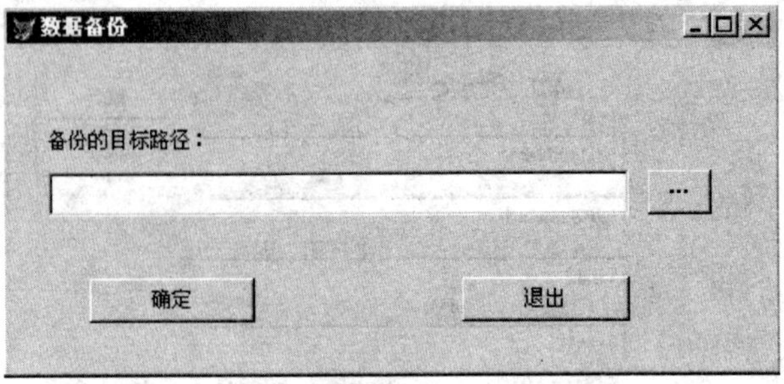

图 9.33　数据备份表单

```
    copy file detain.dbf to &paths.detain.dbf
    copy file onduty.dbf to &paths.onduty.dbf
    copy file fee.dbf to &paths.fee.dbf
    =messageb("文件备份完毕!!!")
  endif
```

“…”按钮的 click 的方法为

```
  thisform.text1.value= getd()
```

19. 设计数据恢复表单

数据恢复表单用于将数据恢复到当前的目录。在项目管理器的表单栏中点击“新建”，选新建表单。运行结果如图 9.34 所示。

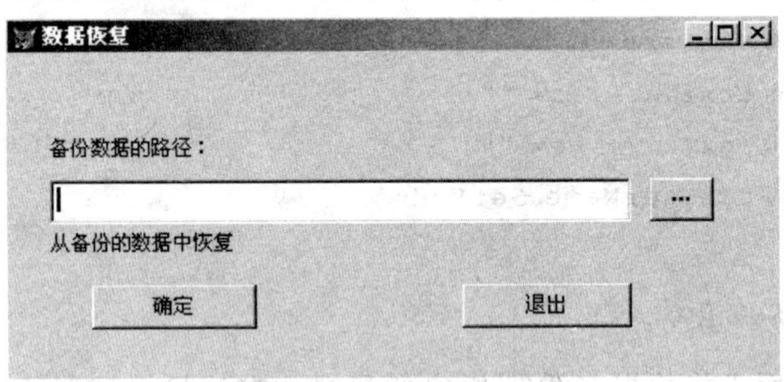

图 9.34　数据恢复表单

其中“确定”按钮的 click 的方法为

```
  local paths
  paths=alltr(thisform.text1.value)
  if empty(alltr(thisform.text1.value))
    =messageb("没有指定路径!!!")
  else
    copy file &paths.main.dbf to main.dbf
    copy file &paths.employer.dbf to employer.dbf
    copy file &paths.cs.dbf to cs.dbf
```

```
    copy file &paths.detain.dbf to detain.dbf
    copy file &paths.onduty.dbf to onduty.dbf
    copy file &paths.fee.dbf to fee.dbf
    =messageb("文件恢复完毕!!!")
  endif
```

"…"按钮的 click 的方法与数据备份表单的相同。

20. 月初月末处理表单

1）建立 date 表，确定工资核算时期。其中 Year 字段表示年份、month 字段表示月份，proc 字段表示是否进行了月末处理。

2）月初处理表单，将本月过程库的数据进行清理，将出勤表（onduty）、扣款表（detain）清空，将上月的扣零款转入本月。设计表单如图 9.35 所示。

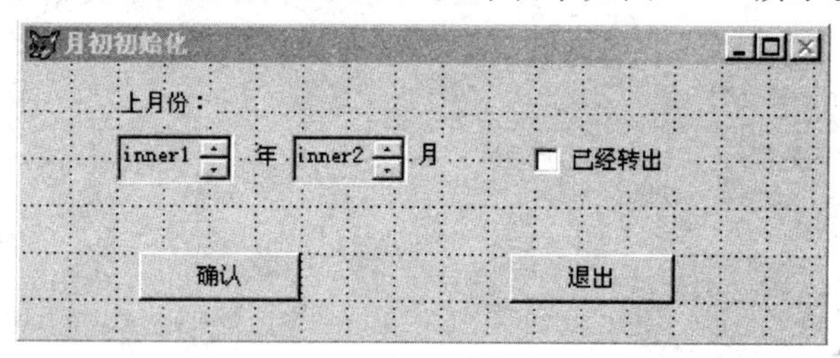

图 9.35　月初处理表单

表单的数据源为 date 表。设置表单的初始化过程（init）如下。

```
  thisform.spinner1.readonly=(thisform.spinner1.value< > 0)
  thisform.spinner2.readonly=(thisform.spinner1.value< > 0)
  if thisform.check1.value
    thisform.label4.caption= "上期处理月份是:"
  else
    thisform.label4.caption= "当前月份是:"
  endif
```

设置"确认"命令按钮的 click 方法如下。

```
  local mm1,my1
  if ! thisform.check1.value
    =messageb("没有进行月末处理过了!!")
    retu
  endi
  sele date
  repl proc with .f.
  mm1=thisform.spinner2.value+ 1
  if mm1> 12
```

```
    mm1=1
    my1=thisform.spinner1.value+ 1
  endif
  repl year with my1,month with mm1
  select e_id,本月扣零 as fee from salary!工资表 into dbf tmpfee
  if used("fee")
  use in fee
  endi
  select 0
  use fee
  zap
  appe from tmpfee
  use
  if used("onduty")
  use in onduty
  endi
  select 0
  use onduty
  zap
  use
  if used("detain")
  use in detain
  endi
  select 0
  use detain
  zap
  use
  thisform.refresh()
  =messageb("初始化处理完毕!!")
```

3）月末处理表单。月末处理是将本月工资数据转入工资数据总库里。处理表单如图 9.36 所示。

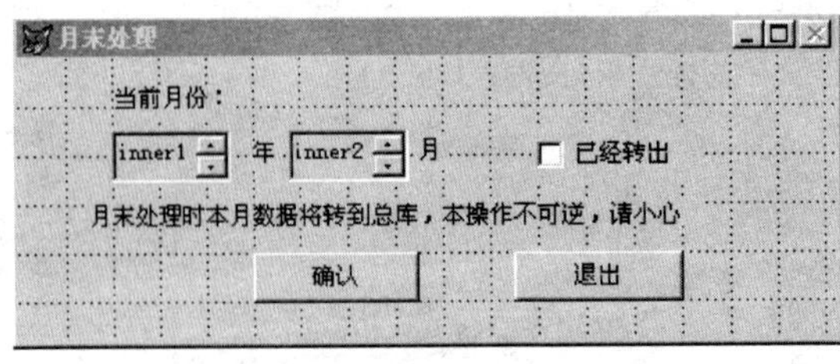

图 9.36　月末处理表单

表单的数据源为 date。表单中的“确认”按钮的 click 的方法设置如下：

```
if thisform.check1.value
  =messageb("已经处理过了!!")
  retu
endi
sele date
repl proc with .t.
thisform.refresh()
my1=thisform.spinner1.value
mm1=thisform.spinner2.value
select 工资表21.* ,my1 as 年,mm1 as 月 from salary! 工资表21 into dbf tmdbf
  if used("main")
   use in main
  endif
  select 0
  use main
  appe from tmdbf
  use
  select date
  =messageb("处理完毕!!")
```

第四节　本章总结

以上所介绍的工资系统开发实例涉及用户需求的分析、创建数据库、用户界面设计（表单设计）、类的定义与应用、报表设计、菜单设计，展示了系统开发过程各阶段的主要内容。

第十章　管理信息系统设计实例——社区医院门诊收费系统设计

学习目的与要求

本章简单介绍了一个社区医院门诊收费系统的设计过程中的一些内容。通过本章的学习，使学生能够对实际系统设计的系统功能分析、功能模块设计和数据库设计及窗体模块创建等内容有更深入的了解。

第一节　社区医院门诊收费系统的总体设计

一、系统功能分析

本例的目的是设计一个单机版社区医院门诊收费系统。本系统的主要功能有如下。

1）主要业务。门诊收费、结账、退费、收费单查询。

2）查询统计。收费明细查询、临床收费统计、医技收费统计、医师工作量统计。

3）系统维护。科室维护、医师维护、费用项目维护、操作员权限维护、系统初始化。

二、功能模块设计

对上述各项功能进行集中、分块，按照结构化程序设计的要求，得到如图 10.1所示的系统功能模块图。

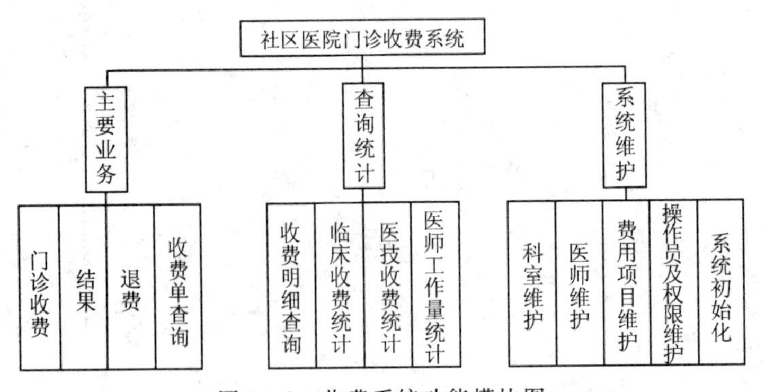

图 10.1　收费系统功能模块图

第二节　社区医院门诊收费系统数据库设计

设计数据库系统时应该首先充分了解用户各个方面的需求，包括现有的以及将来可能增加的需求。

一、数据库需求分析

用户的需求具体体现在各种信息的提供、保存、更新和查询，这就要求数据库结构充分满足各种信息的输出和输入需求。在此阶段应收集基本数据、数据结构以及数据处理的流程，组成一份详尽的数据字典，为后面的具体设计打下基础。

在仔细分析调查有关医院门诊信息需求的基础上，得到如图 10.2 所示的数据流程图.

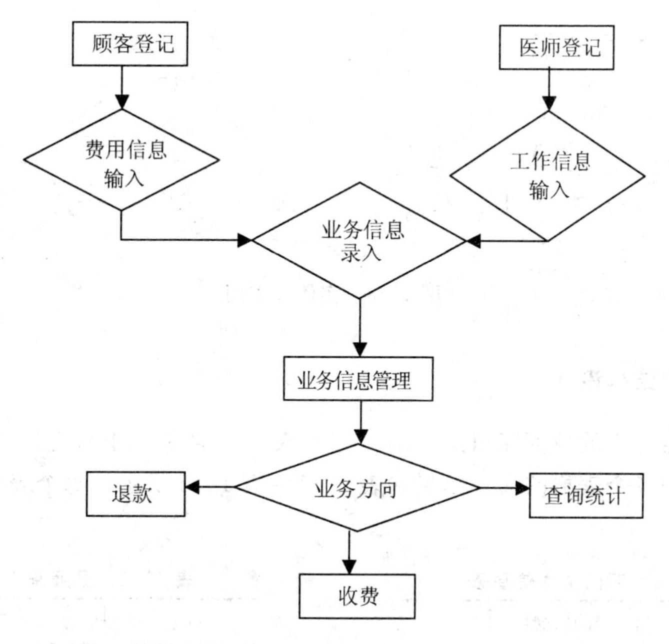

图 10.2　数据流程图

针对一般门诊收费系统的需求，通过对收费工作过程的内容和数据流程分析，设计如下所示的数据项和数据结构。

1）客户信息。包括姓名、性别、年龄、看病时间、费用等

2）医师信息。包括姓名、所在部门等

3）部门信息。包括代号、部门名称等

4）费用信息。包括名称、价格等

有了这些数据项，可以方便的进行数据库设计。

二、概念设计

得到上面的数据项以后，就可以设计出能够满足用户需求的各种实体，为后面的逻辑结构设计打下基础。

本实例中，根据上面的设计规划出的实体有：部门实体、客户实体、医师实体、费用实体等，如图 10.3 所示。

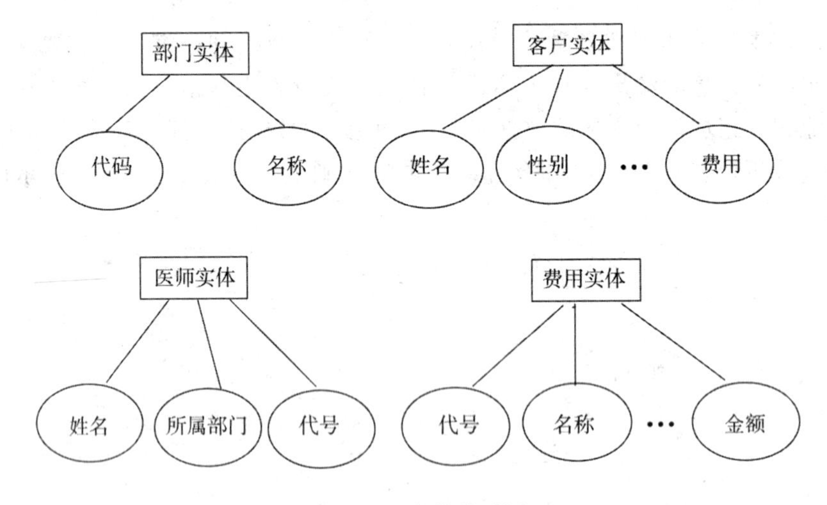

图 10.3　实体关系图

三、数据库逻辑结构设计

现在需要将上面的数据库概念结构转化为 Access 数据库中所支持的实际数据模型。

数据库中的各个表格的设计结果如表 10.1～表 10.5 所示，每个表格表示在数据库中的一个表。

表 10.1　部门基本信息表

列名	数据类型	说明
Depcode	文本	
Depdes	文本	
Incode	文本	
Yjzl	逻辑	

表 10.2　医师基本信息表

列名	数据类型	说明
PersonID	文本	
PersonNA	文本	
Depdes	文本	
Incode	文本	

表 10.3　费用项目表

列名	数据类型	说明
FairID	文本	
Fairdes	文本	
Incode	文本	
Revdep	文本	

表 10.4　门诊（客户）收费信息表

列名	数据类型	说明
InvoiceID	文本	
PatientNA	文本	
Sex	文本	
Old	文本	
Revdate	日期	
Revoper	文本	
Depcode	文本	
Personid	文本	
Printtime	数字	
Parkflag	逻辑	
Footflag	逻辑	
Backflag	逻辑	
Revprice	货币	

表 10.5　临床（客户）费用信息表

列名	数据类型	说明
InvoiceID	文本	
Fairid	文本	
Realprice	货币	
Rownum	数字	
Quan	数字	
Depcode	文本	

第三节　社区医院门诊收费系统各个窗体模块的创建

一、登录

不同的操作员用不同的用户名登录，拥有不同的权限，如图 10.4 所示登录界面。

图 10.4　登录界面

二、菜单

系统主菜单，列出系统的所有的功能项目：系统维护、业务项目、查询统计以及帮助，如图 10.5 所示。

三、科室

属于系统维护的功能之一，可以添加科室，减少科室，如图 10.6 所示。

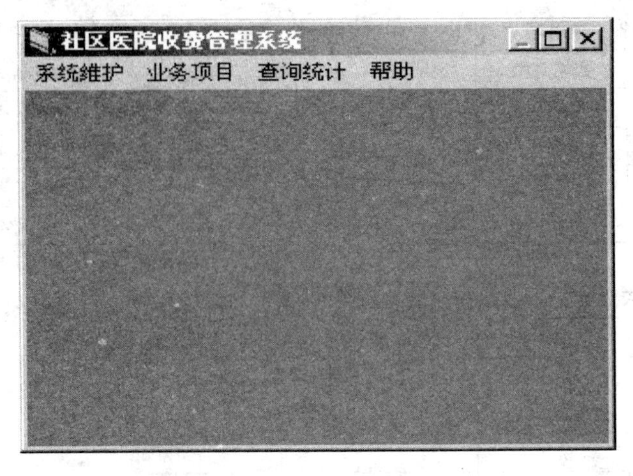

图 10.5 主菜单界面

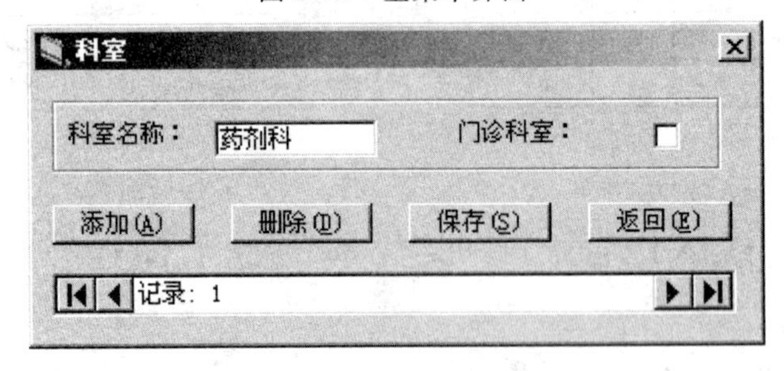

图 10.6 科室信息界面

四、费用项目

属于系统维护的内容之一，通过该项可以添加或减少费用的项目，如图 10.7所示。

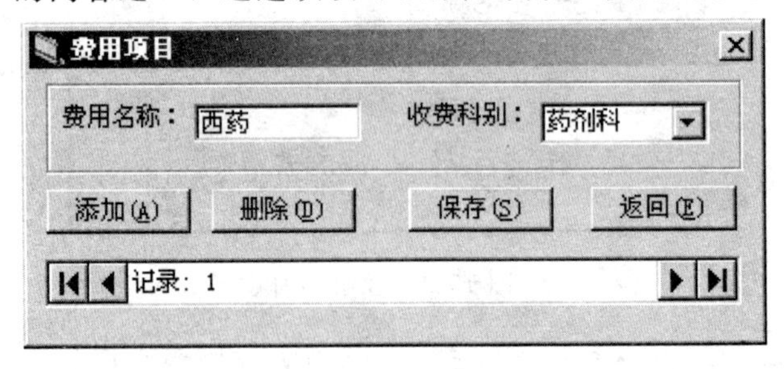

图 10.7 费用维护界面

五、医师

该项属于系统维护的项目之一，可以通过对该项的操作来添加或减少医师的姓名，如图 10.8 所示。

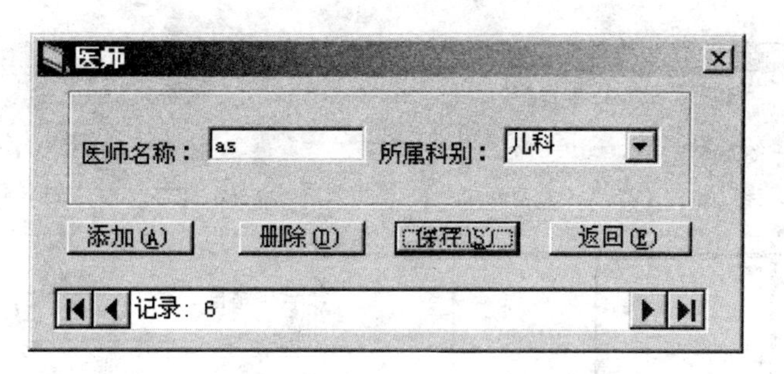

图 10.8 医师维护界面

六、操作员权限

添加或删除操作员，并设置操作员的权限，如图 10.9 所示。

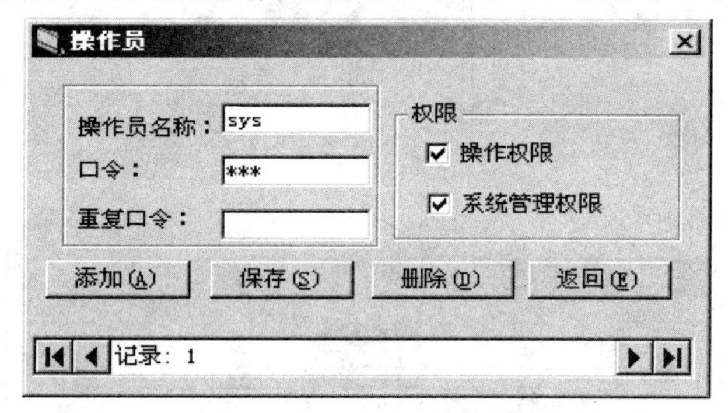

图 10.9 操作员维护界面

七、初始化

该操作将清空数据库中的所有数据，如图 10.10 所示。

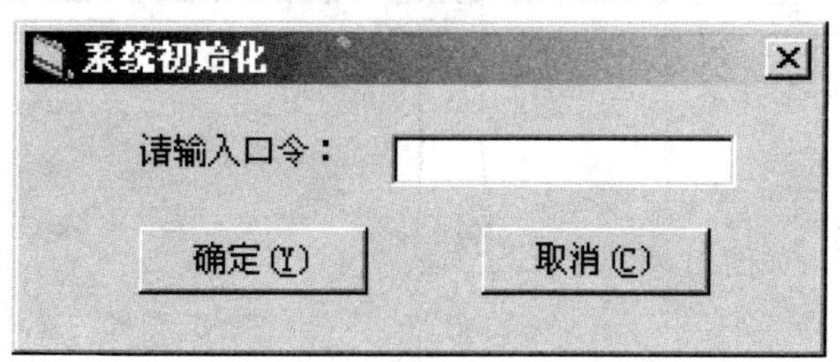

图 10.10 系统初始化界面

八、收费

收费信息界面，如图 10.11 所示。

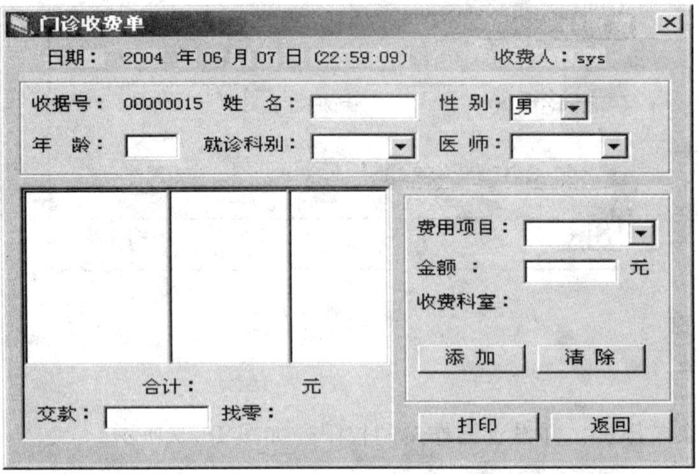

图 10.11　收费信息界面

九、结账

结账界面，如图 10.12 所示。

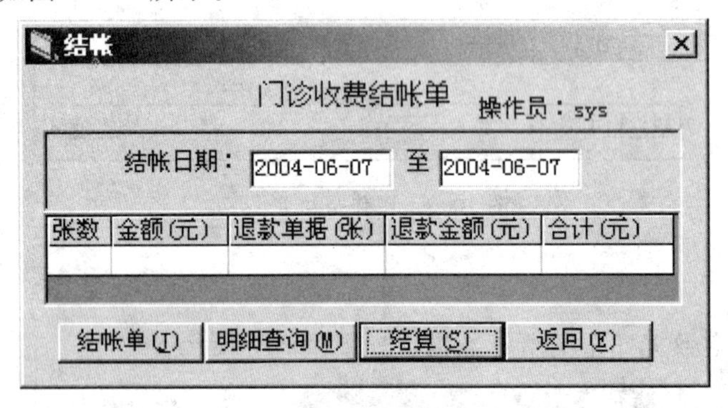

图 10.12　结账界面

十、临床收费

临床收费界面，如图 10.13 所示。

十一、诊费统计

诊费统计界面，如图 10.14 所示。

十二、医生工作量

医师工作量界面，如图 10.15 所示。

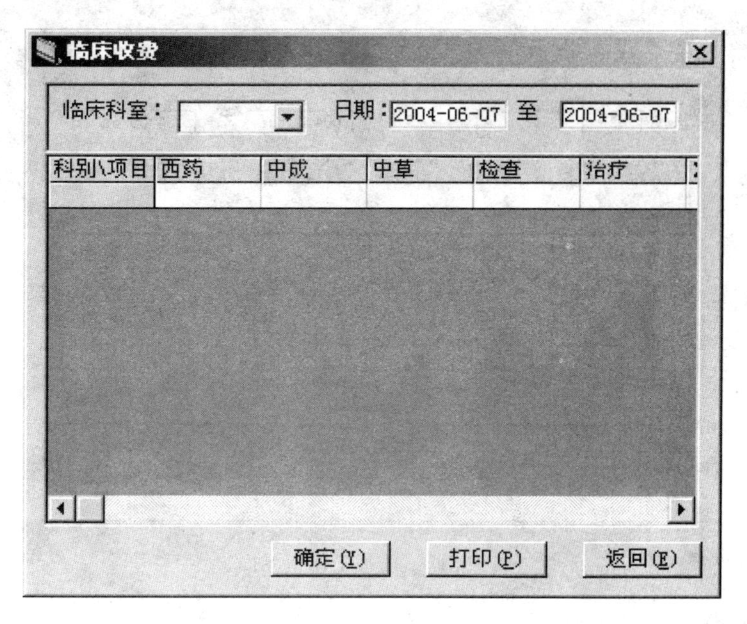

图 10.13　临床收费界面

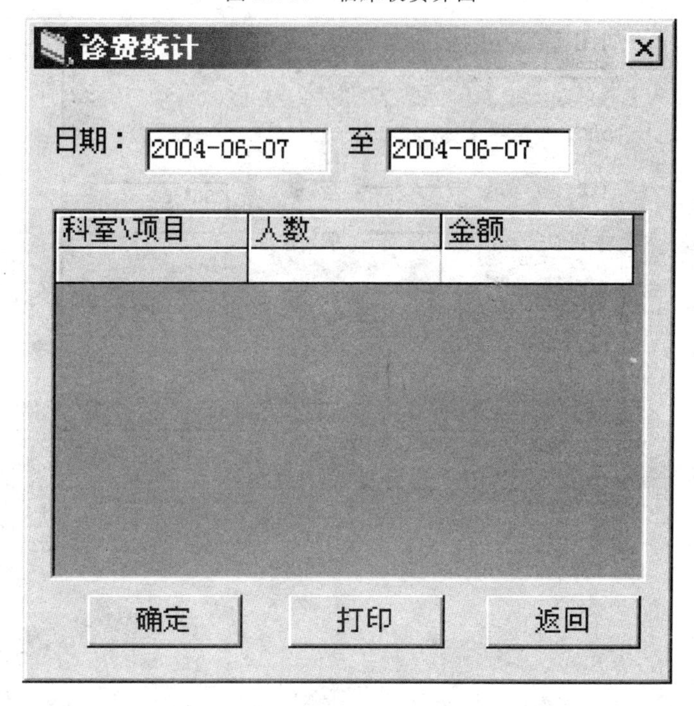

图 10.14　诊费统计界面

医师工作量

临床科室：　　日期：2004-06-07 至 2004-06-07

人员\项目	西药	中成	中草	检查	治疗	X光

确定(Y)　打印(P)　返回(E)

图 10.15　医师工作量界面

十三、收费查询

收费查询界面，如图 10.16 所示。

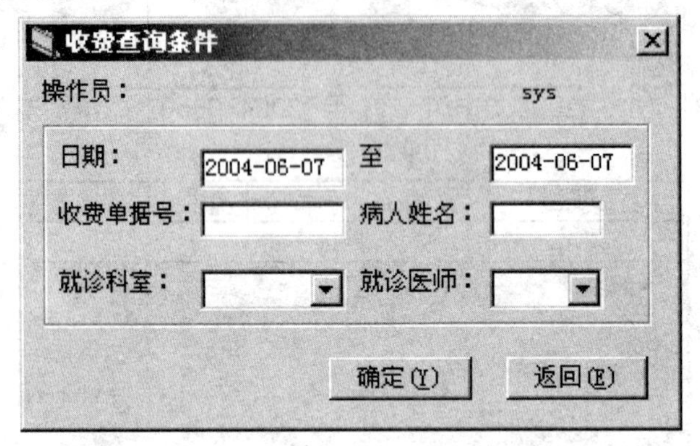

图 10.16　收费查询界面

参考文献

陈禹，朴顺玉．1995. 管理信息系统．北京：中国人民大学出版社

贺颖奇，路节，钟伟．1990. 企业信息管理．北京：中国经济出版社

黄梯云，李一军．2002. 管理信息系统导论．北京：机械工业出版社

黄梯云．1983. 企业管理信息系统．石家庄：河北人民出版社

黄梯云．2000. 管理信息系统．北京：经济科学出版社

黄梯云．2000. 管理信息系统．（修订版）．北京：高等教育出版社

姜同强．1999. 计算机信息系统开发——理论、方法与实践．北京：科学出版社

姜旭平．1997. 信息系统开发方法——方法、策略、技术、工具与发展．北京：清华大学出版社

金银秋．2000. 数据库原理与设计．北京：科学出版社

邝孔武，邝志云．2003. 管理信息系统分析与设计．西安：西安电子科技大学出版社

李大军．2002. 管理信息系统．北京：清华大学出版社

李东．1999. 管理信息系统的理论与应用．北京：北京大学出版社

李红．2003. 数据库原理与应用．北京：高等教育出版社

刘方鑫．2002. 数据库原理与技术．北京：电子工业出版社

刘友德，仲秋堰．管理信息系统．1998. 大连：大连理工大学出版社

刘远生．2001. 计算机网络基础．上海：浦东电子出版社

吕希艳，姚家奕，张润彤．2003. 管理信息系统．北京：首都经济贸易大学出版社

罗超理，李万红．2002. 管理信息系统．北京：清华大学出版社

彭澎．2001. 计算机网络基础．北京：机械电子出版社

萨师煊，王珊．2000. 数据库系统概论．北京：高等教育出版社

汪星明．1997. 管理系统中计算机应用．武汉：武汉大学出版社

王虎，张骏．2002. 管理信息系统．武汉：武汉理工大学出版社

王世伦，董毅．2001. 计算机网络应用基础．上海：浦东电子出版社

王勇领．1986. 计算机数据处理分析与设计．北京：清华大学出版社

薛华成．1991. 管理信息系统导论．上海：复旦大学出版社

薛华成．1993. 管理信息系统导论．北京：清华大学出版社

薛华成．1999. 管理信息系统．北京：清华大学出版社

薛华成．1999. 管理信息系统．（第 3 版）．北京：清华大学出版社

严建援．1999. 管理信息系统．太原：山西经济出版社

赵龙强，张雪凤．2001. 数据库原理与应用．上海：上海财经大学出版社